デジタルアポロ

月を目指せ 人と機械の挑戦

デビッド・ミンデル 著
David A. Mindell
岩澤ありあ 訳

東京電機大学出版局

僕を月まで飛ばしてくれる妻、パメラへ

一見すると、機械は自然の偉大な問いから人間を遠ざけるかのようにみえるが、実は真理へと導くあらゆる問題に人間を直面させる。農夫が自然界の動きを読み取るように、パイロットにとっても今まで景色でしかなかった夕暮れと夜明けは、やがて次の行動を決める指針となる。

——サン＝テグジュペリ（Antoine de Saint-Exupery,『人間の大地（Wind, Sand and Stars）』

序　文

ハードカバーの『Digital』が出版されてから3年、有人宇宙飛行の世界は様変わりした。ブッシュ政権の宇宙開発指針の産物といわれたコンステレーション計画が２００９年前半、オバマ政権によって廃止された。その代わり、ラグランジュ点〔天体1と天体2を考えた際、相対位置関係が不変である五つの平衡点のことを指す。平衡点の周辺域に人工衛星を配置することで、二つの天体との位置関係が常に保たれて都合が良くなる〕を拠点として、いずれ小惑星や火星をめざそうという漠然とした方針が瞬く間に採択された。現代の宇宙開発では、宇宙飛行士の低軌道打ち上げサービスを提供する民間企業が注目され、今後の活動についてもアメリカ連邦議会で激しい討論が交わされている。新しい展望は不透明で、多くの人にストレスをもたらしている。しかし、アポロ計画の偉業、ロボット工学、仮想現実技術《テレプレゼンス》の発達を背景に、新しい有人宇宙飛行時代の分岐点に立つアメリカにとって、このように議論を闘わせることは重要だ。

大統領選挙前の２００８年秋、私はマサチューセッツ工科大学の同僚と一緒に『Digital Apollo』の内容を一部引用し、『有人宇宙飛行の未来』と題した白書を執筆した。有人宇宙飛行の目的と併せて、仮想現実技術、政策について再考した。２００８年12月、私たちはＮＡＳＡのオバマ政権移行チームにその概要を伝えた。

宇宙飛行における人の役割を根本的に再考した『Digital Apollo』は、議論を形成するのに大いに役立った。その貢献が称えられ、本書はアメリカ宇宙航行学会（American Astronautical Society）からEmme賞〔ＮＡＳＡ初の歴史家Eugene Emmeの名前を冠した賞。邦訳されている作品に『２０１０年宇宙の旅』、『地球／母なる星　宇宙飛行士が見た宇宙の荘厳と宇宙の神秘』、『ファースト・マン』がある〕を受賞した。本書はアポロ計画で月面歩行した宇宙飛行士、NASA幹部、現役宇宙飛行士に愛読されている。ヒューストンの宇宙飛行士室には回し読みされている1冊があると聞いている。あるアポロ計画の船長は最近、当時の着陸状況について、本書から一部学んだと教えてくれた。また、国際宇宙ステーションの船長を含む現役の宇宙飛行士数人が、どうしたら国際宇宙ステーションでの運用を『Digital Apollo』のように解析してもらえるかと私に尋ねてきた。もちろん、予算さえあれば可能だ。あるときは人の操作、あるときは遠隔操作、あるときは自動操作でドッキングされる国際宇宙ステーションの補給船を題材にして、人と機械の役割を本書と似たように分析することができるだろう。

本書は、パイロットやリアルタイムに自動制御された複雑なシステムを運用する作業当事者など、幅広い層から予想以上の反響があり、歴史家であり技術者でもある私はことのほか驚いた。読者は『Digital Apollo』が有人宇宙飛行のみならず、操縦士《オペレーター》とコンピューター、自動制御、ネットワーク、そして現代の技術システムを設計する技術者との関連性を説いた本であることに気が付いてくれた。宇宙の遠隔探査ミッションの運用担当者から、アポロ計画の計算機と管制官のやり取りを参考にして、自身のミッションと比較したと報告を受けた。また、欧州主要エアラインのチーフパイロットからは、新しい旅客機を導入するうえで、自動着陸システムよりパイロット用の最先端警告表示ディスプレイを採用したと手紙が届いた。さらに、ある技術者からは次のような手紙を頂戴した。「生憎《あいにく》、私は宇宙船の設計者ではありませんが、あなたの本の内容は解析ツールや情報の可視化に取り組む私たちの仕事にも当てはまることがあります。自動化とヒューマン解析／意思決定の問題には深い繋がりがあります」。組込みシステムズエンジニア、ヒューマンマシンインターフェース設計者、地球軌道での遠隔操作実験を計画する科学者からも似たような感想が寄せられた。

これらの反響は、マサチューセッツ工科大学で〝自動制御、ロボット工学、社会〟を対象とする新しい研究室を発足させた。研究領域は有人宇宙飛行、航空、米空軍の遠隔操作ロボット、海底探査システムといった分野を横断し、共通の課題を研究している。それぞれの分野で、人、遠隔操作技術、自動制御システムが共存・協働作業し、作業手順、人の役割、職業プロフェッショナルのアイデンティティを絶えず変えている。私たちはいずれ、手術といった医療分野や自動車分野にも進出していきたいと考えている。ある意味、アポロ11号月面着陸における人と機械の関係性は、これらの分野で日々繰り返されている。たとえば、自動車業界では、安全を確保する新しい自動制御技術が瞬く間に誕生している。果たして、これらの技術は、人の運転寿命を引き延ばしてくれるのか？　運転手が高速道路で本を読んだり、昼寝したりすることを実現させてくれるのか？　人の代わりにブレーキをかけるコンピューターとソフトウェアが搭載された自動運転の車をいざ運転するとき、あなたはどう思うのだろうか？

2008年版序文と謝辞

1966年6月14日、無人探査機が月面着陸し、NASAに画像を転送し始めた。それは、ジェミニ計画が終息に向かい、アポロ宇宙船のハードウェアが工場で出荷準備に取り掛かり、ソフトウェア製作がプロジェクトの破綻を迎えていたときであった。そのような日に私はこの世に生を受けた。

アポロ11号の人類初月面着陸、アポロ13号の起死回生ドラマは記憶にないが、のちのミッションの打ち上げや月面着陸のテレビ放送は鮮明に覚えている。その意味で私は、物心ついたときには月面着陸が既成事実であった最初の世代と言えるかもしれない。20世紀最大の技術的偉業はもはや夢物語ではなく、達成された成果だった。それにもかかわらず少年時代、私はアポロ計画に心奪われた。父が〝Apollo : Expeditions to the Moon〟という本を買って帰ってきてくれたとき、私は素晴らしい写真や複雑な図が掲載されている本を何百回と読み返した。この本が、生涯続く機械への好奇心を醸成し、技術者をめざしたいと思うきっかけを与えてくれた。

本書は研究活動後半に誕生した本である。予期していなかった3部作の3作目で、1991年に歴史家に転じる決心をしたときから、シリーズとして書いていたものである。私は15年間、南北戦争の米海軍初装甲艦についての研究から始まり、人と機械の関係性、新しい技術が人のアイデンティティに与える影響などについて執筆し続けてきた。2番目に執筆した本〝Between Human and Machine : Feedback, Control, and

Computing before Cybernetics』では、人と機械の接点《ヒューマンインターフェース》、制御システム、デジタルコンピューターの演算について書いた。第二次世界大戦時、チャールズ・スターク・ドレイパー（Charles Stark Draper）と後輩のロバート・シーマンズ（Robert Seamans）が、当時スペリー・ジャイロスコープ社（Sperry Gyroscope Company）の弁護士だったジェームズ・ウェッブ（James Webb）と射撃照準プロジェクトで協働したエピソードを紹介している。この3人の男たちが、アポロ計画で重要な役割を果たした。本の完成に近づくにつれ、私はこの時代の歴史と月面着陸の関連性をますます見い出すようになった。本書を執筆するにあたり、資料やインタビュー収集を可能としてくれたのは、一重にスローン財団のプロジェクトとディブナー財団のワールド・ワイド・ウェッブに関する技術史研究の財政支援のおかげだ（http://digitalapollo.mit.eduに詳細掲載）。また、ディブナー研究所からの上席研究員研究奨励制度が初期の執筆活動を支えてくれた。

多くの同僚、友人、学生が辛抱強い相談役となり、原稿をさまざまな段階で読んでくれた。ここに名前をあげる。Alexander Brown, Stephen Cass, Paul Ceruzzi, Don Eyles, Slava Gerovitch, Jeff Hoffman, Thomas P. Hughes, Chihyung Jeon, Rich Katz, Alex Kosmala, Roger Launius, John Logsdon, Fred Martin, Larry McGlynn, Dava Newman, Jim Nevins, Chuck Oman, Wayne Ottinger, Philip Scranton, Sherry Turkle, John Tylko, Rosalind Williams. ポール・フジェルド（Paul Fjeld）は、鋭い視点で本を査読し、個人のグラマン・アーカイブ・コレクションからも資料を提供してくれた。ジョン・ノル（John Knoll）はフジェルドの助言を得て、本の表紙を親切に作成してくれた。エルドン・ホール（Eldon Hall）、ヒュー・ブレア・スミス（Hugh Blair Smith）、ジム・ネヴィンズ（Jim Nevins）にも資料や写真を提供してもらった。ビクター（Victor McElheny）は、いつものように親友として寄り添ってくれ、『ボストン・グローブ』紙からアポロ計画の記事を渡してくれた。セイラ（Sarah Fowler）は原稿の最終段階で、エネルギーとユーモアを溢れさせながら研究を手伝ってくれた。ジャック・ガーマン（Jack Garman）は、アポロ11号の手書きメモから月着陸船の警告《アラーム》のイメージを再現するのを許してくれた。また、実験機テストパイロット協会（Society of Experimental Test Pilots : SETP）には、ジャーナルやニュースレターのバックナンバーを提供していただいた。クローゼットの中から出てきた掘り出しものも何冊かあったようだ。アポロ計画に従事した多くの方々にも、複数回にわたってグループインタビューに協力していただいた。Ramon Alonso, Dave Bates, Hugh Blair-Smith, Ed Boldin, Herb Briss, Ed Copps, Ed Duggan, Cline Frasier, Joe Gavin, John Green, Eldon Hall, Maragaret Hamilton, David Hanley, David Hoag, Alex Kosmala, Dan Lickly, Fred Martin, Jim Miller, John Miller, Jack Poundstone, Herb Thaler, Bard Turner.

本書の執筆中、私はマサチューセッツ工科大学で〝Engineering Apollo : The Moon Project as a Complex System〟という講義をつくった。アポロ計画を、マネジメント、ソフトウェア技術、大統領政策、報道という観点から多角的に分析した内容の講義だ。多くを教えていただいたラリー・ヤング（Larry Young）教授と一緒に教鞭をとれたことは、非常に幸運だった。エンジニアリング、マネジメント、歴史を専攻する院生に特別な教育体験をしてもらうため、多方面から講師を招いた。講義に参加していただいた招聘講師の方々にお礼申し上げる。Buzz Aldrin, Dick Battin, Hugh Blair-Smith, Charlie Duke, Don Eyles, Joe Gavin, Eldon Hall, Sy Liebergot, John Logsdon, Victor McElheny, Ed Mitchell, Bob Parker, Bob Seamans. その中でもクリス・クラフト（Chris Kraft）、ボブ・シーマンズ（Bob Seamans）、アロン・コーヘン（Aaron Cohen）、ジェフ・ホフマン（Jeff Hoffman）とお昼ご飯をご一緒した時間はとても有意義だった。一人ひとりのもつ親切心、思い出、知見が私のアポロ計画再考に貢献した。

幸いに、私はNASA歴史諮問委員会（NASA Historical Advisory Committee）のメンバーに就任し、NASAの歴史家、アーカイブ管理者、司書の方々と一緒に調査研究させていただいた。彼らがいなければ本書は執筆できなかった。Nadine Andreassen, Steve Dick, Steve Garber, Christian Gelzer, Mike Gorn, Roger Launius, Peter Merlin, Jane Odom, Curtis Peebles, Jennifer Ross-Nazal, Rebecca Wright, そして1960年代からNASAの歴史を収集し続けているインタビュアーの皆さん。NASA歴史プログラム事務局（NASA History Office）は、主に宇宙飛行に関する史料を保管・出版するとともに、巨大技術システムの進化を証明する役割を担っている。一般人にも開放され、なおかつよく文書化されているため、NASAのアーカイブシステムは軍や企業のものより学者がアクセスしやすく優れている。したがって、技術と人の進化について理解を促進する重要な資料を提供している。

妻の家族に2回目に会ったとき、ニューヨーク州ロングアイランドにある航空ゆりかご博物館（Cradle of Aviation Museum）に誘ってくれた。月着陸船の凝ったツアーに参加し、大いに楽しんだ。彼らの底知れない好奇心と興奮が私をゲトニック家に温かく迎え入れてくれた。そのことを一生忘れない。

本書の執筆中に出会い結婚したパメラは、最後まで執筆活動を明るく見守ってくれた。この本を、毎日、そして生涯、傍で一緒に微笑んでくれる妻に捧げる。

訳者序文

人類初の月面着陸――アポロ計画。

歴史的偉業の裏で、人と機械がその役割をどのように分かち合ってミッションを達成したのか。

本書は、人と機械に焦点を絞り、アポロ宇宙船の誘導制御システムが開発された過去にタイムスリップし、未来の有人宇宙飛行においても私たちに突きつけるであろう普遍のテーマを提示します。

「理想とするヒーロー像を創り出すため、技術者はどのようにシステムを設計するのか?」、「何を機械に任せ、何を人に任せるのか?」、「人が操縦に成功したときは、どれだけ称賛に値するのか? 逆に失敗したとき、人はどれくらい責任を負うのか?」、「事故でプロジェクトが中断された場合、人の関与の有無で復旧の早さはどれだけ異なるのか?」。

アポロ計画は技術ばかりでなく、組織の権力、社会、マネジメントの問題が複雑に絡み合った壮大なプロジェクトでした。『デジタルアポロ』は、技術と人間が織り成す壮絶な歴史ドラマです。

私が原著と出会ったのは2014年、夏季休暇を利用して訪れた米国スミソニアン国立航空宇宙博物館のギフトショップでした。当時、私はデジタル回路設計を担当する課に所属していたので、『デジタルアポロ』という題名に強く惹かれて本を手に取ったのを今でも鮮明に覚えています。

実際に現場の技術者として働く中で本書を読んだときに、自らが携わる業務の歴史的流れにおける位置付けを知ることができて大変嬉しく思いました。また、過去の技術者も、皆同じような山を乗り越えてきたのだとおおいに励まされました。この本から得た興奮と感動を一人でも多くの方々と分かち合いたい。そのような思いで、本書を翻訳出版したいと考えるようになりました。とくに、宇宙開発に携わりたいと夢を追いかける中高生、理想と現実の間で日々闘う技術者に捧げたいと思い翻訳に取り組んで参りました。本書を通じて、多くの方に宇宙開発のワクワクやドキドキを感じていただければ幸いです。日本独自の有人宇宙飛行計画が実現していない今、本で想像力を膨らませ、老若男女を問わず読者の方々に月に向かう宇宙飛行を体験していただきたいと思います。

本書は、組込み技術、リスクマネジメント、ヒューマンエラー、システム工学、プロジェクト管理など、宇宙開発の分野のみならず、自動車業界、航空業界、建設業界、医療業界など、現代社会において共通する技術課題が豊富に語られています。将来、人が技術とどのように向き合っていくべきか、そのヒントが満載です。

本書を出版するにあたり、企画の採用、校正作業に至るまでいつも的確なアドバイスをしてくださった東京電機大学出版局編集者の吉田拓歩氏に深くお礼申し上げます。プロジェクトマネジメントとシステムズエンジニアリングについて熱心に教えてくださった慶應義塾大学大学院システムデザイン・マネジメント研究科教授陣、実際に飛行する機会を提供してくださり、空についての知識を授けてくださるＮＰＯ法人学生航空連盟の皆様にこの場をお借りして感謝申し上げます。

日本、ひいては世界の宇宙開発のさらなる飛躍に願いを込めて。Have a safe flight!

岩澤 ありあ

２０１６年12月

目　次

01章

宇宙開発競争における人と機械

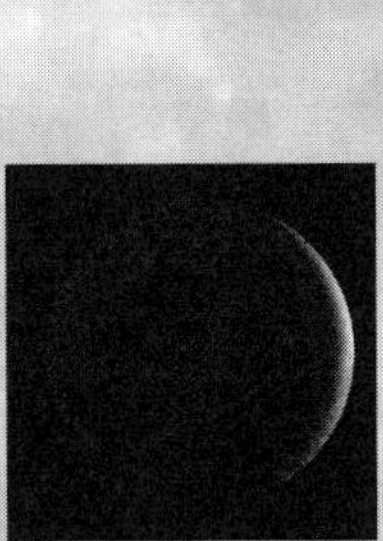

●7月の月面着陸

１９６９年7月、静寂な旅を経て、月の裏側を回った2機のアポロ宇宙船が月の陰から再び姿を現し、地球との交信を確立した。補給品を積み、宇宙飛行士を故郷に帰すカプセルである司令機械船が母船の役割を担った。司令機械船はマイケル・コリンズを一人乗せ、月を周回し続けた。コリンズはNASAヒューストンの管制官に「やあ元気か、こちらはなにもかも上手く進んでるよ」と報告した。ニール・アームストロングとエドウィン・〝バズ〟・オルドリンが、壊れやすく、蜘蛛《くも》のような形状をした月着陸船〝鷲《イーグル》〟を司令機械船から切り離したばかりだった。計器といくつかのエンジンを搭載し、アルミニウムでできた奇妙な風船が、２人の男を月面へと導いた。

減速するため、推力発生装置であるスラスターが点火し、月着陸船は軌道から外れた。降下が始まると、月着陸船は危険なミッション中止を実行するか、月面着陸するかの二者択一を迫られる。月面との接触が、穏やかな着陸となるか、あるいは衝突となるかは、立て続けに重要な操作が続く次の10分間に掛かっていた。

月着陸船の軽量化を図るため、座席はすべて取り除かれていた。宇宙飛行士は、張力が掛かった、床に繋《つな》がったケーブルで身体を安定させ、立った状態のまま飛行した。月着陸船は宇宙飛行士をすっぽり包み込み、まるで家のようだった。食物を供給し、酸素と二酸化炭素を交換し、排泄物を回収した。その傍ら、宇宙飛行士は水分補給のため水を飲むときもあれば、推進のためスラスターを注意深く点火することもあった。月着陸船の動きは、精密なジャイロスコープ（角速度計）と加速度計を取り付けた慣性航法装置で検知した。視覚障がい者が歩道の縁石を軽く叩きながら状況を探るように、月着陸船のレーダーは目に見えないビームを発射し、月面を感知しようとしていた。

月着陸船のこれらの動きを司っていたのは、シリコン半導体チップの〝集積回路〟から構成され、難解なソフトウェアプログラムを走らせる、組込み型デジタル計算機だった。慣れ親しんだ目盛盤《ダイヤル》とスイッチに囲まれた計器盤の中央に鎮座したのは、セグメント数字が光る操作卓だった。ミッション全体を通じて、宇宙飛行士はこの操作卓に数字を打ち込み、ソフトウェアプログラムを実行し、画面からデータを読み取った。着陸動作の大半は、計算機のソフトウェアプログラムによって制御された。実際、ニール・アームストロングは、月着陸船を直接操縦していたわけではなかった。2本の操縦桿《かん》を操作し、計算機を介して命令を送り、スラスターを点火するソフトウェアプログラムを作動させていた。月着陸船のどんな動きも、はるか遠い地球にいる若手技術者が作成したソフトウェアによって確認・仲介されていた。

月着陸船は、宇宙空間で孤立していたわけではない。司令機械船にも月着陸船と同じ計算機が搭載されていたうえ、ヒューストンの管制室を通じて二つは繋がっていた。ヒューストンでは、多くの専門家がシステムを監視し、助言を施し、フライトに介入した。実際、遠隔操作もできるよう、司令機械船と月着陸船と同じ操作卓が管制室にも用意されていた。司令機械船、月着陸船、管制室間のやり取りは落ち着いていた。状況を淡々と伝える報告や、ときには担当者の気さくな会話が聞こえてきた。その聴衆は何百万人にも及んだ。

月着陸船の降下開始とともに、管制官は意識を集中した。管制室の鍵も閉められた。

突然、月着陸船がヒューストンとの連絡を失った。データと音声を管制室に送信するアンテナに問題が生じたのが原因だった。アンテナを地球に向ける必要があったが、月着陸船の一部が通信経路を遮っていた。そのため、計算機が新しい姿勢を〝探す〟ようアンテナに命令を送り続けていた。オルドリンは自動制御を切り、アンテナの角度を手動で修正した。最初から不安定だった通信は、さらに注意を要するようになった。ヒューストンにいる苛立ちを隠せない管制官は、雑音の中から宇宙飛行士の声を聞き取り、間欠的に送られてくる大量のデータからなんとかストーリーを組み立てた。「まさにこれは訓練時に想定した状況だ」と、ある管制官は内線《インターコム》の会話を聞いて思った。実際、数え切れないほど、あらゆることを想定した予行演習が地上のシミュレーターで実施されていた。

宇宙飛行士は極度の緊張状態に達していた。集中力は限られていて、ささいな〝作業負荷〟の増加も状況の統制を喪失させる可能性があった。管制室との不安定な通信は、アームストロングの任務に対する極度な集中力を多少なりとも奪った。

不確実性と曖昧性の中に宇宙飛行士はいた。まず、自動化された月着陸船を故郷からはるか遠く離れた場所で操作していた。また、通信網、専門家集団、管制室という巨大ネットワークの一部と化していた。管制室との断続的な通信はオルドリンを混乱させた。「自分がどのような状態にいるのかわからなかった。自分が今、管制室の厳重な監視下にいるのか否か。そのような現実味は訓練では滅多に再現されなかった」とオルドリンは振り返る。システム設計者、そして宇宙飛行士自身も、三十数万km離れた場所で、電気雑音が通信に与える影響を見落としていた。それでも、これらの問題は取るに足らないことで、安全に設計された月着陸船と冷静沈着な宇宙飛行士によって、いとも簡単に処理された。

月面高度約15km、月着陸船のスラスターが再び点火され、動力降下噴射（Powered Descent Initiation：PDI）が実施された。「速度上昇。順調」とオルドリンは報告した。月面降下開始。計算機が制御を担った。

月面高度約10km通過時、計算機の表示画面に予想外の光が点滅した。

「プログラムアラーム」。

アームストロングは語調を強めて地上に報告した。

計算機が警告《アラーム》を発し、宇宙飛行士の注意を一気に惹きつけた。人もそうであるように、計算機の性能も限られ、中央演算装置《プロセッサ》［計算機の中核的部分で、数値演算、数値の条件判定、入出力装置の駆動処理などを行う］が処理しきれないデータで溢れかえっていた。結果的に、この問題は深刻でなかったが、着陸という重大な局面で宇宙飛行士の集中力を欠くことは、ささいなことであっても問題を引き起こす可能性があった。計算機は自身で再起動を掛けた。オルドリンは原因を探るため、何回か命令を入力した。警告1202が表示された。

「警告《アラーム》1202について教えてくれ」。アームストロングは至急ヒューストンに問い合わせた。シミュレーションで何度も訓練したように、ボタン一つ押すだけで、着陸を中止することも可能だった。それでも堪《こら》えた。アームストロングはのちに心情を吐露している。「訓練ではわざと多くの故障を起こし、通常ミッション中止を選択せざるを得なかった。ただ、実際のフライトとなった途端、皆の期待を思うと着陸を余儀なく選択することになる」。

ヒューストンは問題を解析した。若い技術者たちは、最近行われた訓練で発生した事象と類似していることに気が付き、バックルームで待機している技術者と打ち合わせた。即座に原因が突き止められた。作業負荷が計算機の性能を超え、再起動を掛けているにもかかわらず、計算機のシャットダウンが間に合っていなかった。その間、優先度が低い処理は無視されていた。幸いそれらの処理はミッションにさほど影響を与えるものではなかった。「その警告《アラーム》では続行《ゴー》だ」。管制官が着陸続行を指示した。この判断を下したスティーブン・ベールズ（Steven Bales）はのちに、管制チームを代表して大統領から表彰を受けている。

アームストロングは計算機の表示を凝視した。なんと、今度は表示画面が固まっていた。アームストロングは月着陸船のシステムを確認した。月着陸船はアームストロングの操作に反応し、計算機はまだ作動しているようだったので飛行を続けた。しかし、これらの確認は本来なら着地点を探すため月面を確認するところ、コックピット内部にアームストロングの視線を惹《ひ》きつけてしまっていた。

月面高度６００m。アームストロングは再び窓の外を眺めた。そして、大惨事となり得る事態に気が付いた。着地点に、淵《ふち》を岩石で囲む巨大なクレーターが横たわっていた。その瞬間、計算機の監視をやめ、パイロットに戻った。計算機から操縦を奪い、クレーター上空を通過した。その動作は追加で数秒間要し、管制官は月着陸船の燃料切れを心配した。しかし、アームストロングは限界を十分に把握しており、月着陸船を着地点に誘導した。月面高度がほんの数十cmと計算機が判断したのち、ボタンを押し、エンジンを切った。月着陸船は最後落下し、穏やかな衝撃で月面に着陸した。オルドリンは着陸システムの停止プログラムを呼び出した。「作動モード。両方とも自動。下降エンジン命令優先、無効。４１３、入力」。

安堵したアームストロングはセンスが滲み出る名言を残している。

「ヒューストン、こちら〈静かの海〉。鷲《イーグル》は舞い降りた」。

図 1.1　アポロ 8号に搭乗したジム・ラベル（Jim Lovell）宇宙飛行士。アポロ誘導制御システムの光学照準器の調整をしている。彼の左手は司令船の姿勢を制御し、右手は光学照準器の照準線を合わせている。（NASA JSC photo S69-35097）

月着陸船〝鷲《イーグル》〟の月面着陸は私たちに馴染み深く、20世紀最大の技術神話として語り継がれている。[1] ここでは、人と機械のやり取り《ヒューマンマシンインタラクション》、宇宙飛行士の操作を仲介する計算機、宇宙と地上のさまざまなネットワークなど、通常埋もれてしまうことの多い話を強調して、月面着陸の一部始終を再現することに努めた（図1・1参照）。人と機械の関係性は話題に頻繁にあがるが、詳細な分析は滅多にされない。しかし、宇宙飛行の黎明期からその関係性は核心に触れるもので、将来の宇宙開発を取り巻く質問を投げ掛けている。

〝人と機械〟、その関係は新しくない。それどころか手槌に対抗する蒸気ドリルの挑戦に命懸けで勝利したジョン・ヘンリー（John Henry）、初の大西洋単独横断飛行に成功し、飛行機との関係を〝私たち〟と表現したチャールズ・リンドバーグ（Charles Lindbergh）[2] など、産業界にはその関係性を象徴する伝説が存在する。1960年代、学者や哲学者も、自動システムと人によるスキルの適切な配分について議論した。ところが、多くの有人宇宙飛行の回顧録は、人と機械の関係性に踏み込んでいない。本書はアポロ計画の〝人と機械の関係性〟を紹介し、その関係性がいかに月面着陸の実績と技術を形成したか解説する。飛行の最高峰に立つため、パイロット、自動システム、そして双方がどのように協働したかを説明する。また、本書は、宇宙開発に対して国民がどのような印象を抱《いだ》いたのか、宇宙飛行に対する独自の思いをそれぞれにもった技術者・パイロット・管制官・その他大勢の人たちがどのような人間模様を描いたのかを記述する。

国の予算を獲得するため、NASA広報はカウボーイや船長といった、アメリカの古き良きヒーローの自制心、英雄伝説に欠くことのない自立心や克己心を、有人宇宙飛行計画に巧みに利用した[3]。アポロ計画の宇宙飛行士は、ミシシッピ川を大きな遊覧船で定期航行した西部開拓史の船乗りたちと共通するものがあった。それは、彼らが〝パイロット〟という肩書を同じにしたことだ。航空黎明期、アポロ計画、そして現在の宇宙飛行に至るまで、パイロットのアイデンティティが飛行技術を形成し、またその逆も形成している。

アポロ計画でNASAと契約業者は、計算機とソフトウェアに加え、パイロットの信頼性と判断力を統合した〝人間＝機械《ヒューマンマシン》システム〟をつくり上げた。男らしさと職業プロフェッショナルの威厳を保つためだけに、宇宙飛行士に操縦桿を握らせたわけではない。もちろん、そのような意図も少しはあったが、むしろ綿密に分析された技術判断に基づいていた。また、ソ連では自動化が大幅に進んでいると予想されていた。対抗するソ連に勝つためにも、スキルをもち、勇敢で自立した伝統的なアメリカのヒーローが、技術の発達した世界でも活躍できることを証明する必要があった。

このような技術思想は、政策の最上位レベルに反映された。ジェームズ・ウェッブ（James Webb）NASA長官が有人宇宙飛行計画について言及したとき、政策の意思決定は単に〝技術事項〟に基づいたものではなく、〝社会目的〟に重点が置かれるべきだと主張した。ロバート・マクナラマ（Robert McNamara）国防長官と一緒に「世界の想像力を豊かにするのは、宇宙にいる機械ではなく人だ」と唱えた。[4] 科学的目標が予算に見合わないことを理由に、ジェローム・ワイズナー（Jerome Wiesner）大統領科学顧問が有人月面着陸に反対したことは有名だ。ケネディ大統領の英断に至るまでの議論では、人が関与する〝探険〟と知的価値はあるが機械で行うのが最適な〝科学〟が明確に区別された。[5]

しかし、1961年に行われたケネディ大統領の演説は釈然としなかった。「1960年代の終わりまでに人類を月へ送り、地球に無事帰還させる」の表現は、宇宙飛行士を受動的な存在としてみていたことを示唆する。[6] なぜなら、NASAはアポロ計画の初期段階で、飛行の大半を制御する〝機械〟すなわちデジタル計算機をアポロ宇宙船に搭載する斬新な判断をすでに下していたからだ。宇宙飛行士の役割を完全に奪ってしまわない程度に自動化を進めるという方針にならい、計算機とソフトウェア設計が水面下で進められていた。

結果的に全ミッション中、宇宙飛行士はほとんど〝操縦〟することはなかった。しかし、月面着陸、ランデブー飛行、宇宙船のドッキングといった重要な場面で操縦する機会を得た。〝着陸〟はパイロットの操縦スキルの中でもっとも重視されるものだ。だが、着陸のときでさえ、宇宙飛行士は月着陸船を、計算機を介して間接的に操縦しているに過ぎなかった。緊急時以外、操縦桿はソフトウェアプログラムに対する命令のみに使用された。命令時、計算機とソフトウェアがアポロ宇宙船を制御した。アポロ計画初期にはほとんど理解されていなかったが、次第にソフトウェアが宇宙船開発の要となった。ソフトウェアプログラムは、月着陸船を月面に自動着陸させることができた。しかし、それは同時に、機械が故障すれば、月着陸船が墜落し、宇宙飛行士を死に至らしめることを意味した。

着陸の自動化にもかかわらず、計6回の飛行で宇宙飛行士は操縦を機械から奪還し、手動操作で月面着陸を実施している。なぜ、宇宙飛行士はそうしたのか、本書はその理由に迫る。

第2章は、1950年代に議論されたパイロットの役割について取り上げる。この時代、パイロットの操作を仲介し、操縦の新しい可能性を拓いた電子制御やコックピットのコンピューター技術が誕生した。有人宇宙飛行が始まる何年も前から、職業パイロットは〃人と機械の関係性〃について議論していた。1957年のスプートニクショックによる宇宙時代の幕開けとともに、パイロットはこの新しい時代、自らが担う役割について熟考した。

第3章では、X–15計画のある飛行段階で、人のスキルと判断力が求められたことを説明する。それは、宇宙からの大気圏再突入時だった。パイロットは機体を安定にし、スキルを補ってくれるコンピューターの支援を受け、大気圏再突入技術を確立させた。

第4章では、宇宙時代の幕開けとパイロットの動向を追う。スプートニクの脅威により、航空諮問委員会（National Advisory Committee on Aeronautics : NACA）やそのほかの政府研究機関が合併され、米航空宇宙局（National Aeronautics and Space Administration : NASA）が結成された。X–15のテストパイロットだったニール・アームストロングは、発射台から月まで、巨大ロケットを操縦することが可能だと主張した。しかし、権力をもつヴェルナー・フォン・ブラウン（Wernher von Braun）は、宇宙飛行士はあくまでロケットに搭乗する乗客だと論じた。打ち上げ時、ロケットを操縦したいという宇宙飛行士の願望は瞬く間に掻き消された。

しかし、宇宙飛行士も次第に権力を握るようになった。マーキュリー計画の宇宙飛行士は、国民の有人宇宙飛行に対する興味を一気に喚起し、職業プロフェッショナルのアイデンティティ、ヒーロー像、自制心に関する方針《ビジョン》を示した。今まで〝缶詰に入った肉の塊〟と評され、どちらかというと貨物扱いされた宇宙飛行士の適切な操縦負荷がマーキュリー計画を通じて議論された。アポロ計画の中核をなす技術者は、飛行機の〝人と機械の関係性〟に関する研究に長年従事していた。技術者はパイロットに敬意を表し、積極的に協働し、危険な機体を飛ばし、試験するのに何年も付き合ってきた。マーキュリー計画に続いたジェミニ計画は、宇宙飛行士を中心に据えた宇宙船開発の恰好《かっこう》な例で、軌道上で手動操作を導入した。しかし、複雑なランデブー飛行では、人以外にも図表やデジタル計算機による支援を必要とした。

第5章では、新ケネディ政権が国民、そして政治に与える宇宙飛行の影響を認識したところからアポロ計画が始まったことを説明する。宇宙時代のチャールズ・リンドバーグと称えられたアラン・シェパード（Alan Shepard）が弾道飛行をなし遂げた数週間後、アポロ計画を正式に発足させたケネディ大統領の名演説が行われた。プロジェクト初の契約は、ロケットエンジンでも、燃料タンクでも、発射台でもなく、アポロ宇宙船の計算機について交わされた。その計算機を１９３０年代に設計したマサチューセッツ工科大学（ＭＩＴ）・器械工学研究所の技術者は、飛行の本質を〝シート越しに感じる勘と直感〟によるものでなく、数値と計器類に基づく作業に変えた。ついに製造されることのなかった火星探査機とポラリス潜水艦発射弾道ミサイルの慣性誘導システムの設計を基に、計算機の提案書を作成した。ＭＩＴの技術者は、精度と自律航法に価値を置き、ジャイロスコープを有効活用して地球から月までどのように往復するか考えた。

第6章では、操作可能となった計算機の人と機械の接点《ヒューマンインターフェース》、信頼性、製造に関する設計者の意思決定を分析する。アポロ宇宙船システムの設計では、〝宇宙飛行士〟をどう扱うかが課題だった。宇宙飛行士は、命令や要求を計算機に入力し、出力情報を読み取る機械との〝接点《インターフェース》〟を必要とした。人をシステムに組み込ませるという要求は、困難だが面白い難題を多く生み出した。たとえば、短距離飛行するミサイルの信頼性とは異なり、アポロ宇宙船には2週間ミッションを継続する耐久性が必要とされた。また、地球だけでなく月を含め、二つの天体の重力場が考慮された。そして、有人月面着陸の方法として月軌道ランデブー飛行方式が採用されたので、1機ではなく2機の宇宙船の動きを扱うこととなった。さらに、アポロ宇宙船を制御するため、人が恒星を目視して航路を修正する方法を編み出す必要があった。もし失敗したら、人を死に貶《おとし》めた。

真新しくみえたアポロ宇宙船の計算機も、軍事電子産業の世界ではさほど珍しくなかった。しかし、多くの人を驚かせたのは、宇宙飛行士の操作と連動した〝ソフトウエア〟の登場だった。これは第7章で議論する。当初、プログラミング［コンピューターが読解できる言語を用いてコンピューター処理や機能を記述すること。昔はパンチカードが使用された］は副次的作業、少し取り組めばすぐ終わる作業だと考えられていた。しかし、1966年になると、ソフトウエア製作遅延のため、打ち上げ延期が検討される事態にまで発展した。1967年、3人の宇宙飛行士が亡くなったアポロ1号火災事故が発生した。事故を契機にプログラミングチームにNASAのマネジメントが導入され、ようやくソフトウエアのプロジェクト・工程が管理されるようになった。アポロ計画初期の無人試験飛行は、ソフトウエア制御された新しいシステムの信頼性、緊急事態に臨機応変に対応できる柔軟性、責任所在といったデリケートな問題を明るみに出した。

全アポロ計画において、プロジェクトの頂点に君臨したのは月面着陸だった。ミッションが大詰めを迎えたのは、月面着陸十数分前だった。続く章では、月面着陸の計画と実際の着陸を振り返る。

第8章では、月面着陸を物理、月面の地形、計算機、人の能力、人の役割といった数多くの不確定要素を踏まえながら説明する。

月面高度約15km、月着陸船は慣性誘導システムのみに依存した状態から、着陸レーダーと人の目に頼る飛行状態に移行した。着地点を目視確認する猶予を与えるため、人の能力を考慮して操作が設計された。自動制御システムは月面から約数百m、コマンダーがセミオートマチック操作に切り替え、操縦桿を握って操縦するまで月着陸船を制御した。

本書の後半では、各月面着陸における、宇宙飛行士、月着陸船、管制官とのやり取りを分析する。ミッションの台本、データテレメトリー［電圧、温度、速度など宇宙船の状態を監視し、地上に送信される情報］から得られる分刻みの情報は、民俗研究を同時進行で進めている気持ちにさせてくれる。アポロ計画の重大な場面での、人と機械の関係性、その文化的背景について膨大な情報を提供する。

第9章では、アポロ11号の月面着陸、ソフトウエアシステムのリスク、責任、内在するエラーについて説明するため、第1章で紹介した有名な〝プログラムアラーム〟について詳細分析する。

第10章では、アポロ11号以降の月面着陸に注目する。プロジェクトが進行するにつれ、技術の不確定要素は減り、技術開発の挑戦の勢いは衰退したが、その代わりアポロ計画の科学的目標が優先されるようになった。そのため、後半のミッションでは着地点に地理学的に興味深く、着陸が困難な場所が選ばれるようになった。

最終章では、有人宇宙飛行の広範囲な歴史に焦点を当て、アポロ計画の話を布石として現代に話を繋げる。人と機械の関係は、スペースシャトル、ひいてはアメリカの宇宙政策に何十年も多大な影響を及ぼした。スペースシャトルが退役し、月または火星に再び繰り出そうとする宇宙政策で、人と仮想現実技術《テレプレゼンス》、その社会的影響を率直に語り、〝人対ロボット〟の議論をより豊かに見直すことが重要だ。

●アポロ計画再考

月面着陸は20世紀最大の技術的偉業だ。少なくとも、今まではそのように表現されてきた。日常生活を見渡せば、アポロ計画に関するものを大量に発見できる。音楽のプロモーションビデオに含まれる映像、社会が抱えるあらゆる問題の一つや二つを解決しようとするアポロ計画似のプロジェクト提案書など、その内容は多岐にわたる。テレビ音楽専門番組MTVで1981年に初めて放送された映像は、アポロ11号のバズ・オルドリン宇宙飛行士をMTVのロゴに重ね合わせたものだった。今でもMTVのミュージックビデオ賞では、バズ・オルドリンを象《かたど》った像が使われている。私は最近地下鉄でふと顔を上げたら、アポロ計画の〝For All Mankind（人類のために）〟という標語が、ジーンズのお尻の部分に鮮やかに描かれているのを目撃した。

そのあたりに転がっている参考文献に目を通せば、アポロ計画に関する書籍は枚挙にいとまがない。常に良い世間体を保とうとするNASAは、アポロ計画の史実をプロジェクトの進捗と並行して組織で記録し、宇宙船・発射台・月面での科学実験に至るまで、多くの知見を与える書物を各々にまとめてきた。[7] その数は膨大だ。また、NASAはアポロ計画の初期から今日《こんにち》に至るまで、口頭インタビューを何百回と実施している。1960年代に集められた話はプロジェクトの一次情報に基づく見解を提供してくれる。一方で、最近収集されたものは参加者の思い出話に特化している。

月面歩行した12人のうち、少なくとも8人は、その体験を自筆または他筆で本を出版している。[8] アポロ計画で月面歩行していない宇宙飛行士もその動きに続いている。[9] 昨今、少し遅ればせながら管制官もその流れに同調し、社会の興味と注目を集めている。ある書籍ではインタビューで集めた情報をもとに、舞台裏で活躍した技術者の話をまとめている。[10] また、アポロ計画に携わった技術者も自身の経験を紹介している。[11] アポロ計画はそのほかにも、テレビ番組の短編ドラマ、映画『アポロ13』など、多くの媒体で網羅し尽くされている。[12] 棚が変形するほどアポロ計画に関する資料や映像作品が溢れるなか、今更まとめるべきことは残っているのだろうか?

まず、アポロ計画の史料は、そのほとんどがプロジェクトに沿って記録されている。プロジェクトの発足から始まり、プロジェクトの終わりで話が終了してしまう。個人の回想は多くあるが、20世紀の技術史という大きな枠組みにおけるアポロ計画の位置付けについてはあまり言及されていない。技術史はハードウェアとその中身に着目していることが多いが、技術に限った話になるため、その分析範囲は狭い。

歴史の〝背景〟をまとめた史料は、ときに政治的または文化的内容に偏ることが多く、機械、その設計に携わった技術者、その関係性がどのような意味をもっていたかまでは内容を掘り下げていない。[13] それゆえ、ケネディ大統領の名演説、尋常でない早さで進められた技術開発、宇宙飛行士の選抜、アポロ1号火災の悲劇、アポロ11号の快挙、アポロ13号の月面着陸断念など、プロジェクトの主要テーマや出来事の標準的な話をしているに過ぎない。

アポロ計画の史実のほとんどは英雄色を前面に打ち出している。宇宙飛行士、管制官、技術者のスキルと抜け目のない計画が、ときにマネジメントや技術の失敗に直面しても、ミッションの安全を守り成功に導いたというのが定石だ。

古代ギリシアの詩人ホメロスが長編叙事詩『オデュッセイア（Odyssey）』を執筆して以来、英雄物語は語り継がれ、重要な文化的役割を担ってきた。英雄物語は主人公が成長し、さまざまな段階を経て、自身の能力をまわりに証明するという決まった〝道筋〟をたどる。ローマ神話の英雄ヘラクレスの活躍や、ローマ神話の英雄オデュッセウスの流離譚《りゅうりたん》［若い神や英雄が場所を点々として試練を乗り越える物語］を思い浮かべると良いだろう。[14]

宇宙飛行士のそれも、質や興味は多岐にわたるが類似している。大空を飛ぶということに対する少年の純粋な憧れから始まり、軍隊での兵役、テストパイロットへの転身、NASAによる奇跡的な選抜、徹底的な訓練、そしてフライトの重要な局面で自身の判断力とスキルを駆使して物語のクライマックスを迎える。歴史家アシフ・シディキ（Asif Siddiqi）は、これらを〝円錐型史〟と呼び、プロジェクトの限られた情報しか提供しないと指摘する。しかし、「そこに私がいた……」と実際に物事を経験した主人公が登場すること、宇宙飛行士がいつの時代もヒーローとして崇められているのがわかることから、そのような内容でも文化的価値は十分あるという。[15]

人と機械の関係性は、アポロ計画の政治的・文化的な目標や機械設計に反映され、また逆にそれらを形成した。ときに、技術者の判断はパイロットを中心に据えた構造を脅かした。反対に、重要な作業が人のスキルと判断に任されたときもあった。しかし、プロジェクトが人の役割を一律に定義することはついになかった。技術者と宇宙飛行士、また新聞記者や政策立案者は、アポロ宇宙船を操縦する者の適切な役割について執拗に議論した。それは航空黎明期からすでに始まっていた。

●大空のヒーロー

1930年代、アポロ11号で月を周回したマイケル・コリンズは、一世を風靡《ふうび》した旅芸人パイロットのロスコー・ターナー（Roscoe Turner）に若くして憧れていた。「ロスコーの髭《ひげ》はワックスでカッコ良く整えられ、ペットライオンの〝ギルモア〟と一緒に空を飛んだ。それと比べて、私たちが一緒に空を飛んだのは、飛行規程書と計算尺とコンピューターだった」と羨ましそうにする。この一言からアポロ計画と航空との関係性を見い出すことができる。「私は見逃したと確信する黄金時代の過去と、なにが到来するかわからない未来の狭間にいた」[16]（図1・2参照[17]）。

ロスコー・ターナーの仕事はコリンズの数十年前にピークに達したが、両者が生きていた時代には雲泥の差があった。1920年代から1930年代にかけて放送された〝Aviation's Master Showman〟という番組で、ターナーはアメリカを田舎からハリウッドまで曲芸飛行で横断した。訓練は必要最低限で大学教育も受けていなかった。それにもかかわらず、ワックスで整えた髭と架空軍隊の軍服に身をまとい、生き生きとした姿を視聴者に見せた。ハワード・ヒューズ（Howard Hughes）監督の『地獄の天使（Hell's Angels）』という作品の中では、飛行機カーチス・ジェニーのコックピット内で結婚したり、ドイツ人爆弾兵の恰好《かっこう》をして巨大な飛行機シコルスキーS–29を操縦したりした。スポンサー石油会社〝ギルモア〟の名をとった本物のライオンと一緒に空を飛んだ。ターナーは、危険だが華麗で興奮に満ちた航空の〝黄金時代〟から、次第に飛行機の商業利

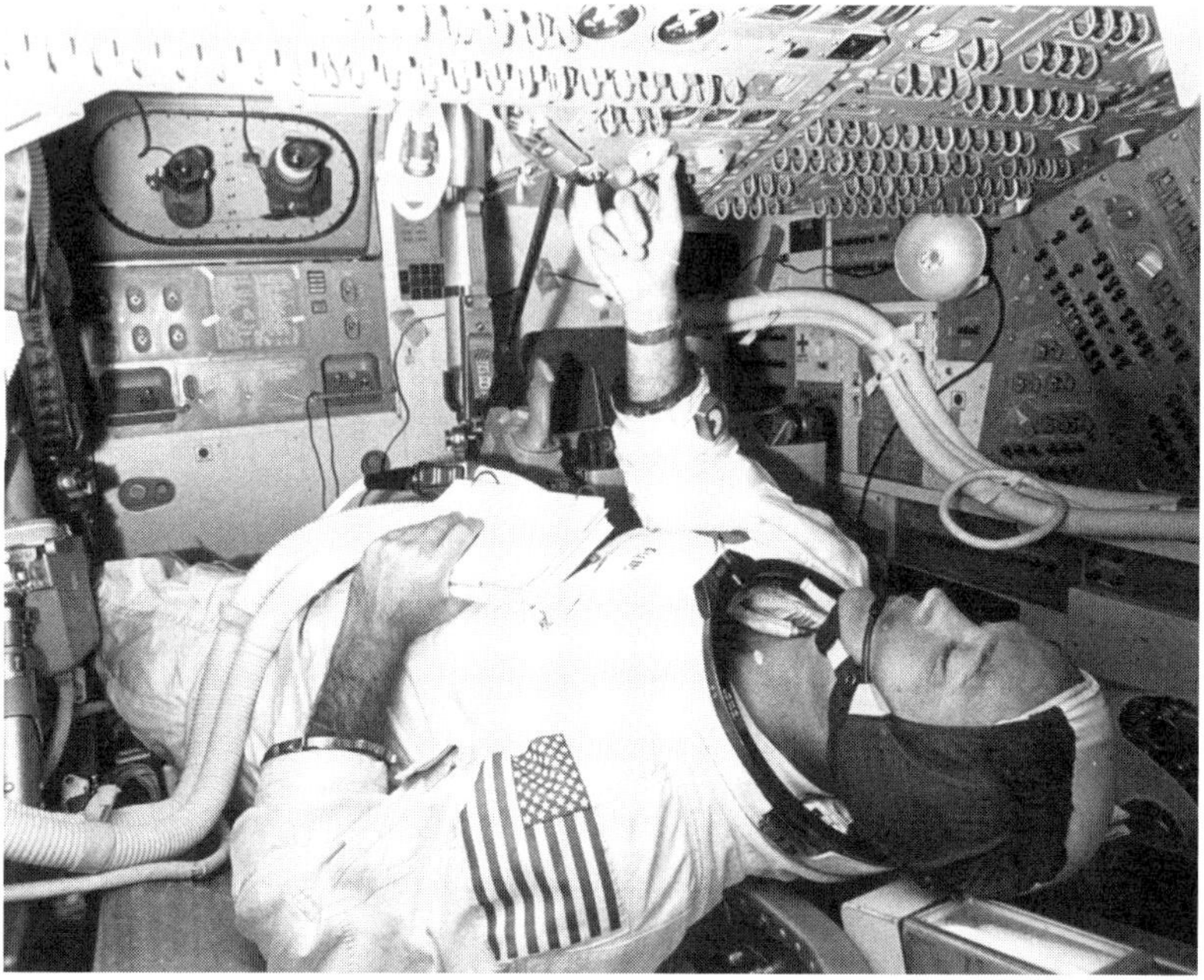

図1.2　マイケル・コリンズ（Michael Collins）宇宙飛行士の司令船シミュレーター訓練。チェックリストを左手にもち、右手は手動のつまみを調整している。彼の足元にアポロ誘導制御システムの光学式照準器が装備されている。1969年6月。（NASA photo 69-H-978. Scan by Ed Hengeveld in *Apollo Lunar Surface Journal*, http://www.hq.nasa.gov/alsj/frame.html [accessed February 2007]）

用に目が向けられる時代の、まさに転換期を生きていた[18]。

手動操作から計算機と飛行規程に縛られた操縦への変化を気に留めたのは、決してコリンズだけでなかった。20世紀半ば、企業の管理職から工場の機械工、農夫から兵士に至るまで、数多くのプロフェッショナルと職人がコンピューターや自動システムの出現に困惑した。コンピューターの隆盛とともに、新しいスキル、仕事の進め方、職業プロフェッショナルのアイデンティティが登場した。宇宙飛行士や宇宙船の登場は、変化の兆しをもっとも視覚的に訴え、根本的な質問を問うきっかけを私たちに与えた。高速処理する機械が活躍する世界で権力を握るのは誰なのか？ 機械を制御するため、単にボタンを押すことは〝男らしい〟のか？ ソフトウェアはどのように計算式を変えるのか？

●宇宙飛行とその象徴

顕著に異なった2人だが、ロスコー・ターナーとマイケル・コリンズには共通点があった。2人とも、公共の目に晒される存在だった。ターナーは飛行機の商業利用がまだ遠く、飛行機そのものが好奇の対象で、ほとんどの職業パイロットが娯楽飛行を通じて生計を立てていた時代を生きていた。その一方、コリンズはパイロットが平凡な旅客機パイロットとして稼ぐ時代を生きていた。しかし、ターナーが過ごした時代のように、宇宙飛行士は今後普及するかどうかわからない技術と向き合いながら仕事を進める点で共通していた。混沌とした状況は、報道陣、国民、政治家の注目を集め、多くの人の想像力を掻き立てた。

ロケットの中に人を据え、漆黒宇宙への旅を思い浮かべる。そこには人類が憧憬の念を抱き、長年魅惑されてきた星々が存在する。火を熾《おこ》すこと・酸化反応で火を持続させること・配管・呼吸・食事・排泄など、地上での実用的な営みを人類の崇高な大志と結び付けたら、有人宇宙飛行技術がおのずと頭の中で完成した。

プロジェクトを支持した政治家、情報収集に駆けずり回った報道記者、ニュースに触れた国民、宇宙飛行を夢見た人は、宇宙飛行が提示する象徴的な力を一度たりとも見失うことはなかった。宇宙船を設計すると同時に、関係者は宇宙飛行の象徴《シンボル》も創造していたことを自覚していた。

そのシンボルを創造するにあたり、ケネディ政権はアメリカ人が大切にする冒険・自由主義・領土拡大の考えを巧みに利用し、アポロ計画を報道陣とアメリカ連邦議会に売り込んだ。ケネディ大統領は、アメリカ史で語り継がれ、もっとも人の心を鼓舞する〝開拓者精神《フロンティアスピリット》〟を、月面着陸という目標を掲げ復活させた。そう考えると月面着陸の挑戦は、危険が潜む未開の地、ソ連という手強い競争相手など、伝統的な開拓物語に必要な役者がすべて揃っていた。

物語には開拓者《パイオニア》というヒーローが必要不可欠だった。報道陣は大量の廃棄物投棄や不正行為が蔓延する大規模な国家プロジェクトには厳しい目を向けるが、個人の話には大いに好意的だった。人が宇宙飛行に携わることによって、そのプロジェクトは物語へ変化した。国民にとって物語は〝デイビー・クロケット（David Crockett）［アメリカの国民的英雄。軍人、政治家］とバック・ロジャース（Buck Rogers）［中編小説〝Armageddon 2419 A.D.〟、のちに1928年に漫画化された話の主人公］を足して2で割ったようなアメリカ人〟がもつ謙虚な心、自立心、己への信頼、想像力を象徴した。[19] その物語の信憑性が欠けないよう、宇宙飛行士は操縦桿を握っている必要があった。開拓者が宇宙船の乗客に断じて成り下がってはいけなかった。

アポロ計画では能動的に活躍するパイロットが称えられたが、当時の世情に対して異なる見方も存在していた。アポロ計画は、技術の社会的影響を大いに気にする文化に根ざしていた。それは、ケネディ政権初期、ソ連のスプートニク打ち上げが成功したころ、科学的・技術的大規模プロジェクトが政治問題も解決すると多くの人が考えた風潮を発端とした。しかも、アポロ計画はベトナム戦争が勃発した1960年代、政府に対する反体制文化が形成され、大規模技術システムの有益性に疑問が投げ掛けられた時代に発足した。テレビの評論家は、工場の現場に自動装置を導入したら仕事の進め方が変わり、職人の〝スキルが退化〟するのではないかと心配した。[20] たとえば、マーティン・ルーサー牧師は、自動化が雇用を少なくしているため、差別を助長する一因となっていることをスピーチや文書で頻繁に指摘した。ジェームズ・ウェッブＮＡＳＡ長官は、アポロ計画は自動化で失業した技術者の雇用を改善すると述べたこともあった。

アポロ計画進行中、多くの作品が世に送り出された。１９６４年、世界を終わりに導くソ連の自動皆殺し装置が登場するスタンリー・キューブリック（Stanley Kubrick）監督の『博士の異常な愛情（Dr. Strangelove）』が紹介された。また、１９６８年には同監督により、人工知能をもつコンピューターが宇宙船に搭乗した乗組員を殺害する『２００１年宇宙の旅（2001：A Space Odyssey）』が放映された。１９６５年、社会における〝技術の台頭〟に疑問を投げ掛ける、ジャック・エリュール（Jacques Ellul）の『技術社会（The Technological Society）』が出版された。１９６７年、ルイス・マンフォード（Lewis Mumford）は、個人の価値を抑圧する、技術・社会組織・マネジメントの集合体を〝メガマシン〟と名づけた。１９６８年に出版されたフィリップ・K・ディック（Philip K. Dick）著の『アンドロイドは電気羊の夢を見るか？（Do Androids Dream of Electric Sheep?）』は、人と機械の従来の役割分担を見直し、のちに『ブレードランナー（Blade Runner）』に映画化された。１９７３年に発表されたトマス・ピンチョン（Thomas Pynchon）の長編大作『重力の虹（Gravity's Rainbow）』は〝V−2型ロケット〟を物語の中心に据え、技術を盲信する国の技術的・心理的・宗教的側面を考察した。陰謀により主人公の男性が異常な妄想に取り憑かれ、疑心暗鬼に陥っていくようすを描いている。[21]

ＮＡＳＡと宇宙飛行士は日々システムを設計するうえで、機械が人より台頭したら有人宇宙飛行の象徴《シンボル》を崩してしまわないかと心配した。ロケット、音速機、搭載コンピューターに人の瞬時の判断力を移してしまったら、伝統的なヒーロー像を壊してしまわないか？　人に適した操作、人が介入するには早すぎたり、複雑すぎたり、不確定すぎる操作はなんなのか？　アポロ計画の技術者はヒーローが存在できるシステムをどのように設計したのか？　アポロ計画の機械が設計・製造・運用されるようになると、次第に〝ヒーロー像〟の定義が問われるようになった。果たして、コントロールするというのはどういう意味なのか？

●組込みコンピューターと思い込み

用語に関してここで説明し、さらに深く考察する。1950～1960年代にかけて、有人宇宙飛行に関する資料は、原則〝manned（有人の）〟という用語を使用している。私もそれにならって、本書では〝manned〟を使用している。同様に、アポロ計画の宇宙飛行士を代表例に、歴史上の特定の男性を指す際に〝men〟または〝men versus machine〟という言葉を使っている。現に、アポロ計画の宇宙飛行士は全員男性だった。しかし、人と機械の関係性を一般的に議論するとき、性別の区別をなくした〝human〟という単語を使用している。そうすることで文章の混乱とぎこちなさを避け、〝manned〟という言葉がもつ人工的概念を強調している。ちなみにNASAは現在、よく聞き間違えられる〝crewed〟という奇妙な用語を使用している。

当時、女性宇宙飛行士の適性を研究した科学者がいたことは今となっては知られているが、NASAは初代宇宙飛行士に全員男性を選んだ。この意思決定は工学上の理屈とは相反したかもしれない。重量をなるべく軽く、空間をなるべく広くしようと考えたとき、女性の方が、身長が小さく、体重が軽く、食べ物の消費量も少なかった。宇宙飛行士に女性を選抜しなかった理由としてアメリカの専門家は1963年、ソ連が女性を宇宙船〝ボストーク（Vostok）〟で宇宙に送り出した例をあげる。ソ連の宇宙船は自動化が十分に進められていたため、スキルをもったパイロットの必要性がなかったと指摘する。その一方で、アメリカの宇宙船は自動化が進んでいなかったため、スキルをもったパイロットが必要だったという。ソ連が女性を宇宙に送り出したのは、アメリカがそうする20年前もの話だ。リンドン・ジョンソン（Lyndon Johnson）副大統領の提言を参考にＮＡＳＡは、宇宙飛行士はジェット戦闘機を乗りこなすテストパイロットであるべきだと決定した。それは結果的に当時、女性を排除したことを意味した。歴史家マーガレット・ヴァイトキャンプ（Margaret Weitekamp）は歯に衣を着せない。

「ＮＡＳＡが提示した宇宙飛行士の条件は、アメリカの有人宇宙飛行計画が極めて複雑な原理のうえに成り立っていたことを物語ります。女性が任務遂行できたら、彼らの威厳を小さくすると考えていたのです[22]」。

アポロ宇宙船の制御システム設計では〝男らしさ〟が脅かされた。20世紀になって、学者は男らしさについて異なる意見をもつようになったが、その考え方の変化に宇宙飛行士のイメージが確実に影響を与えた[23]。男らしくいることは、どれだけ操縦桿を握っているかに左右されると宇宙飛行士は考えた。そして、操縦を機械に受け渡すことは、男らしさに対する脅威だったと再三繰り返している。歴史上、技術者がその変化にどのように対応したかはあまり知られていない。技術者はシステムを使いこなす感覚を意図的または無意識に残しシステムを設計したのか？　その感覚は手に操縦桿を握っているのと、ボタンや計算機に命令するのとではどう異なったのか？

●史料から紡ぐ未来

アポロ計画の技術者は機械設計にどのように人を組み込んだのか？　重大な月面着陸で人を制御にどのように介在させたのか？　人はいつスキルをもった賢い操縦士《オペレーター》として働き、いつ飛行規程書に沿って機械のように動いたのか？　この〝人と機械〟の境界線は、無味乾燥とした技術計算だけで成り立っているようにみえるアポロ宇宙船の人間的側面を映し出す。

すべてとは言わないが、当時のエンジニアリング業務のほとんどが、とてつもなく単調な作業で支えられていた。報告書執筆、会議開催、試験実施、手順作成、ボタンを押す訓練、極細の導線を磁気コアの穴に何千回と通す指を酷使する作業。その中で人は人間らしく振る舞った。協働することもあれば、熾烈な競争を繰り広げることもあった。職業プロフェッショナルとして誇りや不安を抱《いだ》くときもあった。また、プロジェクトに対する影響力と要求を明確化していくうえで葛藤を経験した。多くの資料は作業が辟易《へきえき》するものであったことを示す。度重なるプロジェクト変更、状況報告資料作成、各部門間のメモ・設計図・試験結果報告書作成、宇宙飛行士の膨大な時間のシミュレーター訓練、運用訓練の実行手順書作成、技術報告会開催、ミッション報告書作成など。当事者が指摘するように、システムズエンジニアリングが設計の上位まで適用されることはたいがい、さらに重く圧し掛かる書類作成を意味した。しかし、これらの資料こそ、プロジェクトの前提条件や緊迫した雰囲気を私たちに伝え、過去を現代に蘇らせてくれる。

私の目標の一つは、20世紀最大の技術的偉業であるアポロ計画が、どのようにしてなし遂げられたか、できる限り正確に伝え、月面着陸を読者に身近に感じてもらうことだ。本書では、有人宇宙飛行に対する大勢の人の関心とドラマを背景に、最先端技術に挑む技術者の挑戦と葛藤を描いている。また、コンピューターの社会的重要性も説明している。１９８１年、トレイシー・キダー（Tracy Kidder）が執筆した『超マシン誕生（The Soul of a New Machine)』は、コンピューターを設計する技術者を描いた小説だ。皮肉なことに、本は多くの人の心に残っているが、小説に出てくる実在したコンピューターは忘れ去られている。本書には小説と同じように技術者とコンピューターが登場するが、アポロ計画の場合、計算機はその名を歴史に刻み、偉業は後世に語り継がれている。

興味はあるが技術に精通していない読者が、月まで飛行し着陸するという極めて困難だがワクワクする工学問題に触れ、とくに月面着陸、制御と人と機械のやり取り《ヒューマンマシンインタラクション》に関する根本的な問いに対して、なにか得られるものがあれば幸いだ。これらの問いは現代でも、航空管制、原子力発電、新しい時代の宇宙探査といったハイリスク・ハイリターン技術に共通している。

ここで、本書が記載しないことについて少し言及する。本書はアポロ計画のＮＡＳＡ黄金時代を回想するものではなく、またそれ以降の30年、ＮＡＳＡの凋落を批判するものではない。[24]「私たちは手持ち電卓より性能が劣ったコンピューターで月へ行った」という決まり文句は繰り返さない。計算機の性能を記憶容量と処理速度だけで考えた場合ごもっともかもしれない。しかし、ほかの機器との接続、信頼性、耐久性、設計の文書化を考えると、アポロ宇宙船の計算機は少なくとも私たちの机に置かれているコンピューターより立派なものだった。また、そのソフトウェアはハードウェアと同じくらい、多くの人の労働とアイディアが複雑に結集したものであった。

ビデオゲームで育った世代は、ジョイスティック、コックピット画面、手と目の連動操作と言われると、アポロ宇宙船が腑に落ちるかもしれない。1950年代、人間の器官が一部人工物に置き換えられた〝サイボーグ(cyborg)〟は、宇宙生物学を研究したNASAの研究者によって創造された。[25] アポロ計画時代にいち早く販売されたビデオゲーム〝Lunar Lander〟では、「あなたは月面に着陸しようとしています。月面高度150m、あなたは自動操縦から手動操作に切り替えました」とテロップが流れた。1977年に放映されたジョージ・ルーカス監督の『スター・ウォーズ（Star Wars）』のクライマックスでは、ヒーローのルーク・スカイウォーカーがコンピューターの視覚装置を切り、宇宙要塞デス・スターを破壊するとき、目を瞑《つむ》って直感の〝フォース〟に頼る。

私はアポロ計画が、人と機械の関係性を変えたとは考えていない。その関係性を変える新しい技術が誕生したきっかけでもない。人と機械の関係性を変えた原因だとも決して思っていない。あくまでアポロ計画は、人と機械の関係性の変化を広範囲で示してくれる例だと考えている。

●未来の宇宙飛行における人と機械

アポロ時代の人と機械の歴史はなおも、人あるいはロボットが太陽系を探査すべきかと長い間討論されてきた議論に一石を投じている。[26] 最近の論争はだいたい、想像力が豊かで柔軟な対応がとれる人は〝探険〟に秀でていて、データ収集が得意な自動装置は〝科学〟に向いているという対比構造を生み出している。これらの巧言令色はここ数十年、議論を白熱させる一方で道筋は一向に示さない。ただ、新しい政策を打ち出すNASA

がこの問いに答えることは重要だ。どちらの支持者も、とくに通信や遠隔操作の自動と手動の組み合わせと配分について否定や誤解が多いように思う。たとえば、最近になって社会の想像力に火を点けた火星探査車〝スピリット（Spirit）〟と〝オポチュニティ（Opportunity）〟は、〝自動ロボット〟というより〝遠隔操作ロボット〟として活躍している。地球から命令を受信し、管制官や科学者にデータを送信し、火星の景色を見せることで私たちに新しい体験を提供している。同じように、アポロ宇宙船と宇宙飛行士は地上と緊密に繋がり、画像、言葉、数値データ、状況を遠隔から送受信していた。どんな計算機も決して独断で意思決定はしなかった。アポロ宇宙船のすべてのソフトウエアプログラムは、月面着陸を実体験としてもたない技術者のアイディア、数学モデル［システムの振る舞いを代数方程式、微分方程式、あるいは論理式のような数学的表現を用いたもの］、仮定条件が設計に反映されたものだった。

私は〝人〟対〝ロボット〟の議論の中立的立場を守る。どちらかに加担するより、次にあげる質問に答えたいと考えている。宇宙で人はいったいなにをしているのか？　そのうち、どの作業が厳密な規則に従うのか？　どの作業に鋭い知覚とスキルが必要なのか？　人はいつ判断力を使うのか？　いつ間違いを犯すのか？　〝人〟対〝機械〟の議論より頻繁ではないが、同じくらい議論を巻き起こすものとして、次のような質問も思い浮かぶ。どんな人が宇宙に行くべきか？　どの職業の専門家？　もし宇宙飛行の目標が創造性に刺激を与えること、人類の経験を拡張することであれば、その経験を巧みに伝えることのできる人を、選抜または訓練すべきではないのか？　ほかの根本的な質問も、答えよりさらに多くの質問を投げ掛ける。しかし、何世代にもわたって立ち往生している議論に、本書と似たような分析を将来、スペースシャトル・深宇宙探査機・ロボットミッションに適用することは、状況の打開に繋がるかもしれない。社会に正確な情報を伝えることは、有人宇宙飛行が将来仮想現実《テレプレゼンス》技術で実現するとしても、人類の継続的宇宙探査には必要不可欠だ。

02章

システム時代の
ショーファーとエアマン

●テストパイロットとサバイバル

実験機テストパイロット協会（Society of Experimental Test Pilots : SETP）は1957年10月4日、年に一度の表彰式も兼ね、晩餐会を初開催した。SETPのパイロットは日々エンジニアリング業務と操縦業務の間を行き来し、職業パイロットの頂点を極めていた。9年前、チャック・イェーガー（Chuck Yeager）による超音速飛行の画期的成果によりSETPの名声は飛躍した。パイロットの職業プロフェッショナルとしての成熟度を祝い、宴会場は熱狂的な雰囲気に包まれた。国際的《コスモポリタン》スタイルで有名になった新しいザ・ビバリー・ヒルトン・ホテルに650人が集い、ほとんどの者が乾燥した荒野、パイロットが勤務するエドワーズ空軍基地から車で来場していた。基地はモハーヴェ砂漠から数時間北に行った場所に位置した。1950年代、南カリフォルニアがもっとも栄えた時期、豪華絢爛ハリウッドの真っ只中、普段は真剣に仕事に取り組むパイロットたちが夜を涼んでいた（図2・1参照）。

組織結成からまだ1年未満。知名度を上げるため、SETPは航空界における偉大な人物に賞を授けた。その晩、空軍のジェームズ・ドゥーリトル（James Doolittle）将官に名誉上級会員の称号を贈呈した。博士号をもったテストパイロットで、第二次世界大戦中、日本襲撃を指揮した功績で有名だった。また、奇抜で知られたパイロット兼実業家のハワード・ヒューズにも賞を授与した。チャールズ・リンドバーグも表彰される予定だったが、彼は賞を辞退した。もしかするとSETPという団体を知らなかったのかもしれない。12年後、ようやく賞を受け取っている[1]。

図 2.1　1957年 10月 4日。実験機テストパイロット協会（SETP）初の晩餐会。（SETP, *History*. Reprinted by permission）

「名誉ある招待客、紳士、淑女の皆様」と司会者は始め、宴会場は静まり返った。司会者は空軍研究開発のリチャード・ホーナー（Richard Horner）次官補だった。第二次世界大戦中、北アフリカの戦闘に加わり、プリンストン大学から航空宇宙工学の修士号を取得し、テストパイロットとなった経歴の持ち主だった。2年後、官公庁の民間役職ではもっとも位が高い、ＮＡＳＡ初代副長官に着任した。

ホーナーは小話《しょうわ》から始めた。スピーチの依頼を受けたとき、知人のテストパイロットにどんな話題が聴衆の興味を惹くか質問したという。「彼の答えは一言でした。〝サバイバル〟だと言うのです。即答だったので、きっと彼のなかで一番重視している問題だと私は疑いませんでした」。それを受け、飛行機の脱出シート、脱出カプセル、与圧服、ゴーグル、ヘルメットなどの話をしようと考えていた。現にＳＥＴＰの憲章には、一番興味のある分野としてサバイバル道具が掲げられていた。しかし、これらの道具について、自身の意見をテストパイロットに話すと、どうも話が食い違った。若いテストパイロットは、実は違う種類のサバイバルを考えていた。それは〝コックピット自体のサバイバル〟だった。

テストパイロットはなにを伝えようとしていたのか？　試験飛行があちこちで実施されＳＥＴＰというテストパイロットのための組織まで結成されるこの黄金時代、どうして彼らの存在が脅かされるのか？　即座にホーナーは気が付いた。「会話の向こう側に、ボマーク（Bomarc）、マタドール（Matador）、スナーク（Snark）、トール（Thor）、アトラス（Atlas）、タイタン（Titan）……そして、ここはカリフォルニア州なので少し言いづらいですが、ナバホ（Navaho）［カリフォルニア原住民族の名］の存在がありました[2]」。これらは当時、米空軍が開発していたミサイルの名だった。この中にはロケットや翼が付いていて飛行機のように飛行するミサイルも含まれていたが、それぞれに〝無人〟という恐るべき修飾語が付いていた。なんとサバイバルは、個人のパイロットに対してではなく、パイロットという職業自体のサバイバルを意味していた。

ホーナーは普段のスピーチで自動装置の長所を称賛した。しかし、今晩は違った。この〝サバイバル〟により、生活を左右される６５０人もの聴衆を前にしていた。ホーナーにとって、ソ連を牽制するアメリカの防衛体制や特殊な武器の必要性を考えると、無人という特徴は必要不可欠だった。「人を簡単にシステムの運用から外してはいけないことは明白です。そう判断するためには運用開始前に熟考し、運用の詳細を決める必要があります。もちろん、ある状況下では人を地上で待機させ、精査した情報《インテリジェンス》を与え、遠隔操作でシステムに人を含めることも可能です[3]」。

当のパイロットは遠隔操作など夢にも考えていなかったが、ホーナーは遠隔操作を予言していた。聴衆の心を一時的に落ち着かせるため諭した。「私たちの軍事システムには今も、そして見通せる限りの未来、人を必要とする任務が残っています。軍事活動で、人の判断力と識別能力が、機械の論理思考能力に劣ると考えるのは現実的ではありません……ご安心ください、有人機を推す有識者は、ミサイルは有人機に代わるものではなく、あくまで有人機に至るまでの過程だと考えています」[4]。しかし、ホーナーは有人か無人システムかのトレードオフ問題について強調した。「システムに人を含めるのは正当だという意見で、人の推理能力・判断力・柔軟な対処能力を理由にあげる人は、自身の能力を誇示したいと考えているに過ぎません」。

ホーナーは飛行機を操縦するパイロットの存在も疑問視し、聴衆を追い詰めた。「有人機で、ある性能を満足したいとき、人の生きて帰りたいという本能の縛りを受けない方が、目的が達成されやすいと思いませんか」[5]。技術は進化し続けるが、パイロットはいつの時代も変わらないと忠告した。「私たちはいい加減、気づかなければなりません。有人システムがいくら発展しようとも、その中で何世代と進化しないのは人です」。軍用機においてでさえパイロットは不要だと考えていた。パイロットの能力はあくまで技術不足を補うもので、人の能力はある特殊なミッションで、付け足しで必要になるものに過ぎないと念を押した。

ＳＥＴＰの晩餐会に参加した会員はホーナーに対抗するため仲間意識を新たにしたが、将来に不安も覚えた。しかし翌朝、新聞の朝刊を開いたとき、世界は一変していた。１９５７年10月4日、ＳＥＴＰ晩餐会が催されたのと同じ日、ソ連が人工衛星スプートニクの軌道上打ち上げに成功していた。アメリカとソ連の宇宙競争の幕開け。その最初のヒーローは、人工衛星という機械だった。

●安定性と制御特性

ホーナーの質問は飛行の真髄を突くもので、宇宙飛行でもその問いが中心となった。より速く、より高く、より複雑な飛行が求められるなか、パイロットの役割はどうあるべきか？　パイロットは、電子機器やコンピューターと、コックピットの空間と操縦負荷をどのように分かち合うのか？

ライト兄弟の時代から現代に至るまで、制御は重要な課題として扱われた。パイロットはどのように機体に意思を伝えるのか？　パイロットはどのように訓練されるべきなのか？　どのような装置がパイロットを支援すれば良いのか？　20世紀前半、新しい技術の導入に伴い、貴族出身パイロット、戦闘機パイロット、腕利き《エース》のパイロット、曲芸飛行士《バーンストーマー》、スタントパイロットなど新しい個性が誕生した。それ以来、航空技術と職業パイロットはともに歩みを進めている。

航空史に、矛盾とまでは言わないが皮肉がある。航空工学が成熟すると、機体まわりの空気の流れを測定・数式化し、空気の流れの改良を目的に機体や部品の開発が進められた。ところが、いくら航空工学が発達しても、機体の中心にいたのは工学に不慣れな〝人〟だった。したがって、測定や数式化が困難な作業を実行することが、パイロットの重要な役割になった経緯《いきさつ》がある。

機体の制御と自動化の議論は、人と機械の相対的な重要性を論じることに通じる。その議論は動力飛行の時代まで遡り、いくつかの修正はあったがアポロ計画まで続いた。ライト兄弟が発明した飛行機から1950年代に登場したジェット機まで、機体の制御技術はパイロットと並んで進化した。航空技術、そのほかの技術も含め、技術と社会の進化は連動する。

ここでまず用語について紹介する。航空工学では「安定性（stability）」と「制御特性（control）」が人と機械の動きをとらえる指標となる。「安定性」とは、機体がある対気速度の条件下で、パイロットの操縦なしに直線・水平飛行を続ける特性や突風などの外乱が加わった後にもとの状態に戻る特性を表す。安定性は、機体の翼の位置、重心、基本設計のわずかな角度や傾斜に関係する。現代の飛行機のほとんどは、パイロットが操縦桿から手足を離しても直線・水平飛行に戻ろうと努めるので安定していると言える。同様に自動車の安定性も良い。もし運転手がハンドルから手を離しても、平らな道路であれば車はほぼ真っ直ぐ進み続ける。反対に、不安定な機体はパイロットの操縦がなければ、水平飛行していてもやがて墜落する。自転車は不安定だ。直進するにはハンドル操作が必要で、ペダルをこがなければ前に進みもしない。不安定だからと言って自転車や飛行機も乗れなくなるものではない。ただ、運転する人の注意、集中力、スキルを一層必要とする。

現在、機体の安定性を確保することは自明で、少数派を除き、多くの技術者がこの考えに賛同している。しかし、航空工学で安定性について合意を得るのには何十年も掛かった。「安定性」と「制御特性」は相反する目的をもっていて議論の的となる。「制御特性」についての説明では次の例をあげる。機体が安定なほど、その均衡から外れるためには大きな力を必要とする。したがって、制御しにくい。その逆も然り。制御特性が良いほど、すなわち操縦しやすいほど、機体は不安定になる。戦闘機は旅客機より反応が良いが操縦するのは難しいとお伝えしたらおわかりいただけるだろうか。

●ショーファー対エアマン

〝安定した機体〟対〝不安定な機体〟の論争は航空黎明期から始まっていた。1910年、ある評論家は比較した。「機体の安定性の議論は、パイロットを二つの学校に分類した。ある学校は機体の安定性は自動装置で大半まかなえると言う……しかし、もう一方の学校は、機体が安定であるか否かはパイロットのスキルに掛かっていると断言する[6]」。

動力飛行が一般市民に公開された数年後にはすでに議論は巻き起こり、パイロットを二つに分けた。歴史家チャールズ・ギブスミス（Charles Harvard Gibbs-Smith）は、この二つの学校を〝ショーファー（Chauffeurs）〟校と〝エアマン（Airmen）〟校と命名した。前者は、機体が安定しているべきだと考えた。後者は不安定な機体を好んだ。「ショーファーの飛行に対する姿勢は、飛行機を自動車に翼が生えたと見立てるのと同じだった。空を地上あるいは海上に置き換え、エンジンやプロペラといった荒々しい力で悠然と前に突き進んだ[7]」。ショーファー的態度は19世紀後半、飛行実験に携わった西欧人、とくにフランス人にその気質がみられると指摘した。ショーファーは、自身が機械の〝外〟にいると考えた。機体設計にある程度の安定性が取り込まれたため、機体を力づくで操縦するより誘導することに人の役割の重点を置いた。

一方で、エアマンは〝空中に漂う機体〟を〝実際に操縦して学習し、己の力で操作するもの〟だと考えた[8]。ギブスミスは、オットー・リリエンタール（Otto Lilienthal）〔ドイツの初期航空工学に貢献。グライダーの発明者〕とオクターヴ・シャヌート（Octave Chanute）〔フランス生まれ。米国シカゴを拠点とした鉄道技術者。ライト兄弟に飛行を教えた航空技術者でもある〕といった人物をエアマンの例にあげた。最強のエアマンはやはり、飛行制御の重要性を説いたライト兄弟だった。「真のエアマン的態度は、パイロット自身が操縦する機械と自分を一心同体に考えているかによる……または、優れた馬乗りのように機体を乗りこなしていること」ウィルバー・ライト（Wilbur Wright）は、〃手に負えない馬を乗りこなすように〃操縦練習を重ね機体を手懐《なず》けた。「機体の安定性は飛行自体の問題」と断言した。[9] ライト兄弟は、自転車と乗馬を機体操縦の重要なたとえとして使った。動力飛行に挑む前、滑空機《グライダー》で飛行訓練を重ねていた。歴史家、そして当時の一般市民も、ライト兄弟の偉大な功績は動力飛行を実現したことと、操縦を考えたことの二つだと認識していた。ライト兄弟は機体を設計したばかりでなく、パイロットに操縦される機体のアイディアそのものを考えた。

歴史家にあまり知られていないのは、エアマン哲学の社会的影響だ。第一に、機体が不安定だと、操縦に優れたスキルが必要だった。第二に、不安定な機体は危険でパイロットをリスクに晒した。1900年、ウィルバー・ライトはシャヌートに手紙を出した。「なにより必要なのは機械よりスキルだ」。[10] 操縦可能な飛行機には〃スキルをもったパイロット〃という存在が欠かせなかった。

●スキルと階層

ここで〃スキル〃という言葉に着目してみる。日常生活で一般的に使われる言葉だが、技術の社会的側面を知る重要な手掛かりだ。スキルはとても個人的なものだ。実用的な知識でもある。人の賢さをほのめかし、その人の得意分野とも言える。そして、よく私たちはそれが身体、たとえばマニュアルスキルと言うように、とくにその能力が手に宿ると考える。スキルは深く社会に根ざしたものでもある。天賦の才能ではなく、のちに獲得される。スキルを修得するためには訓練が必要で、だいたいの場合、師弟関係を結び、他人から時間を掛けて、努力して学び取る必要がある。たとえば、音楽家、フィギュアスケーター、野球の投手が活躍するのを鑑賞・観戦するときのように、スキルは修得時、実行時、観察時、人に喜びを与える。もちろん、彼らには生まれもった才能もある。また、スキルは尊敬の眼差しを集める。スキルがあるほど、多くの称賛を集めるようだ。

スキルをもった働き手には、手術の執刀医、大工や接客係も含まれる。すべてのスキルが社会で平等に扱われていないのは一目瞭然だ。あるスキルはほかのものより尊くみなされ、社会的・経済的格差を生む要因となっている。スキルは人を区別もする。スキルという言葉自体、古代ゲルマン語の〝区別〟や〝違い〟といった言葉に由来し、現代にも意味が通じる。[11] また、どんなスキルも、ある人は所有し、ある人は欠く。〝スキル〟という言葉の概念は、社会で特定のグループを指す場合もある。エリート集団もその内に入る。

同じスキルをもった者が集まると、組織が形成され、規準を設け、伝統を創造し、守ろうとする。仲間と部外者には明快な境界線が敷かれる。高いスキルがあると、人は〝プロフェッショナル〟の一員として認められる。より伝統的なスキルをもつ者は〝職人〟と呼ばれる。[12] 医者がプロフェッショナルであることは大勢が認めるが、大工やウェーターといった接客係もそうなのか？

ライト兄弟はスキルの重要性を強調し、操縦する機体を設計するばかりでなく、パイロットという職業も創造した。ウィルバー・ライトが動力飛行に成功したときから、パイロットという新しい職業プロフェッショナルが誕生した。

スキルの観点から、歴史家チャールズ・ギブスミスが提唱する〝ショーファー対エアマン〟の構造を分析してみよう。〝ショーファー〟という言葉は〝おかかえ運転手〟という意味のフランス語で、普通のスキルをもち、地位が高い人のために運転し、報酬を受け取る者を指す。〝ロボット〟という言葉も、労働に近い意味をもつことはご存知だろうか。ショーファーにとって、安定した操縦は機体設計に組み込まれているため、技術者や設計者の成果でしかない。

反対に、〝エアマン〟は自身で機体を操縦する。新しい職業プロフェッショナルという枠組みの中で活躍し、自らが男性だとも主張する。エアマンの学校では、機体を安定して操縦するために、パイロットの継続的・積極的なスキルが求められる。したがって、安定した操縦自体、パイロットが成し得た功績となる。パイロットが無事帰還したら、飛行機と一緒に評判も一気に飛躍した。知名度はリスクの高さに比例した。

〝ショーファー対エアマン〟という言葉は１９７０年、ギブスミスが考えた造語であって、航空黎明期のパイロットが考えた言葉ではない。ライト兄弟は、このような区別を意図的に設けたわけでもない。〝ショーファー対エアマン〟の対比構造は20世紀初頭、飛行の安定性がいかに活発に議論されたかを物語っている。機体設計だけでなく、パイロットの職業的地位も問われるようになった。パイロットは、大勢の日雇い賃金労働者のように、ただエンジンを操る人になる運命だったのか？　それとも、新たな領域で独立した職業プロフェッショナルとなり、新しいスキルを極める運命にあったのか？

航空黎明期、パイロット候補には機械工、錫掛け職人、技術者、スポーツマン、芸術家、貴族、兵士などがいた。飛行の愛好家は、パイロットを「〝現代技術《翼のゴスペル》〟を運ぶ機械の天使」と表現した。一方で、未来主義者やダダイズム芸術思想［第一次世界大戦（１９１０年代）中にヨーロッパやアメリカで起きた芸術思想］の芸術家は、飛行において生命体と機械の境界線が滲《にじ》むのをみた。[13] 機体が進化すると、異なる性格をもったパイロットが競争するようになり切磋琢磨した。そして、技術もパイロットの興味や夢に応じて発達した。

〝ショーファー対エアマン〟の議論で、どちらがどちらに従属するかは疑いの余地もないはずだった。エアマンの歴史は勝者の歴史でもある。ライト兄弟が活躍し、エアマンが勝利した。いや、本当にそうだったのか？

●安定か不安定か

ライト兄弟の機体は不安定であるべきという見解は、飛行家の間で数十年間合意がとられていた。第一次世界大戦中の戦闘機は不安定で、操縦が難しいことで悪名高かったが、機動性に非常に優れていた。敵と戦うのと同じくらい、飛行訓練に危険が伴った。危険な分、生還すれば英雄扱いされた。戦時中、イギリスのパイロットは空中戦で命を落とすより、訓練中に殉職する者が多かった。[14] 不安定な機体が生産されると、新しいスキルをもったパイロットの集団や戦闘機のヒーローが登場した。技術スキルと同じくらい、彼らを特徴づけたのは持ち前の勇気だった。[15] 航空黎明期の偉大な航空工学技術者ジェローム・ハンセカー（Jerome Hunsaker）は「百戦錬磨のパイロットは安定した機体にほぼ共通した偏見を抱《いだ》いていた」と指摘する。[16]

しかし、打って変わって1920年代、パイロットは安定した機体を好むようになった。1935年、のちに伝説の機体設計者と呼ばれるクラレンス・ジョンソン（Clarence〝Kelly〟Johnson）は〝機体が安定していた方が良い理由は明白だ〟と記し、技術者の考えが変わったことを示唆する。面白いことに〝機体は安定であるべきだが、安定しすぎてはいけない〟と意見が一致した。[17] 技術者兼歴史家のウォルター・ビセンチ（Walter

Vincenti）は、安定性の好みの変化は人間の疲労が原因だと分析している。機体が大きくなるにつれ、パイロットは長時間飛行するようになり、絶えず水平飛行を保つ努力が重労働になり、安定した機体が支持されるようになった。ところが、飛行機の種類が増加すると、機体の安定性に対する意見も分かれるようになった。戦闘機は貨物機よりも不安定であるべきだとの声も聞こえるようになってきた。

パイロットはなぜ、スキルを駆使し、自力で飛行をなし遂げ、操縦を完全に手中に収めることを放棄したのか？　長距離飛行、郵便飛行、商業飛行、軍隊での権力など、新しい可能性が広がるなか、もはやパイロットはスティック・アンド・ラダー操作［エルロン（補助翼）とエレベーター（昇降舵）を手で、ラダー（方向舵）を足で操縦する方法］と呼ばれる古いスキルだけに頼っているわけにいかなくなった。

●製図版とコックピット

1930年代、パイロット兼文筆家のアーネスト・ガン（Ernest Gann）は、自身を機械そのものには興味がない〝工芸人〟かつ〝スキルをもった職人〟だと紹介した。「はじめ、私たちほとんど全員が科学の野蛮人だった。技術に文化の必要性もなく、技術畑に文化が生まれる機運すらなかった」[18]。

そのころ、長時間飛行や荒天のなか飛行するパイロットを支援する装置が続々と登場していた。さまざまな種類の〝計器〟がコックピットを占めるようになった。大雑把な気圧計は正確な高度計に替わり、誤差が大きい方位磁石は回転羅針儀《ジャイロコンパス》に交換された。計器に表示される〝人工水平線〟が地平線を示し、パイロットに機体の左右の傾きを教えた。類似計器も〃計器飛行〃時、一定角度を維持することを補助した[19]。歴史家エリック・コンウェイ（Erik Conway）が指摘するように、パイロットは自分より計器を信頼することを覚え、シート越しからの感覚で飛んでいた〃自然体〃パイロットから、規則や計器で飛ぶ〃機械的〃パイロットへ変貌した[20]。

飛行と操縦の時代変化を象徴したのが、１９４２年東京大空襲を指揮し、国民的英雄となったジェームズ・ドゥーリトルだった。１９５７年、ＳＥＴＰが表彰したのは決して東京空襲の功績だけが理由ではなかった。第二次世界大戦前、すでに航空科学分野で名を馳せていた。

元々鉱山労働者として働いていたが、ドゥーリトルは第一次世界大戦中に入隊し、パイロットに転身した。しかし、空中戦の任務に就くには訓練が間に合わなかった。１９２０年代、数々の実験に参加し、長距離飛行の可能性を探った。その間《かん》、技術者とパイロットに派閥があることに気が付いた。「技術者はパイロットを少し狂っている、そうでないと自身を危険に晒すパイロットにならないだろうと考えている。逆にパイロットは技術者を……定規をただ左右前後に移動し、問題だらけの機体を製造していると批判している」。〃操縦技術と設計技術の両方をもった人〃がいれば変革を起こせるのではないかと考え、〃その人〃になるため大学に戻った。ＭＩＴで航空工学を学び直し、１９２５年、その分野で初となる博士号を取得した[21]。卒業後〃製図板とコックピット〃の間を行き来する米軍試験飛行責任者となった[22]。

ＭＩＴの博士論文では、パイロットにインタビューを行い、試験飛行で収集したデータの所感を聞いて回った。パイロットは機体のささいな動きを頼りに、風向きを直感的にとらえていると思い込んでいた。向かい風と追い風では、機体の挙動も違うと考えていた。しかし、その考えが間違っていることを証明した。パイロットは、機体の動きだけでは風向、その強度さえ判別していなかった。機体が地上に対してどれだけ動いているかパイロットに教えていたのは、実は外の景色だった。[23]

ドゥーリトルは操縦に厳密な工学を適用し始めた。グッゲンハイム財団の予算を使って多くの実験を実施し、地上が雲や霧で覆われたときの〝計器着陸〟を研究した。プロジェクトのテストパイロットとして活躍し、簡単な方位磁石と傾斜計だけでは計器着陸に必要な情報が十分でないと考えた。そのため、独自に計器開発を進めていた産業界に目を向けた。当時、スペリー・ジャイロスコープ社（Sperry Gyroscope Company）が、航海で使うジャイロスコープを飛行機にも導入しようとしていて、人工水平線と定針儀（ダイレクショナル・ジャイロスコープ）を販売していた。また、スターツアップ・コルスマン・インスツルメント社（Startsup Kollsman Instrument）は、誤差6m以下の精度を誇る高度計を市場に供給していた。[24]

1929年、ドゥーリトルは離陸から着陸まで窓を布で覆い、これらの計器と無線機だけを頼りに決まった経路を飛行してみせた。この実験は計器飛行の研究を急速に進め、アメリカの航空界でもっとも誉《ほま》れ高いコリア（Collier）賞を受賞した。[25]現在、計器がコンピューター画面に表示されるものに替わりつつあるが、この実験で使用された飛行計器、すなわち人工水平線、定針儀、正確な高度計、無線機は、現代の計器飛行でもコックピットに欠かせない装備品となっている。

グッゲンハイム実験、スペリー社やコルスマン社のおかげで、航空工学に新しい領域が拓かれた。心理学と物理学を専攻し、自身がパイロットだったＭＩＴのチャールズ・ドレイパーは飛行計器について研究を始めた。新しい分野を〝器械工学（instrument engineering）〟と呼び、ＭＩＴに器械工学研究所を設立した。〝器械〟という単語を用いて、科学で求められる公平性と客観性を強調し、合理的な現代技術とパイロットの結び付きを強めようとした。

それまでは、航空力学とエンジンの研究が航空工学の大半を占めていた。飛行に精度が求められるようになると、ドレイパーは次のように推奨した。「産業界の成長は、適切な計器開発とともに進むべきだ」。１９３５年、航空科学協会（Institute for Aeronautical Sciences）の会議で、器械工学は航空工学の一分野として承認された。[26] ドレイパーは、高い技術力を誇る企業が集まる機会を設け、器械工学研究所で研究機を開発し、計器飛行の研究を続けた。25年後、アポロ宇宙船の誘導制御システム開発で、再びスペリー社とコルスマン社と組むことをまだこのときは知る由もなかった。

ドゥーリトルが真のパイロットであることは誰もが認めた。航空分野初の冠をいくつも獲得し、１９３０年代に国内で開催された飛行競技ではほとんど優勝していた。博士号級の工学スキルは機体の設計を著しく変えた。コックピットに計器が装備されたため、パイロットは自身の直感や経験より、目盛盤《ダイヤル》や指示器を信頼するようになった。計器は操縦を簡単にし、訓練の重荷を減らした。第二次世界大戦中、飛行訓練の需要が一気に増え、研究はとてつもない恩恵をもたらした。〝リンク・トレーナー（Link Trainer）〟という計器飛行訓練シミュレーターの登場により、実際に飛ばなくても操縦訓練ができるようになった。[27]

コックピットに正確で、反応が良い計器が装備されると、技術者の次の目標は計器まわりに〝フィードバック制御［自動制御はフィードバック制御とシーケンス制御に大別される。フィードバック制御は制御量と目標値を比較し一致させるように訂正動作する制御］〟を敷き、機体を自動で飛ばすことに移った。何十年もの実験成果が実を結び、１９３０年、スペリー社は自動操縦装置の開発に成功した。１９３０年代に航空会社は自動装置を導入した。また、軍隊は第一次世界大戦中に自動装置を実戦で使うようになった。１９３０年代、自信のない悲観的なパイロットは、機内での手動操作のスキルと直感的な判断力が、自動装置で代替できるとは信じず、これらの技術開発を疎ましく思ったかもしれない。一方で、楽観的なパイロットは、計器や数字の解読能力が、新たな感覚とスキルを獲得するチャンスだと考えたかもしれない。自動操縦装置の開発は、操縦を厳格に測定し、神聖なスティック・アンド・ラダー操作を数値化し、パイロットの操縦に対して敏感に反応する機体を設計することを可能とした。

●飛行性

機体の安定性と制御特性は、いったいどのように最適設計されたのか？　パイロットは、数学や理論だけでは良い機体が製造できないことを指摘した。パイロットの要求や個々の嗜好は技術者を苦しめた。１９３０年代、技術者はパイロットの意見が機体の設計値になんの関係もないことに驚いた[28]。机上で緻密に設計された機体はパイロットに不評で、図面ではいまいちだと考えていた機体がパイロットに好評だったりした。技術者は、飛行満足度を左右する機体の種々のわずかな違いである〝飛行性（flying qualities）〟を把握する能力に欠けていた。操縦が〝重すぎると〟機体は鈍かった。逆に〝軽すぎると〟自由奔放に動き操縦が難しかった。〝機体は安定であるべきだが、安定しすぎてはいけない〟。これは果たしてどういう意味だったのか？

ここで一息、ＮＡＳＡの前身、ＮＡＣＡについて紹介する。ＮＡＳＡのように〝ナサ〟と一つの単語で読むのではなく、ＮＡＣＡは1文字ずつ区切って〝エヌ・エー・シー・エー〟と発音する。アメリカの航空技術、アポロ計画の技術文化を理解するため、ＮＡＣＡの起源について知ることは必要不可欠だ。

ＮＡＣＡは20世紀、もっとも革新的で生産的な研究プログラムを擁し、現代の航空技術と航空科学の礎を築いた。1915年、第一次世界大戦に向けた研究を強化するため結集された。実験室は、基本的な翼の形から最新爆撃機の試験データに至るまで、さまざまな成果を生み出した[29]。

筆頭の研究所は1917年、バージニア州ラングリーに設立されたラングリー記念航空力学研究所（Langley Memorial Aeronautical Laboratory）だった。そこで働く技術者や科学者は航空工学に精通し、その風洞は冠たるものだった[30]。国の有人宇宙飛行を牽引する技術者やアポロ計画を構想し取りまとめる人材を輩出した。

1920年代、NACAラングリー研究所の技術者は、安定で、なおかつパイロットの操縦に対して敏感に反応する機体開発に取り組み始めた。機体の主観的な飛行性を客観的な工学値に落とし込んだ。研究者はパイロットがコックピットの操縦桿に加える力やその機体への影響を測定した。

やがて、ロバート・ギルルース（Robert Gilruth）という名の若い技術者を中心にグループが形成されるようになった。エドワード・ワーナー（Edward Warner）［ハーバード大学で数学を専攻し、MITで器械工学科を卒業。国際民間航空機関ICAO発足に貢献］やハートレー・ソール（Hartley Soule）［音速機開発に従事。X－1計画やX－15計画に貢献］が取り組んだ課題をもとに、ギルルースは技術者兼テストパイロットのメルビン・ゴフ（Melvin Gough）と一緒に、異なる操縦法をもつ15の機体に、それぞれ最新計器を装着し、操縦に関する変数《パラメーター》を測定した。ギルルースは「飛行性を満足するため、なにを測定すれば良いのか？　機体にどんな性能があれば良いのか？　設計変更の飛行性への影響は？」と自問自答した。パイロットが満足する数値範囲を探った。

たとえば、パイロットが操縦する機体は、操縦桿の〝位置〟より〝加わる力〟に敏感なことがわかった。ギルルースは〝操舵力（操縦桿に加えられる力）〟が与えられた場合の、水平方向と垂直方向の各軸での加速度を表す〝重力加速度あたりに加わる操舵力〟という有名な単位を考案した。パイロットの意見を数値化するため、ほかの軸にも似たような単位や考えを適用した。[31] １９４１年、海軍と空軍の採用に即座に繋《つな》がった飛行性の妥当な数値範囲を発表した。ギルルースの論文は、機体設計者を数十年導く道しるべとなった。

飛行性研究は面白いことに、パイロットと技術者の協働を求めた。制御装置に加わる力や翼回りの空気の流れなど、飛行のさまざまな変数《パラメーター》を記録するため、測定装置の改善も急務となった。

この分野を体現したのは、ヒューイット・フィリップス（W. Hewitt Phillips）だった。器械工学をドレイパーと一緒にＭＩＴで学んだ間柄だった。１９４０年、若手技術者としてギルルースのグループ、のちに安定性・制御特性部門（Stability and Control Section）となるフライトマニューバ研究部門（Flight Research Maneuvers Section）に加わった。計器飛行するパイロットに一連の操縦を指示し、データを取得・分析した。本物の機体を使い、データ分析と数式化を行う作業は、飛行機好きな技術者にとって夢の仕事だった。[32]

アメリカ全土、とくにカリフォルニア州サンフランシスコ郊外にあるＮＡＣＡエイムズ研究所センター（NACA Ames Research Center）でも飛行性研究が進められていた。しかし、飛行性研究を先導するのは、なんと言ってもＮＡＣＡラングリー研究所のギルルースだった。彼はのちにアポロ計画も含め、有人宇宙飛行計画を進めるＮＡＳＡの本部長となった。ライト兄弟の安定性と制御特性の議論、アポロ計画の人と機械の関係性の議論に至るまで、その間には約２世代分の年齢の隔たりしかなく、飛行性研究は急速に発達した。１９５０～１９６０年代に掛けて〝飛行性（flying qualities）〟と〝パイロットの意見（pilot opinion）〟という言葉が、プロジェクトやアポロ計画で頻繁に使用されるようになった。

第二次世界大戦後、ジェット機は高速世界だけでなく、斬新な形状の翼や航空力学を新たに紹介した。高速領域の飛行性は、さらなる研究と新しい操縦法を求めた。文化評論家ローランド・バース（Roland Barthes）は

1957年、〝プロペラからジェット人間へ突然変異が起きた〟と記した。『サタデー・イブニング・ポスト』紙は〝ジェット機パイロットは異人種〟とシンプルな見出しを掲載した。[33] ジェット機が開発された時代、新たな機体の〝飛行性〟とともに、人の進化も求められたのだった。

●大空が実験室

ジェット機時代の飛行性研究は、〝スティック・アンド・ラダー操作に秀で、工学の専門知識にも精通したテストパイロット〟という新たな職業プロフェッショナル像を創造した。

当時、多くの機体設計者がそうしたように、ライト兄弟は自分たちで機体を設計・製造・操縦した。その時代、確たる呼び名は存在しなかったが、事実上彼らは〝テストパイロット〟だった。第二次世界大戦が始まる数十年も前、テストパイロットは機体の設計者とパイロットの技能を併せもつ、少し変わった立場にいた。1930年代、生産ラインから出荷された機体を飛ばす製造《プロダクション》テストパイロット、軍で機体と装備された武器を試験する実験《エクスペリメンタル》テストパイロット、航空工学の基礎を築き研究者と協働する研究《リサーチ》テストパイロットなど、テストパイロットの中でも専門が派生した。

1938年のハリウッド映画『テストパイロット（Test Pilot）』に出演したクラーク・ゲーブル（Clark Gable）は、一般社会の安定した生活では満足できず、空の世界に繰り出し、飛行の限界に挑戦するテストパイロットを好演した。1年後『風と共に去りぬ（Gone With the Wind）』のレット・バトラー（Rhett Butler）役で出演する前のことだった。トム・ウルフ（Tom Wolfe）著のベストセラー『ライト・スタッフ（The Right Stuff）』では、テストパイロットは伝統的な社会構造の枠組みには収まりきらない、リスクを恐れず命懸けで飛行の限界に挑むカウボーイとして描かれた。

実際、無鉄砲な性格の者もいて、テストパイロットは常にリスクに身を晒した飛行機野郎でもあったが、ウルフの描写は大切な特徴を見逃していた。彼らは、機体のささいな動きを察知する職人であると同時に研究者でもあった。究極の任務は飛行データを収集することだった。歴史家リチャード・ハリオン（Richard Hallion）は「機体の実験室は大空だった」と謳《うた》う[34]。20世紀、急速に浸透した考えは、テストパイロットは機体の操縦訓練を積んでいるだけでなく、工学教育も受けている人であるべきだというものだった。ウルフはチャック・イエーガーを卓越した人物として取り上げたが、彼は大学も卒業していなければ工学の勉強もしていなかったので、どちらかと言うと古いテストパイロットの種族に属していた。ニール・アームストロングは次のように性格を診断している。「彼は操縦と曲芸飛行が上手かった。かと言って、正確さやデータ収集に興味があるようには見えず、データから結論を導くことも苦手としていた」。反対に、エイムズ研究所のある技術者は、ジョー・ウォーカー（Joe Walker）テストパイロットを「今まで出会ってきた人物の中で一番用心深い人物」と評している[35]。

テストパイロットは飛行性評価に多くの時間を費やし、地上の技術者と額を合わせて働いた。このような協働作業はアポロ計画で極められた。テストパイロットは操縦だけでなく、飛行原理まで理解した。操縦スキルに加え、自身の経験を反芻・咀嚼し、説明することに秀でていた。本章の初めで紹介したように１９５０年代、テストパイロットは職業プロフェッショナルとしての地位を築きあげた。

●短気なテストパイロット結社

１９５５年、ノースロップ・エアクラフト社（Northrop Aircraft Corporation）のテストパイロットだったレイ・テンホフ（Ray Tenhoff）は仲間を集め、小さなグループをつくった。のちにスペースシャトルが製造されたパームデールのエアー・フォース・プラント42と、そこから数km北にあるエドワーズ空軍基地の中間地点にあるカリフォルニア州ランカスター、モハーヴェ砂漠の町レストランに7人が集まった。彼らはどちらかの飛行センター、または南カリフォルニア州に点在したノースロップ社（Northrop）、ロッキード社（Lockheed）、コンベア社（Convair）、ダグラス・エアクラフト社（Douglas Aircraft Company）のいずれかで働いていた。テンホフは、パイロットの組織を立ち上げ、操縦の技やコツを情報交換できる打ち解けた場を設けたいと考えていた。テストパイロットの職業には危険が伴い、あるパイロットが学んだことを共有すれば、仲間の命が救えると考えた。

やがて、大きな会議が開催されるようになった。グループは〝短気なテストパイロット結社（Testy Test Pilots Society）〟と命名され、人数は17人に膨れ上がった。〝組織の目的は、個人が使用する道具、機体からの脱出、サバイバル技術、飛行安全に置かれるべきである〟と全員が賛同した。生きるか死ぬかの世界で全員が納得する内容となった。無難な内容の憲章だったが、〝新しい組織結成が企業の誤解を招かないかと心配した〟。企業に〝権利擁護団体〟だと誤解されないよう細心の注意を払った。

なぜ、こんな心配をしたのか？　テンホフは新しい組織が労働組合ではなく、プロフェッショナルな組織として根付いてほしいと願っていた。理想の組織は一流として名が通っていた航空科学協会（Institute for Aeronautical Sciences）だった。会員制度を設け、工学志向のパイロット、すなわち飛行〝実験〟や〝研究〟に従事するテストパイロットの入会しか認めなかった。白熱した何回かの議論の末、製造志向のメンバーは退会を決意した。その次の会議で〝短気なテストパイロット〟というふざけたグループ名はもっと堅実な名前、〝実験機テストパイロット協会（Society of Experimental Test Pilots：SETP）〟に変更された。やがて、グループは組織の呪縛に縛られるようになった。度重ねて会議が実施され、締め切りは厳守された。また、公式文房具、襟章、青い背景に金のX字が描かれたロゴまで作成されるようになった（図2・2参照）。

図 2.2　SETP のロゴ。(SETP, *History*. Reprinted by permission)

結成されてから数年、SETPは少しずつ輪を広げ、情報共有のため頻繁に集まるようになった。1956年、初めて作成された会員名簿の会員数は100を超え、ノース・アメリカン社（North American Aviation, Inc.）、ロッキード社（Lockheed）、チャンスヴォート社（Chance Vought）、カーチスライト社（Curtiss-Wright Corporation）など、国の先進プロジェクトと契約する名立たる航空機メーカー代表者の名が連なった。そのうち、たった9名が政府関係者だった。6名がNACA出身で、残りの3名はそれぞれ空軍、海軍、海兵隊出身だった。妙なことに初期のメンバーで唯一、宇宙飛行士となる者がいた。NACA高速飛行研究ステーションで飛び始めたばかりの若いパイロットの名は、ニール・アームストロング（Neil Armstrong）だった。

●パイロットの意見

SETPがプロフェッショナルな組織で〝労働組合〟でないことを明らかにする一つの方法として出版物の刊行があり、SETPは1957年夏から四半期報告書を発行した。四半期報告書、SETPの会報、晩餐会のスピーチなどを多数掲載した『The Cockpit』誌の記事からは、宇宙時代の始まりに立つ、パイロットの夢への興奮と不安を垣間見ることができる。

技術開発を学術誌から学ぶと、技術者や研究者目線からみた偏った内容となってしまう。また、新聞や雑誌から情報収集しても、国民の反応しか知ることができない。しかし、機体を操縦する当人は、その声や武勇伝を、国民に伝える手段をもっていなかった。SETPの目標は、その埋もれた声を集め、外部に届けることだった。刊行物の記事は、すべてに整合性があるわけではなく、年によってその内容もまちまちだが、1950～1960年代にかけて、テストパイロットであるということが実際にどのようなことだったのか、心躍るが先行きが不透明な時代に抱かれた未来への期待が綴られている。

SETP初の四半期報告書は、SETP初の晩餐会、ホーナー次官補がパイロットのサバイバルについて言及する数か月前に発行された。四つの記事で構成されていた。SETPがもっとも重視した安全については

〝高性能機にみる脱出技術の傾向〟と題した記事だけだった。残りの三つは、SETPを今後何年も悩まし続けるテーマについて取り上げていた。①テストパイロットの適切な役割。②自動装置の開発。③試験飛行でのこれらの課題の考察。次の10年、SETPの出版物は技術の変遷やその社会的影響を追った。

ジョージ・クーパー（George Cooper）が書いた論文「パイロットの意見 ～その理解と解釈～」を紹介しよう。彼はカリフォルニア州NACAエイムズ研究センターの技術者兼テストパイロットで、ギルルースの飛行性研究を拡張した。飛行性の決定には工学値ではなく、パイロットの意見が大切だと主張した。[36] それは〝テストパイロット自身が設計に対する意思決定の責任を背負うこと〟を意味するため、彼らの重要な役割を強調すると記した。

クーパーはパイロットを計器のように、客観的な事実を伝える存在にしたいと考え、[37]〝形容詞の数値翻訳〟を試みた。飛行を通常運用、緊急運用、運用なしの3段階に分け、それぞれの段階に数値評価システムを導入した。パイロットは数値に基づき、一般的な形容詞〝満足〟や〝不満〟を表した。たとえば、〝1〟は〝最適条件〟、〝6〟は〝緊急時のみ許容〟、〝10〟は〝不可〟を表した。「数値評価システムは、パイロットが気持ちを生き生きとした言葉で表現することを妨げるものではない」[38]。のちに〝クーパー・ハーパー評定尺度法〟はNASAと軍に導入され、機体を評価する標準となった。[39]

クーパー評定尺度法はパイロットの回答を画一化した。そのため、技術者はパイロットの経歴や偏見を考慮し、集めた数値に重みをつけ再評価した。たとえば、新しい技術を試験する研究パイロットより、最前線で戦った経験をもつ戦闘機パイロットの方が、機体に対して厳しい評価を下す傾向があった。理想は一つの機種に対して、異なる経験をもつ複数のテストパイロットに評価してもらうことだった。新しい機体を操縦する際、最初は不快感を露わにするパイロットが多かったが、素晴らしい適応力をもっていることが判明した。パイロットの適応力には凄まじいものがあり、ときに操縦スキルで危険を回避したため、本来存在している機体の問題が隠れてしまうこともしばしばあった。もしかすると、新しい課題に対処しようと集中力が高まって、新しい操縦技をパイロットが逆に身に付けていたのかもしれない。したがって、最初の意見を重視するときもあれば、パイロットが操縦に慣れてから意見を聞く方が参考となる場合もあった。

クーパーは〝地上シミュレーター〟を使用する点で、ロバート・ギルルースの時代と開発方針が異なることを説明した。シミュレーターはテストパイロットに、シミュレーター動作と実際の飛行を比較する新たな仕事を与えた。飛行前、パイロットは試験飛行をシミュレーターで再現し、リスクを最小化した。また、飛行前に問題を指摘し、技術者にシミュレーションの改善を要請した。クーパーの論文は１９３０年代、ギルルースとほかの技術者が定義した〝飛行性〟と〝パイロットの意見〟がジェット機時代には通用しないことを示した。研究はテストパイロットの成長とともに、洗練し、成熟度を増していった。

●電子安定化と超音速飛行

超音速機の出現とともに、パイロットの操縦を機械に伝える〝電子飛行制御〟技術が登場した。１９５０年代、その番号の付け方から〝センチュリーシリーズ〟と呼ばれるＦ－１００、Ｆ－１０１、Ｆ－１０２、Ｆ－１０４、Ｆ－１０５、Ｆ－１０６といったジェット戦闘機が誕生した。美しい流線を描いた銀色の機体は、実験室から空中戦に羽ばたいた。どの戦闘機も、実用化に向けた開発中に長期間不具合を抱えた。原因究明が難しい問題、ときに人を死に至らしめる問題も引き起こした。「設計者は最新の機体のでき上がりが、一世代前の改修終了時期と重なったとき気落ちした。最初に外の新鮮な空気を吸うのは、最新の戦闘機か、一世代前のものかやきもきした」[40]。機体の不具合を解決するため、電子機器の使用が次第に検討されるようになった。

初期の安定性議論は主に翼の大きさ、形、上反角、尾翼の位置など、航空工学に関係した。1930年代、自動操縦技術の登場で状況は刻々と変化した。たとえば、翼を水平に保ち、高度を維持する装置が機体の安定性を高めた。1950年代に突入し、安定性はもはや機体構造に限定して考えることではなくなった。機体の一部を実際に〝制御〟し、〝安定性を増加する〟装置が登場した。

〝安定増加装置（Stability Augmentation Device）〟は、難解だが急速に発達するフィードバック制御技術を実際の飛行に適用した。第二次世界大戦中、電気技術者は〝フィードバックシステム〟という分野のもと、さまざまな機械の研究を始めた。システムは〝目標値〟と実際の〝出力値〟を比較し、〝偏差（誤差）〟を検出した。偏差が入力に〝帰還《フィードバック》〟され、〝目標値〟と〝実際の出力〟の差がゼロになるよう調整された。それゆえ、システム全体でみると、あたかも目標値と出力値が〝一致〟しているようにみえた。

実に単純だが、どんなシステムにも慣性力といった力が働く。ときに目標値を超え、振動や不安定な状態に陥ることもあった。機体のように、電子増幅器も、動きが安定にも不安定にもなった。その振る舞いが鈍いときもあれば、急なときもあった。やがて技術者は、電子増幅器、調速機、自動操縦装置、初期のコンピューターがすべて〝フィードバック〟、〝安定性〟、〝振動〟といった概念で説明できることに気が付いた。それは、あるシステムの数学モデルを構築すれば、ほかのシステムにも適用してシミュレーションを流すことができることを意味した[41]。

第二次世界大戦後、航空工学の技術者は電気技術者からフィードバック制御技術を吸収した。たとえば、ヘヌリック・ボード（Henrick Bode）が紹介した〝周波数応答関数法〟は、増幅器の安定性を異なる周波数の振動に分けて解析した。1948年、のちにX-15とアポロ計画の司令機械船を製造するノース・アメリカン・アビエーション社のウォルター・エバンス（Walter Evans）は、ボードの功績を拡張し、複素平面上で変化を描画し、複雑な計算の解を求めずに制御設計する手法を考えた。エバンの手法は飛行制御技術者間で瞬く間に広がり、〝根軌跡法〟は電子増幅器からサターンV型ロケットなど、あらゆる機械の安定性研究に使用された[42]。

エバンスは根軌跡法を無人ミサイル〝ナバホ〟に取り組んでいるときにひらめいた。補足だが、もちろん、電気技術者が考えた周波数応答関数法も機体に適用できた。1950年代の試験飛行では、パイロットが機体の制御装置に〝衝撃〟を与え、技術者が振動を測定した。飛行制御技術の有名な教科書には〝新しい工学分野が突如現れた〟、〝技術者は自身のことを喜んでフィードバック制御技術者またはシステムズエンジニアと呼んだ〟と記されている。1960年、技術者は制御に人を介在させた〝パイロット・イン・ザ・ループ（pilot-in-the-loop）〟の研究を始動した[43]（図2・3参照）。

システムの周波数応答がわかれば、機体の安定性を改善することができた。機体の一部の応答を変えるため、構造そのものを変えるのではなく、電子機器が装着されるようになった。1940年代後半、安定増加装置を用いて、機体の安定性改善を試みた。これらの小さい電子機器はパイロットの操縦を補助し〝ブラックボックス〟と呼ばれた。電子機器の使用は、翼や尾翼を大きくしたり、そのほかの変更を加えたりする必要がなかったため、機体の安定性を性能と重量という観点からみて低コストで改善した。しかし、パイロットの操作を実際に一部の電子回路や機構設計に取り込んだため、パイロットの操縦を侵害した。[44]

数百万のトランジスタ［電気的に制御されるオン／オフのスイッチ］が一つの半導体に実装されているのがあたり前の昨今、1950年代の電子機器がどんなものであったか想像し難い。当時の電子機器は大きく、重く、信頼性に欠け、なんと言っても得体の知れないモノだった。パイロットは新しい技術を受け入れるのに苦労した。SETP初代メンバーで3代目代表のアラン・ブラックバーン（Alan Blackburn）はMITの修士号をもち、ノース・アメリカン・アビエーション社でテストパイロットとして働いていた。SETPの定期刊行誌で電子機器に対するパイロットの批判を次のように記している。「5年前、もし技術者がパイロットに機体の安定性や制御の欠陥が〝ブラックボックス〟の追加で改善できると提案したら、パイロットはその技術者をよほどの残酷快楽主義者《サディスト》だと思ったに違いない」。

　パイロットは、飛行性をブラックボックスに委ねたくなかった。昔も今も、ブラックボックスは〝使う人にその内部の働きがみえない装置〟の意

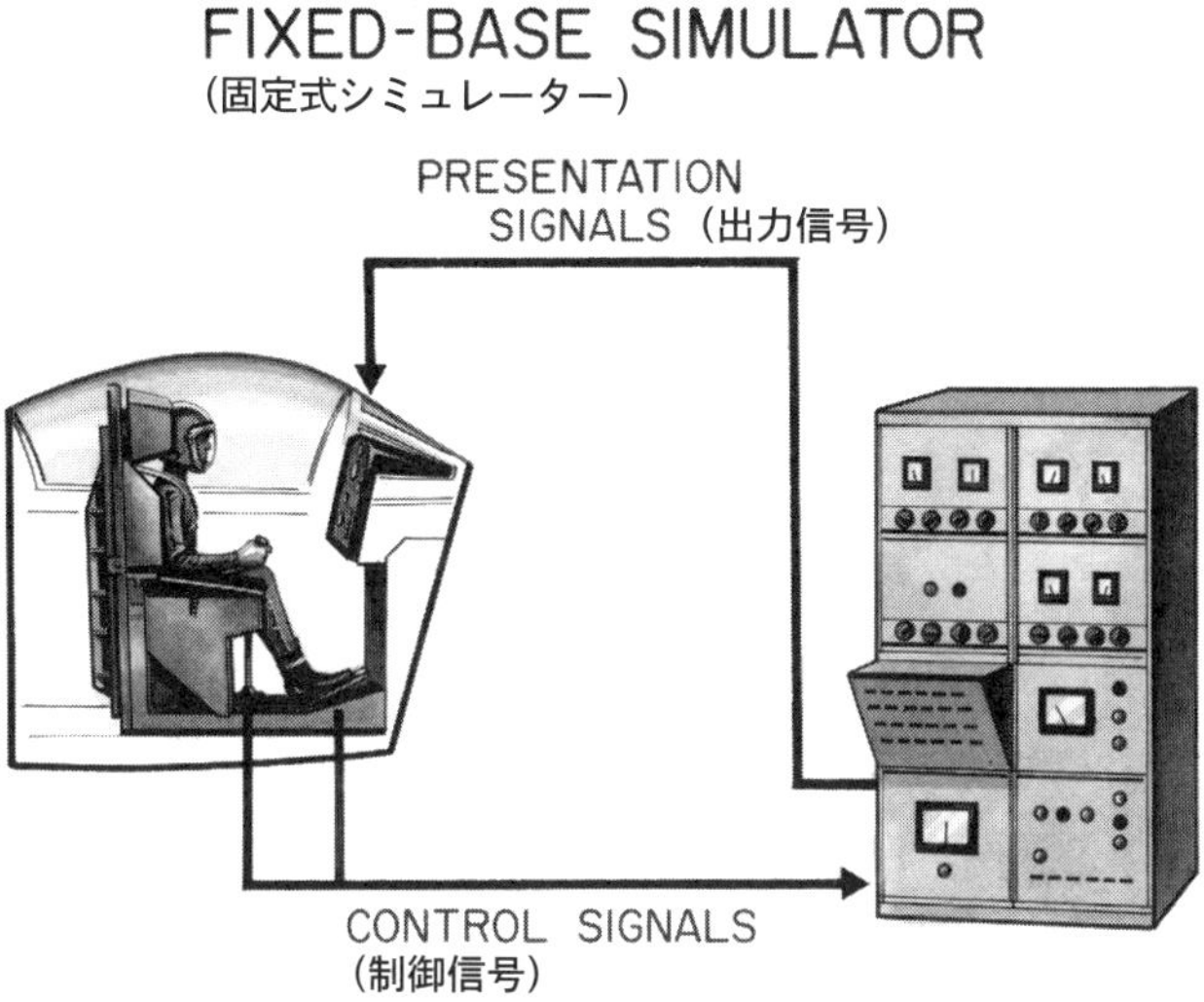

図 2.3　パイロットが制御ループに介在するフライトシミュレーター。パイロットは、コンピューターがディスプレイ画面に出力した“フィードバック”情報を参考に操縦する。このような制御は、機体を安定にも不安定にもする。(NASA Dryden photo E-5636)

味で使われている。ブラックバーンは、電子機器の信頼性向上と小型化、ジェット機の重量増加（ジェット機の重量増大で電子機器が占める割合が相対的に低くなった）に伴い、状況が変わりつつあることを報告した。特筆すべきは、ジェット機の性能向上が、もはや設計者が必ずしも機体を安定にすることができないほど完成形に至ったことだ。「事実は単純だ。最近の戦闘機の性能は、その機体に安定性を設計に取り込める優秀な技術者の能力を超越してしまった[45]」。

1950年代、機体の安定性を改善するため、さまざまな種類の安定増加装置が開発された。たとえば、ある飛行条件下で方向舵《ラダー》の振動を抑える〝ヨー・ダンパー〟は、今でもジェット機に使われている。ピッチ軸［機首の上下の動きを示す］とロール軸［機体の左右の傾きを示す］についても類似装置が登場した。いくつかの安定増加装置は、パイロットが機体の動きを感じ取るのに一役買った。一つの例は油圧制御で、〝人工的な操舵感覚〟をパイロットに与えた。また、自動射撃制御システムでは、自動で照準を対象物に合わせた。ＳＥＴＰの論文でブラックバーンは「安定増加装置が、あれば良いものから必要不可欠なものになった」と断言した。

しかし、ブラックバーンの意見に反対する者もいた。ニール・アームストロングは代弁する。「何人かのパイロットは、操作を加えていないのに機体が勝手に動くことに違和感をもっていた。それは、回路の短絡や他の故障が原因で、機体が制御不能に陥ったからだ[46]」。ノース・アメリカン社テストパイロットのロバーツ（J. O. Roberts）は、操縦を次々に補助し始めたブラックボックスに不信感を募らせ、ブラックボックスから制御を一部奪い返そうとした。〝戦闘機の自動化に対する申し立て〟という記事で、さまざまな自動装置と計器が溢れるなか、〝パイロットは監視業務以外ただのお荷物となり、パイロットが役に立っているかいささか疑問だ〟と記した[47]。自動装置に注がれている開発努力や比重は、パイロットに対する情報提示の研究に費やされるべきだと主張した。「優れた視覚表現があれば、パイロットを能動的なサーボ機構「物体の位置・方位・姿勢などを制御量とし、目標値に追従するよう自動で動く機構のこと」として制御に介在させることができる」。パイロットは適切な針や指示器があれば、なんでも制御できると考えた。アポロ計画でもわかりやすい情報提示は、宇宙飛行士から要望される一般的な要求事項となった。

ロバーツの考えは極端だったが、ＳＥＴＰの中心課題である〝パイロットと自動装置の役割〟について問題提起した。その議論は、ＳＥＴＰ結成当初から再三再四、四半期報告書や非公式な会報で取り上げられた。議論は新しいハードウェアだけが対象ではなかった。自動装置は新しい人の集団、新しい専門性をもった技術者、新しい機械の概念から派生したので、それらに関しても意見交換された。やがて、パイロットは自身がシステム時代の迷路に迷い込んでいるのに気が付いた。

●システムの時代

パイロットだけがブラックボックスを信用していなかったわけではない。一部の技術者でさえ、電子式の安定増加装置を疑っていた。翼の設計者が機体を安定させるスキルに欠けるのを〝絆創膏〟のように処置しているだけだと猛烈に批判した。自動化の時代、〝ショーファー対エアマン〟の議論が再燃した。安定性はミサイルの翼設計に取り込まれるべきなのか？　それとも、電子制御装置の設計に取り込まれるべきなのか？　この質問は技術だけでなく、社会的な質問でもあった。なぜなら、安定性と制御特性の技術は、もはや機体の構造設計者や航空力学の科学者ではなく、電子機器と〝システム〟を専門とする技術者の専門領域となっていたからだ。

有人宇宙飛行の構想に対するテストパイロットの反応について語る前に紹介したい言葉がある。第二次世界大戦後、工学分野で隆盛した〝システム〟という単語だ。システムズエンジニアの出身組織や彼らが考えたアイディアはアポロ計画で重要な役割を果たした。当時、システム分野の支配拡大に異議を唱えた者は誰もいなかった。

第二次世界大戦、システム思考がいくつかの分野で展開された。レーダーや自動射撃装置の技術的課題を契機に、技術者は複数の機械をそれぞれ単体でなく、システムとして理解する必要性を悟った。技術者は機械をフィードバック制御や動力学が関与する統合システムとしてとらえることを学んだ。システムでは、それぞれの構成要素が全体の機能を決定した。

１９５０年までに、これらの考えや技術はシステム思考を意識的に考える時代を先導した。オックスフォード英語辞典には、１９５０年以降〝システム〟という単語の使用が爆発的に増加したと記されている。システムズエンジニアリング（systems engineering）、システム分析（system analysis）、システム動力学（system dynamics）、一般システム理論（general system theory）などである。[48] それぞれの分野に独自の先駆者、考え、組織、専門が生まれた。しかし、どの分野にも共通したのは、フィードバック制御、動力学、制御フロー、ブロック図、人と機械のやり取り《ヒューマンマシンインタラクション》、信号処理、シミュレーション、コンピューターに関心を示したことだった。[49]

１９４８年に出版されたノーバート・ウィーナー（Norbert Wiener）の『サイバネティックス（Cybernetics）』では、フィードバック制御と統計学は、コンピューター、生命体、社会システム、人の思考に類似性を見い出すと論じ、当時の動向を映した。[50] ウィーナーによって刺激を受けたＮＡＣＡの研究者は、身体の器官が一部、人工物に置き換えられたサイボーグを考案し、将来の宇宙飛行において機械と人の組み合わせを考えるようになった。[51]

システムズエンジニアリングは1950年代半ばに、空軍が大陸間弾道ミサイル（Intercontinental Ballistic Missile：ICBM）を素早く製造する必要性に駆られて発達した。〝アトラス〟ミサイル計画では、数十年航空産業を支配していたマネジメント法に変化の兆しが現れた。飛行機は今まで、複数の装置（コンポーネント）を複数の契約業者から収集し、機体の胴体を製造した主契約業者が全体をまとめた。しかし、構造と製造を主に担当した航空機メーカーは、ミサイル開発では中心から外された。機械の動力学や内部接続、各組織間の連携が設計製造活動の大半を占めるようになり、機械工学の専門家よりもマネジメントの経験をもち、システム動力学や制御工学に造詣が深い技術者がプロジェクトを管理するようになった。

技術の変化には社会構造の変化も伴った。今までとは異なる学歴、経歴、技術的価値観をもつ技術者が実権を握るようになった。[52] そして、〝インターフェース〟が重要なキーワードとなった。システムズエンジニアはシステム設計の要素間の接続を完璧に、そして厳密に定義することができれば、ブラックボックスの内部設計はそれぞれの契約業者に任せて良いと考えた。

冷戦下のシステムズエンジニアリングを担った風雲児は航空機産業を通じて、ゼネラル・エレクトリック社（General Electric Company）とAT&Tベル研究所と深く繋がっていた。サイモン・ラモ（Simon Ramo）はゼネラル・エレクトリック社とヒューズ・エアクラフト社（Hughes Aircraft Company）で実務経験を積み、カリフォルニア工科大学で博士号を取得した。友人のディーン・ウールリッジ（Dean Woolridge）はベル研究所出身だった。1953年、両者はヒューズ・エアクラフト社を退職し、空軍のシステムズエンジニアリング業務を

図2.4　システム思考をもった人物の登場。人工頭脳の生き物を背景に『タイム』誌の表紙にサイモン・ラモ（Simon Ramo）とディーン・ウールリッジ（Dean Woolridge）が写る。エンジニアリングに対して抽象的な数学を使用する彼らは、実践を重視する技術者たちに疎まれた。(Time Magazine ©1957 Time Inc. Reprinted by permission)

請け負うため、ラモ・ウールリッジ社（Ramo Woolridge Corporation）を設立した。間もなく、ラモ・ウールリッジ社はTRW（TRW Corporation）社と社名を変えた。空軍と協働して、契約業者とスケジュールを管理し、プロジェクトの統合《インテグレーション》を監督した。システム思考を重視したICBMの文化はジョゼフ・シーア（Joe Shea）、ジョージ・ミュラー（George Mueller）、サム・フィリップス（Sam Phillips）といったアポロ計画のリーダーを輩出した。

空軍が〃アトラス〃計画に邁進する一方で、海軍は大陸間弾道ミサイルを潜水艦から発射する〃ポラリス〃ミサイル計画に取り組んだ。海軍の特別プロジェクト部門（Special Project Office）がシステムズエンジニアリング業務を担った。[53] MITの器械工学研究所がアポロ宇宙船の誘導計算機を開発した際、ポラリスミサイルの技術や組織構成が参考にされた。

『タイム』誌の表紙まで飾り、ラモは〃個々で決まる全体のデザイン〃を唱えるシステムズエンジニアリングの推奨者となった（図2・4参照）。〃システムズエンジニアリングは極めて学際的だ。なぜならその目的は、専門分野に特化した個々の機械と人を統合し、システムを最適化することに主眼を置いているからだ〃と記している。[54] アトラスミサイルは、多くの部品、物流、計算機、地上装置で構成されたシステムで、ミサイル自体、一つの複雑なシステムだった。

アトラスミサイル、ポラリスミサイル、そのほか1950年代の大規模プロジェクトのシステムズエンジニアリングは、さまざまな技術・組織を調整・管理した。その業務範囲は契約書作成、システム制御、コンピューターシミュレーション、物流配置にまで及んだ。

システムの技術・社会的要素を理解するのにコンピューターが良い例だ。アナログとデジタルコンピューターの両方がシステムズエンジニアリングの概念と実践をよく体現している。コンピューターは限られた情報を頼りにあらゆるシミュレーションを回し、結果を予測する。システム分析者もコンピューターと同様に、政治の影響を受けない公平なアドバイス提供に努め、科学を根底に考えた。マネジメントが功を奏すにはシステムズエンジニアにある程度の権限が付与される必要があった。そのため、システムズエンジニアリングは、専門家の中立的立場を装って、権威をもって“政治”を超える科学的手法だとして紹介された。したがって、システムズエンジニアリングは“システム思考をもった技術者”を新たな地位へと押し上げた。大規模なプロジェクトと予算を管理し、教養のあるマネージャーが技術者の中から誕生した。

●“飛行機野郎”じゃない：正真正銘のパイロット

パイロットにとってシステムを専門とする技術者は脅威だった。空軍の無人ミサイルを何機も製造し、彼らの抽象的な分析態度〟は〝人的要素《ヒューマンファクター》〟を工学から締め出すように受け取れた。テストパイロットが真剣に宇宙飛行について考えるようになると、ヒューマンファクターが活発に議論されるようになった。試験飛行に従事する技術者はこの時代を次のように記憶している。「精神分析学者と神経症の学者は、人間の能力が限界に達したと考えていた。優れたブラックボックスをコックピットに導入するため、パイロットの排斥運動が激しく展開された。パイロットが切歯扼腕しても、もはや冷淡なicy B.M.に狙い撃ちされていた。誰もがパイロットを疎ましく思っていた」[55]。〝icy B.M.〟という比喩は3重の意味をもつ。大陸間弾道ミサイルのＩＣＢＭ、ＩＢＭのコンピューター、そしてパイロットを排除する無人ミサイルの冷淡な態度を指した。

ＳＥＴＰ（Society of Experimental Test Pilots：実験機テストパイロット協会）の出版物は当初、宇宙開発の話題を取り上げていなかったがスプートニク打ち上げ後、状況は一変した。宇宙の話題が最初に掲載されたのは、3度目に発行された四半期報告書で、ブラックバーンがＳＥＴＰにあてた2番目の投稿記事だった。未来への展望に言及しつつ、初期の時代のパイロットが宇宙に抱いた漠然とした不安について取り上げた。しかし、そのような内容は至る所で議論されるようになったので、やがて取り沙汰されなくなった。

ブラックバーンはシステムを専門とする技術者が大いに自慢する大陸間弾道ミサイルは究極、有人ロケットに至るまでの変遷過程に過ぎないと説明した。「エベレストに登頂したジョージ・マロリー（George Mallory）が頂上に旗を立て、決してその場所を大砲の砲弾に譲らなかったように、未来の宇宙探険家も、犬や自動装置に宇宙の居場所を譲り渡さないだろう」。ジョージ・マロリーは結局生還しなかったが、このたとえは複雑で規定された軌道しか飛行しない、ヒーローの存在を欠いた大陸間弾道ミサイルの限界を強調した。また、フォン・ブラウンの著書にある火星ミッションを引き合いに出し、有人宇宙飛行の実験を提案した。この過程で極めて重要なのは、初期段階からパイロットがプロジェクトに参加することだと主張した。「もしパイロットの参加が遅すぎれば、機体の自動化が進行してしまう。そうなれば、もはや人は、放射線や無重力環境の人体実験用モルモットになってしまう。スタントマンのように危険が伴う仕事なのに、まわりから生体学上の興味しか示されなくなる」。

また、ブラックバーンは宇宙におけるパイロットの存在は職業パイロット、強いては〝人類の尊厳〟に直接影響すると考えた。「パイロットは、コンピューター、サーボ機構、増幅器、アクチュエーターに代わって、重量以外に勝てる要素があることを証明する必要がある。パイロットは、どんなに機械の冗長系を組まれても、自身の信頼度の方が大きく、どんなにセンサーを並べられても、自身の知覚の方が鋭く、IBMが開発したコンピューターを総動員しても、自身の判断力の方が優れていると説得しなければならない」。

ここで、アポロ計画の最後までつきまとう、人の〝信頼〟というキーワードが取り上げられている。自動システム監視中に故障が起きた際、瞬時に操縦を引き継ぎ、細かい計器情報を読み取ることが強く要求された。パイロットは究極のバックアップシステムとして考えられた。パイロットがミッションの成功を保証した。[56]

ブラックバーンの試験飛行計画は周囲の理解を得て、彼の想像通りに有人宇宙飛行計画は進み始めた。議論を重要な方向にも導いた。宇宙時代はテストパイロットに脅威を与えるどころか、パイロットが大陸間弾道ミサイルに乗り、最大のライバルである自動装置を締め出す可能性を提示していることを指摘した。「大陸間弾道ミサイルがその完成を迎える前に人が宇宙を制覇したら、ミサイルは老朽化し、時代遅れにすることができる」。巨大大陸間弾道ミサイルは、人がロケットを操縦できるようになるまでの間に合わせの技術に過ぎないと語った。[57]

そうは言っても、パイロットは無人の大陸間弾道ミサイルとそれを設計したシステムを専門とする技術者を前に、いてもたってもいられなくなった。対抗措置は、職業プロフェッショナルを成長させることだった。ブラックバーンは結んだ。「テストパイロットの育成方法も変わった。医師には国家試験、弁護士には司法試験がある。職業パイロットの能力証明のため、パイロットにも強制的に受ける試験があってもなんらおかしくない[58]」。

エルウッド・ケサーダ（Elwood Quesada）将官は、3回目のSETP会合で、職業プロフェッショナルの成長に関する議題を拡張した。米連邦航空局（Federal Aviation Administration：FAA）初代長官という勲章が授与された元軍人パイロットのケサーダは、宇宙旅行の醒めやまぬ興奮に言及し励ました。「無人機、無人飛行について耳にするのは不思議なことではないが……パイロットとして群衆の集団心理に惑わされてはいけない」。窮地に立たされたケサーダの答えは、職業パイロットの経歴をもっと見栄えのあるものにすることだった。「スロットルジョッキーの時代は終わった。パイロットは真のプロフェッショナル、複雑な武器システムを扱うマネージャーとなりつつある」（文字を斜体にしたのは私（著者）の意向だ）。何回か無人の試験飛行は必要だが、早急に人を宇宙に送るべきだと力説した。「テストパイロットは、サーボ機構と複雑なコンピューターを判断力で繋ぎ合わせる肝心要の存在だ。人のコンピューターは約1230cm³の容積をもつ頭蓋骨でできた箱に守られている。複雑な装置の効率は、人の手で最大に達する」。

新しい時代、職業パイロットの地位を維持するため、パイロットは能力を鍛え上げる必要があるとケサーダは強調した。「とくに実験飛行のテストパイロットは、修士号をもつ技術者で、抜群の操縦能力をもち、献身的で、なにより思いやりのある人でなければならない[59]」。サイバネティックスの影響を受け、ケサーダは1950年代に知的労働者《ホワイトカラー》のキーワードとなった〝マネージャー〟という言葉も紹介した。

北極圏を初めて単独飛行し、郵便飛行配達と旅客機パイロットの先駆者となったチャールズ・ブレア（Charles Blair）将官は、さらに議論を拡張した。「おそらく宇宙飛行士は〝性能の良い、いくつかの自動装置が必要になるだろう〟」と予測した。「勘で宇宙船は操縦できないと誰もが理解している。宇宙船は、自動装置、恒星センサー（スター・トラッカー）、姿勢指示器、温度や電圧を測定するセンサー、加速度計やジャイロスコープを載せた慣性航法装置、デジタルコンピューター、そのほか長い配線を要する装置を山のように必要とする……宇宙の遠くをめざすほど、自動装置は精密化される必要が出てくる」。

ブレアは続けた。「しかし、どんな身長や体型のパイロットも、自動装置に抵抗がある。なぜか、私たちはグレーマター（gray matter）、つまり私たちの頭脳が、ただ乗客として搭乗していると認めたくない節がある」。宇宙時代の夜明け、テストパイロットに求められることを簡潔にまとめた。「宇宙飛行士は教育された自慢の息子でなければならない。ただの飛行機野郎ではいけない」[60]。

これらの議論は、ＳＥＴＰの出版物内だけで展開されたわけではなかった。記事には、格納庫、コックピット、酒場などプライベートな場で話し合われたことも多数掲載された。パイロットは電子機器の故障、自動装置の狂った動作、機体について誤解している頭でっかちの技術者に悩まされる悪夢を嘆いている。また、ＳＥＴＰはテストパイロットがプロフェッショナルとしての考えを、パイロット同士で自由に話せる場を提供した。そうすることで、パイロットの専門性を強化したと言った方が正しいかもしれない。パイロット同士の会話の記録は、訓練を積んだ優秀な者がまれにしか見せない、自己イメージに対する不安や苦悩をさらけ出す。１９５０年代、テストパイロットは自分たちの地位がいかに不安定なものか痛感した。自動装置がコックピットに侵入し始め、アナログコンピューターはスティック・アンド・ラダー操作の基礎を変え、デジタルコンピューターが背後に迫っていた。

国の大規模プロジェクトを管理し、要求事項を明確化していくうえで、システムを専門とする技術者が名声と権限を獲得していった。軍隊では、航空分野に大陸間弾道ミサイルや誘導ミサイルの技術が頭を突っ込んできた。システム思考の礎を築いたミサイル技術者が宇宙飛行を開拓するのでないかと不穏な空気が漂った。ある者は将来の先行きに不安を覚え、新しいどんなブラックボックスも叩きのめすよう声高にパイロットに呼び掛けた。しかし、ほかの者は自動装置の登場により、パイロットの教育と専門的技術が向上し、野蛮な〝スロットルジョッキー〟が洗練された〝システムズマネージャー〟に替わることに着目した。そんな混沌とした時代を背景に、現段階のスキルをはるかに超す、新しい機体が秘密裏に開発されていた。

03章

大気圏再突入：X-15

コックピットを俯瞰し、自動対手動操作の最適化を試みるパイロットを敵対視する必要はない。パイロットは自動システム、電子システムなど、洗練した装置をはじめからコックピットから締め出そうとはしていない。ただ技術者の挑戦は、これらの装置が機体の動きを適切に補完、増強、支援すると僕らパイロットを説得することだ。宇宙船に乗っている我々をアビエイター、アストロノット、パイロットと呼ぶかなどの細かいことはあなた方に任せる。

――スコット・クロスフィールド（Scott Crossfield）、１９６３年〝ミッション成功におけるパイロットの貢献〟

無人と聞いたら僕は「知るもんか」と言うだろう。宇宙飛行は人類の挑戦だ……私はパイロットであり、飛行の愛好家だ。もし宇宙に行くとか、速く飛ぶとか、そういうことなら誰でも経験したいと思う。私たちは人間だ、機械じゃない。

――スコット・クロスフィールド（Scott Crossfield）、１９９８年：航空考古学者ピーター・メルリン（Peter Merlin）とのインタビューにて

●エドワーズでの会合

１９５４年10月、ＮＡＣＡ航空力学委員会（NACA Committee on Aerodynamics）はその年2回目となる会合を開催した。制御システム事業を牽引し、自動操縦装置、ジャイロスコープ、そのほかの飛行計器類を扱うスペリー・コーポレーション社のプレストン・バセット（Preston Basset）社長が司会を務めた。会合には、カリフォルニア工科大学の航空力学研究者クラーク・ミリカン（Clark Millikan）、ヒューズ・エアクラフト社の誘導ミサイル開発第一人者のアレン・パケット（Allen Puckett）、ヘリコプター設計者のバートラム・ケリー（Bartram

Kelley)、空軍や海軍の意思決定者を含む学術界や産業界の代表者、航空工学を先導する多くの有識者が集まった。会合は2日間続き、初日はカリフォルニア州サンフランシスコの真南、パロアルトにあるNACAエイムズ研究センターにて開催された。自動制御技術やエンジン開発の予算集め、会議の準備、提案プロジェクトなど、他愛のない話が進められた。

2日目、南カリフォルニア州の砂漠地帯にあるNACA高速飛行研究ステーションを見学するため、一同は南へ飛行機で移動した。そこでは研究が驚異的に発展していて、アメリカ航空史でライト兄弟が初めて動力飛行に成功した神聖なキティホークに次ぐ場所となる勢いがあった。エドワーズ空軍基地は航空が盛んなアメリカにおいて、飛行機を祭る神殿が建つ西海岸の聖地だった。

エドワーズ空軍基地内にあるNACA高速飛行研究ステーションは、元はバージニア州にあるラングリー航空記念研究所から派生し、人と風洞を使わない飛行実験文化を引き継いだ。リーダー格のウォルター・ウィリアムズ（Walter Williams）は、ラングリー研究所の古株で、第二次世界大戦中は安定性と飛行性の研究に従事し、チャック・イェーガーが〝音速の壁〟を破ったX−1計画ではNACAのプロジェクトエンジニアとして活躍した。

1954年はNACA高速飛行研究ステーションにとって最高の年だった。7年前、イェーガーが試験飛行したときには俄《にわ》かテントや仮設小屋しか密集していなかった場所に、新しい常設の施設が建てられた。それとともに、新しい組織アイデンティティも誕生した。新しい組織はNACA高速飛行研究ステーション（High Speed Flight Station : HSFS）と名づけられた。のちに飛行研究センター（Flight Research Center : FRC）と改名され、ラングリー研究所から独立し、独自の文化を築く自由を獲得した。正確に言えば、すでに砂漠で築かれた独特の文化に積み重ねて、新たな文化を創造していったと言った方が正しいかもしれない。やがて、ＦＲＣはＮＡＳＡドライデン飛行研究センター（Dryden Flight Research Center）に成長し、今に続いている。ラングリー研究所時代、まだ風洞実験が主役の雰囲気が漂っていたが、ＦＲＣではパイロットが大空に羽ばたいた。[1]センター専属の歴史家マイケル・ゴーン（Michael Gorn）が説明するように、ここではパイロットや技術者が〝現代航空工学の基礎〟を固めていた。ＦＲＣの文化の特徴は、段階的に進める実験、電子機器を使用した高精度なデータ収集、パイロットと技術者が二人三脚で働く風習だった。[2]そんな環境の中、ウィリアムズは〝より高く速く〟という明確な方針を掲げた。

午後、ＮＡＣＡ委員会は非公開の会合を招集し、〝より高く速く〟の方針にならい、今までの成功をどのように踏襲すべきか議論した。2年前には、高度約20～80km・マッハ4～10（音速の4～10倍）の有人・無人音速飛行が提案されていた。ＮＡＣＡは音速飛行の流体力学の権威、ラングリー研究所のジョン・ベッカー（John Becker）率いるグループから意見を聞いた。ギルルースの弟子マックス・ファゲットを含むベッカーのチームは、高高度極超音速飛行の重要な課題は二つに集約されると伝えた。「機体の音速衝撃波に対する耐熱性」と「飛行時と大気圏再突入時の安定性と飛行性の確保」だった。[3]

安定性と飛行性。ライト兄弟が対峙した問題が再び姿を現し、操縦の重大な課題が音速飛行の世界でも展開された。ベッカーの報告書は、これらの課題は実験室でも検討できるが、実際のところは飛行実験で解析しないとわからないと伝えた。専門家は高度数万m・マッハ7まで飛行可能だと予測した。まさに、機体が分解するか溶けてしまう臨界点だった。比較的緩い飛行条件から徐々に厳しい条件に移行できるよう、ベッカーたちは人が操縦する新しい研究機の開発を推奨した。[4]

そもそも、宇宙に達する機体を設計することはできるのか？　そのような〝鳥〟はどのような形をしているのか？　ベッカーのチームは機体が空中で発射され、ロケットで推力を得て、〝飛行機と同じように人の操縦で着陸〟する機体を提案した。技術的観点だけでなく実際の取り組みにも言及した。まず、目標達成のため、シンプルな機体を設計し、できるだけ早く機体を飛ばすこと。そして、なにがなんでもパイロットを含めること。最後に、パイロットの存在はコックピットの派手な電子機器を排除し、機体を簡素化し、不測の事態に備えることを可能にすると述べた。

ＮＡＣＡ委員会はベッカーの報告書を熱心に査読した。議事録には次のように記されている。〝大半のメンバーは、まだ実現していなくても、有人飛行に限界はないと考えている。誘導ミサイルも、まだ有人機となる可能性を完全に排除していない[5]〟。報告書は新しい機体のプロジェクトを即座に発足させることを推奨した。空軍と海軍の重役が合意し、やがて〝Ｘ－15〟計画として知れ渡るプロジェクトが誕生した。

●偉大なる反対者

ところが、ここで問題が発生した。ＮＡＣＡ委員会で異論を唱える者がいた。自信に満ち、落ち着いた声で、これらの飛行計画が無人であるべきだと主張する人物がいた。パイロットがいなければ危険は減り、安く、早く機体が製造できる。遠隔操作技術が発達するなか、無人機であれば2年もあれば機体を製造し飛ばすことができるという。

X-15にパイロットを乗せることに反対した、この一匹狼はいったい誰だったのか？　もてはやされたテストパイロットに嫉妬した、落ちぶれた技術者だったのか？　それとも、経費に敏感なお役人だったのか？　いや、自動装置に惚れ込んだ、鋼鉄のように頭の硬いミサイル技術者だったのか？　驚くことに、X-15にパイロットは不要だと声高に主張した人物は、ロッキード社の主任技術者、少数精鋭の開発チーム〝スカンク・ワークス（Skunk Works）〟の設立で知られる飛行機の伝説的設計者、クラレンス・ジョンソンだった。第二次世界大戦の高性能機として知られるP-38ライトニング、アメリカ初のジェット戦闘機F-80シューティングスター、NACAがX-15計画で重宝するF-104スターファイターなど、パイロットから絶大に支持される機体を何機も設計した技術者だ。偵察機U-2、1960年に製造され今でも最速を誇るSR-71［愛称、ブラックバード］、現代も使われ歴史に名を残す機体を数々設計し、栄華を極めた。彼は航空界、航空工学、エンジニアリングの賞を総なめした。ある賞は複数回も受賞している。X-15が有人であるべきか否か疑問を呈したのは、アメリカ航空工学の最前線を走る技術者だった。

躍動する新規プロジェクトに水を差し、挑戦する異端児に、同席していた者たちはひどく抵抗した。提案されたX-15計画の主旨は、無重力状態で極超音速飛行する〝パイロット〟を研究することだった。NACAはロケットを使用して、すでに高マッハ無人飛行の研究は実施していた。それは、ギルルースのラングリー研究所・無人飛行研究部門（Pilotless Research Division）での実験のことを指した。しかし、これらの無人機の技術は、有人機に適用するには技術が未熟だった。白熱した議論が続いた。

ついに、冷戦下の〝空の覇権を守ること〟を理由にジョンソンの反対は封じられた。会合のメンバーはNACAのマッハ7の機体開発を承認した。[6]

しかし、ケリー・ジョンソンはここで引き下がらなかった。議事録に少数派の意見を記載した。X‐15が有人であることに再度反対し、高速飛行実験そのものに疑問を投げ掛けた。もし有人の極超音速飛行する機体を設計するのであれば、軍事目的に適うものであるべきだと主張した。ジョンソンはX‐15の技術を批判し、有人であることを矢継ぎ早に非難した。飛行研究センター（Flight Research Center：FRC）の褒め称えられた高速飛行は単に「テストパイロットの勇気を証明してみせているだけ」と憤慨した。[7]

ジョンソンは機体設計者であり、研究者でもシステムの専門家でもなかった。政府関係者でもなく、機体メーカーロッキード社の一社員だった。機体設計時、NACAが提供するデータをいつも使用していた。しかし、1954年、今までのNACAの成果を凌ぐ機体を、彼らのデータに頼らず自力で設計していた。反対することは自己満足のためだったかもしれない。ロッキード社のスカンク・ワークスが選《え》り好みされるよう、NACAのやり方を攻撃しただけかもしれない。もしかしたら、ただの頑固おやじで、同僚が意見を明確にできるよう議論に反抗するのが好きだったのかもしれない。

動機がなんであれ、ジョンソンの主張は荒唐無稽として無視すべきものではなかった。パイロットから好かれる機体を何機も設計し、国が誇る機体設計者が、有人の極超音速飛行に反対していた。意見は結局、X‐15計画にさほど影響は与えなかったが、反論はプロジェクト環境での意見の通りやすさの目安を教え、X‐15計画が安全で保守的な姿勢を貫くことを約束させた。プロジェクト発足時からX‐15は、宇宙で人が活躍できることを証明する使命を負った。

●X-15計画

X-15は宇宙飛行とコンピューター制御の世界で、かの〝ショーファー対エアマン〟論争を再燃させた。エンジニアリングの進め方とパイロットの役割を変え、アポロ計画と個人・組織・技術に強い繋がりをみせた。

X-15の黒い機体は独特な形をしていたが、ベル X-1機から理論的に変遷した結果だった。細い胴体に、ずんぐりと短く太い翼がついていて、パイロットを前方に、ロケットエンジンを後方に据えた。砕けやすい繊細な材料は一切使用されず、機体全体に高温で錬成された超合金が使用された。宇宙時代の呼び名〝アイコネルX（Iconel-X）〟［Inconel：耐熱ニッケル・クロム合金］の称号を得た。今までの機体は薄いアルミニウムで覆われていたが、アイコネルXは圧力釜やタービン翼などに使われている高負荷作業に耐える超合金で機体を防護した。軽く、脆い機体ではなかった。特徴は、極超音速飛行の超高温に耐える高い融点だった。

ドライデンNASA長官はX-15の飛行軌跡を、その風変わ

図 3.1　B-52輸送機から投下されるX-15。（NASA Dryden photo E-4942）

りな弾道飛行のため〝水から飛び出す魚〟のようだと表現した。研究用に改造されたB-52爆撃機が機体を発射高度まで輸送した。それはまるでサメのお腹に寄生魚がぴたりとくっついたようだった。約1万3500mで輸送機は機体を離し、数百m落下した数秒後、パイロットがエンジンを起動し、B-52輸送機をはるか後方にした。超音速に加速後、パイロットは機首を上げ、ほぼ垂直に大気圏を突き抜け宇宙に突入した。1分または2分後にロケットを切り離し、弾道軌道を急上昇した（図3・1、図3・2参照）。

パイロットが大気圏を突き抜けると、推力発生装置であるスラスターを使用して、機体の姿勢や傾きを調整した。弧の頂点でパイロットはX-15の機首を地上に向けた。最初はゆっくり降下し、大気圏に近づくと再突入のため、大きい〝迎え角〟をとり機首を上げ

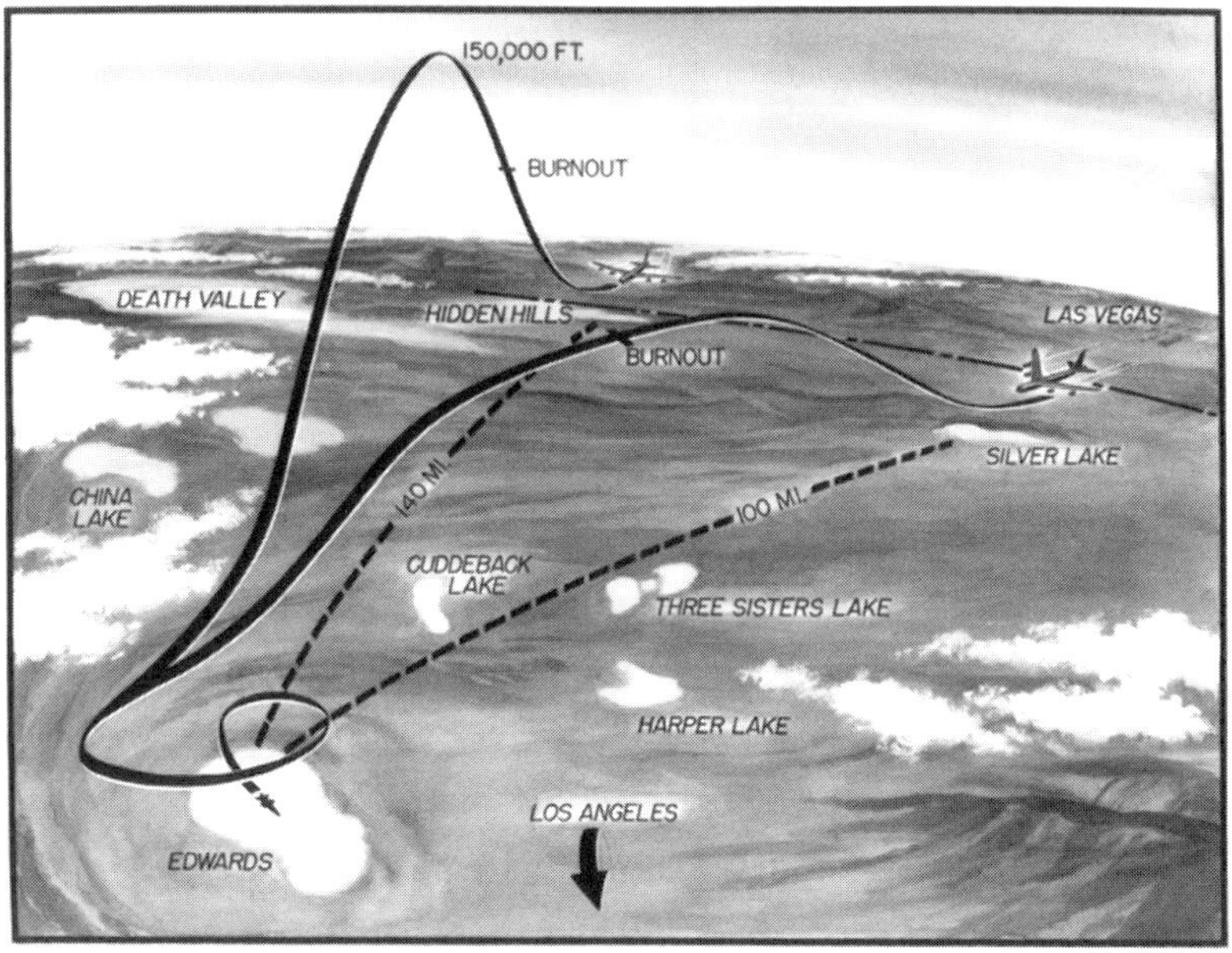

図3.2　X-15ミッション軌跡。B-52輸送機から発射され、宇宙まで放物線を描き、大気圏再突入し、やがてエドワーズ空軍基地に着陸する。速度と高度を最適化した二つの軌道が描かれている。(NASA Dryden photo E-616586)

た。速度を落とすため、さまざまな旋回や飛行技を実施し、エンジン停止状態で滑空して機体をエドワーズ空軍基地に着陸させた。不測の事態が起きたときは、カリフォルニア州やネバダ州の湖地帯に不時着した。B－52輸送機からの落下から飛行は全体で10分にも満たなかった。それでも1回の飛行には、複数の追跡機、救助隊、救援ヘリコプターが必要だったので、莫大な経費が掛かった。

全工程は無線通信により記録・観測され、西海岸に追跡基地局が点在した。〝ハイ・レンジ（High Range）〟ネットワークは、X－15の位置と速度を絶えず記録し、機体自体からもデータを収集した。エドワーズ空軍基地にある主局では、技術者が生中継でデータ確認できるよう、データが記録用紙に出力された[8]。飛行中、パイロットは常に地上の技術者や管制官と通信した。数年後、NASAが地球を周回するマーキュリー宇宙船の追跡を、世界各地に設置した基地局のネットワークで実現した際、X－15の〝ハイ・レンジ〟ネットワークと地上管制の取り決め《プロトコル》が参考にされた。

イエーガーの超音速飛行は極秘扱いされていた。続く、1950年代のX－15から始まるXプレーン計画は丸秘扱いではなかったが、高速飛行研究の秘伝奥義のように扱われていた。しかし、1957年ソ連がスプートニクを打ち上げ、アメリカ政府と国民がパニックに陥ったのを契機に状況は一変した。突如、X－15計画はアメリカ有人宇宙飛行の試みの金字塔として取り上げられた。短い間だったが、X－15は報道陣のアイドルとなり、救世主として崇められ、有人宇宙飛行を実現に近づける一縷《いちる》の望みとなった。

1958年10月、NASAが設立され、ノース・アメリカン社が最初のX－15をリチャード・ニクソン副大統領が出席するなか、エドワーズ空軍基地でお披露目した。1959年9月、X－15はB－52輸送機に頼らない自力の飛行に成功した。1961年の終わりまでには、高度6万m・マッハ6の条件でフライトが成功した。

X－15計画は１９６９年まで続き、さまざまな段階を経たが、後半はアポロ計画の栄華の影に身を潜めた。しかし、１９５９年に初飛行した際、X－15計画は国の有人宇宙飛行プロジェクトを先導し、操縦能力の限界に挑んでいた。

●X－15とパイロット

機体が設計・製造されている間、NACAと軍はX－15を操縦するテストパイロットを選抜した。多くが韓国での戦闘経験の持ち主だった。ある者は選抜されず、のちにベトナム戦争の任務に就いた。候補者の全員が科学または工学の学士号をもっていた。

X－15計画で、どのパイロットよりも有名になったスコット・クロスフィールド（Scott Crossfield）は１９５５年、計画発足時からプロジェクトに携わっていた。チャールズ・リンドバーグが初めて大西洋を単独横断飛行した１９２７年、単独飛行《ファーストソロ》を経験した持ち主だった。マッハ２を最初に飛び、NACA初期のロケットプレーンはすべてシミュレーター上で飛行経験済だった。のちにノース・アメリカン社の主任パイロットになるためNACAを去った。自身の役職を〝X－15のろくでなし長官〟と揶揄した。パイロット以前に〝自身は技術者であり、航空力学の学者であり、設計者だ〟と伝え、活気溢れるエドワーズ空軍基地を去り、X－15計画の管理職に就く理由を説明した。[9]

X－15パイロットの中で５歳差で最年少となったニール・アームストロングは、１９５５年にパデュー大学

図3.3　ニール・アームストロング（Neil Armstrong）とX-15。新しい適応制御システム導入後、機体を飛ばすのは彼が初めてだった。（NASA Dryden photo E60-6286）

（Purdue University）から学士号を取得してすぐにNACA高速飛行研究ステーションで働き始めた。25歳にして、すでに韓国で80ものミッションに参加していた。X-15計画参加前、センチュリーシリーズと呼ばれたジェット戦闘機の試験で、高速飛行の安定性、飛行性、操縦性に詳しくなっていた[10]（図3・3参照）。

1960年代、X-15パイロットにはほかに、空軍パイロットのジョー・エングル（Joe Engle）などがいた。アームストロングのように、X-15計画からアポロ計画に異動し、予備搭乗員となった。1981年、スペースシャトルコロンビア号の2度目の飛行で、マッハ25から唯一手動操作で大気圏に再突入した記録を樹立した。また、プロジェクト後半に姿を現したX-15パイロットのミルト・トンプソン（Milt Thompson）は、NASAドライデン飛行研究センターで試験飛行の経験を積み、X－15の豊富な史実を正確に記録する年代記編者として活躍した[11]。

●荒馬を乗りこなす

初飛行で早速、X－15は制御の問題に陥った。B－52輸送機が機体を離し、スコット・クロスフィールドがエドワーズ空軍基地に滑空して戻って来た。歪《いびつ》な形をした重い機体の飛行は、何事もなく終わるかのようにみえた。しかし、クロスフィールドが着陸態勢に入ろうとした瞬間、油断した隙につけ込むように、機首が鋭角に上昇した。速度を復活させるため、操縦桿を前に倒したが、機体が前にのめり過ぎた。再び機首を上げたが、今度は必要以上に上を向いてしまった。クロスフィールドは閉口する。「荒れた海を漂う小型モーターボートの船首のように機首が上下した。機体の動きを抑制することができなかった[12]」。

クロスフィールドは、現在は危険な状態でよく知られる、パイロットの操縦と操縦装置特性の干渉が原因となって誘発される振動〝ＰＩＯ（Pilot-Induced-Oscillation）〟を経験していた。人と機械が互いにフィードバックをかけすぎたので機体が不安定になった。この事象はパイロットのスキルにはまったく関係なく、機体が先天的に抱えた問題だった。クロスフィールドは周期運動の谷間となる瞬間を見計らって、なんとか着陸し、機体と自身の命を救った。着陸ギアは大破したが、X－15計画は救われた[13]。ライト兄弟のように、クロスフィールドは操縦を乗馬にたとえた。「X－15は独自の、ときには正反対の性格をもっていた。じゃじゃ馬が僕のことを振り落とす前に、僕が機体を手懐ける必要があった。結果、僕が勝利した[14]」。

問題は簡単に解決されたが、新しい機体が抱えた問題はX−15の制御システムを原因としていた。１９５０年代、技術者が採用した飛行制御の〝システム視点〟では信じ難いことに、パイロットも機械と同じ要領で動きが数式化されていた。[15] 機械の特徴を説明するため、電気工学から〝ゲイン〟という言葉を借りた。元々〝ゲイン〟は増幅器《アンプ》［入力された電気信号を増幅する機能をもつ電子回路。トランジスタ増幅回路が主流］のことを指し、増幅器がどれだけ電圧を増幅するか、少しの入力に対してどれだけ大きい出力をするか、その増幅制御の性能のことをいう。システムとしてとらえると、機体は増幅器のように動いた。制御システムに対する操縦桿の小さな入力が、機体の大きな動きに変換された。パイロットにも〝ゲイン〟があった。〝偏差〟に応じてパイロットはどれだけ力を加えれば良いのか？　パイロットの〝ゲイン〟とはなにか？　言い換えれば、機体はどれだけ制御システムに敏感であるべきか？　操縦桿に加えられた力は姿勢を少しだけ変える方が良いのか、それとも大幅に変える方が良いのか？　飛行性研究でギルルースは問いに答えようとした。解はそれぞれの機体によって異なった。

答えを導くため、X−15の設計者はシミュレーターをつくった。とてもシンプルな発想だった。パイロットを〝制御〟に介在させ、飛行性を満足するまで〝ゲイン〟を調整した。しかし、クロスフィールドが遭遇したＰＩＯに繋がったように、問題は必ずしもつぶし切れていなかった。機体を実際に操縦したとき、パイロットの〝ゲイン〟はシミュレーター操作と異なり大きくなった。無意識に、パイロットは実際の飛行とシミュレーションでは違う操縦をしていた。実際に飛行するときのストレス、集中力、命を落とすかもしれないという緊張感が、操縦を過敏にし、システムの振動を引き起こした。数あるフィードバック制御問題で、これは制御システムの〝ゲイン〟を少し調整するだけでいとも簡単に解決した。しかし、この症状はシミュレーター開発の落とし穴、制御システムの外部入力に対する反応、パイロットの役割の重要性を説いたのだった。

●NACAのアナログシミュレーター

1950年代、シミュレーション技術は発展途上で、X-15で急速に成熟し、アポロ計画で重要な役割を果たした。航空技術者にとって、飛行をシミュレーションすることは真新しい発想ではなかった。なぜなら、複雑なシミュレーターともとれる風洞でいつも実験していたからだ。今まで実験室の中で飛行条件を再現していた。1950年代前半、NACA技術者は試験飛行と並行して、新しい機体のシミュレーションを実施した。やがて、それは製造開始前に行われるようになった[16]（図3・4参照）。

アナログコンピューターは〝電子機器が接続されたシステム〟だった。複雑な設計で、並行して演算を実施したため、シミュレーション結果は毎回異なり、個々の機体に異なる性格を与えた。その結果は〝気難しい〟、〝性質《たち》が悪い〟、〝強情〟と、あまり好意的でない形容詞で語られることが多かった[17]。しかし、この性質は技術者の問題に対する理解を促進した。

X-15設計中、ノース・アメリカン・アビエーション社は機体のアナログシミュレーターも製造した。次第にその装置は6個のアナログコンピューターと、計算式を〝機械化〟する500個のパッチコード［プログラム用ボードに差し込む導線］が挿し込まれた巨大な物と化した。昔のプログラミングだった[18]。

X-15計画でやがてシミュレーターは必要不可欠なものとなった。飛行計画を練る技術者は〝すべての労働時間をシミュレーションに費やし〟、やがて操縦の専門家と化した。パイロットは8~10分の飛行のため、15~

図 3.4　X-15シミュレーター内にいるジョー・ウォーカー（Joe Walker）パイロット。計器盤の上に、窓からの眺めをリアルタイムに表示するブラウン管が設置されていることに着目。(NASA Dryden photo E-10251)

20時間のシミュレーション訓練を積んだ。[19]しかし、NACAの古株パイロットは新しい装置に拒絶反応を示し、ある特定の飛行技や全飛行計画さえシミュレーターで練習しない者も出てきた。逆に、アームストロングのような若いパイロットはシミュレーターに早く慣れ、その設計と改善に積極的に加わった。[20]

ミルト・トンプソンはシミュレーターがなければX-15の操縦は不可能だったと考える。ほかの者も賛同する。[21]究極、命がかかっていた。パイロットはシミュレーターの価値を十分に理解していたが、同時にその限界も熟知していた。まず、研究に使われたシミュレーターは機体のように動かず〝固定〟式で、操縦感覚を著しく奪った。また、パイロットは操縦桿から機体まわりの空気の流れや抵抗を感じ取っていたが、昔のシミュレーターの操縦桿には〝抵抗〟もなかった。１９６０年代になってこれらの要素が加わるまで、あるパイロットはシミュレーターがまるで〝ピンボールゲーム〟のようだったと表現する。パイロットがシミュレーションの〝違和感〟を技術者に頻繁に報告するほどだった。[22]

トンプソンはX－15シミュレーターだけでは訓練が間に合わなかったと指摘する。「シミュレーターでは煙草を吸ったり、コーヒーを飲んだり、椅子に深く座り込んだ状態で前のめりになり、とてもリラックスしていた」。初飛行のミッションで、B－52輸送機から落下した際、身体が途端にコックピット上部に揺さぶられた。「突然、僕は計器盤を上から見下ろしていた。視野狭窄症にも悩まされた」[23]。加速や始動合図も含め、シミュレーションにはすべての物理現象が取り込まれていなかった。流体力学の基礎、機体構造の主要な特徴、機体に加わる曲げモーメントなど、技術者が把握している現象だけが再現された。ある試験飛行で、制御システムのフィードバック制御が原因でX－15は高周波振動を起こした。シミュレーションにささいな機体の特徴が取り込まれていなかったため、振動が予測できていなかった。「ミッションの成功は、まだパイロットに掛かっている」とトンプソンは確信した。[24]

シミュレーターの欠点は、視覚《ビジュアル》要素が欠けていることだった。１９３０年代、パイロットは霧や悪天候の中の計器飛行を研究していた。１９５０～１９６０年代にかけた高高度飛行研究では、窓の外の視界はコックピット内の目盛盤《ダイヤル》や計器より重視されていなかった。しかし、低高度、とくに重大な着陸操作の際、外の景色はパイロットにとってもっとも重要な指標だった。トンプソンは次のように記している。〝私が一番困ったのは視覚《ビジュアル》だ。本物の景色に見えなかった。どう見ても実物と違った。現実と仮想《バーチャル》の世界を繋ぎ合わせるのと同時に、計器に注意を払うのは大変だった[25]〟。アポロ計画のシミュレーターでも月面環境を再現するのは困難を極めた。実際、アポロ15号では、月面の模擬環境の違いが着陸での方位喪失を引き起こした。

また、シミュレーターの重大な欠陥は、人の〝不安〟を再現しなかったことだ。トンプソンが言うように、パイロットはコーヒーや煙草を吸い、トイレ休憩も簡単にとりながら訓練していた。コックピットのスイッチの上げ下げでシミュレーションを開始することも終わらせることもできた。しかし、とくに初飛行の際、予想外の出来事と危険はパイロットの性格を豹変させた。パイロットはブラックボックスのように得体の知れないモノとなり、実験室で操縦していたときより〝過剰〟に操縦した。「シミュレーターで試験飛行するのは簡単だよ。客観的に判断して、制御を失ったらただリセットボタンを押せば良い。機体にリセットボタンと同じような機能が備わらない限り、ミッションの成功はパイロットに掛かっている」とトンプソンは信じてやまなかった[26]。ただ、仮想世界《バーチャル》がどんなに安全でも、パイロットを地上に留めるコンピューターはなに一つ登場しなかった。ある記述は冷ややかに批評する。〝X-15のシミュレーターは地面が急速に近づいてくるフライトの恐怖感と現実味に欠けていた[27]〟。

●X-15制御システム

X-15の操縦は一風変わっていた。なぜならパイロットには、X-15の機首も翼も見えなかった。与圧服で身体がきつく縛られ、外界との接触が遮断された。直に触れるものは、スーツと手袋だけだった。嗅ぐのは送り込まれる純粋酸素の臭いだった。トンプソンは次のように表現する。「私は小さな世界に閉じこもることができた。快適で、安全で、がっちり危害から守られていた。逐一、コックピット内の状況を把握した」。フライト後の風防《キャノピー》開閉後、新鮮な空気を吸うと素晴らしい感覚が蘇った。しかし、繭のような機体から出るとき、感覚が圧倒された。[28]これらの特徴は、現在の有人宇宙飛行でも続いている。

ミサイルより爆撃機を好む空軍を象徴するかのように、X-15は自力で離陸しなかった。だからと言って、ロケットから発射されたわけでもない。爆弾のように、B-52爆撃機から機体も落とされた。改造されたB-52輸送機がX-15の離陸を手助けした。空中に放り出された後、パイロットが操縦桿を握り、機体を大気圏から宇宙まで操縦した。X-15計画は、今では〝再突入（Reentry）〟と言われる、当時〝突入（Entry）〟と呼ばれた大気圏再突入を研究した。機体は無重力空間と、空気と抵抗がある大気圏の間をどのように行き来するのか？　宇宙船から飛行機への転換。これが制御システムと操縦スキルの最新課題となった。

X-15には二つの制御システムが備わっていた。一つは、宇宙空間で姿勢制御するスラスターの〝推力発生装置。〟もう一つは、補助翼《エルロン》や昇降舵《エレベーター》といった従来の流体力学にならった舵《かじ》だった。従来方式の操縦は、翼まわりに空気の流れが必要なので、真空の宇宙空間では推力発生装置が必要不可欠だった。大気圏再突入のコツは、宇宙空間での反動制御から大気圏の操縦に支障なく移行することだった。この二つの制御方法が同時に必要となる大気圏再突入の複雑な操縦を、パイロットはこなすことができるのか？（図3・5参照）。

この課題を研究するため、X-15には3本の操縦桿が用意された。パイロットの脚の間には、従来の流体力学にならった操縦桿が装備された。左側にある小さな操縦桿はスラスター制御用。右側にあるのは、高加速飛行時、重力加速度が掛かり、パイロットが中央に手が届かなくなるのを見越して設置された従来方式の操縦桿

図 3.5　X-15コックピット。三つの操縦桿に注目。従来の空力制御（中央）、真空環境下でのスラスター制御（左）、高重力環境下での空力制御･アナログコンピューターに接続された適応制御システムの制御（右）を司る。中央の操縦桿真上に、適応制御システムのブラックボックスが装備されている。(NASA Dryden photo E63-9834)

だった。トンプソンは中央の操縦桿を使わずに、すべての飛行を左右の操縦桿だけで操縦することが次第に〝男らしい〟と評価されるようになったと自慢する。「中央の操縦桿を使った方が上手く操縦できるとも考えたが、緊急時でも自己顕示欲《エゴ》がその操縦桿を使うことを断じて否定した[29]」。

●大気圏再突入の制御

通常、機体は粘着性のある大気の中を進むので、抵抗で慣性力が働かない。ところが、宇宙空間では空気による力の減衰がないため、逆の力が加わらない限り、どんな小さな力にも慣性力が働き続ける。推力を強くしすぎたら機体の過剰な動きに繋がったので、宇宙空間におけるX－15の操縦には微妙なさじ加減が必要だった。パイロットが手動でロール〔機体の左右の傾きを示す〕、ピッチ〔機首の上下の動きを示す〕、ヨー〔機首の左右の動きを示す〕軸を絶えず制御するのはほぼ不可能に近かった。この問題は、とくに大気圏再突入時、過熱を防ぐため、厳しく数値範囲が規定された傾斜角や突入角を調整するとき顕著だった。また、その重要な瞬間、機体の反応や飛行性が瞬時に変化し、動圧（風圧）が変化した。大気圏再突入シミュレーション時、どんなささいな入力に対しても機体が振動したので、パイロットは大気圏再突入を操縦するのは到底不可能だと考えた。X－15の大気圏再突入は、パイロットが制御に介在していても不安定だった。自動システムだけが機体を安定にすることができた[30]（図3・6参照）。

　幸いなことに、解決策がX－15の設計に取り込まれた。〝安定増加装置（Stability Augmentation System：SAS）〟だ。この装置は、パイロットより早く、高速時に発生する機体の振動をわずかな力を加えて抑えた。安定増加装置は真空中でも、まるで空気の中を飛んでいるような感覚を与え、パイロットの操作が追いつかない3軸を制御した。

　大気圏再突入に安定増加装置が必要ならば、故障時はどうなってしまうのか？　本来、パイロットを補助するために後付けされた安定増加装置が、今となってはなくてはならない装置となった。しかし、安定増加装置

図 3.6　X-15大気圏再突入時のパイロットの役割を滑稽に描いた絵。(NASA Dryden photo E-13794)

の使用はときに埒が明かず、パイロットはそのスイッチを時々切った。安定増加装置はパイロットに警告した。「自動システムはあなたを補助するか殺すかのどちらかだ」。道理でブラックボックスが信用されなかったわけだ。

ほかの解決策はもっとシンプルだった。初代X－15には方向舵《ラダー》と胴体上部にある垂直安定板がある通常の機体と異なり、尾部下面に垂直安定板が付いていた。それは低速時と大気圏再突入時に大きい迎え角をとるとき、機体を安定化するためだった。大気圏再突入時、機体が〝サーフィンの波に乗るように〟大気圏に進入したため、大きい迎え角をとる必要があった。技術者は安定板がない方が、機体が安定すると仮説を立てた。案の定、予想は的中した。これで、自動安定化装置を嫌う者の言い分が通った。やはりブラックボックスは、機体の技術不足に絆創膏を貼って紛らわせているだけだと確信した。X－15の開発は、この問題はパイロットのスキルで補って、あそこの問題は電子機器を付け足して、そこの問題は機体の構造を変えてといった具合に進められ、手探り状態だった。X－15計画と似たようなトレードオフ［相反する目的が存在し、一つの目的を達成すると他方が犠牲となり、最適解を探す必要のある命題（trade-off）］がアポロ計画のシステムズエンジニアリングを特徴づけた。

試行錯誤が行われ、あるパイロットは「再突入の操縦は一時考えられたほど厄介なものでなくなった」と胸を撫で下ろした。[31] このコメントはプロジェクトの興味深い矛盾を提示する。パイロットの操縦が上達したのか？ それとも、操縦しやすくなるよう、技術者が機体とシステム設計を改良したのか？ 大気圏再突入には、パイロットと技術者の両者のスキルが必要だった。ニール・アームストロングはX－15の大気圏再突入に特殊なスキルが必要だったかは疑問視するが、〃シミュレーター訓練に多くの時間を費やす必要があった〃ことは認めている。[32] 電子機器やコンピューターは、未知の飛行を実験室での訓練に変えた。

●X－15の適応制御

3代目X－15に装備された革新的な〃適応制御システム（Adaptive Control System）〃ほど、制御技術の課題を露呈する装置はなかった。1958年、制御システム製造で業界一のミネアポリス・ハニウェル社（Minneapolis-Honeywell Regulator Company）の技術者が、アナログコンピューターを製造した。機体の理想的な動きや操縦特性（handling qualities）を数式化し、計算結果と一致するよう機体を動かした。実機に機械を装備し、理想の機体を実機環境でシミュレーションした。X－15に使われたハニウェル社のシステムは、スラスター制御方式にも流体力学にならった従来制御方式にも適用可能で、宇宙空間と大気圏の操縦を1本の操縦桿で実現した。適応制御システムは特定のピッチ角、大気圏再突入時の迎え角を維持したり、ピッチ軸やロール軸を特定の角速度で動かしたりする〃外部制御〃機能を有した。コンピューターは理論上、X－15に理想の操縦特性をさまざまな飛行条件で提供した。

1960年、X-15が地上エンジン試験中に爆発し、スコット・クロスフィールドが機体から放り投げ出された。幸い、大きな怪我はなかった。NASAは機体をノース・アメリカン社に修理のため送り返し、その機会を逆手にとり、〝MH-96〟と呼ばれるハニウェル社の適応制御システムを機体に装備した。

MH-96はアナログコンピューターを内蔵し、X-15の動きをシミュレーションし、理想の環境と性能で飛ぶX-15を再現した。機体を前進させるため、パイロットが操縦桿を前に倒すとコンピューターに命令が送信された。すると〝適応制御システムの熱き闘志〟フィードバック制御が、理想に適うよう機体を動かした[33]。

MH-96は真空環境から地上に着陸するまでの操縦を同一にし、X-15を〝理想的〟に制御した。スラスター制御と従来制御方式を自動で組み合わせたので、大気圏、宇宙、大気圏再突入時も1本の操縦桿で操縦することを可能にした。いくつかの自動操縦機能も兼ね備えた。たとえば、ロール、ピッチ、ヨー軸の姿勢維持や大気圏再突入時に一定の迎え角を維持する機能があった。パイロットは3本の操縦桿と格闘する代わり、いくつかのつまみ《ダイヤル》を回すだけで済んだ。エアマンのマニュアルスキルを、真空条件でも適用できる最適解が得られたかのようにみえた。

1961年、適応制御システムを装備した修理後の3代目X-15を、現役パイロットの中で制御システムの専門家として認められたニール・アームストロングが最初の3回を操縦した。MH-96を搭載した機体の初飛行（全X-15の46番目の飛行）が1961年12月20日、高度2万4300m・マッハ3・76という保守的な飛行条件で実施された。ロール、ピッチ、ヨー軸が入れ替わり立ち替わり制御され、システムはさまざまな問題を引き起こした。最終的に、アームストロングは適応制御がロール軸だけを制御している状態でX-15を着陸させた。無事に帰還したが、飛行中、たった1本の操縦桿で操縦し続けていた。3度目の飛行のとき、機体は高度

５万４０００ｍまで達した。制御システムが機体を大いに安定させていた。「このとき初めて僕は外の景色を眺めた」。今まで決してできなかったことをアームストロングはなし遂げた。[34] パイロットが外の眺めを堪能できるほど、適応制御はパイロットの負担を軽減するようになっていた。その後、左右の操縦桿を使用し、アームストロングは無事帰還した。

４度目の飛行になると、さすがに熟《こな》れてきた。アームストロングは地上に「制御の減衰効果が抜群だ。大気圏で飛ぶように機体が反応している」と無線を入れた。Ｘ-15を高度６万ｍ・マッハ５・３まで引き上げた。制御に集中し、操縦を評価した。「自分がいる高度に違和感があった……まさか、地上まで愉快なフライトになるとは思わなかったよ」。再突入時、大気圏に跳ね返され、規定高度に達しなかった。機体を横に傾けたが、それでも高度が高すぎて、機体は前進し続けた。速度を上げるため、再び徐々に機首を下げ、機体を横に傾けた。ようやく、翼が空気を掴んだが、今度は超音速の旋回に入ってしまい、エドワーズをはるか南に通り過ぎ、パサデナ近くまで振り回された。激しい旋回後、エドワーズの湖地帯に不時着した。「ほかの類似したフライトと違って、フレア操作の操縦が望ましくなかった」。飛行時間12分。この耐空時間と飛行距離はＸ-15の新記録を打ち立てた。宇宙飛行士候補として選抜されるまで、この飛行はアームストロングにとって最後から２番目だった。九死に一生を得た。[35]

仲間が間一髪の状況に陥ったにもかかわらず、ほかのパイロットはＭＨ-96の使用に自信をもつようになり、高い高度では好んで適応制御を使った。〝理論上、パイロットは完全に満足していた。しかし、現実はそうはいかなかった〟とアームストロングは記す。パイロットは不安を抱いていた。[36] ＭＨ-96は特別だった。トンプソンは浮かない顔をする。「気に障った。パイロットの入力なしに制御システムが動いた……パイロットとして、電子制御システムを設計した技術者の意図を把握しておきたかった。実際、機体に同乗してもらって、意図した動きに反していたら教えて欲しかった」[37]。大気圏再突入時、何人かのパイロットはピッチ角や迎え角の自動維持機能を使用しなかった。緊急時、瞬時に制御に介入したいと考えていたためだ[38]。トンプソンは警告した。「自動操縦はパイロットの集中力と作業負荷を軽減するが、ブーメランのように刃が返ってくることもある」。

適応制御が機体の制御を自動補正すると、機体本来の挙動を隠してしまう可能性もあった。通常、機首を上げると、対気速度が減少する。しかし、X-15の適応制御システムの仕組みは違った。「パイロットは機体が着陸したがっていないように感じた……着陸の寸前、自動制御が止まるその瞬間まで、機体は速度を落とさなかった」[39]。

あるとき、トンプソンは適応制御が〝凶暴化〟したと感じた。マッハ5・5で安定化装置がリミットサイクル振動を始めた。「3軸のうち2軸の制御が失われ、機体が制御不能に陥った。なかなかのフライトだった」と極めて冷静に報告する。

問題はいったん引き下がったように見えたが、やがて死亡事故という形で襲ってきた。

●適応制御が招いた死

1968年、適応制御システムが装備されたX-15を、マイク・アダムズ（Mike Adams）は高度

７万５０００ｍあたりで操縦していた。大気圏を通り抜けたら本来、機体は矢のように垂直に飛行するが、機首が傾き始めていた。軌道は正常だった。真空状態では機体が横に傾いていても飛行できたので、その時点で異常はなかった。しかし、アダムズは左に機首を向けるところ、右に舵をとり、機体が右方向に滑り続けた。コックピットの計器の放電に気が取られていたのかもしれない。ほかの飛行で経験したことがあったように、方向感覚を失う一種の眩暈《バーティゴ》を経験していたのかもしれない。アダムズが気が付かないところで、計器への外乱は適応制御のゲイン（増幅率）を小さくし、やがて反動制御を無効にした。管制官の指示は「少し高いが……良い感じ」というコメントだった。[40]機体がその時点で、すでに真っ逆さまになっていることに気が付いていなかった。

Ｘ－15が弾道軌道の頂点に達し、大気圏に再突入する際、その姿勢が非常に重要だった。大気圏再突入後、機体は飛行機に戻ったので、再び操縦する必要があった。しかし、Ｘ－15は傾いた状態、逆さまの状態では制御不能だった。アダムズはやがて問題に気が付き、「スピンに入った」と地上に報告した。どんな高度や対気速度でもスピンは危険だが、回復操作可能で必ずしも命を奪うものではない。しかし、高度６万ｍ・マッハ５の環境で誰もスピンを経験したことはなかった。超音速衝撃波が機体に危害を加える可能性も十分あった。

奇跡的に高度３万６０００ｍ・マッハ４・７で機体はスピンから回復した。安定増加装置、パイロットの操縦、Ｘ－15の安定性、その三つがどうにか組み合わさって上手くいったのかもしれない。しかし、コンピューターに対する制御は失っていた。スピン時、適応制御は機首下げ方向にゲインを最大にし、大気圏再突入後もそのゲインを弱めなかった。超過敏な制御で機体は不安定になり、時速２８８０kmの速度で急降下するなか振動を始めた。機首はネズミイルカのように40～60度の角度で数秒ごとに上下した。システムのゲインを手動で弱めることもできたが、アダムズはその操作を実施しなかった。そのとき体験していたストレスを思えば仕方ない。激しい周期運動を繰り返し、1分経過後、高度約1万8000mで機体が空中分解し、破片が砂漠に散った。残骸もろともパイロットも命を落とした。9年続いたX-15計画の死亡事故はこの一件だった。

事故報告書はパイロットの操縦ミスとMH-96の振動が原因だと説明した。トンプソンは記した。〝システムは設計通りに動いていた。ただし、ある飛行条件とパイロットの操縦が重ね合わさる特殊な状況を考慮していなかった〟[41]。複雑な適応制御機能を備える自動飛行制御装置は予測がつかない動きをし、条件によって凶暴化した。X-15は事故後、一時飛行が中断された。

アダムズの悲劇はパイロットがコンピューターや自動制御の新しい世界に適応する困難を物語った。「最初に適応制御に出会ったとき、パイロットはシステムをなかなか信用しなかった。システムの方が機体を制御していると感じることさえあった」。しかし、自動制御の恩恵に気が付くパイロットもいた。角度の維持や大気圏再突入時の振動減衰効果は重宝された。だが、ほかの者は自動装置に〝騙され〟、適応制御をまったく信じなくなった[42]。制御をデジタル計算機やソフトウエアに頼ったアポロ計画も、複雑度、適応性、不確定要素がX-15計画と似ていて、同じような問題に直面した。

●ブラックボックスとグレーマター

1962年、ケネディ大統領が航空界でもっとも権威あるコリア賞をX-15のテストパイロット、ジョー・

ウォーカー、スコット・クロスフィールド、フォレスト・ピーターソン（Forrest Peterson）、ボブ・ホワイト（Bob White）に授与した。当初存在した問題の大半が解決され、賞の授与はX-15計画の第一段階の終結を意味した。政府から功績を認められたパイロットはX-15の技術者よりも脚光を浴びた。ケリー・ジョンソンによって提起された、人を宇宙飛行の制御に介在させるか否かの議論は消えたかのように思われた。しかし、X-15の関係者は自分たちを常に正当化し、その問題が根底で続いていることをうかがわせた。

X-15の出版物、技術論文、統計分析、息つく間もない広報活動に至るまで、パイロットを称賛した。アームストロングもその典型だった。「X-15の機体や地上装置は電子機器で溢れ返っている。けれど、この超音速機はパイロットのための機体で、パイロットの操縦に成功が掛かっている……機体は従来通り操縦されている」[43]。

１９６２年に開催された空軍の科学・工学の会合で、ある人が「人の頭脳であるグレーマター（gray matter）は、コンピューターのブラックボックスをどれだけ置き換えることができるか?」と質問した。その人は、その年の1月までのX-15計画を包括的に研究していて、パイロットのミッションに対する貢献度の定量評価を試みていた。その研究は当初、X-15計画では〝比較的シンプルな自動誘導技術と制御システムがパイロットの代わりを務めた〟と解釈していた。しかし、調査を進めると、問題に対してパイロットが臨機応変に対処していたことが判明した。最終的な結論は次のように導かれた。「X-15計画は人と緊急時用バックアップシステムの両輪がなければ成功しなかった」。

もし、X-15にパイロットや緊急時用バックアップシステムが欠けていたら、3世代すべての機体が平均5回の飛行で大破していたと分析した。X-15計画を、半分のミッションが失敗に終わった〝ボマーク〟ミサイル計画と比較した。ボマークミサイルの制御に人が介在していたらミッションの成功率は97％で、X-15の成功率96％に近似した。X-15が無人だったら、その成功率はボマークミサイルの成功率43％と同じだったと算出した。[44]

研究には厳密な統計学が使われ、関係者の圧力とは無縁だった。X-15報告書は有人宇宙飛行の可否について議論を進めた。空軍の試験飛行を取り仕切る長官は報告書にまえがきを添えた。「X-15計画は次世代の航空宇宙プロジェクトに類似し、通じるものがある。有人・無人宇宙船の相対的長所を定量評価する知見を与えてくれた」。[45]

しかし、報告書は技術報告に関しては控えめだった。アポロ計画の宇宙飛行士を成功に導いた二つの主要な技術である〝デジタル計算機〟と〝地上からの遠隔操作〟についてはなに一つ言及していなかった。資料は〝人〟と〝人の代わりに使用されたシンプルで信頼性のある１９５８～１９５９年の最新誘導制御システム〟を比較するのに留《とど》まった。複雑な自動装置がこれ以上増えたら、機械の故障率が増加し、問題が複雑化すると記されていた。続く10年の自動システム信頼性向上には目もくれていなかった。また、精密な設計が施され、有人システムを支援した遠隔操作技術に関しても、なにも記載がなかった。議論は〝スキルをもった有能なパイロット〟対〝頭脳をもたない信頼性の低い自動装置〟という構造を呈した。内容にはお粗末な部分もあったが、報告書は後年、宇宙でのパイロットの役割を定量評価した研究として頻繁に引用されるようになった。

技術報告書だけがX-15パイロットの役割を称賛したのではない。１９６２年、『X-15』というシンプルな題のハリウッド映画が放映された。チャールズ・ブロンソン（Charles Bronson）とメアリー・ムーア（Mary Tyler Moore）が出演し、X-15計画を物語った。空軍は鮮やかなカラー映像を提供した。また、脚本を精査し、監督にパイロットの活躍に十分に焦点を当てるよう依頼した。[46]

映画はX-15が空中輸送されている場面から始まる。パイロット兼俳優、空軍准将のジミー・スチュアート(Jimmy Stewart) の語りが流れた。「ある者は誘導ミサイルや電子制御されたミサイルが宇宙飛行の究極の答えだと考える……しかし、人はミサイルの先端に座っているだけでは決して満足しない。X-15の準備がとうとう整った。飛行、大気圏再突入、着陸において、パイロットが制御の的確な判断を下していく……」。台詞は大げさなほど、パイロットの能力と冷静沈着な態度を称え、X-15がマーキュリー宇宙船より優れていることを誇示した。ジョン・グレン宇宙飛行士のマーキュリー飛行後に公開された映画は、X-15をマーキュリー計画より優れたプロジェクトとして宣伝した。ある場面で主任技術者は報道陣に次のように伝える。「X-15パイロットは、大気圏再突入時に角度を決め、速度と高度を制御し、滑空して着陸します。すべてパイロットの操縦のもと実施されます。パイロットに決定権が委ねられているのです」[47]。

1964年、X-15計画の10周年記念、NASAは研究結果の要旨を作成した。マーキュリー計画が宇宙で人を評価するプロジェクトであれば、〝X-15は、微小重力環境で高性能機の操縦を立証した計画〟だと論じた。このとき、すでにマーキュリー宇宙船が飛行し、ジェミニ宇宙船もその後に続き、アポロ計画の詳細も定義され始めていた。〝2人の宇宙飛行士が月面から宇宙船を打ち上げる課題も、B-52輸送機パイロットとX-15パイロットの阿吽の呼吸で真実味を帯びてきた〟[48]。

研究結果を示すある冊子のすべての章は〝人と機械の統合《マンマシンインテグレーション》〟について取り上げていた。ここで、その筆者は〝人〟対〝機械〟の議論に真っ向から取り組んでいる。

「X-15計画だけでは、無人機の利点を否定することはできない。パイロットは自動制御を使って機体の性能を最大限に引き出したに過ぎないので、パイロットを絶賛することもできない。むしろ、抜群の信頼度を誇ったミッションの功績は、従来の操縦方式やその考え方が、音速飛行に対して適用できたように、宇宙飛行・超音速飛行にも拡張できると教えてくれたことだ。パイロットは必要不可欠だ。彼らは自動制御を使いこなし、スキルと訓練により機械の故障に対処する」[49]。

●培われたスキルの数々

1969年、NASAはX-15の1機をスミソニアン宇宙航空博物館に寄贈した。機体は今でも正面玄関に飾られている。寄付の公文書には〝パイロットの知覚能力、判断力、不確定要素に立ち向かう忍耐力、そのほかX-15で新たに得られた素晴らしいスキルの数々は、航空宇宙分野の重要な課題解決に今でも貢献している〟と記されている。[50]

X-15は、超音速飛行と周辺科学の発展に貢献したばかりでなく、パイロットを宇宙に送り出し、将来の宇宙ミッションに人の居場所を確保した。大気圏再突入が自動装置によりいとも簡単に操作される一方で、パイロットの主な役割はシステム管理者としてさまざまな制御装置を調整し、バックアップシステムとして機能することとなった。それは機体を操縦する役割に匹敵した。

アポロ計画始動時、X-15は制御システムと操作インターフェースの最先端技術をアポロ計画に提供した。また、X-15計画はアポロ計画といくつかの繋がりをみせた。もっとも顕著なのは、ニール・アームストロングだ。人類初の月面着陸の船長はX-15の飛行制御に精通したパイロットだった。また、アポロ宇宙船の設計・製造は、X-15を設計したノース・アメリカン・アビエーション社のチームが請け負った（ちなみに、マーキュリー計画とジェミニ計画の宇宙船はマクダネル・ダグラス社が設計している）。X-15第1期テストパイロットのスコット・クロスフィールドがノース・アメリカン・アビエーション社のプロジェクトマネージャーとして迎えられた。そして、X-15の地上追跡技術の取り決め《プロトコル》は、NASAヒューストンの有人宇宙ミッションの管制に貢献した。ミッション中、飛行しているテストパイロットと地上待機しているテストパイロット、同じ職種同士の担当者が主に管制のやり取りをする手法もX-15計画で確立された[51]。

壮大な挑戦は第4章でさらに紹介するが、宇宙飛行のパイロットを中心に据えた〝エアマン〟精神は、NACAラングリー研究所で確立し、X-15をもって宇宙時代に飛翔し、月への道を模索し始めた。どんなことが起きても旅路が揺らぐことはなかった。

04章

宇宙のエアマン

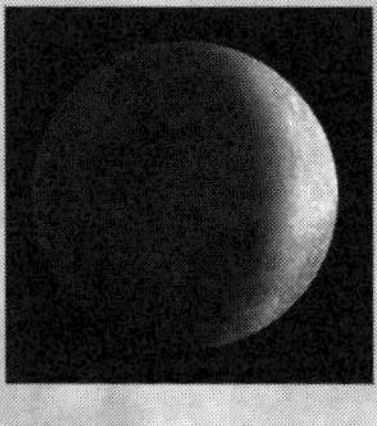

有人宇宙開発はミサイルの核弾頭をただ乗組員室に取り替えることではない。今まで平行した線路を走ってきたミサイル技術と航空技術が突如、交差した。尊い人の命を飛行機からミサイルの線路へ移そうとしている。土壇場の変更でよくあるように、脱線が起きないよう細心の注意を払わなければならない。

——ヨアヒム・キュットナー（Joachim Kuettner）、ハンツビル社（Huntsvill）技術者

●土壇場の変更

１９６１年５月、X-15初飛行から約１年半後、アラン・シェパードがアメリカ人初、宇宙の弾道飛行に成功した。シェパードはロケットエンジンを搭載した飛行機ではなく、レッドストーン短距離弾道ミサイルに搭乗した。マーキュリー計画が盛り上がるなか、X-15計画は隅に追いやられた。宇宙に人を最初に送った乗り物は、飛行機ではなくミサイルだった。しかし、宇宙飛行の成功にもかかわらず、宇宙で人がどんな作業をするのか、宇宙飛行士の役割が定義される気配は一向になかった。フォン・ブラウンチームのテストパイロットだったヨアヒム・キュットナー（Joachim Kuettner）が提言したように、アメリカの有人宇宙飛行を実現するにはミサイル技術と航空技術を融合する必要があった。[1] 双方とも、独自の前提条件、手法、技術をもつ技術文化を形成していた。航空技術者は、パイロットをただのお荷物ではなく、積極的な操縦士《オペレーター》として考え、ロケットを打ち上げから力強く操縦し、宇宙を自由自在に飛び回る構想を練っていた。反対に、ミサイル技術者は、宇宙船を自動化し、発射台から軌道上までパイロットを輸送すると考えていた。マーキュリー計画（計６回の有人飛行、１９６１年５月〜１９６３年５月）、続くジェミニ計画（計10回の有人飛行、１９６５年３月〜１９６６年

11月）で、ミサイル技術と航空技術は統合された。しかし、人の役割については意見がまとまらないままだった。計画的でもなく、ましてや付け焼き刃で衝突が避けられなかったミサイルと飛行機の開発文化の融合は、ときにそれぞれの文化で独自に温められてきた有望なアイディア、固く信じられてきた信条、創造されたアイデンティティのどちらか一方を葬り去ってしまうこともあった。

１９６０年代、想像とはだいぶかけ離れて宇宙飛行は発達した。宇宙飛行士はロケットや極超音速機を操縦する代わり、自動化されたロケットの先端のカプセル内に閉じ込められた。ＮＡＳＡはパイロットにシステム監視役と機械故障時のバックアップとして、期待外れの役割を当てた。ランデブー飛行やドッキングの新しい制御を担ったのは、Ｘ－15と同様に電子機器と計算機だった。有人月探査計画の外枠を固めていくなか、技術者はＸ－15を参考にしながら、常に計算機の新しい技術を追究した。アポロ計画システムズエンジニアのジョー・シーアは、アポロ計画を〝バランスのとれた〟計画と表現した。「ミサイル技術と航空技術の歴史が交差した。システムは全自動でも全手動でもなかった。実際、人はサブシステムとして扱われた」[2]。宇宙飛行で人がサブシステム、司令官《コマンダー》、あるいはパイロットとして扱われるかは、アポロ計画の技術者がどのようにシステム設計を進めるかに左右された。

●二頭獣

1959年8月、カリフォルニア州サンタモニカにあるミラマーホテルの会議室で、フォン・ブラウンはSETP特別晩餐《ばんさん》会の司会を務めた。先進精鋭のパイロットが50人以上集い、その中にはX-15の初飛行を終えたばかりのスコット・クロスフィールド、ノース・アメリカン社生え抜きの技術者兼マネージャーのハリソン・ストームズ（Harrison Storms）も含まれていた。

ドイツのロケット技術者、ナチス党親衛隊の元将官として知られたフォン・ブラウンは〝米陸軍〟のために働いていた。空軍とテストパイロットにとっては最悪なことだった。X-15が大気圏再突入でパイロットに困難な課題を与えているころ、フォン・ブラウンのチームは人ではなく、人工衛星を宇宙にどのように打ち上げるのか検討していた。陸軍弾道ミサイル協会（Army Ballistic Missile Agency）の開発主任を務めるフォン・ブラウンは、ミサイル技術者とパイロット間の衝突に言及した。そして、将来の宇宙飛行に関してパイロットが打ち勝てないほどの力強い方針を掲げた。

フォン・ブラウンは、パイロットが自身と陸軍を〝飛行機を有人宇宙飛行から除外しようとしている二頭獣〟として、目の敵にされていることをスピーチの冒頭で話した。その役目は否定しなかった。

しかし、自身が自家用操縦士のフォン・ブラウンはテストパイロットを大切にすると明言した。試験飛行中、実際パイロットの存在は監視や観測者として必要不可欠だった。飛行機の設計が承認されるまで試験飛行の回数が少なくて済むのに対して、ミサイルは〝新しい試作品が認可されるまで何回も打ち上げなければならないこと〞を説明した。一方、ミサイルは飛行機の機体開発と180度異なった。サイバネティックスの表現を借りれば〝ミサイル開発は人体機能の一部を機械に置き換えた〞。「人の頭脳、目、耳の代わりにテレメトリー〔電圧、温度、速度など宇宙船の状態を監視し、地上に送信される情報〕を導入します。あなたの手と筋肉に代わって、自動誘導制御を導入します」。ミサイルは新しい機械だけでなく、新しい技術と技術文化も創造した。

「ミサイル打ち上げの速度と力を考慮すれば、人が制御に介入することが物理的に不可能なのは一目瞭然です。人は排除します」。ミサイルにおいて人は信頼性や安定性の問題を誘発するばかりでなく、ロケットを地上から打ち上げることさえできない木偶《でく》の坊《ぼう》だとフォン・ブラウンは指摘した。「打ち上げ時、パイロットが反応する隙は露ほどもありません」。優秀なパイロットたちは、自身のことを人の判断力をもった、研ぎ澄まされた機械だと考えることを好んでいたので心外だった。「私たちは、人を多用途のコンピューターだと考えるのが好きです。しかし、ミサイルの世界では人の反応速度は遅くて論外です。厄介なだけです」。

この段階でフォン・ブラウンはまだ手加減していた。しかし、人がロケットを操縦できるかという問いに、次のように答えパイロットに一撃を食らわせた。「最新ロケットシステムで、人の操作が可能か否か、高加速度上昇中に正しい経路を飛んでいるか人が確認することが可能かと質問すること自体、馬鹿げています」。故障寸前のロケットでも、誘導、ミッション中止、緊急時の脱出装置起動は自動システムが判断を下した。フォン・ブラウンが〝ミサイル乗り《ミサイルライダー》〞と呼んだパイロットは緊急時にも意思決定が許されなかった。故障はわずかな変化で瞬時に起きた。「自動システムが故障し、ミッション中止信号が点滅したら、そのときパイロットは脱出ボタンをただ押せば良いのです」。

しかし、フォン・ブラウンの構想はパイロットたちにとって絶望的ではなかった。なぜなら、軌道上に無事打ち上がって、宇宙船がロケットブースターから切り離された後はパイロットが操縦したからだ。パイロットは真空の世界で新たな住みかを見つけた。新しい未知の世界は、ミサイル技術と航空技術の文化を橋渡しした。「文化は異なりますが共通項があります。それは、私たちミサイル技術者とテストパイロットが〝宇宙をめざす〟ということです」。

2年前のＳＥＴＰ晩餐会での議題が〝パイロットのサバイバル〟だったと振り返り、フォン・ブラウンは公文書を次のように結び、一時を凌いだ。「職業パイロットの地位は失墜していない。その最大の挑戦は未来で待っている」[3]。

期待を膨らませていたパイロットにとって、フォン・ブラウンのスピーチは冷徹な大陸弾道弾ミサイル〝icy B.M.〟が落とされたようだった。1か月前、X‐15はB‐52輸送機の力を借りず、離陸から自力で飛行に成功したばかりだった。マーキュリー宇宙船の開発も進んでいた。その年の前半には、銀の与圧服に身を包んだ新しい宇宙飛行士が登場した。宇宙飛行士はすでに訓練を受け、フォン・ブラウンのスピーチの1か月後、『ライフ』誌の表紙を飾った。そんななか、打ち上げから勇敢な冒険家を排除しようとする、国のロケット第一人者フォン・ブラウンが行く手を阻んだ。刺激的で、凄まじいロケット打ち上げは〝コントロール〟の意味を再度検討することを余儀なくした。ロケットが飛行する今、操縦するということは、パイロットが自動システムのバックアップとなり、ミッション中止ボタンに指を沿えることを意味した。また、軌道上でなにかしら操作することだったが、その詳細はいまだ決められていなかった。

１９５３年に出版されフォン・ブラウンが『コリアーズ』誌から抜粋した、細かく美しいイラストを集めた『宇宙の征服（Conquest of the Moon）』を読んだら、パイロットの不安はもっと煽られていたかもしれない。

フォン・ブラウンは数十人、月に送ることを考えていたが、その指揮官は〝科学者〟だった。残りは、航法士、技術者、医者、天文学者、写真家で構成された。鉱物技術者のチームも含まれていた。しかし、そこにパイロットはいなかった。全自動機能を想定していたので、月面着陸でさえ、パイロットを必要としていなかった。フォン・ブラウンの宇宙飛行の壮大な方針《ビジョン》は、実際の宇宙開発にとてつもない影響力を与えたが、手動操作はまったくもって考慮されていなかった[4]（図4・1参照）。

スピーチの後、SETP代表のアラン・ブラックバーンはフォン・ブラウンの構想に〝猛烈に反論〟した。自身の苦い経験から、故障した自動装置、制御不能に陥った射撃システム、コックピットのコンピューター故障について熱弁した。その晩、フォン・ブラウンが打ち上げ時にパイロットに麻酔を打つべきだと発言したことも覚えている[5]。X‐15パイロットのミルト・トンプソンは、白熱した討論が深夜まで続いたことを記憶している。SETPの公文書には、〝ドイツのロケット技術者が軍隊で鍛え上げられた腕力を振るう前に、地元の気の利いた宿屋は状況を鎮めるため、有り余るほどサービスを提供した〟と記されている[6]。

SETPはフォン・ブラウンのスピーチを月刊の会報で紹介し、宇宙開発のリーダーであるフォン・ブラウンが軌道上での操縦を認めていることに対して、ことのほかパイロットが安堵していることを伝えた。SETPは新たなミッションを掲げた。「フォン・ブラウン博士のような個人に対してパイロットの有益性を説得すること。ロケット技術者にパイロットが技術的に協力できると信じてもらうこと」。パイロットはそう簡単に引き下がらなかった[7]。半世紀、悪戦苦闘して操縦権を獲得してきた今、発射台から新品のロケットを操縦することには運命に近いものを感じていた。パイロットは宇宙で求められる実力がスキルとリスクに見合う報酬を受け取れるまで、夢を諦めなかった。しかし、それが実現したのは何年も先のことだった。

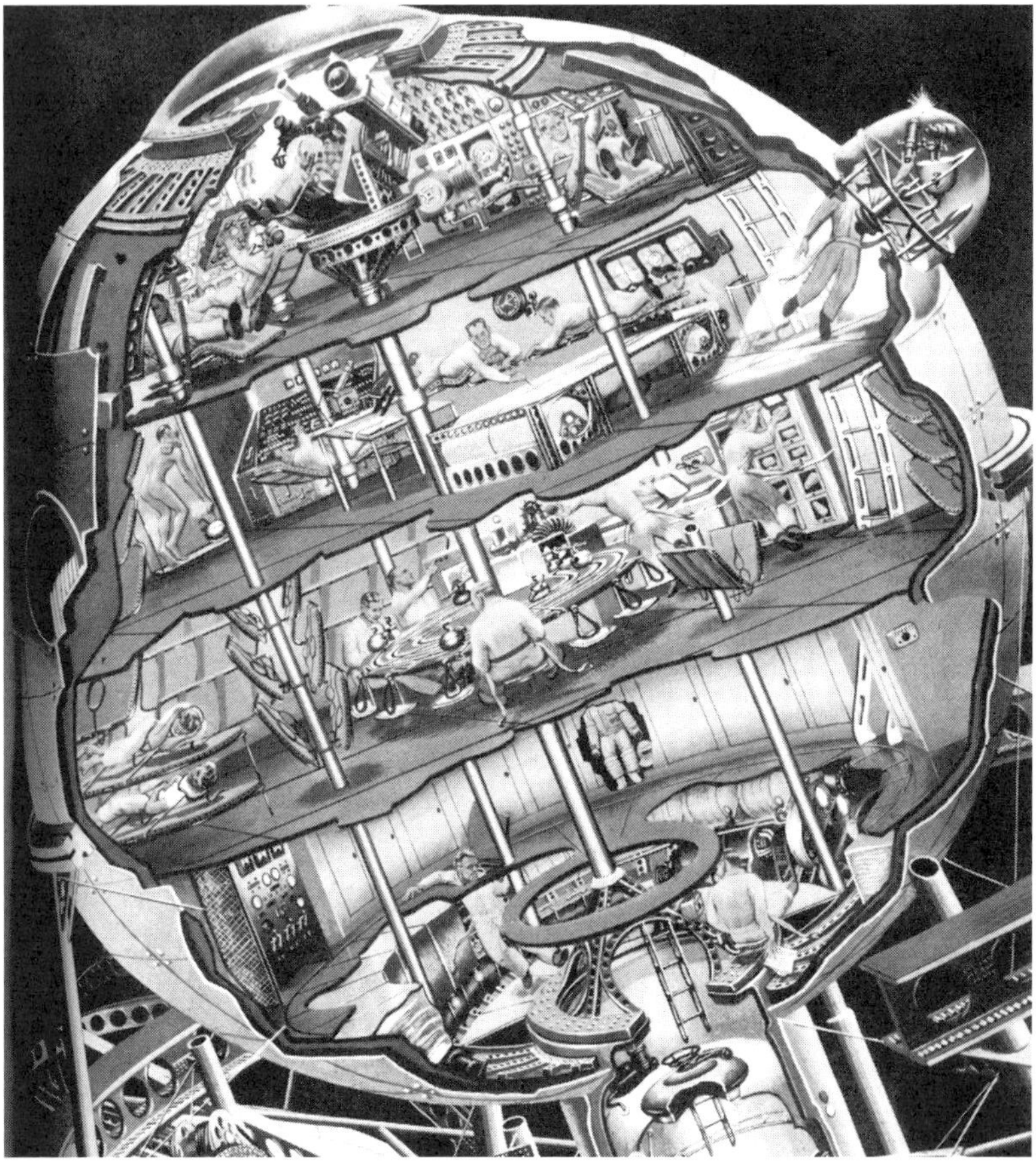

図 4.1　ヴェルナー・フォン・ブラウン（Wernher von Braun）の宇宙飛行初期のビジョン。科学者、技術者、医者、写真家が含まれているが、パイロットはどこにもいない。フレッド・フリーマン（Fred Freeman）作。宇宙船は自動で航行し、最上段にいるクルーが自動制御システムを監視している。第二次世界大戦の射撃統制システムの名残として、最上段にいるコマンダーは人工知能をもった椅子に座っている。右上の航法士が星を頼りに航海している構図は、アポロ宇宙船の光学式照準器を彷彿させる。最上段一番右にフォン・ブラウン、最下段に浮いているウィリー・レイ（Willey Ley）が風刺されている。（Von Braun and Ryan, *Conquest of the Moon*, 63. Reprinted by permission）

●ダイナソーと遠心加速器

打ち上げ時にパイロットの操作を除外すると発表したフォン・ブラウンのスピーチは活発な研究プログラムを発足させた。X–15計画では真空状態から大気圏への移行が主な課題として取り上げられたが、大気圏再突入以上の課題があるとパイロットと研究者は気が付いた。宇宙飛行のもっともドラマチックで危険な段階が〝打ち上げ〟だとわかると、パイロットはなにかしらそこで作業を任命されることを願った。

空軍の〝Dyna-Soar〔恐竜 Dinosaurダイナソーと同じ発音。滑空の意のSoarと掛けている〕〟計画がパイロットの希望を膨らませた（図4・2参照）。1957年、米空軍は軌道に打ち上げる有人爆撃機・偵察機の開発を始動した。ボーイング社が〝X–20〟または〝Dyna-Soar〟と呼ぶ一人乗り用の機体を受注した。大気圏上層を極超音速で滑空する予定だった。ダイナソーはロケットのように打ち上げられ、宇宙へ飛翔し、翼を使って大気圏再突入し、飛行機のように車輪を使って着陸した。

しかし、方針の度重なる変更、意見の対立からついに1963年、計画は中止された。〝恐竜〟はその名にふさわしかった。4億ドル以上の予算が使われスペースシャトルの前身とよく言われる。[8]

図4.2　Dyna-Soarの再突入。(U.S. Air Force)

ダイナソーは有人滑空機で、タイタンⅡＩＣＢＭや当時フォン・ブラウンが開発中だったサターンロケットなど、巨大ロケットブースター上に搭載して使用することが検討されていた。支持者はX-20を〝飛行機と誘導ミサイルが融合したもの。パイロットの義務は、指定された線路を走る鉄道機関車の技術工と同等のもの〟ととらえていた。[9]空軍の広報ビデオは、大気圏再突入時に使用される自動制御の割合は気にしていなかった。「ダイナソー計画はパイロット、つまり〝人〟を最大限に活用する。〝人〟に操縦を託し、半世紀ちょっと前、ライト兄弟が始めた挑戦を空軍が再び前進させる」と謳《うた》った。[10]

ダイナソーの研究を調べると、当初パイロットが有人宇宙飛行をどのように思い描いていたか重要な断片を拾うことができる。パイロットは〝ロケットを発射台から操縦したい〟と切望していた。能力を証明するため、テストパイロットは新しいシミュレーターを使い、有人ロケット飛行におけるパイロットの役割を研究・推奨した。

1959年、フォン・ブラウンのスピーチの数か月前、ニール・アームストロングを含むX-15のパイロットと技術者は国内最大の遠心加速器見学のため、ペンシルベニア州ジョンスヴィルにある海軍航空医学研究所(Naval Aviation Medical Laboratory)を訪れた。パイロットを遠心加速器に乗せ、とてつもない加速度で装置を回転させ、身体に凄まじい遠心力を掛けた。[11]実験のため、パイロットは巨大な腕の先端についた〝カプセル〟に入り込んだ。カプセル内にコックピットを再現し、重力加速度が掛かる状況のもとロケットの操縦を試験した。X-15パイロットは操縦訓練のためジョンスヴィルを訪れた。この訓練はX-15の極限飛行に備え、自信を与えてくれたと全員が口を揃える[12](図4・3)。

ジョンスヴィルではロケットブースターの操縦実験も実施された。技術者はアナログコンピューターを使い、サターンV型のような多段式ロケットの動きをシミュレーションした。重力加速度の荷重に耐えられる特注の椅子に座ったパイロットは、計器盤の数々の目盛盤《ダイヤル》や針を注視した。〝操縦〟するため、脇にある操縦桿を手に握った。管制室の技術者は回路やスイッチを操作して、ロケット段の分離、ミッション中止、故障を再現した。アームストロングを含め7人のパイロットが、ロケット操縦の実験に参加した。

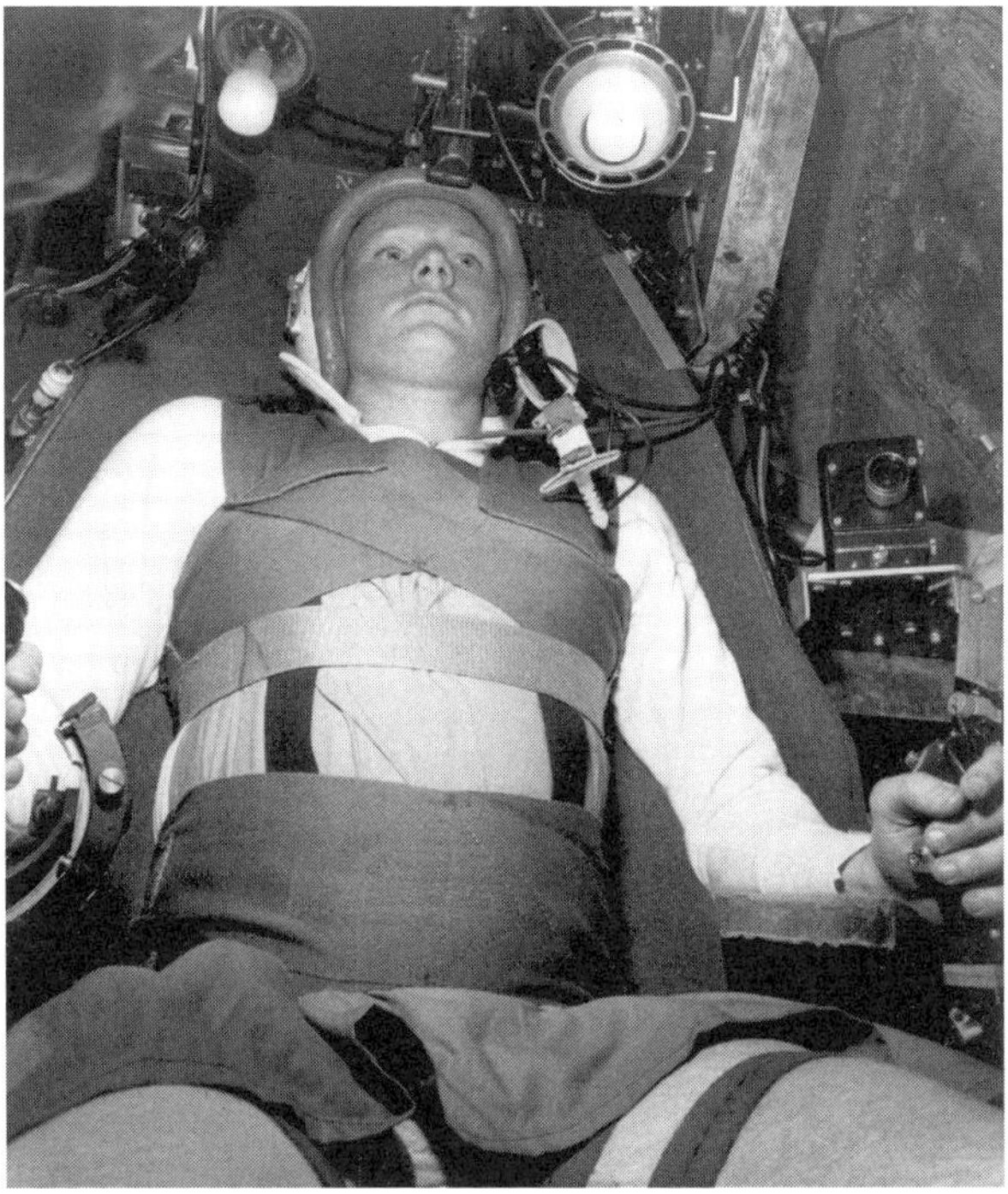

図4.3　ペンシルベニア州ジョンスヴィル米海軍施設の遠心加速器内に座るニール・アームストロング（Neil Armstrong）。ロケット操縦を試験している場面。1958年。（NASA Dryden photo E-5040）

遠心加速器に振り回されるなか、パイロットは操縦桿を動かし、計器の針が中央にくるよう調整した。針で示される〝偏差〟をゼロに戻し、サーボ機構として動いた。重力加速度が掛かると、パイロットは視野狭窄症に悩まされた。9Gではまだいくつかの計器を見ることができた。12Gともなると、まだ操縦桿を動かすことができたが、胸の痛みや呼吸困難を覚えた。このときも、パイロットはまだ自分が操縦していると思い込んでいた。14Gでは全身が椅子に押し込まれ、もはや視界に入るのは目の前にある誘導制御の偏差を示す針だけとなった。

とくに多段式ロケットの切り離しの操縦が難しかった。多段式ロケットの一段が無事に切り離されたと思いきや、少しの遅延をもって異なる段が衝撃を伴って作動し始めた。パイロットは何回か失敗し、ロケットは軌道を外れ、遠心加速器を停止させた。現実ではロケットが大破したことを意味した。しかし、ほかのシミュレーションではロケット段を定められた軌道に上げることにも何回か成功していた。

アームストロングと一行《いっこう》は、ジョンスヴィルでの試験が打ち上げ時の操縦を導入する説得材料となると考えた。フォン・ブラウンのスピーチ後、反論するため実験結果の報告書を作成した。「ロケット制御はパイロットが十分に扱える範囲内だった。制御の十分な情報が与えられる限り、パイロットは〝ロケットを操縦する第一人者〟となり得る。乗客として搭乗すればパイロットはお金が掛かるお荷物になるだけだが、機体の制御に介在させれば、ロケット打ち上げに信頼性とその場に応じた適切な判断ができる柔軟性を提供することができる」と結んだ。〝信頼性〟と〝柔軟性〟というX-15計画から学んだ合言葉を意図的に盛り込むことを忘れなかった。パイロットは自動化より、操縦機会を増やす計器の情報提供を好んだ。[13]

ミッションにおけるパイロットの役割が議論された。パイロットは弾道ミサイルの出現ですでに居場所をなくしつつあり、ミサイルに完敗していた。それでも、彼らからしてみれば、負ける相手として無人の危険な無線操縦機《ドローン》より少しマシだった。工事中の巨大ロケットは、融通の利かない〝ミサイル乗り《ミサイルライダー》〟という名のお荷物をただ軌道に打ち上げるだけなのか？　それとも鋭い目と器用な手を使い、指定された軌道に沿ってロケットを軌道上まで操縦するのか？　X-15の大気圏再突入が将来の標準になるのか、それとも弾道軌道の採用で、大気圏再突入は葬られるスキルとなるのか？　ショーファー対エアマン、どちらが主役に輝くのか？

SETPの出版物はエアマンを記事に取り上げた。ボーイング社テストパイロットのアーサー・マレー（Arthur Murray）は、かつて自動ロケットブースターをロケットに使用した過去を責めた。V‐2型ロケットやアトラスミサイルのような古いロケットブースターは粗雑に製造されリスクが高かったため、複雑な自動化が進められた開発背景があった。

「ダイナソー計画の一番の功績は、ミッション成功をパイロットのロケットブースター操縦で実現できると証明したことかもしれない」とマレーは同僚に伝えた。「X‐20の設計は操縦を許容するだけではいけない。パイロットが操縦するのが最善と思われる箇所では、パイロットに操縦を明け渡すべきだ」[14]。

1960年代、打ち上げの操縦実験や議論で溢れ返っていた。X‐15パイロットのミルト・トンプソンは、ダイナソーが上に乗っかった状態でタイタンロケットブースターの操縦を証明する実験に度々参加した。「これは多くの物議を醸した。ロケットブースター設計者は、その初日から自動制御と誘導制御システムを使用していた。彼らの頭の中で、自動制御の使用は当然の成り行きだった」[15]。1963年、あるSETP会員は「操縦による打ち上げは将来確実に実現する」と予測した[16]。クロスフィールドはロケットの信頼性の低さは、パイロットの欠如に直接関係していると考えた[17]。

パイロットは適切な指示器と情報提示さえあれば、どんな任務も大抵こなすことができると信じていた。X‐15パイロットのジョー・ウォーカーはSETPにリアルタイムに情報提示すれば、パイロットはどんなシステムの一部も制御できると説明した。「飛行の歴史はパイロットが離陸・進入・着陸といった重要な場面で、操縦桿を握っていたいと望んだことを教える」[18]。ウォーカーは次世代の宇宙船開発にあたって、システム工学の〝静的システム［ある時刻の出力がその時刻の入力のみに依存するシステム］と閉ループ系動的システム［ある時刻の出力が過去の入力にも依存するシステム］〟を対象とする解析技術の進歩を根拠に、パイロットから同様に操縦の要求が寄せられるだろうと考えていた。X–15はパイロットにシミュレーションを最大限に活用することだけでなく、地上でのシミュレーション実験に成功することは宇宙での居場所を確保することだと教えた。

しかし、多くの議論、実験、データ、シミュレーションにもかかわらず、パイロットは惨敗した。いまだかつて、発射台からロケットを操縦したアメリカ人はいない。有人宇宙船は大胆で力強い機体ではなく、繭のような変な形をしたカプセルとなった。パイロットは打ち上げ時、なにもせず、運命を変える術があるのか否かさえおぼつかないまま、狭い空間に閉じ込められた。飛行機はパイロットの意思に従ったが、ロケットは機転の利かない自動制御となった。フォン・ブラウンが開発したV–2型ロケットや、それから派生したレッドストーンロケットブースターは、がんじがらめに固められた電子回路のいくつかのフィードバック制御でコントロールされた。そして、離陸と着陸の尊いスキルは、逐次制御《シーケンス》［自動制御はフィードバック制御とシーケンス制御に大別される。シーケンス制御はあらかじめ定められた順序に従って制御の各段階を逐次進めていく制御］とパラシュートに取って代わった。

●マーキュリー計画とパイロットの役割

マーキュリー計画は試行錯誤しながら成果をあげた。1958年になると、空軍ではなくNASAがアメリカ初の有人宇宙飛行計画を統括することが決定した。プロジェクトは〝マーキュリー計画〟と命名された。1959年4月、NASAは初期選抜の宇宙飛行士を初めて披露した。早速その秋、『ライフ』誌で特集記事が組まれた。続く4年間、宇宙飛行士や夫人について70以上もの特集記事が組まれた。国のヒーローを扱った記事は祝賀モード一色で、飛行が成功するたび国民は熱狂を強めた。[19] 宇宙飛行士は自分たちは機械故障時の最後の砦に過ぎないと説明していたが、報道と国民は、国の運命に全責任を負う英雄として彼らを称えた。マーキュリー計画が大々的に取り上げられるようになると、今までパイロットと技術者間だけで議論されていた事柄が国民の間でも広がり、冷戦の議題にまで発展するようになった。人は宇宙でいったいなにをなし遂げるのか？

トム・ウルフ著の『ライト・スタッフ（The Right Stuff）』と若干脚色の強い同映画は、マーキュリー計画の空気を的確にとらえている。「どんな機体でもパイロットと乗客の違いは、たった一つに集約される。コントロールだ」とウルフは断言した。[20] レッドストーンロケットに搭乗したチャック・イエーガーを代表格とする従来のテストパイロットと、期待されるがいまだ実力が証明されていない〝缶詰に入った肉の塊〟と例えられる宇宙飛行士を比較した。〝SETPを設立したエドワーズ空軍基地のテストパイロット〟と〝SETPメンバーを一切含まないマーキュリー・セブンパイロット〟間の競争が描かれた。また、マーキュリー計画に対する国民の熱狂で、X-15のテストパイロットが自分たちの栄華が徐々に衰退していくのを悟っていくようすを描写した。いずれにせよ、作品に対する国民の反響と影響は、宇宙飛行士間の対立がいかにマーキュリー計画の印象を左右していたかを物語る。

第3章で述べたように、ウルフはテストパイロットの〝カウボーイ〟的側面ばかりを強調し、職業プロフェッショナルとして科学・工学に精通していた彼らの特徴をないがしろにしていた。操縦したいと熱望するパイロットと、自動化と技術にこだわる技術者間の争いに焦点を当てた。それはパイロットと技術者の個人的な争いに留まらなかった。それはパイロット集団と技術者集団、人が果たす役割について異なる意見をもった文化圏の衝突だった。やがて、アメリカの有人宇宙飛行は、これらの意見を融合したものとなった。その作業を牽引したグループの名は〝宇宙調査委員会（Space Task Group : STG）〟だった。

●ラングリーグループ

１９５８年、ＮＡＳＡはラングリー研究センターで、飛行性（flying qualities）研究第一人者のロバート・ギルルースを筆頭に〝宇宙調査委員会〟を設立した。リスクの高い仕事人生に挑みたいと志望する25人の若手技術者を招集し、マーキュリーカプセルの設計に取り組んだ。[21] カプセルを宇宙に打ち上げる〝レッドストーン〟ロケット自体の開発は、アラバマ州にいるフォン・ブラウンチームが音頭をとっていた。ドイツ人は20年以上、無人ロケットを製造し、打ち上げてきた技術力があった。また、マーキュリーの軌道上での航行を支援する〝アトラス〟ロケットブースターを空軍のために製造したのは、コンベア社（Convair）だった。コンベア社はシステムズエンジニアリングと自動制御を柱とするＩＣＢＭ（大陸間弾道ミサイル）文化をアメリカ西海岸に形成したので本土に名が知れ渡っていた。システムを専門とする新しい技術者が台頭するなか、ＳＴＧの若手技術者は管制室で技術を修得し、テストパイロットとともにほとんどの時間を過ごしてきたので基礎がしっかり身に付いていた。ギルルースを初代長官として、ＳＴＧはやがてＮＡＳＡヒューストンの有人宇宙船センター（Manned Spacecraft Center）に発展した。

１９４５年以来、バージニア州ワロップスアイランドでギルルースは無人機研究部門（Pilotless Aircraft

Research Division：PARD）を率いてきた。パイロットにとって脅迫的な組織名だったが、実際に手を動かし、機体を飛ばす実践的な技術者が集まっていた。PARDの技術者は極超音速でロケットを飛ばし、当時の風洞で出せなかった飛行条件を大空で再現した。STGの技術者14人がこの研究部門出身で、マーキュリー宇宙船、ジェミニ宇宙船、アポロ宇宙船、スペースシャトルの形を考えたマックス・ファゲット（Max Faget）もその中にいた[22]。

初代STGのほかの技術者は、NACAの計器・試験飛行・安定性・制御グループやアブロ・カナダ社（Avro Canada）で職を失った技術者などで構成された。カナダ政府が空の防衛で飛行機よりミサイルを採択したので、技術者が大量に解雇されていた。飛行制御や操縦を専門とする研究者や設計者が多く、ファゲットに加え、アメリカの宇宙計画で名を轟かせる技術者を何人も輩出した。ファゲットと一緒に働いたキャドウェル・ジョンソン（Cadwell Johnson）はパイロットの意見を設計に反映した。「飛行機の専門知識があったからパイロットと飛行機システムの要素を取り込んだだけだ[23]」とジョンソンは説明する。また、クリス・クラフトはNACAラングリー研究センターの試験飛行業務で、ヒューイット・フィリップスのもと、計器とテレメトリーデータの仕事に従事し、修行を積んでいた[24]。洞察力の鋭いクラフトは、STGがマーキュリー計画を開始した際、打ち上げに必要な情報をすべて宇宙飛行士に提供することを考え、いまだ飛行機の開発を前提にプロジェクトが進められていたと指摘する。「しかし、空軍からの情報でロケットが高速で動くことがわかり、どのみち宇宙飛行士はなにも手を出せなくなった[25]」とクラフトは当時を振り返る。

ギルルースのグループにはアポロ宇宙船にデジタル計算機搭載を提案した技術者もいた。ロバート・チルトン（Robert Chilton）は第二次世界大戦中B‐17爆撃機を操縦し、スターク・ドレイパーとロバート・シーマンズ

(Robert Seamans）のもとで学び、ＭＩＴで学士号と修士号を取得した人物だった。ラングリー研究センターの安定性・制御部門で10年間、のちにマーキュリー計画でギルルースの右腕となるヒューイット・フィリップスと、フィリップス助手のチャールズ・マスユーズ（Charles Matthews）と働いた。ほかのプロジェクトですでに適用していたが、チルトンは制御理論を使い、パイロットの応答を数式で表現した。

チルトンはマーキュリー制御システムの要求を明確にし、製造契約業者を選択・監督した。マーキュリー計画ではさまざまな制御、監視、ミッション中止機能があるなか、〝パイロットはそれらのバランスをとる役目〟を担うだろうと予想した。彼の考えでは、パイロットの主な仕事は操縦するだけでなく、〝宇宙船の船長〟になることだった。[26]

徐々に設計思想が確立した。通常運用では自動のフィードバック制御が宇宙船を安定にした。主要システムが故障した場合、パイロットが操縦を引き継いだ。唯一の欠点は緊急時、信頼性の高いシンプルなアナログ装置を操作することになるので、作業負荷が一気に上昇することだった。[27]〝そんなことはあり得ないと私たちは考えているが、マーキュリー宇宙船でパイロットが操縦を引き継ぐときは……この針をゼロに戻し、姿勢を維持さえすれば良い。そして、気泡を中央に合わせるときのように照準器を覗けば良い〟なにはともあれ、〝宇宙船を操縦したい〟宇宙飛行士にとって、この考えは評判が悪かったとチルトンは振り返る。[28]マーキュリー宇宙飛行士に選抜されたジョン・グレン（John Glenn）は、直後に記者会見で「私たちは宇宙船にただ座り、乗客に成り下がりたいとは考えていません。私たちは宇宙船を操縦します」と胸を張った。[29]しかし、自動制御が主体という方針はアポロ計画まで続いた。

斬新な視点をもつ技術者がＳＴＧに加わった。ロバート・ボアス（Robert Voas）は心理学者で、パイロット選抜・訓練・運用のため、海軍で〝ヒューマンエンジニアリング〟または〝エルゴノミクス（ergonomics）〟と呼ばれる人間工学の専門家として働いていた。ＳＴＧが設立されると同時に、海軍はボアスをＳＴＧに派遣し、パイロットの役割について即座に考察させた。[30]

ボアスは宇宙飛行でのパイロットの関与は、宇宙飛行士の選抜と訓練方法に大きく影響すると理解していた。技術判断は人の能力と密接に関係した。運用に応じて、その作業に見合う能力をもった人を選抜する必要があった。「この人はただの乗客か？　それとも、宇宙船の運用に貢献することが期待されるのか？」[31]。身体能力が優れ、技術システムを運用したことがある人であれば条件を満たすとボアスは考えた。しかし、マーキュリー・セブンの宇宙飛行士は技術力に欠け、自身が定めた緩い条件をのちに後悔した。[32]元々の条件に操縦経験の必要性はどこにもなかった。ボアスの意見を参考に、ＮＡＳＡは宇宙飛行士の条件として〝テストパイロット、実験潜水艦搭乗経験者、極圏探険家〟を候補にあげた。しかし、ＮＡＳＡが公式発表しようとした寸前、プロジェクトの安全性と秘匿性のため、アイゼンハワー大統領が宇宙飛行士候補は軍のテストパイロットであるべきだと遮った。[33]この制約だけで潜水艦士を除外する理由はどこにもなかったのは言うまでもない。

人間工学の専門家に敵対心を抱いたように、マーキュリー宇宙飛行士はボアスを信用しなかった。パイロットの古くからの敵、医者と同じような存在だった。ＮＡＣＡ技術者は「産業心理学と航空医学は禁句だった」と恐れる。クリス・クラフトは「ボアスは自分より事前通告が下手だった」と一蹴する。[34]

しかし、ボアスは人の必要性も強く主張した。「宇宙に行くべきなのは人で、全自動の空っぽな宇宙船は打ち上げるべきでない」。マーキュリー計画の飛行は〝宇宙飛行士が機体の姿勢や飛行経路を制御しなくて良いよう離陸と着陸が設計されているため〟、人の役割が〝過小評価〟される傾向があると分析した。[35]宇宙飛行士を〝ただの乗客ではなく機体の操縦士《オペレーター》〟として扱い、十分な情報を与え制御に介在させれば、システムに対して適切な判断を下す柔軟性とロバスト性［外乱や設計誤差などの不確定な変動に対してシステム特性が維持できること］を向上することが可能だと主張した。マーキュリー計画は〝人の宇宙船パイロットとしての資質〟を証明すると説明した。[36]

ボアスはマーキュリー宇宙飛行士の八つの役割を優先順に発表した。

（1）主に自動システムを監視する〝システムマネジメント〟、（2）打ち上げと大気圏再突入時の〝計算機プログラム〟と〝逐次制御《シーケンス》〟の監視、（3）姿勢制御、（4）航法、（5）通信、（6）研究観察、（7）ストレス下における冷静沈着な態度、（8）地上訓練

宇宙飛行士はバックアップシステムを起動する役割と機械故障時のバックアップ機能を担った。たとえば、逐次制御の動きが怪しい場合、〝自動プログラムの実行手順を代替〟した。第三者からはそう見えなかったかもしれないが、実験マウスが緑や赤の光に反応するよりそれは高度な作業だった。[37]ボアスは手動制御と自動制御機能を洗い出し、両方の間をどのように遷移するか図を作成した（図4・4参照）。

ボアスは宇宙飛行士の選抜に関与したばかりでなく、新しい訓練方法にも助言した。訓練も、軌道上での宇宙飛行士の行動に左右された。選抜も訓練方法も、飛行計画が進行するとともに変化した。ボアスと同僚は飛行訓練の豊富な経験をもっていたが、マーキュリーで設定した目標は宇宙飛行士がパニックに陥ったときや焦ったときに誤った操作を防ぐため、どちらかと言うとなにもしないよう彼らを教育することだった。また、身体的、心理的ストレスへの適応に重点を置いた。宇宙飛行士はバックアップシステムとして考えられたため、役割の第一目的は宇宙船のシステムを理解し、故障を検知・修理することとなった。[38]

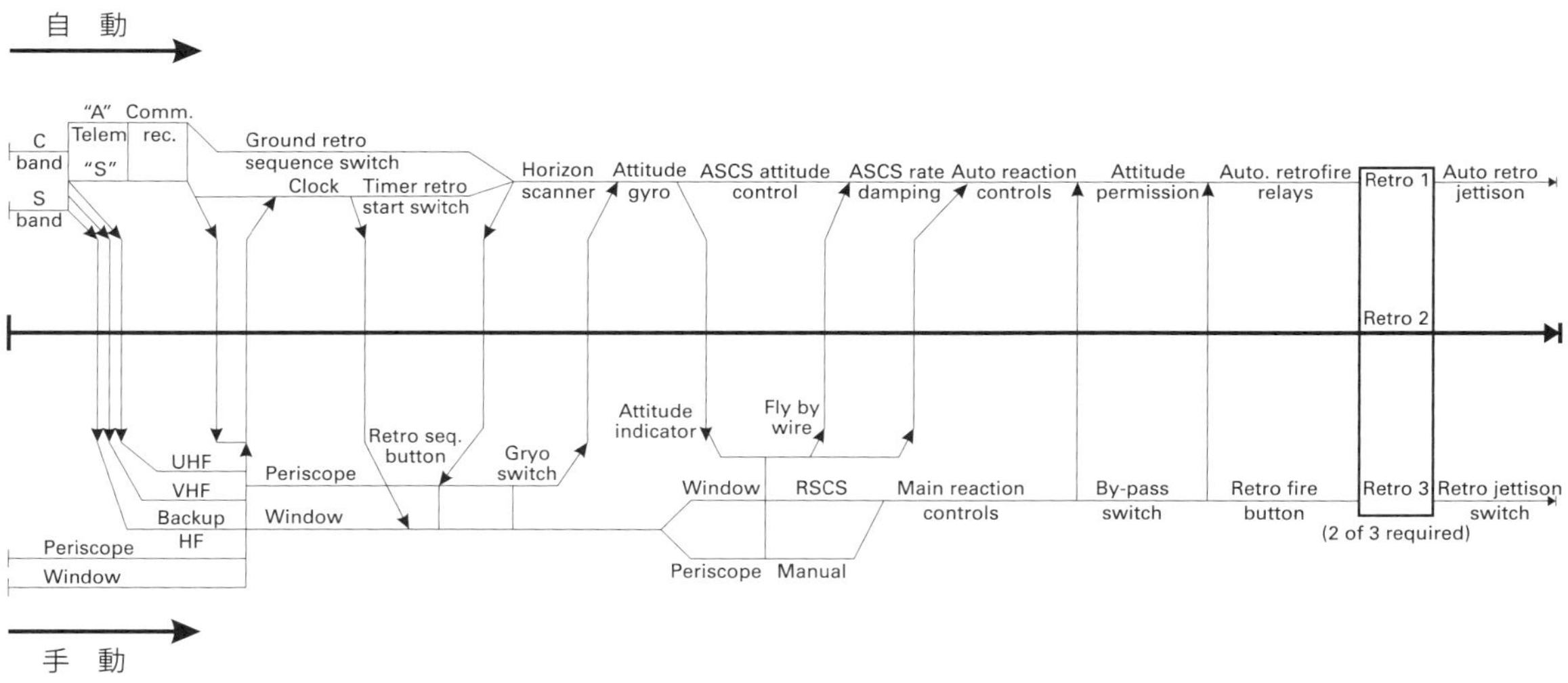

図 4.4　マーキュリー宇宙船姿勢制御の自動対手動操作手順。パイロットが自動制御と手動制御間を行き来できる切り替え経路を示す。
(Redrawn by the author from Voas, "A Description of the Astronaut' s Task in Project Mercury")

●マーキュリー制御システム

マーキュリー宇宙船でもX－15と同じように、人の役割が設計に反映された。マーキュリー宇宙船のカプセルはマクダネル・ダグラス社（McDonnell Douglas）が製造した。また、制御システムはX－15のMH－96適応制御システムを請け負ったミネアポリス・ハニウェル・レギュレーター社が製造した。企業の専門家は当初、全自動の宇宙船を設計し、人による操作を必要最低限に留めようと考えていた。しかし、パイロットの積極的な関与を勧める〝人間工学〟の専門家の話を聞いた後、マクダネル・ダグラス社の技術者は操縦を増やした方が、信頼性が向上すると考えるようになった。しかし、飛行機と違って、自動制御が主体で、人が操縦するのは通常運用から外れたときや緊急時に限定されるべきだとしたチルトンの意見に全員が賛同していたのも事実だった。実際、人は不要だった。マーキュリー宇宙船が有人宇宙船として承認されるまで、レッドストーンロケットで4回、アトラスロケットで3回、全自動の無人試験飛行が実施されていた[39]。設計はやがて全自動制御から〝監視する自動制御〟に変わった。人の機能は〝二次的な役割以上、一時的役割以下〟といったところで落ち着いた[40]。

マーキュリー宇宙船の制御システムには、稼働している装置が故障した際、バックアップとして控える装置が二つ準備された。一つが自動制御装置、もう一つが手動制御装置で、それぞれに専用のスラスターと点火用燃料が用意された。宇宙船の軌道変更はできなかったが、スラスターがあったため重心まわりの姿勢は変更することができた。大気圏再突入の際、姿勢は自動的に設定されたが、自動制御が故障したら宇宙飛行士が手動で宇宙船の向きを変え、スラスターを点火した。ファゲットが設計したカプセルは少し振動を引き起こす特徴もあったが、自動で遮熱材がある面を下にし、宇宙船を大気圏に再突入させた。振動を減衰するため、宇宙飛行士には自動制御または手動操作の選択肢があった。

何人かの宇宙飛行士、とくにディーク・スレイトン（Deke Slayton）は、足で踏む方向舵《ラダー》ペダルが欲しいと考えた。しかし結局、方向舵《ラダー》ペダルは採用されず、宇宙飛行士は3軸制御の操縦桿を片手で操縦した。ピッチ軸とロール軸の角度を変えるためには操縦桿をそれぞれ前後・左右に動かし、ヨー軸の角度変更には方向舵《ラダー》ペダルを踏む代わり、操縦桿を時計または反時計回りに絞った。自動制御では、システムはフィードバック制御を通じて適切な姿勢を保持した。手動制御では、パイロットは操縦桿を倒す傾斜に比例して出力する燃料弁の開閉を調整し、スラスターを直接制御して宇宙船の姿勢を変更した。

手動操作の場合、燃費は最悪だった。そのため、効率的な解決策〝レート制御〟が登場した。パイロットはサーボ機構を用いて各軸の回転率を制御した。X-15の自動制御のように、レート制御はパイロットが操縦桿を動かしたときに反応し、手を離した際、自動で姿勢を保った。このシンプルな考えが実現するには、精密なサーボ機構が精度良く、安定に作動していることが大前提だった。また、現代の意味とは少し異なるが、〝フライ・バイ・ワイヤ〟制御で、自動制御システムの電気駆動ソレノイド弁に〝オンオフ〟命令を送ることもできた。パイロットは異なる制御を同時に使用することも可能だった。たとえば、ピッチ軸とヨー軸の角度が自動制御で保たれている場合、ロール軸は〝フライ・バイ・ワイヤ〟制御でコントロールした。宇宙飛行士の要望によってマーキュリー宇宙船2代目から新たに3軸レートの情報提示、光学式照準器、窓が追加された。[41] もちろん、宇宙飛行士はこれらの意思決定に関与した。彼らはいまだ、打ち上げ時の操縦機会を虎視眈々と狙っていた。

●とんでもないでたらめ

1959年8月、SETPでフォン・ブラウンがスピーチした際、マーキュリー宇宙船とその制御システムの設計はほとんど決まっていた。説得力があり、なおかつ権力があったにもかかわらず、フォン・ブラウンはあえて打ち上げ時の操縦について結論は出さず、宇宙飛行士に大切な役割を割り振るか否か議論に火を点けた。操縦に関して議論は長引くばかりでテストパイロット自身、自問自答した。

フォン・ブラウンのスピーチの数週間後、SETPは1959年の定例会議を開催した。ニール・アームストロングが司会を務める会合から始まり、宇宙飛行のパイロットについて議論された。スコット・クロスフィールドの論文、そのほかの発表もパイロットの重要性について主張した。

アポロ計画を率いる若いクリス・クラフトとディーク・スレイトンは〝マーキュリー計画の宇宙飛行士はただの乗客だ〟という批判に苛立ち、個人的に反論した。スレイトンが言うには、2人は「このとんでもないでたらめを鎮めに行ってやる」と意気込んでSETPの会議に出席した。[42]しかし、クラフトは悪い知らせをもち返ってきた。「パイロットは飛ばしている機体を操縦桿で操縦するのに慣れている。旋回、上昇、急降下は手動で行われてきた。だから、パイロットをかばうため、私はロケット打ち上げ、軌道上でどんなことが行われるか詳細に調査してきた。ほとんどが自動で行われると私は認めざるを得ない。ロケットが点火され宇宙に飛び立つとき、有無を言わさず人は乗客だ」。[43]ミッション中止システムでさえ自動化されていた。機械が故障して、最悪な事態に陥るときはパイロットが反応できないほど瞬時に起きるという。マーキュリー計画ではフォン・ブラウンが勝利を収めた。

1962年、スレイトンは航空身体検査により地上要員とされる前、パイロットの役割を守ろうと奮闘していた。ロケット打ち上げ時の操縦についてパイロットは完敗したが、軌道上での役割についてはまだ議論の余地があった。スレイトンの発表の目的は、〝パイロットの視点〟を紹介し、〝マーキュリー計画の宇宙飛行士に求められる要求〟を明確にすることだった。「マーキュリーの問題はろくでなしのパイロットさえいなければごく簡単に解決できる」と半信半疑に主張した技術者、「学部卒のチンパンジーまたは田舎のまぬけ野郎でもパイロットの代わりを務めることができる」と揶揄した軍人の意見に反論するものだった。スレイトンは主張した。「もし操縦をなくしたら、それは宇宙に人類の居場所はないと言っていることと同じだ」。有人宇宙飛行には普通のパイロットではなく、実験《エクスペリメンタル》テストパイロットを採用すべきだと提案した。マーキュリー計画で活躍した宇宙飛行士の何人かは、この条件が適用されていたら選抜前にSETPに入会できなかったので矛盾していた。スレイトンは解説した。「マーキュリー宇宙船では、もしすべてが上手く機能したら任務は想像以上にシンプルなものとなる。逆に、故障や緊急時、作業はかなり複雑になるが、パイロットの処理能力を決して超えない範囲内に収まっている」[44]。

1959年のSETP会議で、マーキュリー計画のパイロットの役割は〝打ち上げ時は受動的な乗客、軌道上では積極的なパイロット〟と定義された。しかし、スレイトンは、これは一時的なものだと説明した。ロケット専門家が自動打ち上げを主張していることに理解は示したが、それは「現在、そう認めているだけ」と言葉を濁した。宇宙ステーションやランデブー飛行が登場する将来、〝打ち上げや軌道上でパイロットに全操縦権を与えるのが望ましい〟と考えていた。

『ニューヨーク・タイムズ』紙の見出しは「パイロットは良いニュースを伝え聞く」と10月の会議で話した内容を発表し、全自動打ち上げのニュースを悪く取り繕った。「関係者は機械が人の代わりを務めることはできないと断言している。パイロットは長い間、自分たちは必要不可欠の存在だと主張し続けてきたので、この言葉は会議に集まったテストパイロットの耳には心地良く聞こえているはずだ[45]」。

●宇宙で活躍するパイロット

マーキュリー宇宙船が実際に飛び始めると、宇宙飛行士は数々の故障や失敗にさまざまな制御方式で対処した。1961年5月、アラン・シェパードの有名な弾道飛行で、スラスター漏れが原因でマーキュリー宇宙船のカプセルがロール軸まわりをわずかだが一定に回転し始めた。シェパードはフライ・バイ・ワイヤ制御を使い動きを修正し、大気圏再突入の際、振動を減衰した。[46]試験のため、そして必要に駆られて〝自動〟、〝手動〟、〝フライ・バイ・ワイヤ〟の三つの制御方式を検証した。1961年6月、シェパード飛行時はなかったがガス・グリソム（Gus Grissom）が弾道飛行した際、どの制御より反応が良いと評価された〝レート制御〟が登場した。

グリソムの飛行時、操縦の新たな課題が発覚した。カプセル回収時、扉が半開きとなってしまった不具合が発生した。宇宙船が海底に沈み、宇宙飛行士は危うく溺れかけた。その後に続いたのは、それが機械故障、あるいは宇宙飛行士の誤った操作が原因だったのかという議論で、新しい質問を投げ掛けた。成功した暁には宇宙飛行士がその功績を讃えられるのであれば、失敗時はどれくらい責任を負うのか？

続いて、自動制御による飛行が2回実施され、そのうち1回は〝エノス〟という名のチンパンジーが搭乗し、軌道を検証した。自動化するため、逐次《シーケンス》制御装置を座席に加えただけで、機体に変更を加える必要はほとんどなかった。１９６２年２月、ジョン・グレンがついに軌道飛行に成功したとき、宇宙船のもっとも効率的で経済的な動きを探るため、さまざまな制御で操縦を試した。グレンはスラスター故障を経験したが、手動で問題を解決した。マーキュリー計画の公文書には〝グレンは自己責任で宇宙船を手動で操縦し、スラスターを点火した〟と記されている。[47]

１９６２年５月に実施された2回目の軌道飛行で、スコット・カーペンター（Scott Carpenter）は賛否両論を巻き起こす操縦技を披露した。全燃料を消費してしまったが、いくつもの制御を使いこなした。いくつかの制御システムが故障したことは事実だったが、フライトディレクターのクリス・クラフトは飛行計画に沿わなかったこと、管制官の指示に従わなかったことに激怒した。ボアスは、この出来事は宇宙飛行での人の存在意義を証明できる材料となると考えた。しかし、クラフトの叱責は〝損傷した宇宙船を人の力で見事に帰還させたという功績をＮＡＳＡが公表する機会を奪ってしまった〟と残念に思った。[48]

宇宙飛行士の能力は均一ではなかったが、ＮＡＳＡは公の場で彼らを比較することはしなかった。宇宙飛行士が自身のスキルをどう考えていようと、小さいカプセルの縛帯《ベルト》に括りつけられる前から地上の社会構造に縛られた。それは、ときに通信、弾道軌道も超え、独自の力学、権力、支配力をもち、宇宙飛行士を苦しめた。この問題はアポロ計画でも続いた。

マーキュリー計画はX-15のように、常に人の存在を正当化した。マーキュリー計画の公文書には総括が記されている。〝マーキュリー計画は私たちに、宇宙飛行士が宇宙船に座る乗客から、宇宙飛行に積極的に貢献する者へと進化した姿を見せてくれた。プロジェクトが終焉に差し掛かるとマーキュリーのカプセルは、人を乗せた機械ではなく、宇宙飛行士が操縦できる立派な有人宇宙船となった〟。

実際の宇宙船よりも、宇宙飛行士に対するとらえ方の変化は報道に著しく現れた。たとえば、『ライフ』誌の記事で宇宙飛行士は、自分たちは〝乗客〟だと表現した。『ライフ』誌はそのような記事を集め、ほとんど文字通り記事を引用した『We Seven』を１９６２年に出版したが、宇宙飛行士の操縦を強調するため、少し内容を脚色した。代作者《ゴーストライター》は〝カプセル〟という言葉を流れ作業で〝宇宙船〟に置き換えた。ＮＡＳＡも１９６１年10月から１９６２年１月にかけて積極的に言葉を入れ替えた。それ以来、宇宙飛行士は〝乗客〟という言葉を消極的な意味でしか使わなくなった[49]。のちにマイケル・コリンズは的確に表現している。〝カプセル〟は飲み込むもの。宇宙飛行士が操縦するのは〝宇宙船[50]〟。

ミッションの公式声明も宇宙飛行士の操縦を強調した。まず、ジョン・グレンは〝人が制御してカプセルを地球に帰還させていなければ〟ミッションは失敗に終わったと発言した。ここで重要なのは、もし人が搭乗していなければ、カプセルを地球に帰す必要はなかったと言わなかったことだ。また、ウォリー・シラー（Wally Schirra）は打ち上げ後、すべての自動制御をいかにして無効にしたか説明した。「もうカプセルは私のものだ」と自らを奮い立たせた。飛行前には「自分ほど宇宙船を操縦する時間が長い人は過去にいまだかつていない」と豪語していた。さらに、ディーク・スレイトンの妻は「自動システムではなく人が一番重要だと考えられていると知るまで、夫を宇宙に送り出すことが怖かった」と気持ちを吐露している[51]。

ＮＡＳＡの宣伝に呼応するように報道は反応した。記者でありＳＦ小説家でもあるロバート・ハインライン（Robert Heinlein）は〝マーキュリー計画は、宇宙飛行士が宇宙船を操縦できることを証明した〟と記し、報道陣の意見を代表した。グレンの飛行後、彼の言葉を借りた形で『ニューヨーク・タイムズ』紙は〝人に操縦を譲るのだ〟という社説を書き、ミッションにおける人と機械の闘いの、人の勝利を祝った。続いて記事は教訓をより大きな社会の流れに当てはめ、「機械に支配される必要はない。私たちがコントロールできない歴史の流れに身を任せてはいけない」と注意を喚起した。歴史家のジェームズ・カフマン（James Kaufman）は報道の包括的な研究を実施し、〝グレンの飛行に関する記事のすべてが操縦に言及していた〟と結んだ。[52]技術から独立して、パイロットが積極的に操縦しているという事実は、世論に好感がもたれる有人宇宙飛行の物語を新しく紡いだ。

●真の宇宙船

マーキュリー計画での宇宙飛行士の操縦が美辞麗句なのか定かでないが称賛されたにもかかわらず、ジェミニ計画も気が付けば宇宙飛行士の役割は〝打ち上げ時は監視、軌道上では操縦〟というフォン・ブラウンの方針にならい始めていた。技術者は長距離宇宙飛行、ランデブー飛行とドッキング操作の可能性を探り、正確な着水、船外活動（Extra Vehicular Activity：EVA 口語表現では〝宇宙遊泳〟）技術を確立し、飛行要員と地上要員に有人宇宙飛行の新たな領域を紹介した。軌道上操作から正確な大気圏再突入操作に至るまで共通する目的は、人による操作範囲の拡大だった。

マーキュリー宇宙船は逐次《シーケンス》制御装置にひどく依存した。一方で、ジェミニ宇宙船はほとんどの逐次制御機能を宇宙飛行士に移し、制御のため新たなスラスターや装置を加え、システムを簡素化した。マーキュリー宇宙船と異なり、新たな装置を多く付け足さない限り、ジェミニ宇宙船は地上から遠隔操作できなかった。[53]宇宙船内部で人は慣性航法装置、光学式照準器、デジタル計算機に囲まれた。これらの装置一式がアポロ計画の舞台を整えた。

ジェミニ飛行前の1962年後半、ガス・グリソムはSETPを訪れ、ジェミニ宇宙船とマーキュリー宇宙船を比較した。「マーキュリー宇宙船では、乗客が搭乗した。しかし、もっとも重要な違いは、ジェミニ宇宙船ではすべての機能に宇宙飛行士が操作に介入できる隙が設けられていることだ」と同僚に説明した。マーキュリー宇宙船では自動装置を停止させる手順を踏まなければ、宇宙飛行士はミッションに貢献できなかった。「今まで宇宙飛行士は自らを積極的に実験させるモルモットでしかなかった。ジェミニ宇宙船は宇宙飛行士にとって真の宇宙船だ。〝宇宙の冒険家〟という新しい役割を宇宙飛行士に与えてくれる」と意気揚々に語った。ジェミニ宇宙船では、打ち上げ時、ミッション中止ボタンを押すことから大気圏再突入時間と位置の決定に至るまで、常に宇宙飛行士の操作が求められることを説明した。「ジェミニは宇宙飛行士が操縦する宇宙船で、研究や開発用のカプセルではない」。グリソムは宇宙飛行士のアイデンティティが本来あるべき〝宇宙の冒険家〟になったことを強調した。[54]マーキュリー宇宙船の回収に失敗したグリソムを取り囲む批判は、マーキュリーの宇宙飛行士には完全な権限が与えられていなかったのだと、グリソムに執拗に思わせていた。

地球を周回せず、弾道飛行で大気圏再突入したマーキュリー宇宙船と異なり、ジェミニ宇宙船は着地点まで宇宙飛行士が操縦する構想が練られていた。着陸。それは、パイロットの威厳の復活を意味した。ジェミニ宇宙船はハンググライダーのような形をした特別なパラシュートを開いた。この〝ハンググライダー〟制御のもと、宇宙飛行士は最後数千mを〝操縦〟し、カプセルの底を地面に何回か滑らせ、滑走路に着地した。「ハンググライダーは軌道上で使用した同じ操縦桿で、2人の内どちらかの宇宙飛行士が操作します……宇宙飛行士は自分たちで着地点を探します」とグリソムは説明した。ハンググライダーの鈍い操縦特性はもっとも高い操縦スキルを求めた。[55] 誘導と制御は、着地点の選択・航法に加え、ランデブー飛行地点まで宇宙飛行士を導き、新しい価値を提供した。

1962年、SETPの会議を記事にした『ニューヨーク・タイムズ』紙は、グリソムの言葉〝宇宙飛行士がジェミニ宇宙船を操縦する〟という見出しを第一面に飾った。マーキュリー計画後、NASAがいかにして〝宇宙飛行士が操縦する宇宙船の概念をジェミニ計画で復活させるか〟を説明した。〝ジェミニ宇宙船は宇宙飛行士が制御する〟と記した。[56] 宇宙飛行士の能力が宇宙では低下すると懸念されていたため、マーキュリー宇宙船は完全に自動化されたが、能力が証明された以上、ジェミニ宇宙船はその功績を最大限に活用することしかなかった。発達した技術は自動装置の増加ではなく、手動操作の増加をもたらした。

任務と技術の変遷に伴い、宇宙飛行士も進化した。ジェミニ計画で飛んだ17人のうち、オリジナル〝マーキュリー・セブン〟は3人しか含まれず、グリソムは少数派だった。ほかの宇宙飛行士は2番目の選抜グループの〝ニュー・ナイン〟と、3番目の14人の選抜グループの内から選ばれた。テストパイロットとしての経歴に加え、高学歴で高度な技術スキルを保有していた。それは、任務での要求が変化したこと、NASAが身体能力より職業プロフェッショナルとしての訓練を重視するようになったことを示唆した。

ジェミニ計画は計10回の飛行を実施した。いずれも、グリソム、そしてフォン・ブラウンらの、宇宙飛行士は〝軌道上〟で操縦するという考えにならった。1964年4月と1965年1月、ジェミニ宇宙船は無人で弾道飛行し、機体に速度を与えるため、宇宙飛行士の椅子に特別な逐次制御装置《シーケンス》が加えられた。1965年3月、ジェミニⅢで初の有人飛行が行われ、グリソムは新しいスラスターを使用し、マーキュリー宇宙船では姿勢のみ制御可能だったところ、速度変更も試みた。マーキュリー宇宙船では達成できなかった軌道の48km降下にも成功した。

　ランデブー飛行では飛行機のように〝最終進入《ファイナルアプローチ》〟に入り、もう片方の宇宙船に注意深く接近した。宇宙飛行士はいくつかのミッションで使用済のロケット段を使用してランデブー飛行を練習したが、その成功率はまちまちだった。ウォリー・シーラとトマス・スタフォード（Thomas Stafford）が搭乗したジェミニⅥ、フランク・ボーマン（Frank Borman）とジム・ラベル（Jim Lovell）が搭乗したジェミニⅦで、2機の宇宙船、計4人のパイロットが関係したランデブー飛行が初成功した。10日間の差で打ち上げられた宇宙船が、数cmまで〝窓と窓、鼻と鼻が近づくように〟接近した。ジェミニⅥのシーラ船長は、自身の宇宙船を制御する能力を強調した。「飛行機の機長が機体を検査するように、私は眼球測距システムと名づけた技を使って、ジェミニⅦの同一面飛行を実施した……自分の操縦能力に驚いた。右手で姿勢を調整し、左手を使って大きなスラスターを制御し、どんな方向にも自由自在に進んだ」[57]。有人宇宙船の全体像を撮影した感動的な写真は、宇宙における人の積極的な新しい役割を多くの人に深く印象付けた。

　続くジェミニ計画のミッションでは異なる軌道でのランデブー飛行が実施された。月面からの打ち上げを再現するため、ロケット打ち上げ直後にも訓練が行われた。〝アジェナ（Agena）〟と呼ぶ人工衛星を使用し、対象物と同じ軌道、上下の軌道からの接近を訓練した。これらの訓練では、操作やミッション中止がシミュレーションされた。システムの複数箇所が故障する事態も想定して万全に備えた。

ジェミニ計画の報告書は〝ランデブー飛行に宇宙飛行士が参加することは可能〟と結んだ。[58]もちろん、宇宙飛行士は宇宙船を〝操縦〟することができたのでドッキングを好んだ。

ところが、技術的・予算的問題でパラグライダーの構想とともに、手動操作による着地は中止となってしまった。そのため、マーキュリー宇宙船のようにジェミニ宇宙船も海に着水した。それでも、ジェミニ宇宙船の宇宙飛行士は大気圏再突入時、多少操縦することができた。重心位置がずれたため、大気圏で数分間、宇宙船のロール軸に対する傾きが揚力の方向を定めた。揚力を打ち消す、または強めるため宇宙船を傾けると、宇宙飛行士は高度480kmから、着水を直径40kmの円内に収めることができた。さらに宇宙船を回転すれば揚力を相殺し、もっと狭い範囲内に着水させることができた。実際、ジェミニ宇宙船はその目標地点から実に幅広い範囲で着水した。ジェミニVのように160km近く離れることもあったが、ほとんどが16km以内に収まった。12回の飛行中、大気圏再突入で宇宙飛行士が手動操作したのは10回にも及んだ。[59]

ジェミニ宇宙船はさまざまな故障事例を出した。宇宙飛行士の対処が批判されるときもあれば、ヒーロー扱いされるときもあった。ウォリー・シーラとトーマス・スタフォードが搭乗したジェミニⅥでは、打ち上げの逐次制御《シーケンス》は起動したが、時期尚早に装置が停止してしまった。ミッションを中止すると宇宙飛行士は宇宙船の側面を突き破り脱出することになり、危険極まりなかった。しかし、シーラはミッション中止ハンドルから手を離していた。ミッション経過時間を示す時計が動き始めていたが、宇宙船が動いていないことを察知し、脱出しなかった。リスクの高い脱出を回避し、カプセルとロケットを救った。シーラはミッションの規則を自発的に破ったが、初めから規則は間違っていて、素早い判断は制御に介在した人の勝利だと褒めちぎられた。[60]

ジェミニⅧでは人工衛星アジェナとドッキングした際、宇宙船が制御不能状態に陥り回転し始めた。ニール・アームストロングとデビッド・スコットは即座にアジェナから切り離したが、実は人工衛星ではなく彼らが乗っている宇宙船が原因で、宇宙船が速度を増して回転し始めた。命を危険に晒しながら転落するなか、スラスター群を切り離し、ミッションを即座に中止し、太平洋に着水した。ドッキングして即座に切り離したことが正しかったのか問われたが、ヒューストンは彼らの判断が正しかったと宇宙飛行士を称えた。ジェミニⅫではランデブー用のレーダーが故障し、バズ・オルドリンは手動操作のランデブー飛行を要請した。偶然にも彼のMITでの論文は『自動操縦喪失時のパイロット技能に頼ったランデブー操作』だった。[61] 数々のシステム故障が生じても無事カプセルは回収され、問題は臨機応変に対処された。

●ジェミニ計画における自動化

操縦技術のようには強調されなかったが、宇宙飛行の技術と併せてアポロ計画が学ぶべきこととして掲げられたのが、新しい〝人と機械のやり取り《ヒューマンマシンインタラクション》〟だった。〝ショーファー対エアマン〟の議論が宇宙飛行においても登場した。ジェミニのランデブー飛行と大気圏再突入のほとんどはデジタル計算機のプログラム処理に頼った。

宇宙飛行士の直感操作だけではランデブー飛行操作は不十分だった。ジェミニⅢでグリソムとヤングが手動によるランデブー飛行に成功したのに続いて、ジェミニⅣのジム・マクディヴィット（Jim McDivitt）は使用済のロケット段でランデブー飛行を試みた。マクディヴィットはあたかも大気圏を飛んでいるように宇宙船を力づくで操縦してみせた。[62] ランデブー飛行を〝宇宙の編隊飛行〟と考えていたが、空での操縦スキルが宇宙空間では役立たないことに早急に気が付いた。前進するためにスラスターを点火したら、宇宙船が後ずさりしてしまった。燃料を使い切りそうになった時点で、当時ヒューストンの管制室で初ミッションに取り組んでいたフライトディレクターのクリス・クラフトが、アメリカ人初となるエド・ホワイト（Ed White）の宇宙遊泳を優先させるため、ランデブー飛行試験を中止した。ホワイトが宇宙に浮かんで漂うイメージは、ランデブー飛行実験の失敗を誤魔化した。

のちにマクディヴィットは、ランデブー飛行の失敗は照明効果の不足が原因だったと指摘した。しかし、新しい課題にも直面していた。軌道上のランデブー飛行では、二つの宇宙船間で絶妙な速度、加速、距離の調整が必要だった。先にある宇宙船に追いつくためには、軌道を変える必要があり、速度をいったん落とさなければならなかった。「パイロットとして今まで学んできたことが覆されたので頭を抱えた」とディーク・スレイトンは決まりの悪そうな顔をする。ＮＡＳＡの調査は、ランデブー飛行に必要とされる微妙な操作が全体的にないがしろに考えられ、訓練不足だったと発表した。[63] ジェミニⅣは大切な教訓を教えた。〝ランデブー飛行は宇宙飛行士の目視だけでは成功させることができない。〟

ランデブー飛行の成功には鋭い目、安定した手動操作、冷静な頭脳が必要だった。加えて、具体的な数値、式、計算も要求した。さらに、シミュレーター、訓練装置、電子機器も要した。〝デジタル計算機〟はジェミニ計画に特有で、ジェミニⅢで初飛行した。ＩＢＭによって開発されたこの装置は39ビット・４０９６ワードのメモリーを内蔵した。慣性航法装置を含め、さまざまな機器からデータを収集し、ディスプレイ画面に計算式や数字を表示した。

どの飛行段階でも、宇宙飛行士は新しい相棒である〝デジタル計算機〟と宇宙船の制御を分担した。打ち上げ時、計算機はロケットの誘導制御の予備としても控えた。ロケットブースターの主要機能が故障した場合、宇宙飛行士が制御をコックピット内に引き継ぐか、計算機が自動的に制御を引き継いだ。また、ランデブー飛行中、計算機は地上、宇宙飛行士、機体のセンサーからデータを収集した。制御、軌道を計算し、宇宙飛行士が制御すべきスラスター噴射量や宇宙船の傾斜角を教えた。宇宙飛行士は操作卓のスイッチを触って計算機プログラムを選択した。〝速度の要求値〟を示す〝段階速度指示器（Incremental Velocity Indicator：IVI）〟を使ってスラスター点火を調整することもあった。宇宙飛行士は操縦桿を使い、加速と速度を測定するIVIを注視しながら、その示す値がゼロになるまで操作した。地上でシミュレーターを使用し、ランデブー飛行手順の作成・練習に取り組んだ。[64]

計算機は七つの運用モードをもち、七つの計算機プログラムと七つの機能に対応した。打ち上げ前には自動診断を実施した。〝上昇〟モードでは、〝タイタン〟ロケットブースターの誘導機能のバックアップ機能を提供し、ロケットの計算機が故障した場合、その制御を引き継いだ。[65]〝キャッチアップ〟モードでは、ランデブー飛行を開始できるよう、宇宙飛行士に方向ベクトルとIVI値を提供した。〝ランデブー〟モードでは、ランデブー飛行に必要な速度変更の値をレーダーと慣性航法装置から取得した。〝再突入〟モードでは、計算機が大気圏再突入の計算式を解き、手動操作の参考データを宇宙飛行士に提供した。

ジェミニⅧから、計算機には磁気テープ記憶装置が実装されるようになり、宇宙飛行士は必要な計算機プログラムや軌道変数を記憶装置から呼び出した。ミッションの要求が肥大化しすぎて、従来の記憶容量ではデータが収まりきらなくなったのを改善するためだった。ニール・アームストロングとデビッド・スコットは宇宙船が回転し始めたとき、初めてこの機能を使用し、大気圏再突入プログラムを呼び出し、ミッションを中止していた。

た。[66] 英雄の行動は操縦ばかりでなく、デジタル計算機にデータを読み込ませることも必要となる時代へ変化し

アポロ計画でも続いたことだが、ランデブー飛行で宇宙飛行士はデジタル計算機からデータを読み取り、印刷されたデータと比較した。通常、地上の技術者が航路や更新値を計算し、無線でその数値を連絡した。ジェミニⅩでマイケル・コリンズ（Michael Collins）は操縦を宇宙船の計算機で試みた。計算機と光学式照準器の情報を基にデータを入力したが、難しく、イライラする手順で正確な計算結果は得られなかった。

正確なデータが計算され表示されると、操縦は普通の機械操作になった。宇宙飛行士はサーボ機構のように機能し、後は計算機の指示に従うだけだった。アポロ宇宙船ではスラスター操作は自動化され、操作卓に何回か入力することで最初から最後まで計算機が制御を担当した。

計算機の大気圏突入操作は、宇宙飛行士による手動操作または自動制御で起動した。上空１２０km の軌道から大気圏に再突入する際、計算機が宇宙飛行士にロール軸の傾きを指示し、宇宙飛行士は手動で水平線に宇宙船の姿勢を合わせた。計算機が姿勢制御システムを直接制御することもできた。

ジェミニⅥともなると、宇宙飛行士から一切入力なしで、宇宙船を着水目標地点の約５km 圏内に収めることができた。ジェミニⅦでも成功した。プロジェクトの最終報告書には〝ジェミニ宇宙船では手動でも自動でも大気圏再突入が制御された〟と記された。どちらを使うかは作業の難易度、使用する命令数、着水点の精度によった。[67]

軌道力学の専門家でＳＴＧのメンバーだったジャック・ファンク（Jack Funck）は、宇宙飛行士が次第に宇宙船の操縦や複数の搭載装置が極めて複雑なものだと気が付き、この混沌とした状態を納めてくれるものであ

れば、なんでも歓迎すると言っていたことを覚えている。[68] アポロ宇宙船のシステムを開発した中心人物、制御技術者のアロン・コーヘン（Aaron Cohen）は自信に満ちる。「６０００人が搭乗する戦艦に搭乗する代わり、宇宙飛行士は計算機が搭載された小さい宇宙船に乗れば良い。計算機という頼もしい宇宙飛行士が仕事を全部やってくれる。ジェミニ計画の功績は、操縦、計算機の人と機械の接点《マンマシンインターフェース》、情報提示、そして宇宙飛行士がそれらをどのように使うかを教えたことだ[69]」。

●ソ連の自動化

宇宙飛行士はジェミニ宇宙船の〝宇宙飛行士を中心に据えた設計〟を気に入っていた。彼らにとって、それは宇宙飛行士の地盤を築く技術開発であるばかりでなく、アメリカの国民性を象徴するものだった。アポロ７号で飛んだウォルター・カニンガム（Walter Cunningham）は「ミッション中、私たちは自立して思考し、独立した意思決定者だった。挑戦の場に一歩足を踏み込むのがアメリカ人の国民性を象徴した」と快活な表情を見せる。ソ連は宇宙船の自動化を進め、〝個人より地上に集まった技術者の全体知に信頼を置いた。〟このアメリカとソ連の異なる考え方が１９６０年代、ソ連が宇宙競争に負ける原因だったとカニンガムやその他大勢の者は分析する。[70]

ソ連の宇宙船の自動化に対する方針はアメリカと異なるものだったが、多くの人が想像したようにかけ離れていたわけではない。アメリカと同じように、ソ連のコスモノートも国民を代表し、政治に貢献した。コスモノートの役割を考えたとき、スターリン時代のパイロット、航空の芸術表現、20世紀の新しい時代を象徴する機械工、科学の労働組織の思想などが取り入れられた。１９６０年代、コスモノートは〝新しいソ連国民〟の理想を描いた。国という大きな機械の歯車だったが、イデオロギー［社会、経済、政治思想の基盤となる強固な価値や信念の体系］や権力といった制約がある中で先陣を切る存在となった。[71]

　しかし、理想は現実の技術システムにすんなり反映されなかった。コスモノートの選抜と訓練を担当したニコライ・カマニン（Lt. Gen. Nikolai Kamanin）補佐官は、自身の取り組みを〝自動装置の支配〟と名づけた。初期のコスモノートは熟練したテストパイロットではなく、若い戦闘機パイロットだった。選抜時、ユーリ・ガガーリンは２３０時間の飛行時間しか記録していなかった。無人宇宙船〝ボストーク（Vostok）〟はマーキュリーと同じように自動化が進み、無人で初飛行した。ソ連のロケットや宇宙船は人が搭乗する前、最低2回、無人で試験された。しかし、ボストークはバックアップの手動操作を提供しない点でマーキュリー宇宙船と異なった。実際、ユーリ・ガガーリンはある操作の組み合わせで制御のロックが掛かった際、手動での再突入操作が妨げられた。緊急時、管制官がロック解除の操作を口頭で伝えた。しかし、それでは遅いと議論が巻き起こり、のちにその手順は封された封筒にしまわれるようになった。

　ソ連の宇宙船はなぜこんなにも自動化が進んだのか？　完全に自動化された宇宙船は〝二つ〟の用途をもっていて、〝遠隔操作ミッション〟と〝有人ミッション〟の両方に使用することが可能だった。また、ソ連のロケットは頑丈で、電子機器の増加に伴う重量増大をあまり気にしていなかった。さらに、技術文化も影響した。技術者はロケットの専門知識をもっていたが、飛行機に精通する者があまりいなかった。歴史家スラバ・ゲロヴィッチ（Slava Gerovitch）は、原典から紐解いた数少ない学者で「宇宙工学界隈では、人と機械の機能割り当てを巡って白熱した議論が勃発した」と指摘する。アメリカではその議論に職業プロフェッショナルの利益、組織間の政治、国のイデオロギーが影響した。一方で、ソ連での宇宙船開発は、コスモノートの選抜・訓練業務と離れていたため、コスモノートは設計に関与する機会が少なく、技術者はパイロット視点で物事を考えるのに慣れ親しんでいなかった。[72]

ソ連の技術者は人をサイバネティックスの観点から議論し、視点の切り替え、増幅、統一《インテグレーション》、演算といった観点で考察した。〝パイロット〟という単語は使用せず、その代わり〝宇宙船誘導操縦士（Spacecraft Guidance Operator）〟という言葉を使用した。軍出身、市民出身のコスモノート間、またその中でパイロット出身、技術者出身、科学者出身で意見が対立した。議論をしていた2人のコスモノートが軌道上で、実際に殴り合いの喧嘩に発展しそうなときもあった。伝説の設計者セルゲイ・コロリョフ（Sergei Korolev）は、〝人〟は大きな技術システムに必要不可欠な歯車で、システムと制御や権限の配分を奪い合う存在だと定義した。[73]

アメリカと同じように、信頼性とミッション成功率を向上できるとして、コスモノートが飛行で操縦を勝ち取ることもあった。1960年代半ば、ソ連は自動ランデブー飛行とドッキングシステムの開発を始めた。よく設計されたものだったが、自動システムが故障した際、コスモノートが制御するのを瀬戸際で防ぎ、操縦を不可能にした。ソ連の宇宙船も、コスモノートの入力で計算機プログラムが起動するデジタル計算機を搭載していた。「ソ連の自動化に対する姿勢はいつまで経っても崩れなかった。しかし、時間の経過とともにそれも変わった。全自動のボストーク、半自動のアナログ制御をもったソユーズ、のちのデジタル制御。コスモノートの役割も変化した。ボストークでは計器を監視するバックアップの要素が大きかったが、ソユーズでは融通の利く技術者となり、のちのミッションではシステムインテグレーターとなった」とゲロヴィッチは解説する。[74]

１９６０年代、ソ連と競争していたアメリカの技術者と宇宙飛行士は、ソ連が有する技術、ましてやその制御システムの設計について知る由もなかった。未知の競争相手の存在はプロジェクトの進捗を邁進させた。全体主義のソ連における全自動技術のイメージは、アメリカ民主主義の個人主義を象徴する〝操縦〟や宇宙飛行士の〝新しい国民〟のイメージ創造に影響した。彼らは主導権を握り、自由を謳歌し、自由自在に宇宙船を操縦した。しかし、皮肉なことにアポロ計画の技術者は、この理想的なイメージを人ではなく、電子機器や計算機といった手段を用いることでしか実現できなかった。

●飛行の聖地から

飛行計画や国際競争が激化するなか、有人月探査計画は発展した。フォン・ブラウンは〝技術者〟対〝宇宙飛行士〟という職業間だけでなく、組織や技術文化間にも対立構造があることに気が付いた。最初に動き出したのは、飛行の聖地エドワーズにあるＮＡＳＡ高速飛行ステーションの研究者だった。どの飛行段階でも宇宙飛行士を中心とした文化が育つよう根回しした。１９６０年、プロジェクトが開始して間もなくポール・ビックル（Paul Bikle）ＦＲＣ長官はＮＡＳＡ本部に、ＦＲＣの〝飛行研究〟を売り込んだ。ロケット操縦の研究を参考に、宇宙飛行士の役割と軌道上の安定制御を検証する実験をサターンロケット打ち上げ時に実施すべきだと提案した。大気圏再突入時など〝宇宙飛行士の能力が必要とされない特殊な作業時〟だけ、自動化が導入されるべきだと主張した。〝どの程度の自動化が必要か、そもそも自動化が必要であるか否か見極めた〟[75]。

ミルト・トンプソンと同僚は、振動を感じたり、燃料の容器に圧力が掛かっているのを聞いたり、煙の臭いを探知したりする宇宙飛行士の五感は、機械では簡単に置き換えられないと明言した。[76]

ジョー・ウォーカーとジョン・マケイ（John McKay）テストパイロットはマーキュリー宇宙船の問題は、自動運用の設計後に、宇宙飛行士を機械の監視役として後付けしたことにあると指摘した。後付けは「自動システムと宇宙飛行士の両方の機能を落とす」と駄目出しした。五感を使用し、不都合が生じたときにはいつでも対処できるよう〝常時宇宙飛行士が制御に介在すること〟を強く推奨した。[77]

ＦＲＣ技術者のヒューバート・ドレーク（Hubert Drake）はＦＲＣの基本的立場を表明し、ランデブー飛行における宇宙飛行士の役割を説明した。原理原則として次の事項をあげた。

- 宇宙飛行士の操縦を基本とする機体とミッションを設計すること
- すべてのミッションに宇宙飛行士を含めること
- 無人でミッション遂行できる機能を機体設計に取り込まないこと
- 過剰な安全設計を避けること
- システム開発の数を極力少なくすること

ジェミニ宇宙飛行士のランデブー飛行は極めて困難だったという意見と逆だったが、ドレークは〝宇宙飛行士のランデブー飛行は、船を港にドッキングしたり、車を駐車場に入れたりするくらいの技術〟だと説明した。「宇宙飛行士はすべてを支配下におくべきだ。自身の知恵、感覚、マニュアルスキルを使用して、そのときの状況に応じて制御装置を扱う必要がある。いかなるときも、機械は宇宙飛行士を補助するだけで、制御の主導権は握らない[78]」。

プロジェクトが初期段階だったとしても、FRCの〝すべて宇宙飛行士による操作〟の方針は極端だった。かつてロバート・チルトンによる、マーキュリー宇宙船の宇宙飛行士はバックアップシステムであるという考えをはるかに凌いでいた。

●人の役割のつくり込み

マーキュリー計画、ジェミニ計画、そしてケネディ大統領がアメリカ人を月面に送ると決意表明する前からロバート・チルトンは、有人月探査計画における人の役割を熟考していた。有人月探査計画の要求は複雑で困難を極め、シンプルな地球軌道飛行のようにいかないことは火を見るより明らかだった。宇宙船を月周回軌道に投入するためには正確な航法が必要だった。しかし、地球と比べると月面地図は情報不足で、しかも月への再突入速度は軌道上での速度より速かった。宇宙飛行士は長時間のミッションで集中力を保ち、その全行程で能力を最大限に発揮する必要があった。

「私たちが直面したもっとも困難な問題は、宇宙飛行士を設計に取り込むことだった」。マーキュリー計画とは異なり、小規模な地上追跡システムではなく、複雑な誘導システムに宇宙飛行士を組み込んだ[79]。月から戻ってくる大気圏再突入時、地球に交差する軌道を利用するため、マーキュリー宇宙船やジェミニ宇宙船より高速で大気圏に再突入した。狭い再突入領域に狙いを定めたので、精密な自動誘導制御を要した。

　1960年夏、NASAは産業会議を開催した。有人月探査計画を定義し、契約を締結する可能性のある企業に今後の予定を説明した。また、プロジェクトの新しい命名〝アポロ計画〟を発表した。チルトンは、まだ現実味のない計画の〝命令と制御〟の構想を練った。アポロ計画の宇宙飛行士は〝大陸間ジェット旅客機のパイロット〟と同じような役割をもつと聴衆に説明した。1958年、大型ジェット旅客機ボーイング707が飛び始めたばかりだったので、このたとえは革新的だった。当時の旅客機はそれぞれパイロット、副操縦士、技術者を乗せた。アポロ計画も3人の宇宙飛行士搭乗が決定していた。まだ、月面〝着陸〟については言及されていなかった。

　チルトンはアポロ宇宙船が自動装置に大きく依存すると予測した。計算機は宇宙飛行士を繰り返しの単調作業から解放し、高速または正確な作業、複雑な計算を要する操作で宇宙飛行士を支援した。しかし、すべてが自動でまかなわれるわけではなかった。研究開発データを収集するのは良いが、〝全自動の無人宇宙船〟は弾道飛行の試験飛行だけで使用するべきだと意見を曲げなかった。

　チルトンは、宇宙飛行士の役割は（1）意思決定、（2）システム監視、（3）航法と制御の監督業務と考えた。そのほかにも〝保守管理と修理、バックアップとしてのシステム性能維持、緊急時対応〟も含まれていた。マーキュリー宇宙船と同じように、宇宙飛行士が最大のバックアップシステムだとしたら、宇宙飛行士の出る幕は故障時しかなかった。[80]

　通常、制御は自動だったが、スラスター故障時にジョン・グレンが操縦したように、緊急時には人が〝制御に介在し〟対応した。チルトンは後になってこの考えが生む問題に気が付いた。数え切れないほどの故障を想定し訓練する必要が生じるようになった。「問題は本当に私たちを〝襲ってきた〟」。打ち上げ遅延の原因が宇宙飛行士の訓練時間となる事態にまで発展した。宇宙飛行士は緊急時訓練も実施した。「訓練時間は凄まじいものになって、アポロ計画の進捗を一時左右するほどとなった」[81]。１９６０年、チルトンがアポロ計画の要求事項をまとめてから、訓練時間の問題は今も続いている。

ＮＡＳＡはやがて、アポロ計画の大規模な事業化調査《フィージビリティスタディー》を産業界に依頼した。グッドイア・エアクラフト社（Goodyear Aircraft Corporation）は、〝宇宙飛行士の構成〟と〈機械の信頼性〉と〈宇宙飛行士の操作・難度〉の最適化〟を研究することを提案した。マーキュリーの宇宙飛行士よりも年齢が若くて経験が浅いかもしれない宇宙飛行士の役割は、全体を網羅する〝人間＝機械《ヒューマンマシン》分析〟でしか定義することができないと説明した。コンベア社の提案書は、宇宙飛行士を〝コマンダー〟、〝サブシステム操縦士《オペレーター》〟、〝科学実験作業者〟に分類した。また、ボーイング社は〝人は自動システムの監視役を超えるべき〟で、〝制御に介在し〟、次に起こることを〝想定〟して、次の行動の最適解を導くべきだと主張した。さらに、マクダネル社の研究は3人の宇宙飛行士の任務を〝システムマネジメント〟、〝フライトコントロール〟、〝航法〟に分類した。そして、ボット・エアクラフト社は3人の宇宙飛行士を〝宇宙船のコマンダー－パイロット〟、〝副操縦士－航法士〟、〝フライトエンジニア－修理工－科学者〟に分類し、全飛行行程ですべての制御に宇宙飛行士が介在する方針を示した[82]。

アポロ計画の事業化調査《フィージビリティスタディー》は、宇宙飛行士が全員訓練されたパイロットであるべきか、フライトエンジニア、システムマネージャー、科学者にも任務従事の可能性を拓くべきか問い掛けた。計画初期、マイケル・コリンズやそのほかの者はジェミニ計画での教訓があまり活かされていないと感じた。「ジェミニ計画の方法論をアポロ計画の技術者にもちかけたとき、その意見を受け入れる姿勢も傾聴する姿勢もなかった」と振り返る。

ジェミニ計画とアポロ計画は同時に進んでいたにもかかわらず相容れなかった。[83]その理由は単純だった。勘の鋭い研究は、ジェミニ計画に携わっていたロバート・チルトンが初期の段階からアポロ計画にも従事していたにもかかわらず方針が異なったのは、アポロ計画では人が機械に頼るという独自の開発方針を掲げたからだと指摘する。ジェミニが初飛行した時点ですでにアポロ計画の技術者は、デジタル計算機を中心に宇宙飛行士をシステムに取り込んでいた。

●ロケット操縦から電子機器まで

ヴェルナー・フォン・ブラウンは打ち上げ時、宇宙飛行士を制御に含めない方針を掲げて宇宙時代を幕開けした。操縦の究極と考えられていた軌道上の正確なロケット段の制御が、サーボ機構や自動制御、やがて計算機に委ねられるようになった。宇宙飛行士の役割に関する意見の衝突は、ミサイルと飛行機の技術文化の突如とした変化を象徴した。ミサイルは宇宙飛行士の存在を無視し、飛行機は宇宙飛行士を称賛した。機体の制御を担おうと、マーキュリー宇宙飛行士が自動システムや地上システムと張り合ったとき、技術文化間、技術者と操縦者間の敵対意識も高まった。マーキュリー宇宙船の制御はその大半を機械に頼ったが、数え切れないほどの故障に対応したのはスキルをもった宇宙飛行士だった。〃究極のバックアップシステム〃である宇宙飛行士は地球に生還することで価値を証明した。ＮＡＳＡ広報、『ライフ』誌に掲載される武勇伝、一般紙の記事はどれも機械故障に対する宇宙飛行士の処置対応を絶賛した。

ランデブー飛行が宇宙飛行士の新しい主役となると、ジェミニ宇宙船はマーキュリー宇宙船の評判を設計に反映した。ジェミニ宇宙飛行士は、マーキュリー宇宙船は宇宙での制御能力を単に実演してみせただけと高を括った。宇宙での軌道変更、ランデブー飛行、ドッキングが人の能力を誇示する新境地となった。宇宙飛行士の直感操作はランデブー飛行操作では不十分で、図表やデジタル計算機の補助など、さまざまな機械を使用して問題を解決した。それでも、人が操縦する宇宙船が優雅に宇宙空間でランデブー飛行することは、軌道上飛行の制御能力の高さと美しさを表した。人の直感とスキルを排除する、ソ連のがんじがらめに自動化された宇宙船とはすべてにおいて相反していた。アポロ計画が社会に浸透していくなか、ジェミニ計画の経験を次に活かす必要があった。蓄積される経験は、自動装置の活用範囲を広げた。ここまでくると、人が必要不可欠のように感じられた。どんな人が条件を満たしたのか？　パイロット、技術者、あるいは科学者？　現実的に考えると、この3人のどんな組み合わせ？　地球での社会構造を参照した初期の研究は、有人月探査では技術者が科学者を制御《ショーファー》すると考えられた。

05章

爆竹の先端に置かれた頭蓋：アポロ誘導計算機

奇妙な船だった。爆竹の先端に置かれた頭蓋……火がなければ動かなかった。電気がなければ計算もしなかった。

――ノーマン・メイラー（Norman Mailer）、『月に灯る火（Of a Fire on the Moon）』

アポロ計画の誘導と航法のビジネスにおいて、相手が一歩先を進んでいる。エンジンを製造し、煙と炎で勝負する技術者と私たちは競争しなければならない……計算機内部には動く部品はなに一つない。せいぜい点滅する小さな光があるだけ……ドラマチックになるのは、そこまでだ。

――ラルフ・レイガン（Ralph Ragan）、レイセオン社、アポロ計画オペレーションマネージャー

1961年1月、ジョン・F・ケネディ大統領就任時、有人宇宙飛行は政治の射程圏内に含まれていなかった。ケネディ大統領の科学顧問は、有人宇宙飛行を前面に出してしまうと、国の宇宙科学の力を見劣りさせてしまうと考えていた。アイゼンハワー政権から引き継がれたマーキュリー計画は、莫大な経費が掛かる割にはリスクが高く、大きな注目を集めたがいまだ有人飛行にたどりついていなかったため、ケネディ大統領に距離を置くよう薦めていた。地球軌道飛行計画からの延長で、NASAはすでに2年間有人月探査計画に取り組んでいた。産業集会を開催し、プロジェクトの設計検討の契約を募っていた。しかし、莫大な予算と政府の支援が必要なプロジェクトの先行きは不透明だった。

ケネディ新政権のほかのメンバーは、有人宇宙飛行が科学や技術を超えて議論されなければプロジェクトが正当化できないことを理解していた。ジェームズ・ウェッブNASA長官とロバート・マクナマラ国防長官は「政策の意思決定は単に〝技術事項〟に基づいたものではなく、〝社会目的〟に重点が置かれるべきだ。世界の想像力を豊かにするのは、宇宙にいる機械ではなく人間だ」と断言した。[1]

その春、ソ連がユーリ・ガガーリンを軌道に打ち上げ、アメリカの有人宇宙飛行が実質2番目と確定した時点で大統領の考えは一変した。ケネディ大統領はリンドン・ジョンソン副大統領に尋ねた。「私たちが劇的に勝利を収めることが可能な宇宙計画はないのか?」[2]。ジェームズ・ウェッブＮＡＳＡ長官、ロバート・マクナマラ国防長官、フォン・ブラウン、そしてほかの技術顧問に意見を求めた後、１９６６年または１９６７年までに有人月面着陸を実行する計画を提案した。〝宇宙計画の成功は宇宙の覇権を守り、国民の心に安堵をもたらす〟と考えられた。１９６１年5月5日、アラン・シェパードの弾道飛行が成功し、熱狂した国民が月面着陸計画を〝１９６０年代が終わるまでに〟達成すると謳《うた》うケネディ政権の決意を後押しした。アメリカ連邦議会はまもなく財政支援の申し入れを受託した[3]。宇宙に人がいる壮大なイメージが国民に影響を与え、アポロ計画は政治的・財政的支援を確保した。

ＮＡＳＡの技術者はすでに設計検討を実施していたが、予算が確保され、今度はシステムを実際に製造する必要に駆られた。ケネディ大統領演説のわずか2か月後、ＮＡＳＡはアポロ計画初の契約を交わした。その契約相手は、マーキュリー宇宙船を製造したマクダネル・ダグラス社、その制御システムを設計したミネアポリス・ハニウェル社でもなかった。実際に司令機械船を担当することとなったノース・アメリカン・アビエーション社、月着陸船を担当することとなったグラマン社でもなかった。ロバート・チルトンがプロジェクトの始動を判断したとき、これらの契約は競合する企業間でいまだ争われていた。

なんと、全アポロ計画で最初に契約が交わされたのは、アポロ宇宙船の航法制御システムで、それは有名企業ではなくマサチューセッツ工科大学（Massachusetts Institute of Technology）に委託された。ＭＩＴ器械工学研究所（ＩＬ）は20世紀、飛行に〝科学〟を取り入れた〝計器〟開発に成功しており、ＮＡＣＡ技術者は飛行制御に精通していた。ミサイルの慣性航法装置を製造したことで名声をあげ、最近は火星無人探査機の開発に取り組み始めていた。ケネディ大統領の方針に従ってＩＬは今度、高精度の誘導技術に人を組み込むこととなった。

●自律性と正確度

１９３０年代、チャールズ・スターク・ドレイパーが機体の計器に興味を抱いたとき、その分野を〝器械工学〟と名づけ、技術発展のため組織も立ち上げた。〝器械工学研究所〟の名は体《たい》を表した。ＮＡＳＡは研究所と大学の複雑な関係は無視し、ＩＬをいつもＭＩＴと呼んでいた。アポロ計画直後の１９７０年代、ＩＬの武器に関する研究に反対する学生運動でＩＬはＭＩＴから追放された。現在、〝チャールズ・スターク・ドレイパー研究室（Charles Stark Draper Laboratory）〟という名称で、ＭＩＴから独立した組織として知られる。

ＩＬは軍やスペリー・ジャイロスコープ社と緊密に働き、飛行に〝科学〟を取り入れた。それは１９２９年、ＭＩＴ卒業生で計器飛行を発展させた先駆者のジミー・ドゥーリトルの業績を発展させたものだった。ＩＬはジャイロスコープの製造拠点となり、社会学者ドナルド・マッケンジー（Donald MacKenzie）が〝ジャイロ文化〟と呼ぶ文化を形成した。〝ジャイロ文化〟は、個人、技術、組織がジャイロスコープをさまざまな乗り物に適用しようと試みる活動のことを指した。[4]

第二次世界大戦中、ドレイパーは飛行機に使ったジャイロ作用を利用して、旋回指示器をもとに射撃照準器を開発した。安く簡単に装着することが可能で、海軍の戦艦を近傍攻撃から守った。スペリー・ジャイロスコープ社は〝スペリー・ドレイパー・マーク14〟射撃照準器を、戦時中8万5000個製造・出荷した。当時、スペリー・ジャイロスコープ社とドレイパー研究室の連絡を取り持っていたのは、スペリー・ジャイロスコープ社の副社長で、出世街道をまっしぐらに進んでいた航空弁護士のジェームズ・ウェッブだった。20年後、NASA長官となったウェッブは、アポロ計画用にジャイロスコープを製造して欲しいとMITの旧友に声を掛けた[5]。1960年代、NASAのトップ技術マネージャーとなるロバート・シーマンズは、ドレイパーの研究室で若手技術者として射撃照準器プロジェクトに参加していた。アポロ計画の背景を考慮して、自身の回顧録を『ターゲットに照準を合わせて（Aiming at Targets）』と名づけた。月に宇宙船を命中させることは、飛行機に爆弾を当てることと同じくらい困難だと考えた[6]。

1950年代、ドレイパーと仲間は慣性誘導の重要な技術を開発すると同時に、ジャイロスコープと制御システムの開発に取り組み続けた。慣性航法装置は、高精度のジャイロスコープと加速度計を使い、変数を測定した。外部指標を一切使わなかったので電波妨害も防ぎ、大陸間弾道ミサイル（ICBM）をソ連の目標物に誘導した。1950年代後半、ILの慣性システムはさまざまな船や飛行機に加え、ポラリスミサイルとトールミサイルにも搭載された[7]。

ILが〝哲学的論争の始まり〟と名づけた議論が登場した[8]。航法は、宇宙船内だけに収めるべきか、それとも地球からの電波通信などの外部支援にも頼るべきか？ 再度、職業プロフェッショナル間で意見の対立が顕著となった。外部からの航法支援も必要だと考えたのは主に電波技術者だった。反対に、慣性航法［物体の加速度（慣性）を積分すれば速度が求められ、さらにもう一度積分すると移動した距離が算出できる原理を利用した航法。重力の方向に対し常に平衡状態を保つジャイロスコープを使ったプラットフォーム（重力の方向に直角な水平面）を設け、加速度計を置いて加速度を検出する］を支持する者は、超高精度ジャイロスコープをつくることに興味があった機械技術者に多かった[9]。空軍初の〝アトラス〃ＩＣＢＭでは慣性システムと電波の両方が使われた。

ドナルド・マッケンジーが指摘するように、ジャイロ文化は成功の指標として、二つの技術的価値をつくった。〃自律性（Autonomy）〃と〃正確度（Accuracy）〃だ。前者は外部参照なしに航法できる能力を指し、後者は極力小さい誤差で航法する能力を指した。これらの要求は、軍の弾道ミサイルやＩＬの小さな研究室の文化から派生した。〃自律性〃と〃正確度〃はアポロ計画に従事する技術者に影響を与え、計画の進捗過程で常に問われた。

●ポラリスミサイル

ＩＬはポラリスミサイルの経験をアポロ計画に活かした。ポラリス潜水艦は、海中に沈んだ状態で核ミサイルを発射した。システムをシンプルに、そして安全にするため、ロケットブースターの液体燃料は固体燃料に変更された。ミサイル胴体の直径は、当時一般的に製造されたミサイルの半分以下という制約も課せられた。１９５６年、ポラリスミサイルのため、極めて小さく精密な慣性誘導システムを製造することがＩＬのプロジェクトとなった。[10]

海軍はポラリスミサイルを特別プロジェクト室（Special Projects Office：SPO）で管理した。アトラス計画でＴＲＷコーポレーションがその役割を担ったように、システムズエンジニアとして機能した。複雑な計画を管理するため、ＳＰＯの技術者は〃パート法（Program Evaluation and Review Technique：PERT）〃を開発した。

入り組んだスケジュールを決定・追跡する手法で、現在もプロジェクトマネジメントの要として使用されている。アポロ計画でもＮＡＳＡとＩＬはパート法を使った。[11] ポラリスミサイル開発でのＳＰＯの役割は、アポロ計画でのＮＡＳＡのマネジメントモデルとなった。

　ポラリス計画では、アイダホ州の農家出身でひょろ長く、電子機器に異常なまでの興味を示した物静かなエルドン・ホールがＩＬのデジタル開発グループ（Digital Development Group）を率いた。ＩＬはアナログ計算機で誘導システムを開発した実績があったが、求められる計算精度を考慮して、ポラリスミサイルではデジタル計算機に賭けるべきだと海軍を説得した。

　ポラリスミサイルはデジタル計算機を搭載していたが、どんなソフトウェアプログラムも走らせることのできる汎用性のある機械ではなかった。ポラリスミサイルの計算機は、ＭＩＴのバネバー・ブッシュ（Vannevar Bush）により１９３０年代に開発された初期の演算技術を使用した〝微分解析器〟のアーキテクチャ設計を採用した。ペンシルベニア大学で製造された初代のＥＮＩＡＣ（Electronical Numerical Integrator and Calculator）実用汎用電子計算機も、このアーキテクチャ設計を採用していた。アナログ計算機をデジタル仕様に変えたもので、配線盤に導線を繋《つな》いで計算機に演算させた。ＥＮＩＡＣでは、配線を変えることで演算を変更することが可能だったが、ポラリス計算機の配線は固定されていた。ポラリス計算機は、慣性システムの測定に基づいて、ミサイルの加速度を微分方程式で算出した。また、ミサイルの位置を計算するため、潜水艦の位置や速度を利用し、繰り返し加算・掛算を実行した。計算機は、これらのデータを使い、ミサイルを目標の軌道に乗せるため命令を送信した。ＩＬで開発されたミサイル誘導方式〝Q-guidance〟は、あらかじめ地上のデジタル計算機で基準となる軌道計算を実行し、ミサイルに搭載されている計算機の演算処理の負荷を減らし、装置をシンプルにするものだった。[12]

ポラリスミサイルの電子機器はこれといって難しくなかったが、要求された信頼性、ロバスト性［外乱や設計誤差などの不確定な変動に対してシステム特性が維持できること］、重量制限を満足しながら作動させるのは厳しく、ホールとＩＬに挑戦状を突きつけた。電子機器を有効に使うためには、電子回路を設計するのと同じくらい実装技術が大切だとホールは考えた。[13] 彼は部品を〝冬の薪〟のように積み重ね溶接し、内部配線を半田付けしないワイヤラッピングという手法を利用して重量を軽減する新しい実装技術を考案した。また、すべての回路が一つのゲルマニウムトランジスタの部品でまかなえるよう工夫した。製造業で１００年以上推奨されてきた、互換性部品使用の設計思想を効果的に取り入れた。当時のトランジスタはまだ開発されて10年も経っていなかったので、信頼性は疑わしく、軍事機器のハードウェアに使用されるためには厳しい品質検査が必要だった。ホールの設計では、ミサイルの厳しい試験と品質保証をくぐり抜けるためにも、たった一つのトランジスタ検査を実施するだけで良かった。

ポラリスミサイルに取り組んでいる際、ホールはテキサス・インスツルメンツ社（Texas Instruments）の製造現場を訪れ、技術者のジャック・キルビー（Jack Killby）に出会い、新しい発明を見せてもらった。それは、一つの半導体に数個のトランジスタが実装された〝集積回路〟だった。また、カリフォルニア州にあるフェアチャイルド・セミコンダクター社も訪れ、ロバート・ノイス（Robert Noyce）と対面した。彼は集積回路を汎用性のあるものにし、ロバスト性を高めようとしていた。[14] ホールは新しい集積回路をポラリス計算機の２代目に使用することを海軍に説得した。ポラリスの2代目計算機も、一つの部品〝2-トランジスタＮＯＲゲート〟集積回路で設計した。各千ドルで計64個の集積回路が製造された。[15]

１９６０年６月、ポラリスミサイルが実験的に発射された。当時ＮＡＳＡがアポロ計画の初期研究を進めていたとき、ＩＬは高い知名度、高いリスクを誇るミサイルプロジェクトですでに成功を掴み取っていた。

●机上から火星へ

すべてのＩＬ技術者がポラリス計画に動員されていたわけではなかった。スプートニク打ち上げ後、地球圏内に限ったミサイルより、宇宙圏にも挑みたいと思っていた意欲的な者もいた。１９４７年以来、ＩＬに在籍した数学者兼制御技術者のハル・ラニング（Hal Laning）はＩＬで、小規模だが重要な数学の頭脳集団を率いていた。レーダー信号のリアルタイム処理システム研究のため、特別に設計されたＭＩＴ初の計算機〝Whirlwind〟に取り組んでいたとき、計算機がもつ魅力の虜になり、その無限の可能性に気が付いた。そして、〝George〟というプログラムを作成した。これは小さいコンパイラ［人の自然な表現に近い形で書かれたプログラムをアセンブリ言語に翻訳するプログラム］で、計算機が解く計算式を抽象的なアセンブリ言語［2進数表記に翻訳可能なシンボル表記の言語。人が読解するのには難易度が高い］を書く代わり、技術者が計算式を直接入力できるようにしたものだった。この機能は高水準プログラミング言語［英語の単語と代数記号で記述され、コンパイラによってアセンブリ言語に翻訳できる］ＦＯＲＴＲＡＮに即座に取り入れられた。また、ＩＬのミルト・トラゲサー（Milt Trageser）は光学専門の物理学者だった。１９５７年のスプートニク打ち上げを目のあたりにし、ラニングとトラゲサーは宇宙飛行のエンジニアリング業務も誕生すると確信した。２人とも、核ミサイルを標的に誘導する技術開発に長年従事し飽きていたので、科学ミッションにも興味を寄せるようになったのかもしれない。

火星探査機の小規模な勉強会が開催された。探査機は火星を接近通過《フライバイ》し、写真を１枚撮影して、地球に戻る計画だった。現在、自由自在に飛ぶ小さい宇宙探査機は、魅力的な写真をさまざまな撮影機器により届け、冥王星よりはるか遠くに飛行したものもあり、私たちにすっかり馴染み深いものとなった。しかし、当時宇宙探査機の考えは革新的で、非現実的とさえ考えられていた。

火星探査機はラニングとトラゲサーの得意分野を設計に取り込み、数年後のアポロ誘導システムの基本をなす設計となった。ＩＬの強みである〃ジャイロスコープ〃を設計に取り入れた。加えて、ラニングは自身の興味で〃デジタル計算機〃を追加し、トラゲサーは光学式照準器とカメラを付け足した。光学式照準器は、月と恒星を参考にし、宇宙船の姿勢を保つのを補助した。カメラは惑星通過時に写真を撮影した。ラニングは相違点を指摘する。「私たちは2人ともプロジェクトに対して独自の構想を描いていた。ミルト・トラゲサーは物理学者だった。光学式照準器を巨大な目として考えていたと思う。反対に、私はコンピューターサイエンティストだった。完全に自律した機械を、少しの間でも宇宙空間で飛ばしたいと欲張っていた」[16]。

〃自律性〃は重要な言葉だった。弾道ミサイルの世界から引き継がれ、ＩＬが誇示する慣性航法技術の象徴であった。ＩＬ以外にも、パサデナのジェット推進研究所（Jet Propulsion Laboratory : JPL）ではもう一つのグループが、深宇宙探査機の設計に取り組んでいた。現在でも使われている、地上アンテナネットワークによる探査機追跡技術を開発していた。これらの開発はアポロ計画で互いに補完し、発展していった[17]。

ラニングとトラゲサーの設計では、搭載計算機がただ順序通りに処理を進めていくだけでなく、ミッションの成功率を高めるため〃異なる経路の処理〃を途中で選択することを可能とした。この機能は〃各々のサーボ機構に制御装置を設置して実現する〃より、中央計算機で管理する方が適していた[18]。火星探査機は、太陽、恒星、惑星間の四つの角度を自動測定し、宇宙船の位置を特定した。気づけば2人とも、パヽイヽロヽッヽトが信頼性向上に貢献すると考えたX-15計画やマーキュリー計画と反対の行動をとっていた。未知の問題に、複雑な論理計算で対処する計算機の使用を薦めた。まさに、空軍のX-15における手動と自動制御の研究で除外されてきた制御方式を検討していた。

空軍は火星探査機に予算を投入し続け、１９５９年には14人のＩＬ技術者がプロジェクトに従事していた。コンピューターサイエンス先駆者ハワード・アイケン（Howard Aiken）に指導を受けたハーバード大学コンピューター研究室を卒業したラモン・アロンソ（Ramon Alonso）もその中にいた。また、応用数学の博士号をもった電気技術者、惑星間軌道設計の先駆者となるリチャード・バティン（Richard Battin）もいた。１９５１～１９５６年までバティンはＩＬに所属し、その後いったんビジネス界に転じた。スプートニク打ち上げ後、宇宙飛行に未来があると確信し、研究室に即座に戻り、ミサイル誘導方式〝Q-guidance〟を開発した。バティンと仲間は、誘導に関する問題をリアルタイムに解決できる汎用計算機の開発に取り組んだ。[19]

今日、探査機が遠い宇宙に繰り出すため、惑星間を加速移動するとき、バティンのアイディアである〝天体ビリヤード〟のようなものを実行している。１９６４年に出版されたバティンの古典的名著〝Astronautical Guidance〟は何世代にもわたって、学生に軌道力学の基礎を教えた。[20] 初歩的な軌道力学から始まり、軌道修正、惑星に接近する方法、〝偵察〟軌道の回り方や軌道投入を解説した。太陽と惑星間、惑星と恒星間、恒星と惑星の目印《ランドマーク》間、そのほかの角度を測定することによって航法を修正する方法を編み出した。

教科書は月周回ミッションの事例を重点的に紹介した。１９６０年、バティンは〝Astronautical Guidance〟という講義を始め、その分野の基礎を築いた。60年経った今でもＭＩＴで教鞭をとっている。月面歩行した1/3に近い宇宙飛行士がこの講義を受講した。数学に秀でたこの明朗な男は、アポロ計画の数遊びから講義を始め

図5.1　火星探査機の試作品と写るミルト・トラゲサー（Milt Trageser）（左）、ハル・ラニング（Hal Laning）（中央）、リチャード・バティン（Richard Battin）（右）。バティンがもっているカプセルは、火星で撮影した写真フィルムを大気圏再突入時に保護するもの。（Draper Laboratories/MIT Museum）

る。たとえば、ＮＡＳＡがアポロ計画初の契約を交わした１９６１年という年代は可逆な数字だと紹介する。1881,1691,1111のようにひっくり返しても同じ数字になる。1961の次に可逆な数字は6009だと説明し、６００９年、アポロ計画に続く神の導きがあるという。遊び心の裏には真剣であると同時に、想像力豊かな数学の頭脳が見え隠れする。ある同僚は尊敬の眼差しを向ける。「バティンは月探査の中間軌道誘導と航法理論が構築される混乱の中で、導きの光だった[21]」。

優秀な頭脳が加わり１９５９年、火星探査機のグループは５部からなる報告書の拡張版を追加提出した。初期設計を参考にしながら複数のサブシステムについても具体化し、技術分析を深めた。アレキサンダー・ブラウン（Alexander Brown）は、次のように記している。〝プロジェクトは表面上、科学ミッションが掲げられたが、むしろＩＬの能力を宇宙飛行という分野で見せつけるための宣伝だった〟火星探査機はフライトで使用されるハードウェア技術を実証しただけでなく、ＩＬが宇宙探査という新しい市場に進出するきっかけを与えた〝先導《プローブ》〟となった[22]（図5・1参照）。

●バティンの頭脳

火星探査機の設計検討が終わったころ、世界は様変わりしていた。宇宙探査を統率するのはもはや空軍ではなく、NASAに代わっていた。ILはNASA長官代理を務めるヒュー・ドライデン博士（Dr. Hugh Dryden）と会議の調整をした。1959年9月、ILがワシントンD.C.にあるNASA本部に訪れたいと考えた日、不運にもソ連の最高指導者のニキータ・フルシチョフ（Nikita Khrushchev）の首都訪問日と重なって、NASAの重役が来客に掛かり切りになって面会は叶わなかった。

NASAは予算不足と無人である探査機に対する関心のなさを理由に、ILの火星探査機に予算をつけなかった。また、別の理由もあった。無人月探査機のプロジェクトを独自に進める、ILとライバル関係にあるジェット推進研究所（Jet Propulsion Laboratory：JPL）のチームをNASAは抱えていた。そのため、ILに対して厳しかった。[23] ILは野心的なプロジェクトの予算を獲得しようと何回か試みたが、ことごとく失敗した。

しかし、NASAは惑星間航法を研究するバティンや計算機に取り組むラニングとアロンソには、ごくわずかな助成金を与え、JPLと協働するよう依頼していた。少なくともILはNASAと首の皮1枚で繋がっていた。1960年4月になると、ラニングとアロンソは、低消費電力、リアルタイム割込技術を特徴とする計算機の設計を固めた。

1960年、NASAの興味が月に向けられると、バティンは月への航法とその数学を真剣に考えるようになった。基本的な質問をした。月に向かう宇宙船がある。位置情報は？　速度はどれくらい？　宇宙船が航路を逸れてしまった。修正はいつ？

航路修正のため、宇宙飛行士が光学式照準器で天体を目視し、データを計算機に送信した。宇宙空間では三つの測定値を取得することで位置を補正できた。太陽と惑星間の角度、惑星の直径、ある時間に惑星の裏を恒星が通過する時間（天文学用語で言う掩蔽《えんぺい》）、惑星の目印《ランドマーク》と恒星間の角度、宇宙船ともう一つ位置が既知の物体間（たとえば、もう1機の宇宙船）の距離測定が有効だった。しかし、複数の物体や角度の候補があるなか、果たしてどの値を、いつ使えば良かったのか？

バティンはどの値を選択すれば最適に航行できるか研究した。航法に必要なデータ量、求められる精度に対して修正回数を最小限に留める測定方法を探った。[24] たとえば、鋭角は曖昧な計算結果を提示することが多かったが、鈍角は精度の高いデータを提供した。

計算機が宇宙船の位置や加速度を示す〝状態ベクトル〟を計算した。バティンは飛行経路に〝チェックポイント〟を設け、飛行段階を区別した。データを取得し、状態ベクトルを更新した後は、スラスターで位置を修正した。修正の必要がなければ、なにもしなかった。観測の回数や頻度は考え方に依存した。測定の統計誤差も考慮し、測定が行われるたびに状態ベクトルを更新した。どの観測も誤差を含んでいると仮定して、与えられた観測条件から最適に推定値を導出する方法を説明した。計算は〝再帰的〟だった。状態ベクトルを更新するたび各観測の誤差を評価した。また、計算機は星表《スターカタログ》を積んだ。各々のチェックポイントで、どの組み合わせのデータが最善の情報を提供するか教えた。最終的に、おおよそ62時間掛かる地球―月軌道で、41か所の観測地点を設け、4回速度変更する計画を提案した。月に到達した時点で発生し得る誤差は約2kmだった。月の周回軌道に入るには十分な値だった。

ＮＡＳＡはもちろん、ＮＡＣＡ時代の飛行制御の経験を参考に、専門家が宇宙航法について独自に研究を進めていた。１９６０年に開催された産業集会では、パロアルトにあるエイムズ研究センター誘導技術第一人者のスタンリー・シュミット（Stanley Schmidt）が、宇宙調査委員会のために実施した航法の研究成果を発表した。重要な関係性を説明した。前年度、ルドルフ・カルマン（Rudolph Kalman）が機体制御を最適化する統計学的手法を論文発表していた。シュミットはカルマンの手法を初めて使用し、バティンの手法とカルマンの統計学的手法に類似性があることを指摘した。バティンは〝実質的にカルマンと同じことを考えていた〟ことに気が付いた。[25] 〝カルマンフィルター〟［（１）信号を生成するシステムの動特性、（２）雑音の統計的性質、（３）初期値情報の観測データを演算処理して信号の推定値を算出するアルゴリズム。カルマンフィルターでは観測データをすべて貯えておく必要がないので、フィルターをデジタル計算機で実現する場合、メモリーの節約になる］で現在知られるその技術は、航法や位置予測の基礎となった。その技術が最初に適用されたのは、アポロ計画だった。

●月までの誘導

バティンの最新研究をもとに、ＩＬは恒星目視によりデータを定期的に更新できる誘導システムが設計できるのではないかと考えた。また、万が一、宇宙飛行士が不慮の事故で〝死亡〟した場合、自動で地球に帰還する計算機プログラムもつくれると考えた。ＮＡＳＡはＩＬに6か月間にわたって約10万ドルの予算を支給する計画を伝え、ハードウェア設計を除き、中間軌道誘導、計器設計、計算機仕様、大気圏再突入の誘導などを研究するよう依頼した。ＭＩＴは契約条件を決めるため、作業指示書の作成と宇宙調査委員会への報告に合意した。これらは背後で進んでいた事業化調査《フィージビリティスタディー》を補う目的もあった。ＮＡＳＡとＩＬは〝宇宙飛行士をカプセル内に閉じ込め、身動きがとれない状態で月を周回させるのではなく、有人宇宙飛行の機能をもった宇宙船の研究を進めること〟で合意した。マーキュリー計画のときと同じように、ＮＡＳＡは受け身の乗客が搭乗している宇宙船とパイロットが積極的に操縦する宇宙船を区別した。この時点で、月面〝着陸〟はまだ検討されていなかった。[26]

数か月後の１９６１年4月、ロバート・チルトンがＩＬを訪れ施設を見学した。学生時代ドレイパーと一緒に研究していた身だが、もはや誰一人面識がなかった。しかし、トラゲサー、バティン、ラニングといった名立たる技術者と対面し、〝極めて優秀な人物〟だと評価した。また、ＩＬのポラリスプロジェクトの成果に感激した。彼らは誘導システムの〝システムマネジメント全般〟を担当し、ミサイルに装置を統合した実績があった。

形状は著しく異なったが、チルトンはポラリスシステムの人間《ヒューマン》＝機械《マシン》の特徴が、アポロ宇宙船といくつか共通していることに気が付いた。「誘導システムをポラリスミサイルに搭載した。どこへ行っても、潜水艦の位置を把握し、標的がどこにあるか判別した。ミサイル発射地点までたどり着いたとき、どこに向かえば良いか指示した。それは明らかに、アポロ計画に必要な要求事項と類似していた。金脈を掘りあてた気分だった[27]」。アポロ計画の設計検討について、まだＮＡＳＡと契約を結んでいなかったが、ＩＬは着々と準備を進めていた。ちょうど、ポラリス計画が終息し、ＩＬで労働力が余り始めていた。

面会を経て、チルトンはＩＬの変わった立ち位置を知った。ＩＬは大学の研究機関だったが、基礎研究以上の課題に取り組み、実社会でも使われるハードウェア開発に取り組んでいた。ＩＬは企業とは競争できないが、〞企業の未開拓領域〞のプロジェクトを請け負うことで弱みを補っていた。[28] チルトンはトラゲサーとアポロ宇宙船の基本的な要求をまとめ、次の要素を含む案を出した。

- 汎用デジタル計算機
- 宇宙六分儀
- 慣性航法装置
- 宇宙飛行士のための操作卓
- 補助電子機器

これは人と機械の接点《ヒューマンインターフェース》が加わった、無人火星探査機の拡張版だった。ＩＬの実績と初期の研究を考慮し、慣性航法を取り入れる方針は変えなかった。したがって、ソ連の電波妨害を受けることもなかった。チルトンは宇宙飛行士の搭乗決定に伴い、ＮＡＳＡがつけ加えた要件を強調した。「複雑なミッションを遂行できるよう人を最大限に活用すること[29]」。

●アポロ計画の初契約

1961年5月、ケネディ大統領の名演説が行われた。その1か月前、チルトンがILを訪れていたのは偶然だった。ソ連との競争に煽られ、ケネディ大統領の演説は知らず知らずのうちに、ILで曖昧に進められていた設計検討に拍車を掛けた。1か月後には調査が終わった。ポラリスシステムをアポロ計画に一部流用することで、早い製造が可能であることがわかった。しかし、新しいシステムはたった一つ、著しく異なる点があった。それは〝人〟の操作が加わることだった。チルトンは、宇宙飛行士を自動制御システムに組み込むことが〝もっとも難しかった〟と嘆く。[30] 制御に介在する〝人〟は、いったいなにをするのか？

ILは現実問題として真剣に宇宙飛行士と向き合い、システム設計を進める必要に駆られた。1961年夏、作業が猛スピードで進捗した。ポラリス計画のラルフ・レイガン監督は、アポロ計画の提案書作成のため、夏休みにもかかわらず仕事に駆り出された。どのように実行するのか？　予算はどれくらい掛かるのか？　誘導技術の基礎研究からフライトハードウェア製造に至るまで野心的な計画を提案した。

ILの誘導技術第一人者だったデビッド・ホーグ（David〝Davey〟Hoag）はポラリス計画の技術監督を務め、やがてアポロ計画の総監督となった。NASAの明確な指示を覚えている。「宇宙飛行士ができることは彼らに任せ、安易にシステムを自動化してはいけない。システムを始めに設計し、宇宙飛行士の操作を後付けする真似だけは断じてしないこと。宇宙飛行士が操作可能であれば下手に手を出すな」。この発言は初期の設計思想を表し、その考えが意思決定に影響したとホーグは分析する。[31]

ＩＬは要求仕様を工学値に翻訳し、精度に繋げて考えた。適当な場所に探査機を降ろすのであれば宇宙飛行士は不要だった。無人月着陸船〝サーベイヤー（Surveyor）〟がすでに開発されていて、アポロ宇宙船より先に月に到達していた。指定された場所に着陸することは極めて困難で、人が必要だと技術者は判断した。ＩＬはＮＡＳＡが要求する人の関与を誘導技術の仕様に記述し直した。１９６１年に執筆された初のＩＬ進捗報告書は、次のように記す。〝掩蔽《えんぺい》［ある時間に惑星の裏を恒星が通過する時間］観測は航法に非常に高い精度を与える。その観測を行うには、人がもっとも適している[32]〟。

技術者は、宇宙飛行士を〝慣性航法装置を較正する装置〟とみなしていた。航法に較正が必要なければ全自動飛行も可能だった。しかし、慣性航法のプラットフォーム（水平面）を一定方向に固定させるジャイロスコープが横滑りしてしまう傾向があり、定期的な較正が必要だった。慣性航法は推定航法の発展として知られる。火星探査機の全自動航法の基本設計を流用し、人が使用できるように改修した。月面着陸の提案書には〝宇宙飛行士は目印《ランドマーク》の目視確認を実施し、航法する〟と書かれていたが、精度の高い着陸は計算機が実施すると規定された。

この構想にＩＬは高信頼性・低消費電力・適度な処理速度・汎用性・ハードウェアインターフェースによる誘導システムの直接制御など、火星探査計算機の特徴を加えた。消費電力を抑えるため、処理速度を落とした。中間軌道誘導に加え、計算機は月面着陸、月面離陸、周回、大気圏再突入、ランデブー飛行など、ほとんどの段階を制御した。興味深いことにアポロ誘導計算機には、宇宙飛行士によるロケットの〝打ち上げ誘導〟機能追加も提案された。かつて、フォン・ブラウンが操縦を排除した箇所だった。余談だが、当時も最終設計ではサターンＶ型ロケットが故障した場合、打ち上げ後半で手動または自動操縦できる設計となっていた。

ＩＬはシステムを〝アポロ誘導装置（Apollo Guidance Equipment）〟の頭文字をとって〝ＡＧＥ〟と名づけ、2世代のＡＧＥを設計することを約束した。初代ＡＧＥの目的は民生品を使って素早く製造し、性能を最適化するため試験飛行することだった。ＡＧＥⅠは試作品で、技術開発を進める研究計画と並行して進んだ。[33] ＡＧＥⅡは実際のミッションのために製造され、重量、消費電力、信頼性を最適化した。ＡＧＥⅠとＡＧＥⅡはのちに、ブロックⅠとブロックⅡという名で呼ばれるようになった。

ＮＡＳＡが設定した納入期限は、ＡＧＥⅠは10月の飛行に間に合わせるため、１９６３年7月まで、一方ＡＧＥⅡはその年に行われる試験を実施するため、１９６４年までに開発を終えることだった。ＮＡＳＡは開始から2、3年後の初飛行を想定していたが、後から振り返るとそれは極めて楽観的な算段だった。それでも、アポロ計画の基本的なスケジュールは固まっていた。ＩＬは試作品の段階を終えた製造工程では、企業の工場での製作を求めた。ＩＬのプロジェクト予算は約４３７万５０００ドルで、6か月間にわたり２００人、1年後には３００人の労働者に賃金を支払う見積りが立てられた。[34] １９６２年以降、アポロ計画はＩＬ予算の1/3から1/2を消費した。１９６９年には1億ドルの予算が上乗せされ、アポロ計画はＩＬのどのプロジェクトよりも2倍の予算を消費した。[35]

数年後、予算が超過し納期厳守が破綻したとき、ＩＬが間に合わせでつくった曖昧な内容の提案書が批判された。どれくらいの精度を求めるか、慣性航法装置の明確な性能要求は最初から存在せず、プロジェクトの進捗とともに性能要求が定義された。これはシステムズエンジニアリングの基本的な考えに反していた。「大気圏再突入や地球軌道の打ち上げを高精度で実施しなさいと指示する人は誰もいなかった。そのほとんどが個人の判断に委ねられて、その判断を下したのは、結局僕だった」とジョン・ミラー（John Miller）は苦笑する。[36] トラゲサーはシステムが必要以上に高精度だったとも感じたが、それを証明する資料もなかったため、そうだと確信することさえ難しかった。[37] 月面着陸における精度とはなにを意味したのか？ 定められた座標に命中することなのか、それとも目標となる対象物の近くに着陸することなのか？ このような質問がアポロ計画を一笑に付した。

ＩＬは１９６１年８月４日に提案書を提出した。数日も経たないうち、アポロ宇宙船の誘導制御システムを開発する契約が取り交わされた。全プロジェクトにおける初の契約だった。チルトンはポラリス計画を海軍の特別プロジェクト室（Special Projects Office：SPO）が取りまとめたように作業分担し、ＩＬに設計責任を、企業に装置の製造を割り当てた。[38] アポロ計画における元契約業者の中で、受注競争なしに唯一大学で契約が渡されたのはＩＬだけだった。１９６１年10月まで、アポロ宇宙船自体の提案書すらＮＡＳＡに提出されていなかった。[39] 誘導システムが副次的なものでなく、アポロ計画の成功の要を握るとＮＡＳＡは確信していた。

初期に取り交わされた誘導システムの契約は、ほかの主要なサブシステムと比べて1年も早く作業に取り組める環境をＩＬに提供した。「ボブ（Robert Chilton）は契約を早急に結ぶ必要があると真剣に考えていた。アポロ宇宙船サブシステムの中で、誘導システムが一番複雑になると先見の明があった」と、のちにＮＡＳＡの計画を管理していたアロン・コーヘンは感心する。[40] チルトン自身も初期のころを次のように振り返る。「ボブ（Robert Gilruth）がお先にどうぞと言うので、単独入札の正当性を考え始めた。ＩＬが設計検討の延長線上で全般的な業務を担い始めた……競争もなく受注を獲得したから、そりゃあ議論の的になったよ」[41]。

やがて、企業から凄まじい反対の声が聞こえてきた。もし受注競争が展開されたなら、12社またはそれ以上の企業が手をあげたかもしれない。ゼネラル・エレクトリック社の技術者は、競争なしにＩＬに契約が渡されたことに対して〝とてつもない落胆と驚き〟を表明した[42]。誘導システム製造企業はNASAからの提案書募集をこれでもかと待っていたのに、競争なしに非営利企業が専属契約を獲得したので〝非常に心外〟に思った。複数企業の社長が連邦議会の代表者を通じてケネディ大統領に〝企業にお金が回らないNASAの経済的に薄弱な判断〟に苦言を呈した。しかし、法的に問題はなく、それらの不平不満は宙に舞った。NASAは簡潔に弁明した。「厳しいスケジュールのなか、止むを得ない判断だった。高い競争力と想像力を必要とする極めて困難な問題だけにILと契約を結ぶしかなかった[43]」。

有名な逸話で、単独入札にたどりついた背景と、アポロ誘導計算機の設計者の高いプロ意識を紹介しよう。ドレイパー博士は、ジェームズ・ウェッブNASA長官に、宇宙飛行士の一人は科学に関する経歴をもっている方が良いと助言した。その理由は、パイロットの仕事を科学者に伝えた方が知識の吸収が早いからだった。ドレイパーはシステムが機能するのを見届けるため、彼自身、宇宙船に搭乗したいと考えている旨を伝えた。「私はテストパイロットとして、自身の能力の足りなさを自覚しています。しかし、私の科学と工学の分野における教育は、宇宙船の装置を動かす宇宙飛行士として条件を満たしているものだと考えます」と、彼の弟子であり、NASAトップテクニカルマネージャーのロバート・シーマンズに手紙をあてた。シーマンズは丁寧にかつての指導者に返信し、提案を適当な上層部に伝えると返事した[44]。

アポロ計画の関係者は、さまざまな形でドレイパーが率先して月に行こうとしていたことを伝承する。それは、アポロ誘導計算機開発の伝説として語り継がれている。計算機を設計するのはIL以外に考えられなかった。しかし、ILと同等に、またはそれ以上に慣性航法、デジタル計算機、飛行制御に長けた企業も存在した。ドレイパーはNASAに個人的なコネをたくさんもっていた。シーマンズ、そしてシーマンズは旧友のウェッブＮＡＳＡ長官と繋がっていた。シーマンズはアポロ計画の契約がアメリカのニューイングランド地方［東海岸のマサチューセッツ、メイン、コネティカット、ロード・アイランド、ニュー・ハンプシャー、ヴァーモントの6州］に渡されることを願い、誘導システムの契約だけは早期に結んだ。そうすれば、宇宙船自体の受注競争が始まったとき、誘導システムだけは除外することができた。[45] なんと言っても、ＩＬがある場所は大統領の出身地と同じだった。

●司令塔

ケネディ大統領演説の勢い、幸先の良いスタート、躍動する計画からの勢いで、ＮＡＳＡとＩＬはアポロ誘導システムの方針を明らかにする作業指示書を見直した。マーキュリー計画初期の1961年8月に作成された原案を、マーキュリー宇宙船の自動化と宇宙飛行士の成果を考慮して修正した。ＩＬの技術文化にならって自動航法を採用し、〝司令と意思決定は宇宙船内で完結させる〟と規定した。〝信頼性、精度向上、性能向上〟を理由に、地上からの誘導や情報をいずれ宇宙飛行士が要求してくるかもしれないが、まずは地上支援なしのミッション遂行を考えた。宇宙飛行士はどの段階でも宇宙船を管理下に置いた。手動操作を謳《うた》ったが〝精度向上、反応速度改善、繰り返し作業軽減〟のため、自動システムも必要とした。これらの判断に伴い、〝宇宙飛行士はシステムの過剰操作や選択された制御を監視した。〟

操縦を強調するＮＡＳＡは、宇宙飛行士が搭乗するカプセルを〝コマンドセンター（Command Center）〟と名づけた。のちに、公式に〝司令船（Command Module）〟と呼ばれるようになった。窓、保守管理器具、複雑な自動装置の代わりとなるシンプルな手動装置が追加された。また、作業指示書には〝ソレノイド弁の電気駆動制御〟も含まれた。これは、計算機の仲介なしにスラスター制御を可能とするものだった。数人の宇宙飛行士は電気ではなく、機械によるスラスター制御を望んだが却下された。飛行機と異なり、アポロ宇宙船に機械式の操縦系統は一切なかった。作業指示書が固まっていくなか、契約業者は最新機器を使ってプロジェクトの見所を残すため、四半期報告書と16mmカラーフィルムで開発のようすを撮影した映像を提出する義務を負った。[46]

原案には、最終的には残らない二つの要素があった。両方とも宇宙飛行士の役割の変化を象徴した。一つは〝地図とデータ閲覧機〟。マイクロフィルムを使い、宇宙飛行士が〝月の情報、恒星図、装置の運用・修理方法、行程表、暦、特殊操作の手順、宇宙船の数千もの設計情報〟を呼び出すデータベースだった。[47]宇宙船が全自動航法であれば、これらの情報は必須で、重量とかさばる備品を効率的に削減した。

しかし、アポロ宇宙船の開発が進むにつれ、管制官はリアルタイム情報を求めるようになった。地上との緊密な協働は、軌道上での自動化の必要性をなくし、地上にほとんどのデータを移した。ヒューストンの管制室では大勢の技術者が図表、飛行規程書、仕様書、計算を凝視し、ミッションを支援した。航法図や手順書を機内に持ち込んだパイロットと違って、宇宙飛行士は膨大な紙資料を宇宙船に持ち込むことはなかった。故障修理の参考となるデータは地上から伝えられ、宇宙飛行士は比較的少ない数のチェックリスト、予定表、緊急時用の軌道データでことを凌いだ。

廃止されたもう一つの案は、宇宙船に搭載予定だった〝テレプリンター〟だった。命令や座標データを地上から宇宙船に送信し、コックピット内で印刷する装置だった。とくに月の裏側から周回し、いざ着陸態勢に入ったとき、素早く航法データを更新する重要な局面での使用を想定していた。フライトディレクターのクリス・クラフトは、パイロットに命令とデータを間違いなく伝えられる方法だと装置の使用を支持した。しかし、NASAのフライトクルーオペレーション（非公式には〝宇宙飛行士オフィス〟）搭乗員業務部長のディーク・スレイトンが案を却下した。[48]

アポロ計画を通じて、宇宙飛行士はテレプリンターから数値を読み上げる代わり、地上から数値の読み上げを聞き取り、書き留め、検証のために復唱し、承認を得てから計算機に入力した。まともにデータ更新すると、この過程は数分を要した。人の聴覚がテレプリンターの代わりを務めた。状態ベクトルは地上のテレメトリー通信から更新することも可能だった。これらの技術はテレプリンターより時間が掛かりミスしやすかったが、数kgの重量軽減に貢献した。結果、アポロ計画の音声通信が情報を豊富に提供するようになった。プロジェクトの初期、これらの小さな技術的選択においてでさえ、人と機械のトレードオフが実施された。

●プロジェクトの設計

ILは要求仕様を明確にしようと素早く動き始めた。最初の1年、契約の詳細を定義するため、プロジェクト範囲《プロジェクトスコープ》を理解することに努めた。[49]当初、システムの主要な装置は、宇宙飛行士が中間軌道で慣性航法のプラットフォーム（水平面）を調整する、〝宇宙六分儀〟と〝ジャイロスコープ〟だと考えられていた。予算の見積りは約1億5千万ドルだった。[50]

提案書の原案には、航法を較正する〝慣性誘導装置〟だけが記載されていた。しかし、年末に差し掛かると、宇宙船の位置を把握し、航法計算も実施する〝デジタル計算機〟も搭載しようとＩＬが動き出した。ＮＡＳＡ作業指示書の原案は相当膨らみ、月までの航法だけでなく、全飛行段階に誘導を導入することを決めた。[51]また、３人の宇宙飛行士が定義された。コマンダーは〝宇宙船を手動または自動で操縦し〟さまざまな誘導を選択・監視した。副操縦士はコマンダーを支援し、パイロット代理を務めた。３人目の宇宙飛行士である〝システムズエンジニア〟は、推進、電力、生命維持装置など、そのほかのシステムを監視した。[52]

ポラリスミサイルの計算機と同様、ＩＬはハードウェアを製造することはできなかった。ドレイパー研究室は製造現場ではなく、設計を考え、試作品《プロトタイプ》をつくる工房だった。実際には研究室だったが、アポロ計画では始めから学術的立場を離れた。１９６２年前半、慣性航法装置、計算機、加速度装置、光学式照準器を含む主要なシステムの製造契約が募集された。[53]制御や計算機分野に精通した26社が提案書を提出した。ノース・アメリカン・アビエーション社、バロース社（Burroughs Corporation）、コントロール・データ社（Control Data Corporation）、ミネアポリス・ハニウェル社、スペリー・ジャイロスコープ社など、各社の電気自動制御部門が手をあげた。そして、ＮＡＳＡの審議会が契約業者を評価した。１９６２年5月、ドライデンとシーマンズに意見を求めながら、ジェームズ・ウェッブＮＡＳＡ長官が企業を最終決定した。[54]

のちにＡＣエレクトロニクス（AC Electronics）と名を改める、ゼネラル・モーターズ（General Motors Company）の一部門ＡＣスパークプラグ（AC Spark Plug Division）は、慣性航法装置、地上装置、チェックアウト装置のシステム統合とシステム試験を担った。ＡＣスパークプラグはその名の通り、自動車産業の仕事を主に受注していた。宇宙船にスパークプラグ［火花を発生する部品］はないので、表面上は宇宙システムを製造するにはふさわしくないようだったが、実は慣性誘導の業界屈指だった。トールミサイルやタイタンミサイルの誘導システムの開発実績があった。[55] アポロ計画では、ポラリスミサイルでＩＬと協働したヒューズ・エアクラフト社がＡＣスパークプラグに接戦で負けた。アメリカで制御システム市場のトップを走るのはミネアポリス・ハニウェル社で技術評価も一番高かったが、ほかのプロジェクトを抱えていて、アポロ計画と契約を結んだら会社の作業許容量を超えてしまうと考えられた。[56]

最終的に、マサチューセッツ州にある軍事電子機器メーカーのレイセオン社（Raytheon Company）がデジタル計算機を製造することになった。当時、ポラリスミサイルのデジタル計算機を製造していて、ＩＬとすでに繋がりがあった。また、光学式照準器と宇宙六分儀の製造には、コルスマン・インスツルメント社（Kollsman Instrument）が選定された。[57] 創業者ポール・コルスマン（Paul Kollsman）が飛行機の高精度な高度計を市場に売り込もうと、ニューヨーク州ブルックリンに設立した会社だった。この装置は今でも飛行機の標準装備品となっている。高度計の較正目盛盤《ダイヤル》は〝コルスマンウィンドウ〟と呼ばれている。コルスマンは１９２０年代にドゥーリトルの計器飛行研究で協働し、１９５０年代には空軍が使用する爆撃機の太陽―恒星追跡装置を開発していた。

●月軌道ランデブー飛行の意思決定

有名な〝意思決定〟を理解するためには、アポロ計画の全体像を掴んだうえで、技術者が夢中になった工学課題を一つひとつ把握していかなければならない。人類はどのように月まで飛行するのか？　すぐに思い浮かぶ解は、宇宙船を地球から打ち上げ、月に着陸させ、再び月面から地球に戻す方法で〝直接上昇方式〟と呼ばれた。また、数個のロケットを地球軌道に上げ、軌道上でロケットを組み立てて、月まで飛ばす方式も考えられた。これは1952年、フォン・ブラウンの『コリアーズ』誌の記事と一緒に掲載された、チェスリー・ボンステル（Chesley Bonestell）が描いた有名な絵から連想された。着陸は巨大で滑らかなロケットが、その翼を真下にして月面基地に着陸した。宇宙飛行士はロケット上段にいて、着陸の際、数m下を意識しながら操縦した。ILが提出した初期の設計検討では、高さ25mある宇宙船のぎこちない位置から宇宙飛行士が大きな望遠鏡をもって月面を確認しているようすが描かれている。[58]

宇宙飛行が成熟し、技術者が新たな可能性に気が付くようになると、異なる選択肢が登場した。NASA数学者のジョン・ヒューボルト（John Houbolt）は〝月軌道ランデブー飛行（Lunar Orbit Rendezvous：LOR）〟方式を検討した。1機の宇宙船が月面着陸する間、もう1機は月を周回した。この考えは新たな宇宙船の構想を生み出し、いくつかの利点をもたらした。地球に戻るのに必要な装置や燃料を軌道に置いたまま月に降りたので、月面着陸する宇宙船を小さくすることが可能だった。また、地球から弾丸で月面着陸するのではなく、月の周回軌道から比較的安全に月面着陸することができたため、宇宙飛行士に心のゆとりを与えた。1960年代の終わりまでに月面着陸を達成できると、なんとなく自信がみなぎってきた。

ＬＯＲ方式には、二つの大きなコスト要素があった。第一に、宇宙船を2機必要としたことだ。設計の複雑度は増し、プロジェクトが実際に動き出すまで時間を要した。おそらく、コストは2倍以上膨らんだ。第二に、地球に帰るため、新しい宇宙船は自力で月面を離陸し、月の周回軌道で待機しているもう1機の宇宙船とランデブー飛行し、ドッキングする必要があった。これはリスクが高く不確定要素が多かった。地球からロケットを打ち上げることでさえ準備に数週間要し、大勢の支援、いくつもの特殊な装置が必要なのに、２人の宇宙飛行士は地球からはるか遠く離れた場所で、精度良くランデブー飛行できるのか？　それこそ、命がかかっていた。

ＬＯＲ方式採択の意思決定は複雑で、さまざまな議論を呼んだ。そのため、エンジニアリングの意思決定問題を学ぶ学生によっていまだ研究されている。[59]　ここでは、その判断が誘導システムにどれだけ影響したかだけに注目し、詳細は避ける。実際、はなはだしい影響を及ぼした。

ＬＯＲ方式は、二つの事柄に影響した。第一に、１９６2年11月、ＮＡＳＡは月着陸船（Lunar Excursion Module : LEM）の製造をグラマン・エアクラフト・コーポレーション（Grumman Aircraft Corporation）に委託した。のちに、ＬＭと名称が短縮されたが、発音は〝レム〟のままだった。第二に、有人月探査計画に向けて、ジェミニ計画でランデブー飛行の練習や経験を積ませた。言うまでもないが、宇宙飛行士は操縦技術が求められるＬＯＲ方式を歓迎した。

当初、月着陸船の誘導システムの責任所在は明確でなかったが、ＮＡＳＡは即座に月着陸船と司令船、二つの宇宙船間で誘導システムを分割することを考え始めた。ＬＯＲ方式は、二つの新しいレーダーも要求した。

一つは、月着陸船の高度と速度を測定する着陸レーダー装置。もう一つは、月着陸船を司令機械船に誘導するランデブー飛行レーダー装置だった。グラマン社は従契約メーカーのＲＣＡ社にレーダー設計を依頼し、さらにＲＣＡ社がその内の着陸レーダーをライアン・エアロナティカル社（The Ryan Aeronautical Company）に外注した。ＩＬはなにをしたかと言うと、アポロ誘導計算機がこれらの値を確実に読み込めるよう要求仕様をまとめたのだった。

●システムインテグレーターとしてのＭＩＴ

最初の数年間、アポロ計画の大部分は未決定で、お金が使い放題で、最終期限は遠い未来にあるかのようだった。ＩＬの技術者は、自由な雰囲気で想像力豊かだった時間を思い出す。「ＮＡＳＡはあまり関与してこなかった。ほかのことで忙しかったから指示されることもなかった。管理がとても緩かった」。ちょうど、マーキュリー計画、ジェミニ計画、アポロ計画がすべて並行して走り、宇宙調査員会ＳＴＧがヒューストンに事務所を移転していた時期だった。やがて、アロン・コーヘンという若い技術者がアポロ宇宙船の誘導・航法技術のプロジェクトをまとめるようになった。毎週、エイムズ、ラングリー研究所センター、そのほかの契約業者の代表者と打ち合わせを実施した。ＩＬのダン・リクリー（Dan Lickly）は、これらの会議を次のように懐かしむ。「会議では進捗を報告して、たくさん批判を受け、コメントをもらった。そして、職場に戻って調査して、なにか新しい成果をもって翌月また会議に出席した[60]」。

アポロ計画のプロジェクトは巨大化し、目まぐるしい早さで変化するようになった。ＩＬの技術者は、周囲と歩調を合わせながらシステム開発を進めなければならなくなった。１９６１年11月、ＮＡＳＡは司令機械船の契約を、Ｘ－15の製造も請け負ったノース・アメリカン・アビエーション社と結んだ。翌夏、ＬＯＲ方式が採択された後、月着陸船の製造はグラマン社に委託された。ＩＬの主な役割は誘導システムを設計することに限定された。〝誘導〟システムは〝今どこにいるの？〟という質問に回答するのが目的で、パイロットの操作・操縦に関与する〝制御〟システムとは異なった。［〝航法（navigation）〟は、地図と自らの位置を測定する機器を保有していて、地図上のどこにいて、目標地点がどこかを決めること。〝誘導（guidance）〟は、現在の位置から目標位置まで無駄なく到達する最適経路を決定すること。コンピューター（計算機）が主役。〝制御（control）〟は、誘導で決定した経路に沿ってロケットや人工衛星を操作すること。センサーとアクチュエーターが主役］ノース・アメリカン社の契約のもと、ミネアポリス・ハニウェル・レギュレーター社がジェミニ計画と同じく、安定化装置と制御システムを担当した。宇宙飛行士には操縦機会が与えられた。ＩＬは競争しなくとも、ほかのシステムや契約業者との協働を迫られた。

１９６２年、ＬＯＲ方式が採択されたことに伴い、システムの要求仕様も次第に明確になり、アポロ宇宙船の誘導システムの仕様も整いつつあった。サターンロケットには独自の誘導システムが搭載されていたが、ＮＡＳＡはある時点でＩＬのシステムをバックアップに入れる要求を追加した。しかし、それはロケットの１段目が切り離された後に限った話だった。また、ＬＯＲ方式採択のため、ＩＬのシステムは司令船と月着陸船、異なる二つの宇宙船で機能する必要に駆られた。前者はノース・アメリカン社、後者はグラマン社が担当した。ＩＬは二つの契約業者間に挟まれながら奮闘した。ノース・アメリカン社が製造する司令船は月面着陸しないことが決定したので、ノース・アメリカン社の技術者はＬＯＲ方式を歓迎しなかった。ＩＬはノース・アメリカン社を訪れ、宇宙船に計算機を装備する話を伝えた。計算機に割り当てられる、おおよその容積がＩＬ

に言い渡された。ご親切なことに、その大きさは約30 cm^3 だった。

ノース・アメリカン社とグラマン社は宇宙船の誘導技術の責任を手放そうとしなかった。コーヘンは厄介に思った。「両社とも、誘導システムがどのように設計されるか、本当に熱心に理解しようとしていた。僕たちは逆に、そんなに理解してもらう必要はないと思っていたんだけどね。ただ、インターフェースだけは正確に理解してもらう必要があった」。〝インターフェース〟はシステムズエンジニアリングの重要な言葉で、組織間・コンポーネント間の関係性・接点を詳細に定義する。

両社はＩＬが設計する誘導システムを定義したがった。ノース・アメリカン社とグラマン社は、空軍や海軍がシステムの要求仕様を明確にして、後は自分たちで好き勝手することに慣れていた。しかし、ＮＡＳＡは詳細に介入してきて、両社を設計工房ではなく、厳密な指示に従う注文製作工場のように扱った。これは受け入れ難い事態だった。コーヘンは頭を抱えた。「両社は誘導システム全体の共通認識があるべきだと考えていた」[61]。

また、ＩＬも自分たちのことを設計者以上だと考えていた節がある。ＩＬのトラゲサーは誘導システムを宇宙船に装備し、正しく動作確認するまで徹底的に責任を負いたいと考えていた。また、グラマン社の技術者も、単に宇宙船の〝設計者〟でなく、〝システムインテグレーター〟だと自分たちのことを考えていた。もし、宇宙船にグラマン社の社名を印字するのであれば、試験や誘導システムがほかの機器と連動して動くことを最後まで見届けたうえでＮＡＳＡに納入すると頑《かたく》なに決意していた。

グラマン社の副社長としてプロジェクトを管理したのは、ＭＩＴ卒業生のジョー・ギャヴィン（Joe Gavin）だった。朗らかで穏やかな話し方をするギャヴィンは長年、戦闘機の製造業務に従事していた。アポロ計画の初期を懐かしく思い出す。「ＮＡＳＡが注文製作工場と契約を結び、月着陸船の設計を一方的にグラマン社に押しつけているように感じ始めた。社名が印字された月着陸船を私たちが本当に設計・製造するのだと実感した。私たちはどんな細かいことにも介入すると決め、実際に細かいことに口出しした……そうしたら、あまり時間が経たないうちに一緒に仕事がやりづらいと言われるようになった」[62]。

企業の性格も異なった。ＩＬは〝高慢な〟グラマン社を思い出す。技術に精通していて、とても頑固で、一緒に仕事しづらかった。それに対して、ノース・アメリカン社は〝大人しかった。〟若い技術者が多く、経験が浅く、ＩＬの技術力に簡単に怯えた。デビッド・ホーグはしみじみ思い出す。「そうしようと思えば、ノース・アメリカン社をこき使うこともできた。私に聞くべき質問、誘導システム設計に必要なことをいつも私から教えた。一方、グラマン社は鋭い思考をもったチームを抱えていた。私はそこで魂に火がついた……一緒に仕事を進めるのは楽しかったが、苦しかった」[63]。

「ノース・アメリカン社とグラマン社という巨人が2体いて、両側から頭を叩きのめされた……両社の仕事を取り持つのはとにかく大変だった」とエルドン・ホールは途方に暮れる。ようやく１９６３年1月、ＮＡＳＡは〝一つ〟の誘導計算機を設計する方針を固めた。２機の宇宙船にほとんど機能が同じ計算機を搭載する決断を下した。この決断はＩＬの作業負荷を適度なものとし、意図的であったか否かは不明だが、システムに冗長性を与えた。月着陸船に冗長系を与えたことは、アポロ13号で宇宙飛行士の命を救った。

●嘆かわしい光学式照準器

誘導航法システムは、類似した機能をもつ二つの光学式照準器、つまり〝走査望遠鏡〟と〝宇宙六分儀〟を装備した。前者には倍率がなかったが、後者には28倍率のレンズがあった。したがって、宇宙飛行士は走査望遠鏡を使って恒星や目印《ランドマーク》を探し、次に六分儀を使って精度良く追跡した。デジタル計算機が中心になる前、光学式照準器はシステムの主要な人と機械の接点《ヒューマンインターフェース》を担っていた。光学式照準器で測定した正確な角度を計算機に読み込ませ、計算式に代入した。計算機に接続された駆動モーターが光学式照準器を特定方向に向けた。レーダーと通信アンテナも似たインターフェースがあっ

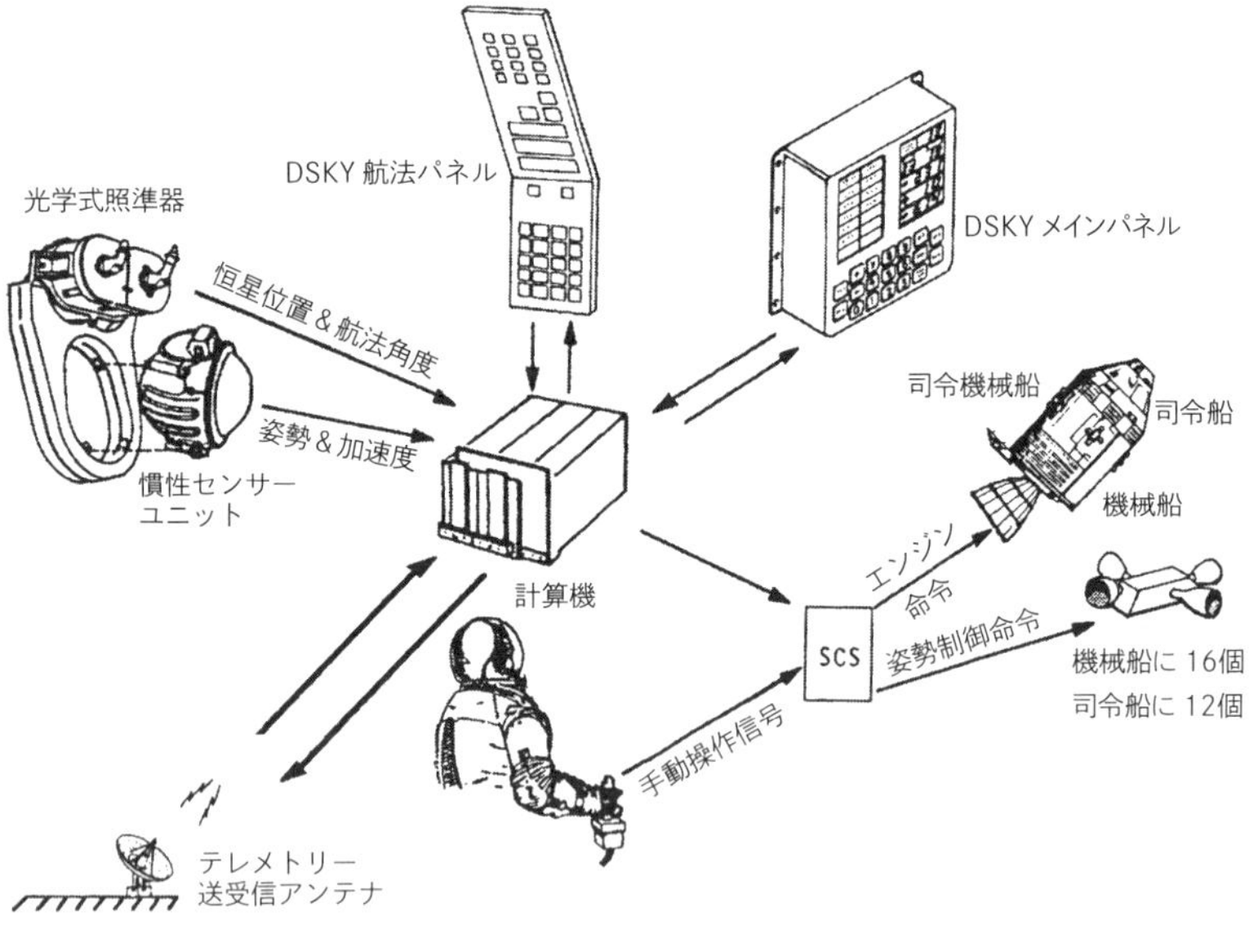

図 5.2　ブロックⅠ計算機の構図。光学式照準器、キーボード制御、制御の関係性を示す。ブロックⅠ形態では、宇宙飛行士は宇宙船を計算機で直接制御するのではなく、独立したアナログ“安定化制御システム（Stabilization and Control System：SCS）”を通じて制御が行われた。この形態は自動操縦機能が追加されたブロックⅡで変更された。（Hand, “MIT’s Role in Project Apollo, Vol. 1,” 52A）

たので、宇宙船が動いても一定方向を向き続けた（図1・1と図5・2参照）。

慣性航法装置（Inertial Navigation System：INS）は位置・方位を知るため、内部の較正とアライメント調整［慣性航法装置のプラットフォーム（水平面）をあらかじめ指定した方位に向けて水平を保った姿勢に操作すること］が必要だった。計算機は前回の較正値を参照し、選択した恒星に照準器を向けた。宇宙飛行士は接眼レンズの中で恒星を確認し、十字印を対象に合わせ微調整した。計算機によって推測された恒星の位置と、宇宙飛行士によって確認された実際の位置の差が、計算機の補正値として使用された。

　宇宙六分儀は海事標準計器をわずかに改造したもので、18世紀から地球の水平線と天体間の角度測定に使われてきた。ILのフィリップ・バウディッチ（Philip Bowditch）は、光学システムの主な設計を担当した。彼の先祖は数学者のナサニエル・バウディッチ（Nathaniel Bowditch）で、航海の航法を解説した本は今でも海上で使われている。宇宙六分儀には2本の照準線、つまり固定式の〝目印線《ランドマーク》〟と可動式の〝恒星線〟があった。宇宙飛行士は目印線を地球の水平線、月、太陽といった基準に合わせ、ほかの対象に恒星線を合わせ、角度を測定し、照準線と対象物が一致するよう装置を修正した。この操作を実施するため、2本の操縦桿が用意された。左は光学式照準器、右は宇宙船自体を動かした。目印線を動かすためには宇宙船の姿勢を変え、対象物が映し出されてから光学式照準器を左手で動かし、像を重ね合わせた。宇宙飛行士が〝確定《マーク》〟ボタンを押すことによって、二つの対象物間の角度を計算機に送信した。計算機は宇宙飛行士に承認を求め、データ更新後、状態ベクトルを計算した[64]（図5・3、図5・4参照）。

　光学式照準器をどのように宇宙船に装備するかが早い段階で議論された。宇宙飛行士は司令船の計器盤前の〝椅子〟に座ったので、その状態で覗き込むことができる接眼レンズを付けることが妥当だと考えられていた。

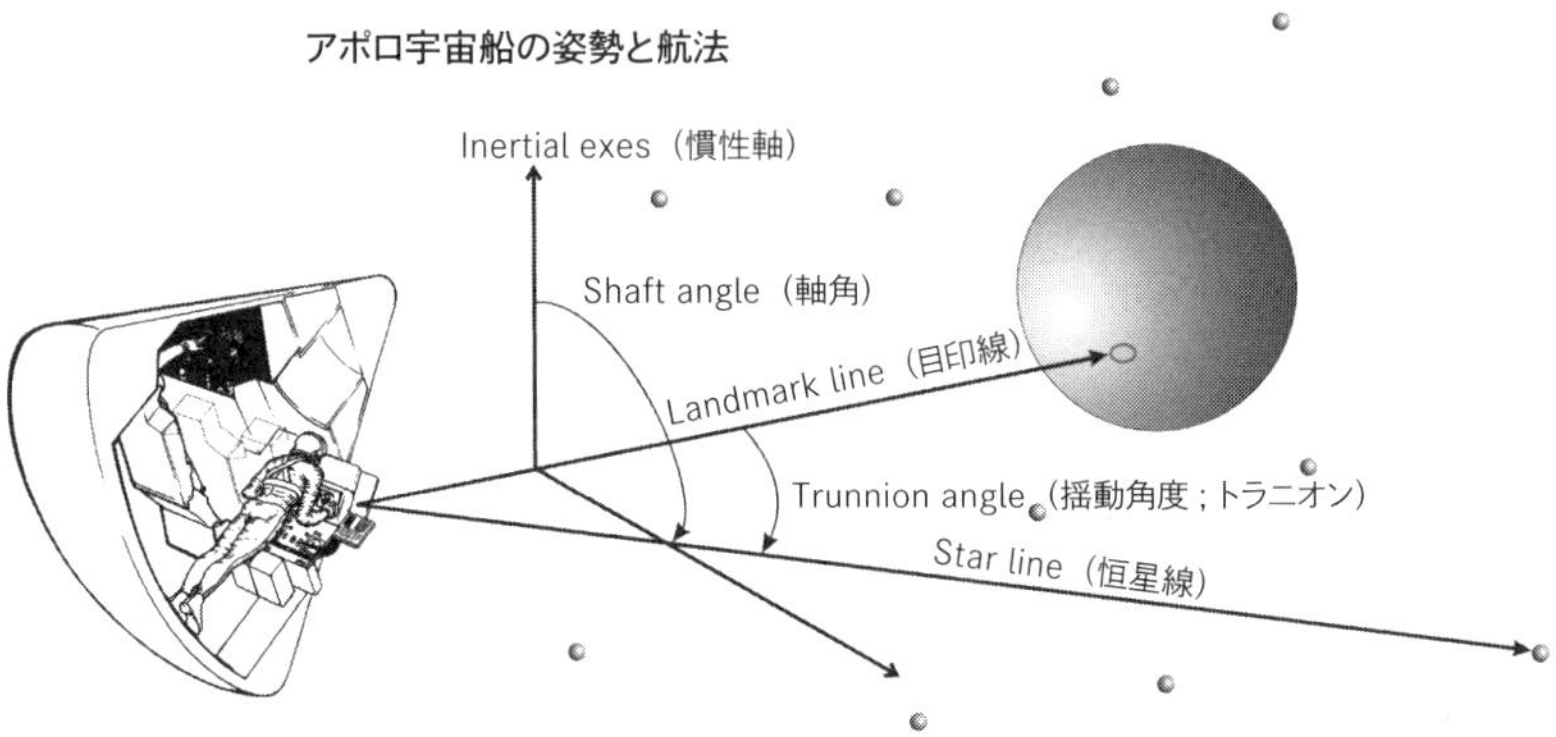

図 5.3　目印線と恒星線を用いた、アポロ誘導光学システムの航法座標軸決定・照準合わせの図。(Redrawn by the author from Draper et al., "Spacecraft Navigation Guidance and Control," 2-74)

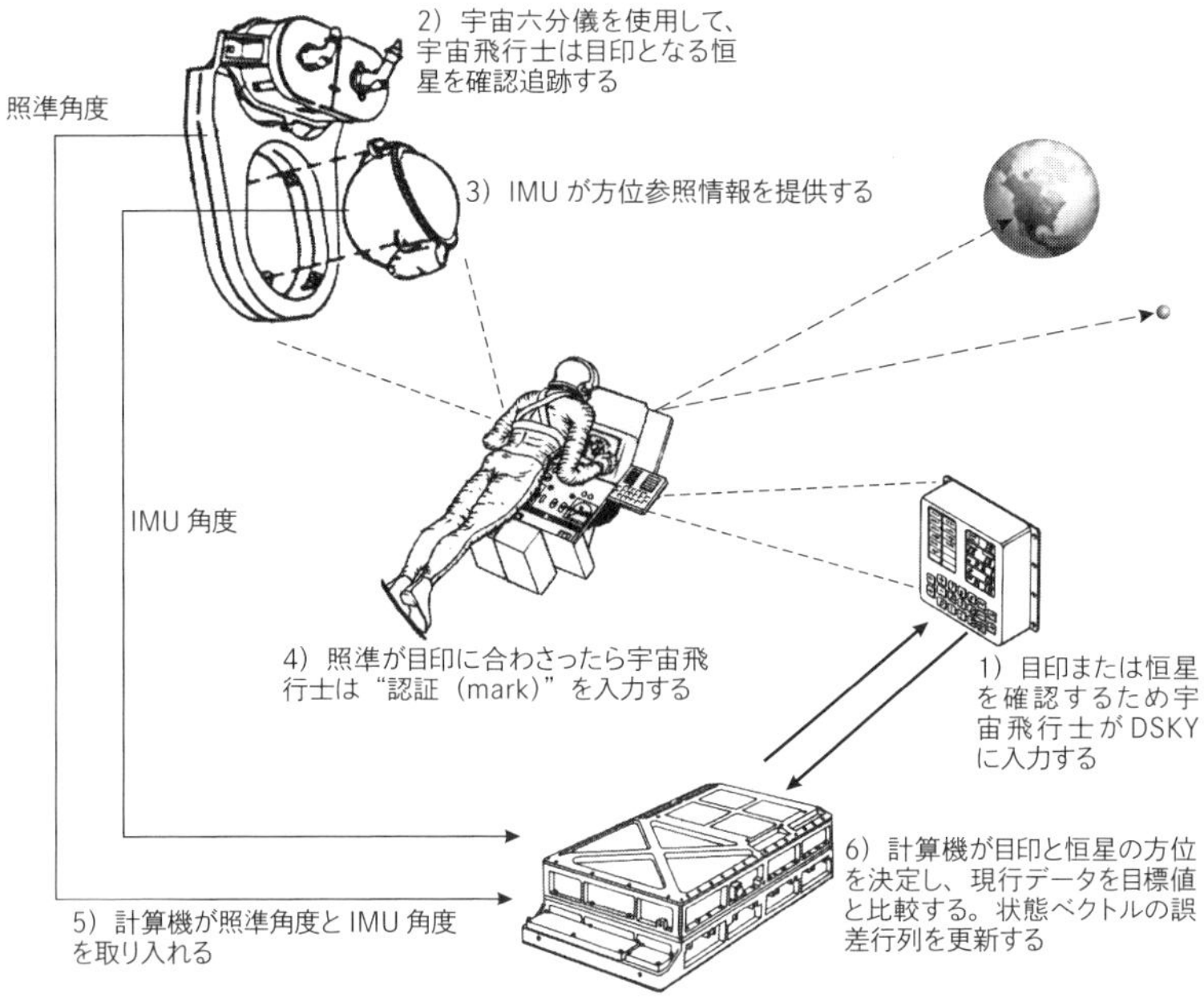

図 5.4　宇宙飛行士の光学式照準器システムと計算機の使用を表した図。目印を追跡し、状態ベクトルを更新する。(Redrawn by the author from Draper et al., "Spacecraft Navigation Guidance and Control," 2-74)

しかし、接眼レンズ以外にも考慮することがいくつもあった。照準器と慣性センサー間の角度は精度に大きく影響した。接続に曲がりや部品同士のがたつきがあったら、恒星座標データの質が一気に下がった。したがって、照準器、加速度計、ジャイロスコープは、ベリリウム鋼鉄でつくられた頑丈な〝プラットフォーム（水平面）〟に固定された（図5・5参照）。しかし、どう考えてもノース・アメリカン社は宇宙飛行士が座った状態の目線位置に、装置を実装する空間を探すことができなかった。したがって、椅子の下に場所を設けた。飛行中、宇宙飛行士は縛帯《ベルト》を外し、プラットフォームを調整するため、下まで浮いて移動した。それは〝飛行中、打ち上げ時、大気圏再突入時〟、リアルタイムに恒星確認できないことを意味した。宇宙飛行士は特殊な運用でデータを取得した。マイケル・コリンズがかつて司令船を聖堂に見立てたと

図 5.5　司令船のアポロ誘導制御システムブロックⅡクルーステーション。宇宙六分儀の接眼レンズと走査望遠鏡（上）、照準を合わせるための手動操作桿（中央）、計算機（下）、ユーザーインターフェースユニット DSKY（右）に着目。ブロックⅡは一つの装置の中に組み込まれた。(Draper Laboratories/MIT Museum)

き、航法装置がある場所は聖壇にたとえられた。[65]

光学式照準器の搭載を巡って、ＩＬとノース・アメリカン社の関係がぎくしゃくし始めた。宇宙飛行士が恒星を確認できるよう、下段の壁に穴を空ける必要があった。結果的に、ノース・アメリカン社は大気圏再突入時に大半の熱を吸収する宇宙船の〝底〟に穴を空けた。当初、ＩＬは外に開く扉を設計していた。光学式照準器が広範囲を観測できるよう、首の回転を考えた。まるでトイレの個室に窓を取り付けるような手軽さで、宇宙飛行士が迅速に〝配置可能な（deployable）〟装置が完成するはずだった。

しかし、ノース・アメリカン社はあまりこの設計を好まなかった。なぜなら、複雑な構造で重量は増加し、一定気圧の乗組員室から空気が漏れないよう密閉する特殊加工を施す必要があったからだ。宇宙飛行士は機構自体が故障したら、光学式照準器を引っ込めることができない可能性があることを知った。これでは大気圏再突入時に遮熱材に危害を及ぼしてしまう。〝配置可能な（deployable）〟光学式照準器は、〝嘆かわしい（deplorable）〟光学式照準器に名を変えた。ＮＡＳＡ役員で誘導制御の責任者になったデビッド・ギルバート（David Gilbert）は、ＩＬとノース・アメリカン社が問題を巡って〝つまらないが凄まじい口論〟を闘わせている場に鉢合わせた。最終的に命令の形を取りギルバートは事態を収束させた。「少し眺めが狭くなっても操縦には支障がないと判断し、固定式の照準器を採用することにした」。〝外に開く扉はなくなり、窓も固定され、組み立て配置変更が不可能となった〟。もし固定窓から対象物が見えなかったら宇宙船の姿勢を変えるしかなかった。「おそらく、これがＩＬに対してまずい対処をした最初の一歩だった」とギルバートは渋い表情を見せる。[66]

なぜ、光学式照準器はこんなにも議論を誘ったのか？　ＩＬはどんな危機に晒されていたのか？　デビッド・ホーグは、その理由を早くに説明していた。ＩＬはシステム性能を定量的に測定しようとしていた。「設計の良さをどう定量評価するのか?」。一つの方法は、月までの最適エネルギーを算出することだった。ケプラーの法則に従い、ある軌道では速度を変更するため、一定のエネルギーを必要とした。それ以下の推進エネルギーでは、月まで到達できなかった。工学観点からすると、誘導航法システムの精度が高いほど、使用燃料が減少し、良い仕事をしていると評価できた。したがって、ここで〝配置可能な〟光学式照準器が登場した。もし回転式の照準器であれば、較正だけのために、宇宙船のスラスターを点火する必要もなければ、貴重な燃料を消費することもなく、高精度データを取得することができた[67]。

ＩＬの目標は、ただ月に到達することではなく、高い航法精度を確保して、最小限の燃料で月に行くことだった。残念なことに、ほかの要素も考慮し、ＩＬは最終的にこの目標を諦め妥協した。どちらかと言うと、ＮＡＳＡの指示に嫌々従っただけと言うべきかもしれない。これは、技術者がプロジェクトの大きな目標のため、最適設計を見送ったほんの一つの例だ。〝複雑性・安全〟対〝消費燃料〟これは古くからある工学のトレードオフ問題だった。ここで、ＮＡＳＡはシステムズエンジニアの役割を果たした。契約業者間、サブシステム間、機能間の対立を鎮めたのだった。

これらに対するホーグの見解は明白だった。「もっとも不満が溜まったことは独断で設計できなかったこと……本当に色々な問題が随時飛び込んできてコミュニケーションの嵐だった。だけど、そのほとんどが手際よく収められた。でも後から振り返ると、やっぱりかなり荒っぽかったかな」[68]。理論上、誘導問題の数式は美しかった。宇宙船に光学式照準器が装着された際も想像以上に優雅でＩＬは惚れ込んだ。しかし、組織、宇宙飛行士、本物のシステムと組み合わさったとき、純粋な誘導理論は大規模プロジェクトの泥沼の現実と向き合わざるを得なかった。

●ジンバル信頼性

今度はジンバルの信頼性を巡って、ＩＬはノース・アメリカン社ではなくグラマン社と闘った。慣性誘導システムはシステム要求に従って、いくつもジンバルやジャイロスコープを装備した。ジンバルは慣性空間で加速度装置を固定し、宇宙船の姿勢変更で座標系がずれるのを防いだ。高精度な航法の実現には3重か4重のジンバル機構が必要だった。[69]

ＩＬのホーグが問題分析したとき、司令船のスラスター点火や慣性航法装置が測定する加速方向は単一平面上に限られた話だと気が付いた。その制約を考えると、4重より3重のジンバル機構の方が最適だった。しかし、欠点は〝ジンバルロック〟だった。ジンバルロックとは、ある条件下で回転角が数学の特異点にたどりつき、宇宙船の姿勢測定が正確にできなくなる状況を指す。3重のジンバル機構では特定の姿勢や操縦が許されない。たとえば、戦闘機はその特殊な操縦のため、4重ジンバル安定プラットフォーム［加速度計とジャイロスコープを搭載したプラットフォームをジンバル機構で支持して機体の回転運動から分離し、常時水平を保ちながら北方向を追従させるか慣性空間に静止させる仕組み］を採用していた。

月と地球を往復さえすれば良かったので、宇宙船は月を周回すれば良かった。したがって、ＩＬのホーグは3重ジンバル機構の採用を考えた。ポラリスミサイルと同じ数だった。「シンプル、軽量、高信頼性を重視した。四つ目のジンバルを追加することは、これらの要素を阻害した」。ジンバルロックは宇宙船の姿勢を限定した。宇宙船がとれない姿勢は、通常の姿勢から著しく異なったうえ、ごくわずかな範囲に限られていたため、トレードオフは増した。[70]

厳しく規定された手順に従えばジンバルロックは回避することが可能で、計算機がジンバルロックに近づいていることを監視・注意喚起することもできた。しかし、ジェミニ宇宙船も含め、宇宙飛行士やグラマン社は飛行機の4重ジンバル安定プラットフォームの設計に慣れていた。彼らは〝姿勢の禁止領域〟とジンバルロックがもたらす危険性を疑っていた。結局、信頼性という難解な課題をどう考えるかに左右された。ジャイロスコープが故障する確率はどれくらいで、3重ではなく4重ジンバル機構を採用するのはどんな条件のときが良いのか？　信頼性は予測がとても難しく、情報不足のデータをどのように解釈するかで意見が衝突した。

ILはポラリスミサイルの経験をもとに、独自の信頼性予測を出し、3重ジンバル機構で事足りると説明した。グラマン社も信頼性を予測したが、NASAはその解析を〝極めて悲観的〟だと評価した。グラマン社は初期のミサイル計画から信頼性を計算し、4重ジンバル安定プラットフォームが必要だと主張した。ILのホーグは憤慨した。「グラマン社の予測は極端で、信頼性が極めて低かった。まったく話にならない」。

1964年1月、NASAマネージャーのジョー・シーアが〝真実を暴き、疑いある者を処罰する〟として技術者を招集した。厳しい尋問を実施した。技術者が部屋に入るなり、会話が録音されていることを伝えた。「私はこの問題に白黒の決着をつけるつもりだ……グラマン社かILの技術者の誰かが失敗を認めてこの会議室を去る」。グラマン社はミネアポリス・ハニウェル社とタイタンミサイルのデータを用いて潔白を訴えた。

反撃するため、ホーグはILの根拠を説明した。グラマン社が提示したデータ解析の誤りを一つひとつ訂正し、信頼性の数値が上がっていくのを見せた。「一生、あの日のことを忘れないよ。ホーグは私たちが知らない情報をたくさんもっていた。当初発表した信頼性数値より下回ったかもしれないが、私たちグラマン社がＩＬはこれくらいだと見積っていた数値よりよっぽどマシな数値を叩き出してきた」とグラマン社のギャヴィンは苦虫を噛み潰したような顔をする。

グラマン社は惨敗した。「ＩＬは敵のグラマン社の分析を水中からミサイルで吹き飛ばした」とケリー・ジョンソンは興奮した。グラマン社にとってこの出来事は苦い経験で、会社名に永久に傷が付いたと感じた。「何年も私たちはＩＬと気まずい関係になった」[71]。

皮肉なことに、３重ジンバル機構の採用はＩＬの後悔となる。組織的には勝利したが、プロジェクトでは失敗した。月面から戻る際、ニール・アームストロングが司令船に月着陸船をドッキングした際、〝まさにジンバルロック〟が起きてしまった。また、ジンバルロックはアポロ13号でも常に恐れられた。「必要以上に操縦が制限されていたような気がした」とマイケル・コリンズは指摘する。[72]ホーグは、ＩＬがグラマン社に一刀両断の裁きを下したことを後悔している。ジンバルの数の議論を巡って生み出された争いやグラマン社による報復やしがらみは、彼が示した信頼性向上ほど価値はなかった。[73]

●乗客として排除されたパイロット

１９６２年の終わり、アポロ宇宙船の誘導システム開発は順調に進んでいた。ＩＬは初期段階の設計に自信をもつようになり、関係者に状況報告し、意見を求める段階になったと考えた。12月、宇宙飛行士のアラン・

シェパード、ジョン・グレン、スコット・カーペンターがマサチューセッツ州ケンブリッジを訪れ、アポロ宇宙船に求められるスキル、訓練、自動化についてＩＬと2日間にわたって話し合った。ミルト・トラゲサーは技術者に〝宇宙飛行士とシステムの関係性〟を明確にするよう指示した。「数人の宇宙飛行士が訪問予定だ。複雑な運用が必要だという印象を宇宙飛行士に抱かせないよう発表には細心の注意を払おう。私たちのシステムはシンプルだ。絶対、良い発表にしような」[74]。ＩＬは誘導と航法の概要と計算機の特徴を説明した。シミュレーターや訓練を早期に実施し、訓練や宇宙船内の保守管理について要望を伝えて欲しい旨、宇宙飛行士に伝えた。

宇宙飛行士は個人的な出張のつもりでケンブリッジを訪問したが、やがて公になってしまった。〝クスクスと笑う少女やぎょろぎょろ目を光らせる記者の大勢の人波を掻き分ける〟ため、宇宙飛行士は結局、ちょっとした記者会見を実施した。シェパードはその日の議論のほとんどが〝誘導がどれくらい自動であるべきかに関する議論だった〟と回想する。グレンは「私たちの経験は人の反応がとくに判断力において、自動装置より優れていることを示しました」と発言した。アポロ計画の月面着陸が実際に行われるまで、宇宙飛行士は年を取りすぎているのではないかという質問に対してシェパードは堂々と回答した。「私たちは乗客としては排除されてしまいましたが、パイロットとしては排除されていません」。マーキュリー・セブンの中で唯一、月まで飛行したのはシェパードだった[75]。マーキュリーの成功にもかかわらず、パイロットの操縦はいまだ議論されていた。宇宙飛行士の計算機との初対面は、計算機は前もってできあがっているものではなく、工学の意思決定と絶えず変わる運用計画により、宇宙飛行士自身が開発に携わり、完成に近づけるものだと教えた。

06章

信頼性向上か、修理か？
アポロ誘導計算機

もし、私がアポロ計画の哲学小説を書きたくて、アポロ計画の技術を追究し、その全貌を知りたいと思ったら、二つの根源をたどらないといけない。まず、人を招集した。そして、高速飛行や非常にリスクの高いミッションが安全だと保証し、宇宙船に人を乗せても倫理的に問題ないと主張するシステム手法をつくった。システムとデジタル計算機、それがアポロ計画だ。

——ジョージ・ラサート（George Rathert）、ＮＡＳＡ制御技術者

１９６０年代、〃ミニ〃コンピューターが市場に出回り始めた。〃ミニ〃という接頭語は前世代との比較で、ミニと言っても当時は公衆電話ボックスほどの大きさがあった。しかし、ジェミニ計画でランデブー飛行の計算を実施する七つの機能を搭載した計算機、ポラリスミサイルの弾道計算を実施する特殊な計算機は、それらに比べると小型だった。その特徴に加え、ＩＬは再プログラミング可能な〃汎用性〃のある計算機を製造したいと考えていた。

〃そのような計算機は無限の可能性を秘めていた。計算機プログラムを変更するだけで、新機能をいつでも追加することが可能で、開発の最終段階でも設計変更したり、ミッション変更したり、演算を改善したりすることができた。また、計算機は繰り返し作業を宇宙飛行士から引き継ぎ、操縦精度を高め、宇宙船のシステム管理を手助けした。想像してみてほしい。一連の数値入力後、後はのけぞって座り、計算機が宇宙船の姿勢を自動制御し、スラスターを正しい方向に適切な時間点火することを……〃。

果たして、そんなことができたのか？　１９６０年代のデジタル計算機は極めて複雑で、頻繁に故障した。緻密な数学解析、実機動作確認でも、機械が高頻度で故障することは証明されていた。ＮＡＳＡはどうやって月までの２週間、計算機が正常動作することを保証するのか？　マーキュリー宇宙船とジェミニ宇宙船は故障

時、バックアップシステムと手動操作の引き継ぎに頼った。計算機は故障時、なにを提供できるのか？　新しい集積回路は小さかったので実装面積を広げた。しかし、小さな半導体チップはブラックボックスで、人の理解は到底及ばず、修理は不可能だった。なんと言っても、集積回路を人の命がかかったシステムで使用することは前代未聞だった。

1962～1965年にかけて、NASAとILはアポロ誘導計算機（Apollo Guidance Computer：AGC）のハードウェア開発で、前述した問題と格闘した。異なる技術文化、異なる設計思想、異なる宇宙飛行士の役割に対する意見が激突した。人の能力をどのように考えるかによって技術の詳細設計も変わった。宇宙飛行士は究極のバックアップシステムとして称えられた。しかし、計算機が故障した際、その機能を引き継ぐことができたのか？　計算機の信頼性を向上することはできるのか？　ILはNASAと宇宙飛行士に、計算機を信頼するにはどのように説得すれば良かったのか？

昨今、アポロ計画の計算機を中傷するのが常態化してしまった。〝私たちは腕時計のコンピューターより性能の悪い計算機で月まで行った〟、〝アポロ計画のソフトウェアプログラムが36キロワードのメモリーに収まったなんて信じられる？〟　確かに計算機のメモリー容量、処理速度だけに着目したら性能は劣っていたかもしれない。しかし、それはアポロ誘導計算機の肝心な技術的功績を見落としている。私たちの誰が、処理速度、演算精度、メモリー容量だけ誇るデスクトップコンピューターに命をかけ、2週間なにも起きないよう祈って月に出発するだろうか？　スペースシャトルは五つの冗長計算機が搭載されていた。どんな旅客機にも大抵三つの冗長系が搭載されている。アポロ宇宙船は一つの冗長系しか搭載していなかった。そして、それは全ミッションで一度も故障していない。

●有人月探査のための計算機

設計の初期段階に入り、ＩＬは計算機について真面目に考え始めた。当然、火星探査機とポラリスミサイルから設計を流用した。いくつかの試作品《プロトタイプ》の後、〝Mod 3C〟と名づけられた計算機が誕生した。当時の一般的な計算機は建物を占拠し、消費電力は小さな町の使用量に匹敵するものだった。大学、軍の基地、会社に設置された巨大計算機は〝部屋に新しく入れた数だけ部屋から出す〟という代物だった。しかし、ＩＬの〝Whirlwind〟のように、〝Mod 3C〟も出発点でしかなかった。システムが備える機能を集積回路に組み込んだ、現代でいう〝マイクロコントローラー〟の前身だった。現在、超小型演算装置《マイクロプロセッサ》は携帯電話、自動車、科学用途の計算機など、あらゆる機械に組み込まれている。昔は小さな半導体チップではなく、約30 cm^3もの大きさがあった。しかし、当時の演算能力も十分優れていて、データを素早く送受信する複数の入出力チャンネルを実装していた。マイクロコントローラーのように、アポロ宇宙船の計算機にも割込可能な中央演算装置《プロセッサ》が搭載されていてリアルタイムに命令を送信した。計算機が故障して停止するのを防ぐため、現代の計算機では〝ウォッチドッグ〟機能［計算機が正常に動いているか監視する機能］として知られる〝ナイト・ウォッチマン〟回路が実装されていた。アポロ宇宙船の計算機は、今でいう〝組込み〟計算機だった。

アポロ宇宙船の初代計算機はデータと命令に16ビットワードを使った。それは簡易制御には十分だった。しかし、複雑な航法計算には〝倍精度〟と言って、ビット数を多く使い、演算精度を改善する手法が用いられた。演算はソフトウェアが実行した。計算機には〝電源を切ると記憶内容が失われる揮発性メモリー〟と〝電源を切っても記憶内容を保持する不揮発性メモリー〟の2種類が使用された。今日《こんにち》そのメモリーはそれぞれ〝RAM（Random Access Memory）〟と〝ROM（Read Only Memory）〟と呼ばれている。揮発性メモリーは、計算機プログラムまたは一時的に書き込まれたプログラムを処理する場合、データと演算のメモ帳代わりに使われた。不揮発性メモリーには、起動時に必要となるプログラムなど、書き換え不要なデータが記憶された。すべては磁気〝コア〟メモリーで、真ん中に穴が開いた小さな鉄心に、磁場でビットデータを記憶した。計算機は1700個の金属缶トランジスタで構成され、メモリーには2万個のフェライト磁気コアが使用された。

1962年、ILは改修を重ね、さらに実験を進めるため〝Mod 3C〟試作品《プロトタイプ》の発展版を製造した。〝Mod 3C〟は不揮発性メモリー12288ワード、揮発性メモリー1024ワード、八つの機械語命令をもつ、16ビットのアーキテクチャ設計に発展した。宇宙船のほかの機器と接続するため、さまざまなカウンター［クロックパルスを数えることにより数値処理を行う論理回路］、パルス出力回路、割込機能、入出力レジスタを実装した。このような計算機では〝インターフェース〟が重要だった。なぜなら、演算実行だけでなく、慣性航法装置や光学式照準器からデータを読み出したり、ジャイロスコープに回転モーメント（トルク）を与えたり、スラスターに点火指示を与えたりしたからだ。もちろん、宇宙飛行士の入力も受け付けた。[1] インターフェースはセンサーやエンジンを製造した組織との関係も表した。ほとんどのインターフェースがアナログだったため、計算機は離散したデジタルデータを連続のアナログデータに変換もした。

●トランジスタから半導体チップ

数年続く大規模なプロジェクト、とくに電子機器がかかわるものではよくあるように、アポロ誘導計算機の技術は常に流動した。１９４８年に発明されたトランジスタは１９５０年代になって市場に出回り始め、とくに軍事機器で使用されるようになった。集積回路（Integrated Circuit : IC）は、一つの半導体チップにいくつかのトランジスタを実装し、基板の実装面積をときには2倍、3倍にした。ＩＬ電子機器第一人者のエルドン・ホールは、開発初期の集積回路をポラリスマークⅡの計算機で使用した。やがて、小型化や軽量化を掲げるアポロ計画でも集積回路の使用が考えられるようになった。ミニッツマンＩＣＢＭでは厳しい信頼性条件のもと集積回路が使用され、軍事・航空宇宙システム用の集積回路を販売するフェアチャイルド社（Fairchild Semiconductor）に実績を積ませた。１９６１年、フェアチャイルド・セミコンダクター社は〝MicroLogic〟集積回路シリーズの販売を開始した。テキサス・インストラメント社とシグネティクス社（Signetics）も後に続いた。[2]

〝Mod 3C〟の試作品《プロトタイプ》は、火星探査機の計算機から〝コアロジック回路［周辺回路とのやり取りを担う半導体チップ］〟を流用した。この回路は技術者に慣れ親しまれた実績のある技術で、個々に独立して動くトランジスタをもっていたので故障耐性に優れ、数十億ドル規模の宇宙飛行を賭けるには最適のように思われた。１９６２年、ホールは空軍から最近ＩＬに来たデビッド・ハンリー（David Hanley）に、フェアチャイルド社の〝MicroLogic〟集積回路シリーズを大量購入して検査するよう依頼した。ホールは〝集積回路〟を使用した計算機の処理速度は〝トランジスタ〟使用のものに敵わないだろうと高を括っていた。ハンリーは〝Mod 3C〟とまったく同じものを、トランジスタを使用する代わり、今度は〝MicroLogic〟集積回路を使用してつくった。途中で、基本設計を抜本的に見直した方が簡単で効率的であると気づき、〝Mod 3C〟と同じ機械語命令で動く〝MicroLogic〟集積回路使用の計算機を一からつくり直した。これを〝アポロ誘導計算機（Apollo Guidance Computer：AGC）〟と名づけた。今もなお名前は定着している。論理回路設計者のアルバート・ホプキンズ（Albert Hopkins）、ヒュー・ブレア・スミス（Hugh Blair-Smith）、ラモン・アロンソは、トランジスタから集積回路への部品変更を、すでに設計済の計算機を改修する〝千載一隅のチャンス〟だととらえた。[3]ハンリーはホールとの賭けに勝った。１９６３年前半ＡＧＣは動き始め、トランジスタ使用の計算機より小型化、処理速度の高速化に成功した。

１９６３年のある日、ハーブ・テイラー（Herb Thaler）はＩＬの広い研究室で集積回路使用の計算機設計に取り組んでいた。「デバッグ作業をしていたそのときだよ、ケネディ大統領が銃で撃たれたと聞いたのは」。テイラーは衝撃を受けたが、ケネディ大統領の有人月探査の意志を引き継ぐためにもプロジェクトに邁進すると胸に誓った。大統領の死は多くの人を鼓舞した。

優れた成果であったにもかかわらず、実験室でのＡＧＣの稼働はＮＡＳＡを説得するには不十分だった。〝MicroLogic〟集積回路使用の計算機が認められるためには、根回しと粘り強い説得が必要だと痛感した。ホールは3点強調した。第一に、〝MicroLogic〟集積回路を使用すると処理速度が2倍以上になること。第二に、大きさと重量が半分になること。第三に、従来の方法と比較してコストが劇的に安くなること。しかし、50Wまたは小さい電球ほどの電力しか消費しないトランジスタ使用の計算機と比較すると、消費電力が2倍に膨れ上がる欠点もあった。[4]それでも、集積回路使用の方がシンプルで美しく、いじりやすい設計だった。コアロジック回路では34個の異なる部品を使ったが、ＡＧＣは〝2-入力ＮＯＲゲート〟集積回路の1種類だけ部品を使用した。

　集積回路の利点は明確だったがリスクは謎だった。なにしろ新しい技術だったからだ。フェアチャイルド1社だけが半導体チップを製造した。プロジェクトの最後まで部品在庫はあるのか？　それとも、ほとんどの電子部品と同じように、市場に出ては淘汰するお粗末な部品だったのか？　実際、フェアチャイルド社は半導体チップの製造をアポロ計画の途中で中止し、ＩＬは結局フィルコ社（Philco）から部品を購入する羽目になった。アポロ計画は仕入先《サプライヤー》のビジネス継続を支援できるほど、お得意のお客様と成り得たのか？　購入数を増やすため、ホールは地上装置もすべて〝MicroLogic〟集積回路を使うよう指示した。ときには、フライト製品不適合との烙印を押された部品を地上装置に回すようにも指導していた。

　1962年11月、ようやくＮＡＳＡは集積回路の使用を承認した。[5]集積回路はアナログデータのデジタル変換にも使用された。ホールは〝2-入力ＮＯＲゲート〟の〝デジタル〟集積回路だけでなく、宇宙船に複数あるセンサーのアナログ信号調整用の〝アナログ〟集積回路も設計に加えた。

　ＮＡＳＡを説得するのにホールはそれほど苦労を見せなかったが、集積回路承認は決して一筋縄ではいかなかった。ましてや、集積回路の使用方法が〝明らか〟だったわけでもない。サターンロケット安定化のためにＩＢＭがつくった計算機、無線・レーダー電子機器、月着陸船の制御電子機器など、アポロ計画のほかの主要サブシステムは集積回路を使用しなかった。ＮＡＳＡはサブシステムでの集積回路使用を一切禁じた。ＮＡＳＡに部品の使用を禁じられたので、ＩＬが〝MicroLogic〟集積回路を使えるのをグラマン社は羨ましく思った。[6]ＡＧＣでの集積回路使用をＮＡＳＡに承認させるのは、ホールの電子機器に対する理解度、自信、スポンサーを説得するプレゼンテーションスキルなど、自身の威信をかけた闘いだった。

ＡＧＣは集積回路の新規ビジネスに拍車を掛けた。ミニッツマンＩＣＢＭ計画でも集積回路が使用されたが、特注の半導体チップを20個以上も使用した。その一方、アポロ計画では標準の１種類しか使用しなかった。１９６３年になると、アポロ計画は国内で生産される集積回路の60％を消費した。[7]フェアチャイルド社のロバート・ノイスは、アポロ計画のため11万個の集積回路を提供したと公表した。[8]１９６４年、ＡＧＣで集積回路の高信頼性が証明され、軍事機器にも部品を適用できると宣伝した。[9]

１９６３年、ＡＧＣブロックＩの設計が固まった。プロジェクト監督にデビッド・ホーグを置き、ＩＬは公式な組織を形成した。ホーグに報告したのは（1）バティンのもとで働くミッション開発グループ（Mission Development Group）、（2）アレックス・コスマラ（Alex Kosmala）のもとで働くデジタル計算グループ（Digital Computation Group）、（3）エルドン・ホールのもとで働くデジタル開発グループ（Digital Development Group）だった。まだ、ソフトウェアに特化したグループは存在しなかった。[10]続く３年間、ＩＬの労働力はハードウェア開発に注がれた。

誘導制御チームは１９６３年9月、システムを披露した。ＭＩＴで記者会見が開かれ、ＮＡＳＡのデビッド・ギルバート、ＩＬのトラゲサーとホール、レイセオン社のラルフ・レイガン、コルスマン社、スペリー社、ＡＣスパークプラグのプロジェクト監督がそれぞれ集まった。設計が〝図面上すでに完成〟していて、〝納入まで唾を吐けば届くまでの距離〟にいると伝えた。ホーグは計算機が中心になって動くシステムを披露し、航法と光学式照準器の照準合わせを実演した。レイガンはすべてマサチューセッツ州にある製造拠点、ベッドフォード（Bedford）、サドバリー（Sudbury）、ウォルトハム（Waltham）での作業を説明した。ミッション中、宇宙飛行士はなにをするのかと質問され、ホーグは答えた。「宇宙飛行士は慣性航法装置を調整し、計算機で正しい作業を呼び出します。後は機械に任せます[11]」。

●パラシュートのような信頼性

計算機の課題は、信頼性とロバスト性〔外乱や設計誤差などの不確定な変動に対してシステム特性が維持できること〕を高め、安定に作動させることだった。実環境で何年も作動試験を行えない状況でどのように機械を試験するのか？　ＩＬは早い段階で、信頼性がプロジェクトの成功を左右すると感づいていた。もし計算機が地上試験で失敗したら、ミッションでの使用は棄却された。もし飛行中に故障でもしたら宇宙飛行士の命を奪った。

ＮＡＳＡマネージャーのデビッド・ギルバートは、ＩＬにＡＧＣの信頼性を任せ、規則をいくつかつくった。規則の冒頭には次のように記されていた。〝装置をシンプルにするため、人を最大限に活用すること。保守的に設計すること。厳しく試験し、部品選定すること。契約業者に装置の試験を実施させ、最終組み立て段階でも統合試験を実施させること。すべての故障について記録・報告すること。故障についてデータを収集・分析し、設計変更すること[12]〟。

ロバート・チルトンはＮＡＳＡが具体的な仕様を提示する準備ができていなかったにもかかわらず、ホールと仲間が信頼性に関する質問に常に細心の注意を払っていたのを記憶している。「これはどれだけの信頼度をもつのか？　あれはどれだけの信頼度を示すのか？　1000時間の間にどれくらいの頻度で故障が起きるのか？　故障と故障の間は何時間なのか？」と矢継ぎ早に質問した。チルトンは答えた。「計算機の責任者が私に計算機はどれだけ信頼性がないといけないのか尋ねてきた。私は信頼性についてなにも知らなかった。だから私は〝パラシュートのような信頼性が必要だ〟と答えた[13]」。

しかし、〝パラシュートのような信頼性〟とは、いったいどれほどの信頼性だったのか？　チルトンは曖昧に答えた。アポロ計画の信頼性要求は審議会の中でも適当なことで有名だった。最終的に、プロジェクトは安全0・999、ミッション成功0・99という数値を要求した。それは100回のうち1回はミッションが失敗し、1000回に1回は宇宙飛行士が死亡する確率だった。マックス・ファゲットは途方に暮れる。「業者が私に保険数理を使って説明してくれた。アポロ計画の信頼性は、40歳の個々人が3人、2週間の旅に出て死亡する確率と変わらない[14]」。信頼性の指標は設計にまったくもって役立たなかった。

●船内修理

ホールは自身がつくった集積回路使用のブロックI計算機の信頼性を算出した。0・966（4000時間に1回の故障確率）だった。実際には、その約10倍以上の値が必要だった。しかし、差を埋めるため、冗長系や複雑な回路を追加することはしなかった。その代わり、宇宙飛行士のスキルに頼ることにした。飛行の途中、宇宙飛行士が計算機を修理すれば良いと考えた。

ポラリスミサイルでは、潜水艦の搭乗要員がミサイルから計算機を取り外し修理した。また、長距離爆撃機

図6.1　ブロックⅠ計算機。信頼性向上のため、宇宙飛行士が取り替えることのできる可動式基板モジュールが取り付けられている。これらの修理を行うため、予備の基板モジュール、特殊なツール、診断装置を積む必要があった。(Draper Laboratories photo CN-4-165-C. Reprinted in Hall, *Journey to the Moon*, 16)

でもパイロットが誘導システムを修理した。しかし、アポロ宇宙船で修理を実行するとなるとさまざまな問題が生じた。

故障箇所を特定するため、宇宙飛行士にどんな道具を渡すのか？ 計測器、もしかしたらオシロスコープが必要かもしれない。さらに、半田付け装置も？

結局廃止されたが、〝地図とデータ閲覧機〟は不具合処置に必要な手順を数千頁、宇宙飛行士に提供した。ホールは地上検査時に使う装置の縮小版、〝マイクロモニター〟計算機診断装置も搭載すべきだと提案した。この装置は重く、場所も占拠した。宇宙飛行士に〝慎重な〟作業を求め、3〜6か月の訓練を要した。「この装置は、訓練時間と作業者の元々もっているスキルが合わさって、初めて有効活用できる代物だ」。

ブロックⅠは、宇宙飛行士が簡単な道具を使って取り外しできる着脱式のモジュール基板で構成された。それぞれの基板について一つの予備を用意したため、全部で29枚の基板が用意された。故障したら宇宙飛行士は〝マイクロモニター〟診断装置を使って原因を探り、問題の基板を取り外し、予備の基板と交換した。計算機を修理するため、ガスケット〔漏れ止め用で、接触面に挟みこんで使用する〕やグリース〔潤滑剤の一種〕といったありふれた消耗品も含めた特別な工具箱も用意された（図6・1参照）。

加えて、計算機は故障を検知する回路とソフトウェアを実装した。宇宙飛行士が不具合に臨機応変に対応できるよう柔軟性を兼ね備えている必要があった。ソフトウェアは自己診断を実行するとともに、原因究明を支援した。ＩＬは全部品に予備があるという前提条件のもと、あらゆる状況を想定して修理手順を作成した。[15] モジュール基板を取り替えるため、追加の電気コネクタやネジが用意された。これらの備品が故障原因であることが多かった。ところが、これらをすべて揃えると重量が大幅に増加した。

宇宙飛行士には究極のバックアップシステムとして全幅の信頼を置いた。装置の信頼性向上を宇宙飛行士に頼ることは妥当な判断だった。しかし、決して楽な作業ではなかった。

●信頼性の懸念

当初、アポロ計画の船内修理はＮＡＳＡが掲げた方針だった。将来、野心的なミッションに挑戦するのであれば、宇宙船に〝自己修復〟機能を追加するのは今が妥当な時期だと考えられた。しかし、最適解は得られなかった。〝自律性〟の考えを目標とするＩＬでさえ頭を抱えた。いまだ集積回路の不確実性に悩まされ、設計は多くの課題を残したままだった。計算機が実験室での試作品《プロトタイプ》から月まで打ち上げるフライト品に近づくほど、信頼性が取り沙汰された。

軍事機の最先端誘導制御システムの信頼性は当時、平均故障間隔（Mean Time Between Failure：MTBF）15時間だった。それは、故障発生から次の故障が起きるまで、平均約15時間であることを意味した。通常、飛行機はそれ以上飛行せず、ミサイルの耐空時間も数分間だった。アポロ宇宙船が2週間のミッションに耐えるには、ＭＴＢＦ１５００時間が必要だった。これは１００倍の改善に相当した。[16]それも、ＭＴＢＦは飛行時間だけを対象としていた。打ち上げ前の地上試験、調整、検査、打ち上げ中止時の点検時間などは計算に含まれていなかった。

アポロ宇宙船の誘導システム技術は、その大半が弾道ミサイル用に開発されたものだったので、信頼性データもしかるべき値と比較された。短時間しか飛行しないミサイルの信頼性は比較的低かった。空軍と海軍は全体のうちいくつかは確実に故障すると想定し、使用予定数より多くミサイルを製造した。しかし、アポロ計画では政治経済的に余裕がなく、一発勝負だった。

誘導航法システムは、その信頼性を二つの装置に依存した。第一に、慣性航法装置のジンバルとジャイロスコープ。第二に、電子機器。ジンバルの信頼性、それにまつわる騒動は第5章で説明した。電子機器の技術が成熟していないとき、どんな問題が発生するかは予測困難だった。電気接続やソフトウェアが原因ではなく、前回コンピューターが故障したときがいつだったか思い出して欲しい。当時、一般的だった真空管［トランジスタの前の世代の電子素子］も頻繁に故障した。そんなことだから、ほかの電子部品の評判も低かった。信頼性と仕組みが改善されたトランジスタ技術も当時は未熟で、まだその実力は未知数だった。

ＩＬは、最終開発段階にあるポラリスミサイルのマークⅡ誘導装置が、アポロ計画の信頼性目標に近づいていることをＮＡＳＡに伝えた。ＮＡＳＡは、ミサイルは打ち上げてから3分間の継続運用で済むが、アポロ宇宙船の誘導システムは最低でも15時間継続して作動しないといけないことを伝えた。この予測は未使用時、計算機の電源を切っておくことを前提としていた。計算機が継続運転するには約200時間の耐久時間が必要だった。[17]

これらのいくつかの議論は、大規模システムの分析で発展した〝統計故障解析〟から生じた。実績のない装置や技術で構成された複雑なシステムは、統計学で〝作動しない〟ことを証明するのは簡単だった。NASAはミッション成功率0・99、安全0・999と規定した。これらの数値は、信頼性が0・9994といった個々のコンポーネントの信頼値を〝フォルト・ツリー解析〟で合算して求めるか、特定の故障がどうミッションに影響するか分析するモデルから割り出した。複雑な計算式で信頼値を算出した統計学は、技術的な議論の場ではいかにも信憑性があるような印象を与えた。技術的でない一般的な議論の場ではより一層そう感じられた。

統計故障解析は、重要なコンポーネントを特定するには有効だったが、低い故障確率の故障が重なる事象を発見するのには適していなかった。解析は故障確率が既知であることに加え、単体故障を前提としていた。コンポーネントの相互作用による故障、すなわち〝システム故障〟は対象外だった。実際、アポロ計画ではさまざまなシステム故障が起きた。単に煩わしいもの、危険なもの、致死的なものに至るまで、実に多くのトラブルに見舞われたが、それらは統計故障解析では一切引っかからなかった。[18]アポロ計画では、月着陸船、司令船、そのほかの開発でも、信頼性の統計学とシステム手法の議論が盛んだった。信頼性は人の役割に直接影響した。もし宇宙で人が究極のバックアップシステムであれば、宇宙飛行士の選抜や責務は、技術者が信頼性をどのように考えたかに左右された。

信頼性はILにとって学術的課題ではなかった。現実問題として、全アポロ計画がかかっていて、ILの責任者はほとんどいつも守りの体制に入っていた。アメリカ連邦議会の議員でさえ、ウェッブNASA長官に信頼性について問いただす手紙を書いている。[19] 政治家は無競争で専業契約を結んだＩＬの実力を疑問視した。本来、優秀な軍需企業が仕事を請け負っても良かったのだから当然だ。実際、ＩＬのマネジメントは初めのころ杜撰《ずさん》だった。集積回路の信頼性は悲惨だった。また、ＩＬの製造業者に対する図面の完成は常に後退していた。遅延は、打ち上げスケジュールに脅威だった。一時期、ＩＬは図面番号だけが記されている白紙の図面を出図し、せめて製造業者が部品調達を開始できるよう手配していた。この遅延は、第7章で説明するソフトウェアの問題をさらに悪化させた。

●信頼性の設計とつくり込み

ホールはコンポーネント故障解析の統計学を１８０度異なる視点から考えた。統計解析はある特定の技術に関して、すでに膨大なデータが収集されている場合にのみ有効だった。また、統計学は故障原因をブラックボックス化した。すべての故障は原因が同一ではなかった。異なる会社の半導体チップは、異なる条件でさまざまな原因で壊れた。部品の製造現場、組立工程をたどらなければ〝統計学は極めて怪しいもの〟と断言した。[20] システムに冗長系を組むことも同じだった。どのような過程で、なぜ部品や装置が壊れたか原因を突き止めないと、いくら冗長系を追加して信頼性が向上したと思っても、複雑な冗長系を組んだことで高まったリスクを帳消しすることはできなかった。[21] 単純に、計算機を追加することが解ではなかった。信頼性を演算式、解析、グラフとして機械に読み込ませることはできなかった。信頼性は設計に取り込まれるものだった。アポロ計画中、信頼性を巡ってＩＬの小さい研究室の技術文化と統計解析ですべてを済ませようとするＮＡＳＡ本部間で対立意識が芽生えた。[22]

ホールと仲間は新しい解決策を提案した。基礎工学に基づき〝部品単位まで遡ることのできるシステム設計〟を提唱した。まず、故障は偶発的に起こるという前提条件を否定するところから始めた。偶発故障など存在せず、必ず〝因果関係〟があって故障が起きると考えた。この考え方は、アポロ計画のほかの分野でも力を発揮した。どんな故障にも原因があり、とくに電子機器においては〝工程管理不足または販売元《ベンダー》の工程技術の理解不足〟を原因とするものが多かった。信頼性は統計学だけでなく、必ず〝基本設計、部品調達、運用〟に密接に関連した。信頼性をどのように考えるかは〝技術者の判断と知恵〟に託された。[23] 重要なのは〝標準化〟だった。最小限の部品数でシステムを設計し、その部品の生産工程をできる限り詳細に定めた。標準化は、大量生産による製造原価低下、工程管理、標準コンポーネントなど、アメリカ製造業の基本信条を反映した。究極、生産ラインに入っている労働者のスキル、信頼、マネジメントにアポロ計画の成功はかかっていた。

この考えを導入するためには、とくに部品を製造する仕入先《サプライヤー》を注意深く管理する必要があった。契約構造が異なった主要な慣性航法装置、たとえばジャイロスコープと加速度計は、特定の下請け〝契約〟が結ばれた。その一方、主要コンポーネントと同じくらい重要だったにもかかわらず、集積回路は販売元から〝購入〟された。アポロ計画の始まり、集積回路がどんなに重要か誰も気づいていなかった。そうでなければ、ジャイロスコープや加速度計のように、最初から正式に契約が結ばれていたはずであった。

当時、ホールが仕入先に対して影響力をもっていたのはお客としての立場だけだった。一つの部品を大量購入すれば仕入先に対して工程改善を説得できると目論んでいた。部品検査に通過するか否かを審査基準に販売元《ベンダー》を認定した。販売元が供給した部品はまず、部品検査に回され、通電のバーンイン試験を実施して部品寿命が測定された。あまりにも多くの部品が故障したら、そのロット番号の部品はすべて販売元に送り返された。ある試験は部品をフロンガスに入れて試験した。一つひとつの部品の重さを丹念に量り、もし半導体チップが前より0・00050g重くなっていたら、それはフロンガスが隙間から入り込んだことを意味したので、密閉がしっかりされていない不良品として部品は送り返された。[24]

標準化は部品の値段を安くした。そのため、試験、評価、監視に回していた費用が浮き、仕入先《サプライヤー》に部品製造の長期計画を立てることや、工程改善に注力する余裕を与えた。フェアチャイルド社のマネージャーは、従業員が回路故障の原因を一つひとつ漏らさず突き止めるよう指示されたので「アポロ計画から私たちは信頼性について本当に多くのことを学んだ」と感謝する。フェアチャイルド社はアポロ計画のため、新しい生産ラインまで用意し、士気が高く、きめ細かい配慮ができる従業員を配置した。組立作業者に彼らの仕事がアポロ計画に直接影響するものだと伝えるため、NASAとILは宇宙飛行士を誘導システムの製造現場に派遣した。[25]

人の存在は宇宙船の信頼性を向上した。しかし、それは宇宙飛行士が宇宙船に乗ると技術者が意識しただけで設計が改善されたのだった。人を念頭に置いた開発と製造は、設計者と生産ラインで働く作業者が、設計のロバスト性、細部に対する注意力、作業意識を改善するよう促した。

ILは徐々に経験を積みデータを蓄積した。1966年3月、ブロックI計算機は6万6000時間稼働し、3年間に17個の試作品で計12回の故障を乗り越えた。平均故障間隔は約3000時間に匹敵した。[26]「最終的な保証はミッション成功だった」とホールは自負する。[27]アポロ計画後、ホールは司令船の計算機の平均故障間隔を算出した。なんと、平均故障間隔5万時間が叩き出された。[28]

●シーアが考えたシステムアプローチ

ＡＧＣハードウェア開発が進むのに伴い、ＮＡＳＡのプロジェクトマネジメントも発展した。１９６３年前半、ＮＡＳＡ本部でアポロ計画を取りまとめていたブレナード・ホームズ（Brainerd Holmes）はウェッブＮＡＳＡ長官と意見が衝突し、ＮＡＳＡを去った。その年の7月、ウェッブはＮＡＳＡのマネジメントを整備し、アポロ計画に統一性と秩序をもたらすため、新たな人物をＮＡＳＡ有人宇宙飛行の副長官代理に採用した。空軍のシステムズエンジニアリングを請け負うＴＲＷコーポレーションのジョージ・ミュラーだった。ミュラーは伝統的なシステムズエンジニアリングの資格をもっていた。物理学の分野で博士号を取得し、ベル研究所で働き、ＴＲＷコーポレーションではミニッツマンＩＣＢＭにシステムズエンジニアリングを導入する業務に従事していた。ミュラーは笑う。「アポロ計画を引き継いだとき、〝マネジメントが皆無〟ということにすぐ気が付いたよ」。

ミュラーは、現状だと月面着陸が実現する確率は1／10だという悲観的な報告を受けた。失敗の確率はマネジメント導入の正当性を示す恰好《かっこう》の材料だった。ＮＡＳＡ本部、ケープ・カナベラル、ハンツビル、ヒューストンにあるＮＡＳＡセンターの調整を素早く推し進める必要があり、アポロ宇宙船計画室（Apollo Spacecraft Program Office：ASPO）を招集した。ＡＳＰＯは各場所に散ったが、本部の重要な組織構造の一部だった。「このままではいつまで経っても現状打破できない。各センターがＡＳＰＯに協力しなければ、月に到達するのは絶望的だ」[29]。ミュラーがもたらした変化の一つは、有名な〝オール・アップ方式〟試験の導入だった。とくにNASAハンツビルで好まれた、保守的なステップ・バイ・ステップ方式と異なり、全システム統合後に一気に試験を実施した。また、第三者のベルコム社とゼネラル・エレクトリック社を雇い、NASAセンターに技術的助言を提供した。

さらに、ミュラーは空軍のミニッツマンICBMプロジェクトを統率したサム・フィリップス（Sam Philips）将官を引き入れた。空軍から多くのマネージャーを引き連れ、NASAの自由奔放に研究が行われる文化に体系的なマネジメントを導入した。予算もスケジュールも超えていたマーキュリー計画とジェミニ計画を抱えた宇宙調査委員会は、常に神経を尖らせていた。1960年代前半、その背後でゆっくり、のんびりと動いていたアポロ計画にも緊張が走り始めた。フィリップスは、ハードウェアとその接続を書式化する〝コンフィギュレーション管理〟や〝インターフェース管理〟といったマネジメント技法を取り入れた[30]。大きな組織に対してこれらは適切な処置だったが、現場で働くのに慣れていた技術者は単にお役所仕事が増えると解釈した。「私は手順好きで頭でっかちな人だと思われた。〝良心をもつ人〟の集まりという前提の組織にマネジメントを喉に無理に押し込もうとしていると考えられた」とフィリップスは胸中を語った[31]。

マネジメントを実際に現場に導入し、定着させたのはジョー・シーアだった。強者で、集中力があり、必ずしも外交的に物事を進めなかったが、アポロ計画に心から忠誠心を示した人物だった。ミュラーのようにシーアも1950年代、弾道ミサイルプロジェクトで誕生した新しい人種の〝システムを専門とした技術者〟だった。ミシガン大学の機械工学部で学士、修士、博士号を取得した経歴の持ち主だった。1950年代、そのほとんどを数学者・開発員としてベル研究所で過ごした。そこからタイタンミサイル計画に協力するため、AC

スパークプラグに出向し、混沌とした開発環境にシステム手法を取り入れプロジェクトを成功に導いた。次に、アメリカ西海岸にあるシステム業務拠点のＴＲＷコーポレーションに移り、そこでＮＡＳＡ本部の〝システムズエンジニアリング長官代理〟として抜擢された。エンジニアリングの講義では、経営学者ミルトン・フリードマンの格言を紹介したり、ギリシア神話を交えたり、アポロ計画を実に幅広い視点から解説した。

シーアのミッションは、ケネディ大統領のミッション声明を工学の要求仕様に翻訳することだった。ジョージ・ロー（George Low）とともに、４００人規模の組織をＮＡＳＡのプロジェクト管理のために創設した。安全、信頼性、ミッション成功率の要求を明確にし、それらがハードウェア仕様にどのように影響するか徹底的に調査した。また、アポロ計画の契約業者とＩＬの面倒を見ていたベルコム社も管理した。シーア自身と彼の信頼性解析は、ＬＯＲ判断で重要な役割を果たした。しかし、次第に純粋な統計学は信じなくなり、次のように言い放った。「信頼性を統計学で保証する方法は結局なかった。自分たちのエンジニアリングに絶大な自信をもち、後は祈り、幸運を願い、希望をもつしかなかった[32]」。シーアは〝インターフェース管理〟に注力した。宇宙船のコンポーネント間の接続をすべて洗い出し、システムを大量の紙で再現するよう指示した。

実際、シーアはシステムズエンジニアの分析的な考え方を、専門を重視し洞察力がものを言い、創造性を大切にする工学と融合した。システム手法では、巨大なシステムを〝ブラックボックス〟と呼ばれるコンポーネントにまで分解し、それらの入出力インターフェースを明確にした。そうすることで、ブラックボックスの製造を外注することが可能となり、最終的には全体を取りまとめる他組織の〝システムインテグレーター〟がシステムを統合した。シーアはもちろんこの手法を取り入れたが、有人宇宙飛行の高信頼性を確保するため、新たな手法も取り入れた。それは〝ホワイトボックス〟システムズエンジニアリングだった。万が一故障したとき原因を明らかにするため、どのコンポーネントも完全に未知《ブラック》であることは許されず、設計情報がいつでも参照できる必要があった。〝偶発故障〟で問題を片付けるのは言語道断だった。ブラックボックスの集合体は砂上の楼閣をつくりあげた。一方、ホワイトボックスのシステムでは、各々のコンポーネント検査のため、システムズエンジニアはどのサブシステムも調べることができた。アポロ計画のシステムでは不明瞭なことは一切あってはならず、どんなことも当然として受け止めてはいけなかった。シーアは技術者としてシステム全体の構造を俯瞰すると同時に、一つひとつの内部を知ることもできた。そのため、遠く離れたサブシステム間のトレードオフを実施することも可能だった。

１９６３年10月、ミュラーはチャーリー・フリック（Charlie Frick）の代わりにシーアをＡＳＰＯのマネージャーに任命し、シーアをヒューストンに派遣した。「私は疲弊しきって、もう耐えられなかった」とフリックはアポロ計画から引退するとき言葉を漏らしている。[33]司令機械船を製造するノース・アメリカン社とまだ契約も結ばれていなかったが、計画は非公式に裏で進み、すでに予定より1年遅れていた。問題は溢れ返っていた。[34]

シーアがヒューストンに到着すると、アポロ計画の文化はガラリと変わった。マーキュリー計画とジェミニ計画は、ヒューストンに移転したロバート・ギルルース率いるラングリー研究センターの技術者が実働部隊として動いていた。研究と試験飛行で育った技術者が日夜研鑽を積んでいた。ＮＡＳＡ本部は彼らがアポロ計画という大規模プロジェクトをあまりにも段取り悪く進めていると悲嘆に暮れた。

代々続く問題だが、あるときシーアはヒューストンで、ＮＡＳＡ本部とセンター間の対立の真っ只中にいる自分に気が付いた。ミュラー側についていたシーアだが、偵察しようとセンターの中に溶け込もうとしていた。宇宙調査委員会はシーアを工作員《スパイ》だと疑った。設計仕様の重箱の隅をつつくような指摘、文書化の要求、背広・ネクタイ姿で宇宙調査委員会を力づくに管理しようとしていたのでそれは当然の成り行きだった。「ヒューストンに行ったとき、めちゃくちゃだった」。契約業者の管理は不十分で、宇宙船のさまざまなコンポーネント間のインターフェースの管理体制はお粗末そのものだった。[35]「宇宙船は再設計される必要があった」。[36]驚いたことに、ノース・アメリカン社では〝コンフィギュレーション管理〟が実践されていなかった。技術者と作業者は文書化なしに、好き勝手に設計変更していた。このいい加減さは工程管理どころの問題ではないとシーアはミュラーに打ち明けた。「究極、私たちはノース・アメリカン社の技術者のあり方について議論している。一流企業のノウハウがないと確信した」。[37]

多くの人がミュラーの中央管理とシーアの手法に反対した。「私は間違っていると思った。今でも間違っていると思う」と宇宙調査委員会の初代メンバーであるキャルドウェル・ジョンソン（Caldwell Johnson）は首を横に振る。[38]マックス・ファゲットはデザイン工房で１０００人の技術者を率いていたが、シーアがデータ収集できないように入室禁止令を敷いた。クリス・クラフトはシーアに次の印象を抱いていた。「外部者、そしてエニグマ［第二次世界大戦でドイツ軍が使用した暗号機。謎の人物の意としても使われる］……ジョージ・ミュラーとの親しい関係もあり、マーキュリー計画のベテラン勢の中でも息子のように可愛がられていた」。[39]技術者の反発は理解できるものだった。ラングリー研究所で育った、人と人が緊密に働き、実際に手を動かしながら学ぶエンジニアリングの文化が彼らの手の隙間からこぼれ落ちていった。覆水盆に返らず。〝ミュラーの官僚組織が成長すると、私たち技術者集団は不要、面倒、賃金の無駄使いと思われるようになった。実際、私たちはそうだったかもしれないが、決してアポロ計画の最後まで消えることはなかった〟とクラフトは手記で記している。[40]アポロ計画では〝中央管理〟対〝非中央管理〟、〝階層構造が明確なシステム〟対〝モノ中心のものづくり〟の対立が続いた。ハードウェア設計における人と機械の対立が反映されたかのようだった。〝システム化〟対〝直感〟、〝プロフェッショナリズム〟対〝形式張らない組織〟、〝文書化〟対〝個人に対する信頼〟が衝突した。アポロ1号火災後、これらの議論は白熱した。[41] しかし、それは何年も先のことだった。1963年、アポロ計画は始まったばかりだったが、すでにスケジュールは遅れていた。

●ブロックⅡの誕生

抵抗にも遭ったが、シーアは停滞する計画を大きく前進させる貢献を一つした。彼が下した決断は、プロジェクトが後ろにずれ込んでいくなか、きっと月にたどりつけるだろうと多くの人の希望を膨らませた。常に膨大な量の設計変更がなされたので、要求仕様がことごとく変化していく状況にメーカーがついていくことができず、宇宙船の製造が頓挫し始めていた。シーアは現在の宇宙船の設計を一区切りに〝ブロックⅠ〟とした。ブロックⅠは1回か2回、試験飛行で地球軌道を周回する可能性はあったが、実際のミッションでは使用しなかった。月着陸船のドッキング補助機能と宇宙船間移動の通路口がなかったので、月面着陸には向かなかった。ブロックⅠ完成後、その後に生じた設計変更は実際のミッションで使用されるハードウェアに反映された。シーアはミュラーに手紙をあてた。「ブロックⅡが誕生した」。[42]

ヒューストンの文化に馴染んだアロン・コーヘンだが、シーアの判断を次のように振り返る。「有人月探査計画を実現するハードウェアを私たちが本当に製造するのだと再認識した」。アポロ計画を真剣に考え、プロジェクトを前進させた功績を讃えた。「彼は私たちを正しい道に乗せてくれた。むやみやたらに作業を与えるわけでもなく、逆に仕事が過剰に不足することもなかった」[43]。コーヘンはブロックⅠとブロックⅡの設計を区切った決断が、アポロ計画の転機だったと考える。

遠隔地のケンブリッジでは、これらアポロ計画の変更が誘導システムのエンジニアリング、宇宙飛行士の役割に直接影響を与えていた。ＮＡＳＡはＩＬの計画管理能力を心配していたので、ブロックⅡの再設計に時間を費やすことができるよう、ＩＬの一部の作業をほかの契約業者に回した。[44]全体の取りまとめはＡＣスパークプラグに代わり、彼らがＮＡＳＡヒューストンに直接報告するようになった。コルスマン社、スペリー社、レイセオン社もＡＣスパークプラグに報告した。ＩＬもヒューストンに報告し、上流設計とシステムインテグレーションを担当したが、契約業者の管理とハードウェア製造に関する権限は惜しくも失った。

お粗末なシステム思考

ブロックⅠとブロックⅡの設計に区切りをつけたことは、ＡＧＣやミッションでの人の役割に大きな影響を与えた。第一に、宇宙飛行士が軌道上でシステムを修理するアイディアを生んだ。しかし、シーアはノース・アメリカン社の船内修理の考えを〝脆弱なシステム思考の新たな例〟と揶揄した。[45]

マネジメント改革が行われるなか、ノース・アメリカン社とＩＬは、ますます複雑になる船内修理の難題と格闘していた。宇宙飛行士は修理訓練をあまり歓迎しているようすではなかった。自身をイケてるテストパイロットと思っていた宇宙飛行士は、宇宙で修理業者になるとは考えていなかった。あるＩＬ技術者は、アラン・シェパードが船内修理実施の可能性について愚痴をこぼしていたのを覚えている。「そうか、じゃあ私たちは全員脳外科医になって、互いの脳を手術すれば良いと言うのか[46]」。

船内修理実現のためには、計算機の各モジュール基板の予備品を準備する必要があった。それは、新たにもう1台計算機を積むことと同じだった。１９６３年10月、ＩＬはまさにカプセル内に2台計算機を搭載し、船内修理をなくす方向に舵をとろうとしていた。しかし、その選択は装置が占める容積を2倍にし、使用可能な電力を半分にした。どちらの変更も許容できなかったので案は却下された。

その間マーキュリー宇宙船が飛行し、１９６３年5月、新たな情報が続々と流れ込んできた。地球周回時、制御システムが故障し、ゴーデン・クーパー（Gorden Cooper）は大気圏再突入操作を手動で実施した。手動操作を称えるのは簡単なことだったが、装置がなにかしら深刻な問題を抱えていた。検査実施後、技術者は尿採集システムが故障し、尿の小球が電子機器に付着したことが原因だったと突き止めた。そこにクーパーの発汗も伴ったので、電子機器が猛スピードで腐食した。ノース・アメリカン社は電子機器の湿気に対する耐性を調べ始め、回路を湿気から守る処置を指示した。「アポロ宇宙船の電子機器は外部の湿気に触れないよう遮蔽すること[47]」。

この変更が船内修理の可能性を抹殺した。シーアの指示に従って、ＮＡＳＡはノース・アメリカン社とグラマン社の宇宙船の契約から船内修理の要求を削除し、その代わり冗長系を追加する指示を与えた[48]。ベルコム社は、2台余分な計算機を用意しても信頼性はほとんど変わらず、あっても無視できる程度の改善だと発表した。ＩＬも納得した。司令船と月着陸船、それぞれ1台の冗長計算機を搭載することが決まった。

ＩＬは1台の冗長計算機の信頼性を抜群なものにする必要に駆られた。ほとんどの電子部品の検査データは芳しくなかったので、先行きは暗かった。しかし、実際に故障したらどうなるのか？　なにがバックアップに入るのか？　もし2台目の冗長計算機がなければ、宇宙飛行士はもしかしたら故障した計算機で月から地球に帰還するかもしれない。紙の図表だけで宇宙飛行士は航行できるのか？

答えは地上から届いた。１９６０年代前半、マーキュリー計画とジェミニ計画の飛行実績から、ＮＡＳＡは地上に設置されたアンテナで高精度に宇宙船を追跡する技術を獲得していた。電子部品、信号処理、原子時計の技術が発達したおかげだった。宇宙船の送受信機は、地球上の巨大な三つのアンテナからレーダー信号を受信し応答した。アンテナはアメリカのカリフォルニア州、オーストラリア、スペインに設置された。時間遅延とドップラー効果を正確に計算し、その平均値を用いることでＮＡＳＡは10ｍ、秒速０・５ｍの誤差範囲内で宇宙船の正確な位置を知ることができた。あまりにも精度が向上したので、最大の誤差は地上にあるアンテナの位置座標となり、数ｍの誤差を認めざるを得なかった。[49]

ＮＡＳＡ技術者クライン・フラシア（Cline Frasier）は堪忍袋の緒が切れた。「ミッションを白紙に戻して、もう地上からの航法を主体としてはどうだ」[50]。地上からの電波航法はバックアップの問題を解決するばかりでなく、宇宙飛行士の作業負荷も大幅に減らした。集中力をほかの作業に注ぐことを可能とした。最終的に、航法システムは地上電波追跡が主体となり、宇宙船が搭載した計算機がバックアップに入った。ただし、宇宙船が月の裏側に入ったときは地上からの信号受信が不可能だったので、宇宙船搭載の計算機が第一の航法システムとなった。否応なしに、この判断はＩＬの評価を落とした。飛行の大半、宇宙船搭載の計算機はバックアップとして待機することになった。当初の要求〝自律〟航法を破棄することに繋がった。それはＩＬの、外部参照なしに航法したいと考える価値観に反していた。戦時中、慣性航法の使用は妥当だと考えられていた。しかし、１９６４年、軍事目的でないミッションにおいて、ソ連が航法信号を電波妨害すると考えるのは時代錯誤もはなはだしかった。

●デジタルオートパイロット

シーアはブロックⅡの制御システムにおいて、もう一つ設計変更を加えた。本部からヒューストンに戻って来た際、アポロ誘導計算機は宇宙船の位置を教え、目的地を指し示すだけだった。スラスター点火を実施するシステムは別にあり、マーキュリー宇宙船とジェミニ宇宙船の制御システムを製造したミネアポリス・ハニウェル社が装置の開発に取り組んでいた。初期の宇宙船では、もし宇宙船の姿勢を変更したければ、ハニウェル社のサーボ機構に特定の位置まで動くよう命令を送り、アナログフィードバック制御がスラスターに命令を送った。かつてのジェミニ宇宙船では、指示器の値がゼロになるまで宇宙飛行士はスラスターを点火した。操縦していると実感できたので、操作はパイロットに好評だった。しかし、ハニウェル社のプロジェクトは遅れていて、ＮＡＳＡの技術者はもっとシンプルに状況を改善しようと考えた[51]。

ＩＬのデジタルシステムとハニウェル社のアナログシステム。これはアポロ宇宙船が、冗長を組んでいない二つの計算機、二つのジャイロスコープ、二つの電子機器を搭載することを意味した。なぜ、こんな厄介なことが起こってしまったのか？　プロジェクトのＮＡＳＡ代表クライン・フラシアは心配していた。「色々な機械があちこちで開発されていて、いつも不安を感じていた」。当初、もしアナログ計算機が故障したら、デジタル計算機が機能を引き継げば良いと考えていた。[52] しかし、フラシアは一歩踏み込んだ決断をし、シーアにハニウェル社の自動操縦機能《オートパイロット》をＩＬのデジタル計算機に組み込むべきだと提案した。シーアはデジタル計算機を使用したタイタンミサイルのプロジェクトマネージャーを経験していたので、デジタル計算機に対して抵抗は一切なかった。

１９６４年6月、アポロ宇宙船計画室（ＡＳＰＯ）マネージャーのロバート・ダンキャン（Robert〝Clifford〟Duncan）がデジタル計算機への自動操縦機能導入を決断した。〝ＩＬに行って技術者に報告するようクリフが私を任命した。2台の計算機に代わり、たった1台の計算機になると。また、計算機に誘導だけでなく、自動操縦機能、つまり航法も含めると[53]〟自動操縦機能のアナログバックアップとして、ハニウェル社の安定化制御システム（Stabilization and Control System : SCS）はだいぶシンプルに改善された。[54] ハニウェル社のアナログシステム開発が完全に水の泡と化したわけではなかった。ＩＬにとってこの変更は2倍の責任が掛かること、飛行前に作業が2倍に増加することを意味した。幸いにも、ＮＡＳＡはメモリー容量を2倍にするようにとの要求をすでに出し、設計変更を認めていた。それでもＩＬに、新たな機能の計算機プログラムの作成・試験作業が大量に待ち受けているのは変わらなかった。

自動操縦機能が加わることによって、アポロ宇宙船の中心はＩＬの計算機となった。しかし、地上からの電波追跡を許可する譲歩も行われ、ＩＬの計算機はもはや〝航法〟の主体ではなくなっていた。司令機械船と月着陸船の航法は、ＡＧＣとソフトウェアを介して実施した。ソフトウェアの〝状態予測〟は、宇宙船の動きを予測し、スラスター故障やほかの異常に対しても自動補正を掛けることができた。１９６４年後半、シーアは決断をメモに記した。〃これ以降、デジタル計算機の〃自動操縦制御〃が主体となり、アナログのハニウェル社システムがバックアップに入る[55]〃。

アポロ宇宙船に自動操縦《オートパイロット》機能を含めるのは斬新な決断だった。今日《こんにち》、このフライ・バイ・ワイヤ制御システムは一部の旅客機に採用されているが、1960年代、フライ・バイ・ワイヤ方式を導入していた飛行機は一つもなかった。研究用の飛行機でさえ、アナログ方式の制御システムを使用するかしないかという状況だった。宇宙飛行士は朝礼暮改する状況を歓迎していなかった。「時間を無駄に費やすのをやめたらどうだ。いったんすべてを白紙に戻し、ILに戻って頭を冷やせば良いじゃないか」と憤慨《ふんがい》したことをデビッド・スコット（David Scott）は思い出す[56]。フラシアは、もし宇宙飛行士がジェミニ計画で忙殺されていなければ、自動操縦の承認は得られなかっただろうと考える。フラシアは廊下でピート・コンラッド（Pete Conrad）とすれ違い、自動操縦機能の採用は間違っていると説得された。コンラッドはグラマン社の友人から自動操縦機能は絶対に正常に動くわけがないと聞かされ、自身の命がかかわる重大な欠陥だと矢継ぎ早にフラシアを問い詰め、取り付く島もなかった。当時まだ若手だったフラシアは宇宙飛行士から直接難癖をつけられたことに怖気づいた。しかし、決定は覆されなかった[57]。宇宙飛行士はその決断と折り合いをつけるか、飛行から退くしかなかった。誰も後者の選択はしなかった。

デビッド・ホーグは一から教えた。「見方によっては四つのオートパイロット機能がある[58]」。司令機械船と月着陸船には2種類の状態《モード》があった。一つは、宇宙船が航行中または軌道上にいるときの姿勢制御を担った〃フリーフォールモード〃。もう一つは、司令機械船を主に巨大エンジンで制御した〃スラスターモード〃。ホーグは、司令機械船にもう二つの状態、〃ブーストモード〃と〃大気圏再突入モード〃があることを指摘した。前者のモードでは、サターンロケットの性能をＡＧＣが監視した。もしサターンロケットの航法システムが、第2または第3ステージで故障したら宇宙飛行士が制御を引き継いだ。これは打ち上げ時の操縦議論の名残を思わせる。後者は、ジェミニ計算機の機能に類似するものだった。宇宙飛行士は計算機に入力を与えることで状態を選択した。

ジェミニ宇宙船では計算機が速度の期待値を計算し、宇宙飛行士は指示器に従ってスラスター点火を操縦桿で制御した。対してアポロ宇宙船では、自動操縦機能が宇宙船の姿勢を自動制御し、メインエンジンを点火する計算機プログラムを実行した。自動操縦機能はエンジン点火中も、ジンバルを定期的に調整し、宇宙船の重心を計算した。航行の最中《さなか》、計算機は姿勢を維持することも、一定の回転率で宇宙船を制御することもできた。また、〝ジェット選択論理〟機能がソフトウェアに含まれていて、宇宙船にある16個のスラスターのうち、どのスラスターをどのタイミングでどれだけ点火すれば良いか教えた。もし一つのスラスター、あるいは〝4個〟で一式と考えるスラスター群が故障したら、計算機はそれを自動で検知・補正し、危険を回避した。宇宙船がひっくり返るのを事前に防ぐため、また姿勢を復活するため、どの軸に対しても回転率を調整できた。Ｘ－15の適応制御システムのように、自動操縦機能には宇宙船の理想的な動きが組み込まれていて、実際の動きと理想的な動きを合わせた。宇宙船の曲げモーメントと燃料の流体運動も考慮した。[59]

計算機の新機能はＩＬに甚大な影響を与えた。恒星の照準合わせだけしていれば良いと考えた矢先、ほかの装置との関係性を整理する必要が生じた。突如、宇宙船の力学、曲げモーメント、アクチュエーターの性能、エンジンジンバルについて、高精度なデータが大量に必要になった。ノース・アメリカン社とグラマン社との関係はますますこじれる一方だった。自動操縦機能を使う際、計算機処理能力の10～30％を消費した。ソフト

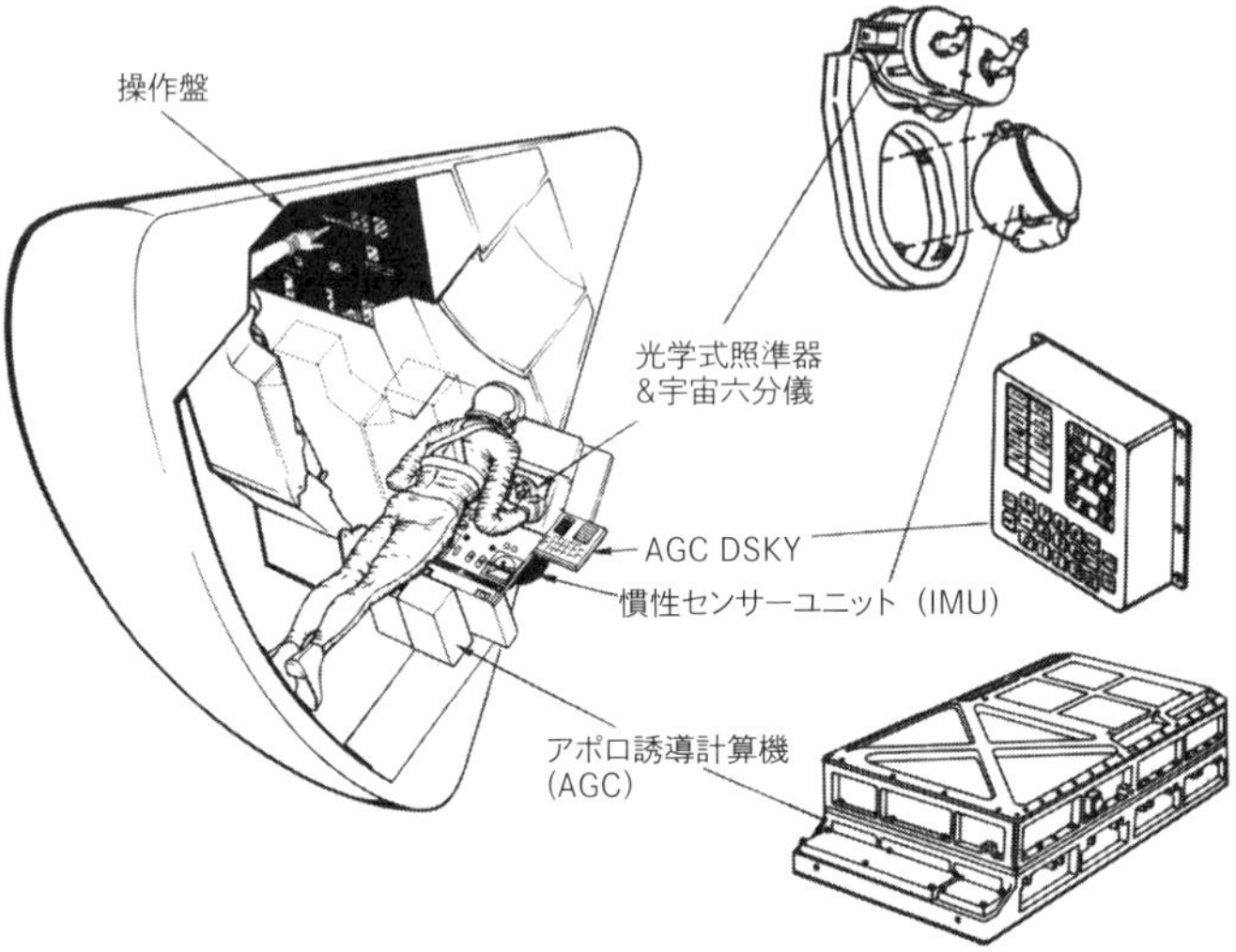

図 6.2　司令船アポロ誘導制御システムブロックⅡの物理装置を示した図。(Draper Laboratories/MIT Museum)

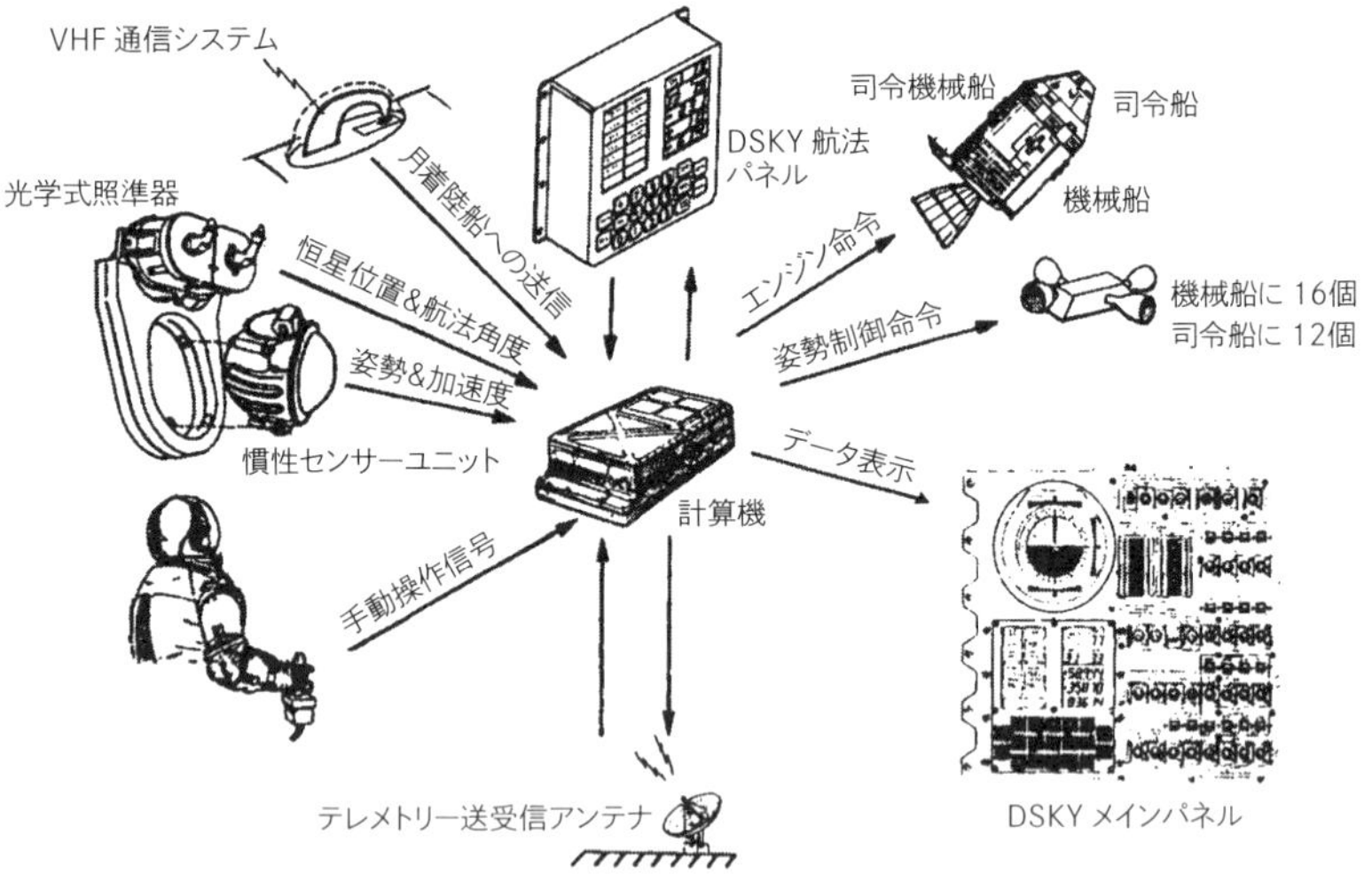

図 6.3　宇宙飛行士の宇宙船に対する制御を含み、ブロックⅡシステムはさまざまな機器と接続された。ブロックⅠと異なり、手動制御信号が、直接計算機に送信されているのに注目。計算機が他のシステムと接続されるのに伴い、MIT 器械工学研究所も多くの契約者と協働し、コンポーネントを統合した。(Hand, "MIT' s Role in Project Apollo, Vol.1," 52)

ウェアの性能では処理が追いつかなかった（図6・2、図6・3参照）。
自動操縦機能《オートパイロット》は当初、汎用計算機で稼働させることが決められ、システムズエンジニアリングとデジタル計算機の密接な関係性を強調した。技術者はハードウェアの機能を一部、計算機プログラムに移し、重量、コスト、ハードウェアをシンプルにした。ここで一例を紹介する。シーアは、太陽の方向を向く司令船の外壁に遮熱材を追加する変更案を却下した。制御システムと自動操縦に精通していた彼は、高いコストが掛かる遮熱材を追加する代わり、回転串焼き機のように宇宙船をある一定速度で回転させ、熱を全体に拡散する計算機プログラムを作成すれば良いと考えた。数行のソフトウェアコードが重量を増す設計変更を回避した。

1967年のインタビューで、ホーグはデジタル制御を自慢した。「すべてこの偉大な計算機で実現しています。開発に成功しました。本当に誇りに思います」[60]。ソフトウェアが大半を占めていたが、複雑性、信頼性、スケジュールの要素もコストに絡む重要な原因となっていた。この三つはアポロ計画中ずっと付きまとった。アロン・コーヘンは自動操縦機能の導入を〝アポロ計画の画期的な出来事〟と位置付ける。「もしデジタル制御と地上航法支援の組み合わせが実現しなければ、月に到達するのは数年遅れていただろう」とフラシアは確信している[61]。

●ハードウェア設計製造の最盛期

1964年9月、無人ミッションと初期の有人ミッションに搭載予定の誘導システムブロックIが納入された。その年、ノース・アメリカン社やグラマン社と度重ねて会議を実施し、NASAとILは自動操縦機能《オートパイロット》を実装するブロックⅡを完成させようとしていた。１９６５年、ハードウェア開発の最盛期を迎え、従業員全員ではないが６００人以上の技術者がILで働いた。[62] １９６５年2月にはブロックⅡの要求仕様が固まり、すぐにILはブロックⅡの製造予算１５００万ドルを獲得した。[63] １９６５年7月に新しい設計が公表され、試作品《プロトタイプ》が11月に、フライト使用製品が１９６６年7月にNASAに納入された。１９６６年秋、ブロックⅠの製造が中止され、ブロックⅡの製造が１９６９年夏まで続いた。１９６６年8月の無人飛行AS-２０１に続き、ブロックⅠはアポロ4号とアポロ6号のミッションで使用された。ブロックⅡはアポロ5、7、8、9、10号と、すべての月面着陸で使われた。

新しい計算機は湿気対策で遮蔽されたので修理は不可能となった。自動操縦機能の追加に伴い、ブロックⅡの不揮発性メモリーは24～36キロワード、揮発性メモリーは1～2キロワードに拡張された（いずれも16ビット）。新しい機械語命令をアーキテクチャ設計に含めたため、演算速度も向上した。ブロックⅠの11の機械語命令は、ブロックⅡでは34の機械語命令に増えた。おかげで効率的なコーディングが可能となり、クロック周波数は１０２４kHzになり、1ミリ秒間［千分の1秒］の倍精度が倍になった。参考までに述べると、今日のデスクトップコンピューターは数ナノ秒単位［十億分の1秒］で処理を実行する。論理回路の論理ゲートの数も飛躍した。集積回路の実装も変わり、小さい金属缶から平らな半導体チップに代わり、より現代の形に近づいた。平坦な部品は二つの論理ゲートを搭載し、実装面積を2倍に広げ、回路面積を半分にした。最終的に、AGCの重量は約40から約30kgに減少した。また、消費電力も85Wから55Wに減った。[64]

契約締結から初飛行までの5年間、誘導航法システムは基本の構想設計から試作品開発を経て、高品質なフライト製品の製造まで漕ぎ着いた。ＡＧＣは小さく、処理速度も遅かったが、最新の制御処理、信頼性評価技術、回路設計、実装技術を使い最先端技術として扱われた。計算機の世界では常となったが、メモリー容量は倍になり、また倍になり、さらに倍に増えた。プロジェクトが複雑になりスケジュールが後退するほど、計算機開発はシステムマネジメントの手法を取り入れるようになった。コックピットのハードウェア装置は時間、重量、コストを節約するため、徐々に減らされ、計算機または宇宙飛行士にその機能を引き継いだ。しかし、ブロックⅡが生産ラインを流れ始めたとき、ＮＡＳＡとＩＬはプロジェクトに加わった新しいストレスに気が付き始めた。それはアポロ計画が始まったときには誰もが想像していなかった〝ソフトウェア〟の登場だった。

07章

プログラムと人

Quest oculus non vide, cor non delect
What the eye does not see, the heart does not regret
"A lot happens that we are not telling you about"

知らぬが仏
〃君に告げていないことを裏ではたくさん実行している〃
——アポロ誘導計算機ソフトウェアソースコードの出だし

●月までのプログラミング

誘導計算機はアポロ計画開始時、最先端技術だった。ただし、集積回路の電子部品と信頼性については疑わしく、ソフトウエアとユーザーインターフェース技術に関しては時代遅れだった。当初、システムの一部として想定されていなかったソフトウエアは、アポロ宇宙船システムの中でもっとも設計の難易度が高い、重要なコンポーネントとなった。リチャード・バティンの複雑な誘導の構想をすべてソフトウェア設計に取り込んだ。各々のミッションに異なる目的と制約があったので、それぞれのソフトウエアに巧みな設計が施された。ときには一からつくり直す場合もあった。ソフトウエアはミッションの重要な局面で宇宙飛行士、機械、管制官、それぞれの作業・処理を仲介した。もっとも重視されていたのは、ときに突拍子もないタイミングで気ままに行動する宇宙飛行士とやり取りすることだった。冒頭のラテン語の格言が警告したように、ソフトウェアは使用者に対して秘密を多く隠しもっていた。

アポロ計画はハードウェアと電子部品がいつ故障してもおかしくない時代に始まった。集積回路の誕生とともに計算機の信頼性も改善したが、ソフトウェアが肝心要《かなめ》だった。ソフトウェアは操縦を自動化し、装置が入り乱れる乗組員室からブラックボックスを取り除き、どんなささいな操縦もシンプルにしてみせた。しかし、実際の処理は恐ろしいほど複雑で制御が難しかった。故障すれば、場合によってはミッション中止または宇宙飛行士を死に追いやった。

アポロ誘導制御システムの契約をＮＡＳＡが最初に結んだとき、〝プログラミング〟についてはほとんど言及されていなかった。実際、作業指示書の原文には〝ソフトウェア〟という言葉は記載されていない。１９５０年代後半になってようやく〝ソフトウェア〟という言葉が流行り始めた。オックスフォード英語辞典は、初めて〝ソフトウェア〟の単語が使用されたのは１９６０年としている。[1] 作業指示書の原文は〝プログラミング〟という言葉を2か所で使うのに留《とど》め、それがもっとも強調されたのは次の文だった。〝搭載される誘導計算機は、ほかの誘導サブシステムを制御し、さまざまな誘導を実現するため、プログラミングされる必要がある〟[2]。ソフトウェアは当初、スケジュールにも予算にも含まれていなかった。ソフトウェアが計画に織り込まれていなかったのは、作業量が低く見積られていたばかりでなく、プログラミングが独立した作業ではなく、システム設計の一部でまかなわれると考えられていたことを物語る。バティンは笑い話として思い出す。「どうか友達には伝えないでね」。妻にアポロ宇宙船の〝ソフトウェア〟を担当するということを伝えたとき、奥さんは〝ソフト〟という言葉が男らしくないと思ったそうだ。[3]

はじめのころ、アイディアを実際に実行可能なコード［コンピューターが読み取れる記述］に翻訳できるプログラマーは極めて少なかった。ＩＬの公式記録は記した。〃数学の知識をもった優秀な技術者であれば、プログラマーが工学を学ぶより簡単にプログラミング技術を身に付けることができる〃[4]。しかし、工学とプログラミングの両方に造詣が深い人材は珍しかった。プログラミングは新しいスキルで、技術・エンジニアリングスキルとして広く認知されていなかった。ジャック・ガーマンは数年間、ＮＡＳＡのソフトウェア業務の面倒をみた。「宇宙開発の真髄は推進系または……配管にあると思うのが一般的だ。圧力容器とかそういう目立つ技術だ。男らしい宇宙ビジネスはそれらの分野で行われている」[5]。デジタル回路設計そのものが大変だったため、プログラミングは簡単な付け足し作業だと思われていた節がある。基本、ＩＬは誘導計算と制御技術を考える組織だった。数学、電子工学、精密なジャイロスコープを主役とした。人目に付かないソフトウェアコードは、組織の中でも知名度が低かった。

しかし、１９６１年夏、バティンが取り仕切るなか、ＩＬ技術者数人がプログラミングに取り組み始めた。学者に多いように、バティンは部下に任せるマネージャーだった。「彼が権力を振るうことはなかった。言葉数も少なく、ただ頭を縦に振るだけだった」[6]。また、ある技術者は目を輝かせる。「彼は自由放任主義のマネージャーだった。味方に絶対つけたい巨匠（guru）［ハッカーコミュニティにおける最上級の尊称］だった」。宇宙飛行の初期、ＮＡＳＡはマーキュリー計画とジェミニ計画に気を取られていて、ＩＬは自由奔放に活動していた。大気圏再突入を担当したダン・リクリーは開放的な環境を懐かしむ[7]。

落ち着いていて、集中力のあるフレッド・マーティン（Fred Martin）は１９５６年ＩＬで働き始め、ポラリス計画に従事するまで自動操縦と射撃統制システムに取り組んでいた。ＩＬに戻り、バティンの誘導・航法グループに籍を置き、スキルを磨いた。月軌道ランデブー飛行の判断が下される前、当時アポロ計画のコードが含まれた、司令機械船ソフトウエアのプロジェクトマネージャーだった。プロジェクトの作業を細分化し、仕事を人に割り振り、進捗を管理した。〝NASAからのお役所仕事に束縛されず、勘と経験に頼って作業を進める小さい内輪〟の古き良き文化を思い出す。

マーティンのもとで働いた数人の技術者は、「彼の仕事の進め方は、あまり干渉しない〝精神科医〟のようだった」と話す。[8] プロジェクトの初期段階、ILは有人月探査計画の基礎工学問題に取り組んだ。とくに、リアルタイムに誘導計算を確実に解く数学モデルとデータ抽出方法について研究していた。[9] この期間をある者は〝システムズエンジニアリング〟の段階と呼ぶ。プロジェクトの予算とスケジュール管理が緩く、プロジェクトを俯瞰して技術検討する余裕が十分あった。[10] 月までの誘導は面白い数学問題だった。計算式を解く計算機の設計は順風満帆に進むだろうと考えられていた。

ILは明確な目標のもと、人を惹き付けて止まない技術課題に没頭した。アポロ計画後半では週60〜70時間労働が常態化した。マーティンは疲労困憊した。「切羽詰まっていた。国の責任を背負う雰囲気があった。研究室に宇宙飛行士が頻繁に足を運び……プレッシャーをすごく掛けられた」。NASAと宇宙飛行士はILを信じていた。「全員が第一人者で、全員が抜群に優秀だった」。プログラマーは宇宙飛行士だけでなく、フォン・ブラウンやNASAの重役からも頻繁に訪問を受けたので、リクリーは自分が〝名誉ある立ち位置〟にいたと感じた。「小さなエリート集団として、多くの人と会話することができた」。[11] 何人かのIL技術者は仕事人生で、これほど想像力豊かで活気のある環境に二度と出会うことはなかった。

アポロ宇宙船のソフトウエアは、大勢の人の努力の結晶だった。マーティンのグループには物理学者、数学者、技術者、そして何人かの〝文学者〟が在籍した。しかし、コンピューターサイエンティストはいなかった。当時、コンピューターサイエンスの学位がそもそも存在しなかった。ＭＩＴでは１９６８年まで電子工学部さえなかった。ＩＬはアレックス・コスマラやマーガレット・ハミルトン（Margaret Hamilton）といった人物を雇った。アポロ計画で活躍した数少ない女性の中で、ハミルトンは数学の学士号を取得し、ＭＩＴのリンカン研究室でＳＡＧＥ（成層圏エアロゾル・ガス実験）防空システムのプログラマーとして働いていた。その傍ら、ダン・リクリーは司令船の大気圏再突入プログラムを設計していた。ほかの者は、航法や慣性航法装置の業務に取り掛かっていた。

月軌道ランデブー飛行の判断はＩＬが動き始めて1年後に決まった。したがって、ミッションの目標と要求仕様がまだ白紙だったとき、すでにソフトウェア設計とプログラミング作業が始動していたことになる。技術者のエド・コプス（Ed Copps）は有人月探査計画のため、小型計算機の搭載を自由に考えた楽しい時間を思い出す。「自動化を検討し始めた……開拓者が自分たちだった……かつての構想が実現するすぐそこまできていた……この段階では私たちは概念設計に集中することができた」[12]。コスマラはある日、ＭＩＴの図書館を訪れ、慣性航法のプラットフォーム（水平面）アライメント調整のための恒星座標を調べ、その値をコードに組み込んだ。星表《スターカタログ》はソフトウェアプログラムの最終版まで生き残り、月へ行く航法の基礎データとなった。

ＩＬの公式報告書は、ソフトウェアの成功は〝複雑に絡み合った人と機械の調和〟の賜物と記している[13]。興味深いことに報告書は、〝技術者とプログラマーの協働〟と〝大型汎用計算機《メインフレーム》とシミュレーターのスケジュール調整の成功〟を強調している。当初、ソフトウェアプログラムを検証できるアポロ誘導計算機のハードウェアは準備できていなかった。Honeywell 1800やIBM 360も含め、ＩＬは複数の大型汎用計算機をアポロ誘導計算機代わりに使用した。アポロ計画を通じて大型汎用計算機が使用され、最終的には実際のアポロ誘導計算機を使ってソフトウェアの妥当性確認が実施された。シミュレーターはソフトウェア処理を段階ごとに、さまざまな追跡ツールを付けて分析することが可能だったが、えらく時間が掛かった。さまざまな環境を模擬するため、UNIVERSE（宇宙空間）、LUNAR（月）、TERRAIN（月面）、そしてASTRONAUT（宇宙飛行士）といったルーチンプログラム［特定の処理を実行する機能をもった、プログラムコードの集合体］が含まれていた。これらの動きを補完するためアナログ計算機は重心、ロケット点火、曲げモーメント、燃料の流体運動などの宇宙船の力学特性を再現し、アポロ誘導計算機にリアルタイムに適用した。シミュレーターはアナログ技術とデジタル技術を混ぜ、六分儀、慣性航法装置、ユーザーインターフェースを加え、技術者と宇宙飛行士が操作盤を使って装置を操作できるようにした。[14] シミュレーションの成功は仮想《バーチャル》世界で、アポロ宇宙船が月まで到着したことに匹敵した。昔の風洞を電子化したようなものだった。

1960年代、同じ校内の反対側で、MITのMACプロジェクトが現代のコンピューター工学に繋がる技術と文化の基礎を築いていた。グラフィカル・ユーザー・インターフェース［コンピューターが利用者に情報提示したり、入力を受け付けたりする方法。直感的な操作を実現しようとするのが特徴］から夜行性のハッキング［コンピューターシステムに不正侵入すること］文化に至るまで、あらゆる流行が誕生していた。学生と若い技術者は、人と機械が双方向にやり取りする計算機の無限の可能性と難しさに夢中になっていた。アポロ計画に従事したILプログラマーは離れた建物にいたが、MACプロジェクトと同じ価値観を分かち合った。彼らはどんなソフトウェアプログラムも少数精鋭でプログラミングできると考える傾向があった。プロジェクトが大きくなるにつれ人員を増やす必要に駆られたが、小さい集団の文化を犠牲にしたくないと考えていた。「5人でやり遂げるか、そうでなければ150人に増やす必要があった」とジム・ミラー（Jim Miller）は振り返る。[15] ILは次第にシステムを独占して考えるようになり閉鎖的になった。「私たち以外に誰が計算機にかかわる必要があるのか。どうしてＮＡＳＡが詳細にこだわるのか？」[16]。

もちろん、情報をつぶさに把握するのがＮＡＳＡのやり方だった。どんなサブシステムもホワイトボックスとし、設計の中身を後追いできるようにと考えたのが、ＮＡＳＡが実践したシステムズエンジニアリングだった。そして、なんと言ってもＮＡＳＡがＩＬのお客様だった。マーティンは後になって、ＩＬの頑固で独創的な雰囲気が、ＮＡＳＡを排他的に扱っていたことに気が付いた。「その傲慢さが多くの人をイライラさせたんだと思う。ＩＬの方が情報をもっていて、ＩＬの方がよく理解している、と聞くのをＮＡＳＡはうんざりしていた」。ＮＡＳＡは〝ＩＬのプロジェクトではなく、ＮＡＳＡのプロジェクトとして働いてもらうため、手綱を引く準備を整えた[17]〟。

１９６４年になってようやく、ＮＡＳＡは〝誘導・航法システム〟会議を複数回にわたって開催するようになり、要求仕様を契約業者間で調整し始めた。ほかの会議では、計算機がどのようにデータを読み込み、宇宙船のセンサーやアクチュエーターにどのように命令するか、インターフェースの仕様が話し合われた[18]。計算機、とくにブロックⅡは、時計、計器の針、操縦桿、スラスターに至るまで、宇宙船のあらゆるシステムを繋ぎとめた。

●システムインテグレーターとしてのソフトウェア

アポロ宇宙船のソフトウェアは、火星探査機の基本設計を流用した。設計者のヒュー・ブレア・スミスは

〝ベーシック言語〟と呼ばれる約40個の機械語命令で構成する低水準アセンブリ言語［コンピューターの機械語を人が解読しやすい形式で記述した言語］を開発した（同時期に、ダートマス大学で開発された高水準ベーシック言語とは異なるので注意が必要だ）。ベーシック言語の上位には、ハル・ラニングの産物〝インタープリター(Interpreter)〟が存在した。インタープリターは、誘導制御の上位演算を実行し、航法制御のベクトル計算で便利な行列計算や外積演算も処理した。[19] マスタープログラムの〝エグゼキュティブ（Executive)〟は処理の実行タイミングを決め、優先順位の高い処理を実行する割込機能を実装した。

〝エグゼキュティブ（幹部）〟と〝インタープリター（社員）〟が、役職にちなんだ名前だったのは偶然ではない。ソフトウェアプログラムは研究室の社会構造を反映した。宇宙船内だろうと研究室内だろうと、特定のソフトウェアプログラムは特定の人やグループが記述し、協働で開発し、お互いに意思の疎通を図ることを求めた。技術者は宇宙飛行士と一心同体で、ミッションをマサチューセッツ州ケンブリッジから見守った。マーガレット・ハミルトンは全体のミッションを〝ソフトウェア、人、ハードウェア〟で構成された一つのシステムととらえた。すべての機能は繋がっていて、ソフトウェア〝エラー〟を特定のソフトウェアコード、インターフェース、宇宙飛行士の操作手順から分離して考えることは難しかった。[20]

〝エグゼキュティブ〟と〝インタープリター〟には、逐次制御《シーケンス》や割込処理の機能があり、今で言う〝オペレーティング・システム（ＯＳ）［計算機で稼働するプログラムのために処理を管理するシステム・プログラム］〟だった。１９６０年代では革新的だったが、現在は一般的になった〝処理時間分割《タイムシェアリング》〟機能も取り入れられていた。複数の人がコンピューターを同時に利用することを可能とした。処理時間分割は、細かく区切った時間をユーザーまたは処理に割り当て、１秒に何回も切り替えることで同じ計算機の処理時間を分かち合う技術だった。ソフトウェアのアーキテクチャ設計時、ラニングは一定の時間間隔で処理を区切る同期実行処理を意図的に採用しなかった。その代わり〝エグゼキュティブ〟を非同期実行にした。この方式はその時点でもっとも優先度の高い処理を実行するものだった。処理が終了したら次に移り、低い順位の処理を順次こなしていった。一番重要な処理の実行時間を必ず確保することが先決だった。たとえば、宇宙飛行士が確認するディスプレイ画面のデータ更新は、月着陸船のスラスターを点火し、宇宙船の姿勢を安定に保つことより優先度が低かった。主要な演算が行われる裏で、自動操縦機《オートパイロット》能、カウンター［クロックパルスを数えることにより数値処理を行う論理回路］、タイマー、慣性センサーのデータ収集、テレメトリー通信、ハウスキーピング機能［電圧や熱などの状態監視と状態を管理する機能］が定期的に作動した。

　非同期実行は、処理順序が予測できない大きな欠点があった。すべての順序が事前に決められていたわけではなかったので、ある特定の条件下ではどのようにソフトウエアが反応するかわからなかった。たとえば、サブルーチン［何度も必要とされる定型的な処理を一つのプログラムにまとめて外部から呼び出せるようにしたソフトウエアプログラム］はあるイベントに呼び出されて実行されることもあれば、優先順位の上位に突如現れ実行されることもあった。ある人は〝アポロ誘導計算機の非同期実行エグゼキュティブ〟と〝アポロ計画全体〟の類似性を指摘したかもしれない。両方とも、いくつもの作業が同時に動き、それぞれが優先順位と処理能力を競った。

　一つの例として、重要な〝Ｐ４０〟プログラムを紹介する。このプログラムは司令機械船に搭載され、時刻カウントダウン、打ち上げ、メインエンジンのスラスター点火、軌道変更の誘導制御を担った。〝Ｐ４０〟の実行前プログラムが点火時刻、軌道変数の現在値と目標値を計算し、〝Ｐ４０〟が加速方向と速度計算、プログラム呼び出し、ジンバル間の相対角計算、宇宙飛行士へのスラスター弁開閉表示、姿勢変更、行列計算更新、時刻カウントダウンなどを実行した。これらの動きはすべて、自動操縦機能、スラスターの方位調整、システム保守管理など優先順位の高い処理を実行している裏で処理された。どのソフトウェアプログラムも優先順位、メモリー容量、データ表示、処理時間を競ったので、計算機に目障りなプログラムがたくさんあるかのようだった。[21] 正しく機能したとき、それは複雑に入り組んだコードが調和して動いたことを意味した。

「飛行中、計算機に起こり得る最悪な事態は、重要な運用時にバグ［ソフトウェアプログラムに含まれる欠陥や不具合］が発生し、ソフトウェアプログラムが〝機能停止《フリーズ》〟することだった。現代のコンピューターでも頻繁に悩まされる問題だ。アポロ計画後半、NASAは操作中、中断処理箇所を記憶して再起動する機能を追加する判断を下した。この〝自動再起動保護〟機能は、たとえば雷を原因とする電源からの過電流やソフトウェアが無限ループに入る問題［ある計算条件から抜け出せず、計算機が同じ処理を繰り返し実行し、次の処理に進めない状況］を防いだ。[22]「それは計算機処理の詰まりに浣腸剤《かんちょうざい》を与えるようだった」。もちろん、賢い選択だったが、現在の状態を半永久保存できるよう、プログラマーは全プログラム、全サブルーチンをプログラミングし直す羽目に陥った。万が一再起動したとき、途切れることなく計算機が再稼働する必要があった。エド・コプスは証言する。「実際、正しかった……しかし、物事を若干複雑にした。いや、言い直すよ、とてつもなく複雑にしたんだ[23]」。

非同期実行の〝エグゼキュティブ〟は激しい抵抗に遭った。航空業界では、処理時間分割《タイムシェアリング》の大型汎用計算機《メインフレーム》を地上装置と分かち合う同期実行処理が一般的に採用されていた。「航空管制官は一刻一刻なにが起きているか具体的に知る必要があった」とマーティンは指摘する。〝非同期〟対〝同期〟の議論は〝ほとんど宗教間の闘い〟のようだった。[24] 再度、ここでプロジェクトマネジメントのたとえが参考になる。すべての処理は中央管理されるべきか？　それとも管理を緩め、自発的に成長する有機体のように放任した方が良いのか？　この一見不可解な議論は、アポロ11号打ち上げ直前にも凄まじいものとなった。

●ソフトウェアプログラムの設計

ハードウェア製造が猛スピードで進められた約4年間、プログラミングは重い足取りで比較的のんびり進められていた。１９６５年半ば、ハードウェアに６００人以上が割かれていたところ、ソフトウェア担当はたった１００人だけに留まっていた。ハードウェア設計が終わると同時に労働力の需要は減少し、１９６６年の終わりにはソフトウェア開発に割かれた人員が２５０人になり、ハードウェアを上回った。１９６８年半ばにはその数が４００人以上に膨れ上がった。[25] この数字は飛行直前のプログラム設計変更の影響による（図7・1参照）。

アポロ計画のプログラマーは矛盾する状況に直面した。初期のミッションでは、試験飛行用に特別にあつらえたソフトウェアプログラムが要求された。一方、月面着陸も含んだ後半の挑戦的なミッションでは、同一の要求仕様が求められるようになった。それぞれのミッションについて、ＩＬは〝誘導システム運用計画（Guidance Systems Operations Plan：GSOP）〟を作成し、すべての仕様、変数、ミッション特有のルーチンプログラムを文書に記載した。特定のミッションでは、司令船と月着陸船の両方に、それぞれ独自のＧＳＯＰがあった。数式と処理順序を示すフローチャートなど、ＧＳＯＰはミッションに必要なソフトウェアプログラムをコーディングできるようすべての情報を盛り込んだ。ただ、事前に仕様が決まっていることはなく、コーディング後にＧＳＯＰに要求仕様が記載されるのが実態だった。[26]

各ミッション、ソフトウェアプログラムはＧＳＯＰの内容と一致した。バティンとラニングの考えに基づいた、航法、照準合わせ、軌道計算のプログラミングに役立った。初期のミッションの無人飛行は逐次制御《シーケンス》を基

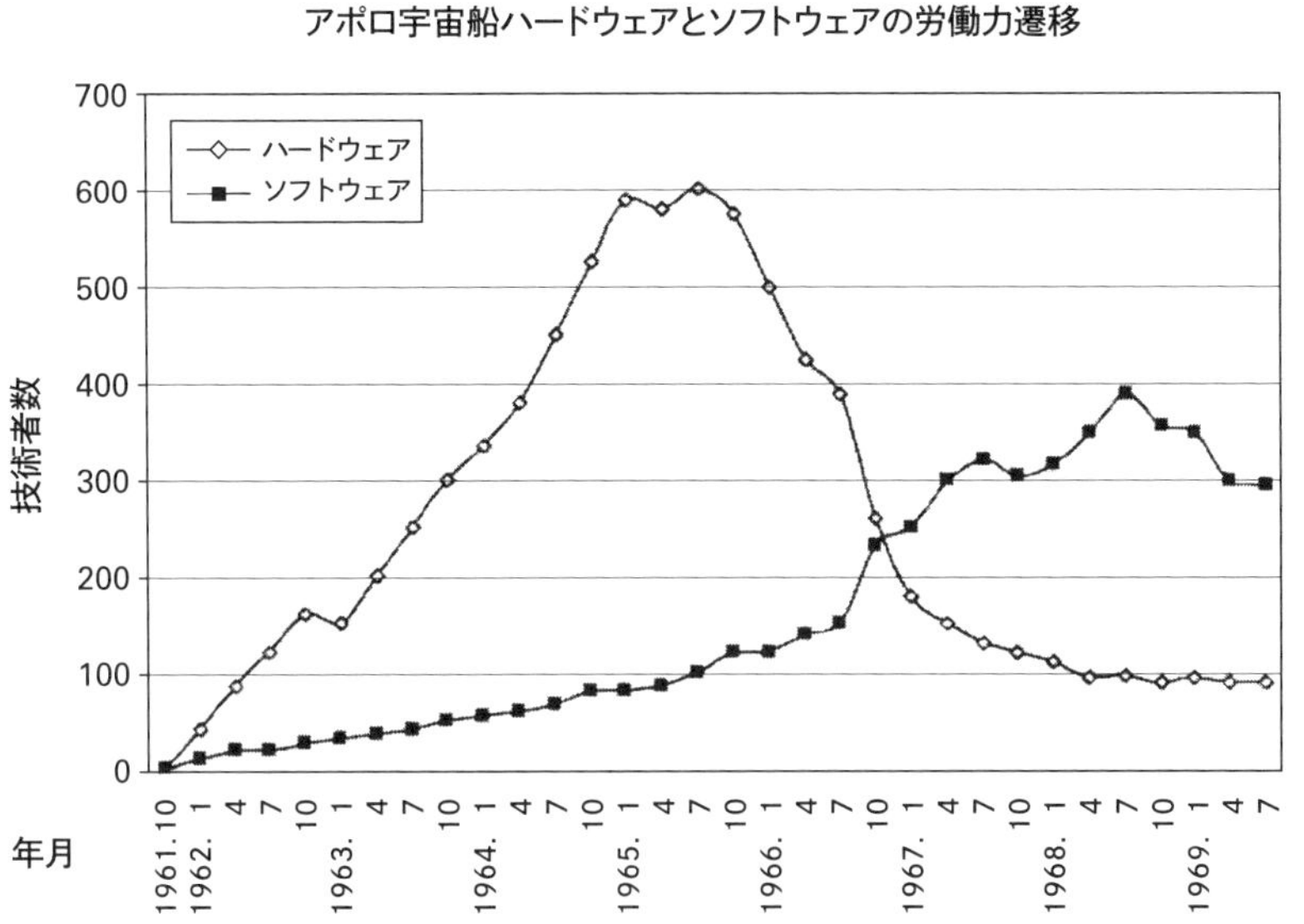

図 7.1　MIT 器械工学研究所の人手の遷移。ハードウェアとソフトウェア開発に割かれた人員のピークが一目瞭然。ビル・ティンダル（Bill Tindall）が介入し、五つのコアロープメモリー（フライトプログラム）が開発され始めた1966年からソフトウェア開発の人員が増加していることに注目。この図に下請けの技術者は含まれていない。(Redrawn by the author from Johnson and Giller, “MIT’s Role in Project Apollo, Vol.V,” 19-21)

本とした。宇宙船に特定の運用を順に命令するか、手順を地上から遠隔制御した。アポロ計画の〝アポロ〟はギリシア神話の太陽神から名をとったので、ソフトウェアプログラムの最終版は太陽に関連する〝ECLIPSE（日食）〟、〝SUNRISE（日の出）〟、〝CORONA（太陽のまわりに広がる光冠）〟などが命名された。あるソフトウェアプログラムは試験だけで使われたが、〝SOLARIUM（日光浴場）〟のように実際のミッションで使用されるものもあった。〝SUNDANCE（ネイティブアメリカンの儀式。太陽の踊り）〟が月着陸船用に発達した。ソフトウェアプログラムは、司令船と月着陸船用の二つに分類された。司令船用のものには頭文字〝C〟、月着陸船用のものには頭文字〝L〟が当てられた。〝咳止め（cough drop）〟や〝レモン（lemon）〟の命名案は却下された。最終的に、司令船では〝強大な人・組織・国〟の意味をもつ〝COLOSSUS《コロッサス》〟〔第二次世界大戦中、ドイツの暗号を解読するためにイギリスで開発された電子計算機。また、ギリシア領のロドス島に建造された太陽神ヘーリオスを象った彫像としても知られる。「アポロの巨像」との別名をもつ〕、月着陸船では〝光を出す天体・啓蒙者〟といった意味をもつ〝LUMINARY〟が各ミッションでバージョン管理された。たとえば、アポロ11号の着陸では〝LUMINARY IA〟が使用された。ソフトウェアプログラムはデータ表示とキーボード機能を備え、宇宙飛行士が各プログラムを選択・実行することを可能にした[27]（図7・2参照）。

　プログラマーは厳しい制約のもと仕事を進めた。プログラミングは、パンチカードを使用して行われた。当時、素早く計算機とやり取りする〝オンライン〟端末はなかった。ハッカーが夜間作業するように、パンチカードの束も夜につくられた。マネージャーは技術者の夜行性を逆手に取り、夜間に〝コンフィギュレーション変更管理会議〟を開催した。日中に行われた設計変更をすべて反映し、夜間に試験を一気に流した。就業時間の制約のため今日《こんにち》では厄介かもしれないが、夜を基準にして行われた作業は当時、ソフトウェアの設計変更を管理するうえで非常に効率的だった[28]。

　スケジュールと同様、限られたメモリー容量が一番の制約となった。ＮＡＳＡとＩＬはミッションで使用するソフトウェアプログラムの優先順位を早急に決める必要があった。ＮＡＳＡのジャック・ファンク（Jack Funk）は、計画当初からＩＬが必要なメモリー容量について、〝失笑するほど誤った判断〟をしていたことを指摘する。誘導計算分だけの容量を見積り、システムの信頼性を高める例外制御や他機能に要するメモリー容量を考慮していなかった。「メモリー容量がもっと必要だと説得するのはちょっとした競《せ》り合いだった[29]」。火星探査機の最初の計算機は４０００ワードに相当するメモリー容量をもち、ＩＬはその値をアポロ宇宙船にも勧めた。結局、最初の計算機は８０００ワードで、次に倍の１万６０００ワードとなり、最終的にブロックⅡは

3万6864ワードの不揮発メモリーと揮発メモリー2048ワードを実装した。

安価なメモリーが出回る昨今、メモリー容量が当時どんなに貴重なものだったかを忘れてしまう。プログラミング作業はいかにメモリー容量を抑えるかに注力した。たとえば、異なるルーチンでも変数保管のため、同

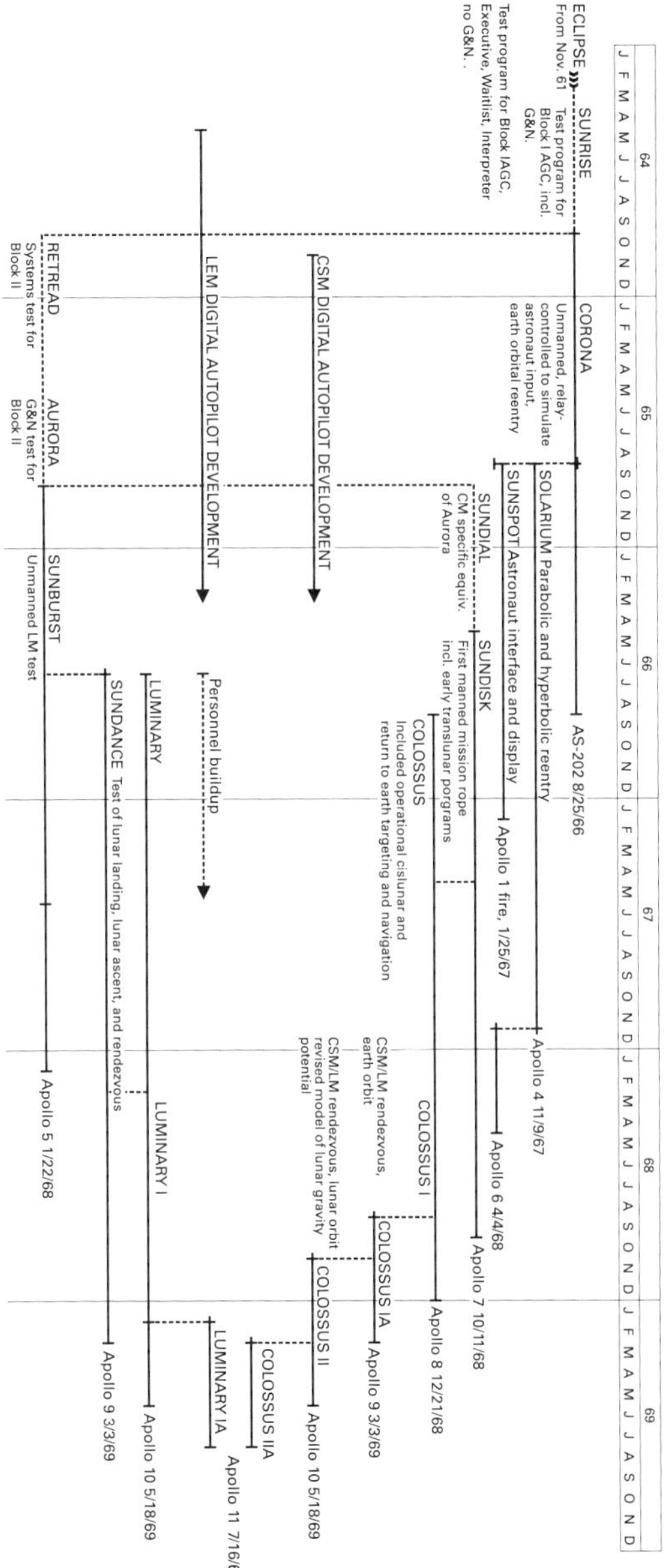

図 7.2　アポロ計画のフライトとソフトウェアバージョンの時系列。— 1966年に五つ、1967年に六つのコアロープメモリーが開発された繁忙期に着目。(Redrawn by the author from Johnson and Giller, "MIT' s Role in Project Apollo," 22)

期実行であれば同じ揮発メモリーを使用することができた。しかし、非同期実行では必ずしも動きを予測することができなかったので、データの上書きが生じた。開発が進むにつれ、ソフトウェアはあらゆる機能を含めるようになり、ハードウェア装置をなくしたり統合したりした。ソフトウェアは、従来ハードウェアがもっていた機能を取り込むようになったので、メモリー容量と処理時間はさらに厳しくなった。

●コードの製造

現在、私たちはソフトウェアが本当に〝ソフト〟であることを知っている。重さがなく、簡単に作成でき て、データのコピーも可能で、ハードウェア製造の必要もないため、製造に掛かる時間とコストもない。新しいソフトウェアをダウンロードすれば個人のコンピューターや携帯電話に新機能が追加される。しかし、1960年代は違った。アポロ宇宙船の組込み計算機のソフトウェアは実質〝ハードウェア〟だった。

フライトプログラムを格納した不揮発性メモリーは、磁気コアを複数の電線で複雑に巻き、値を〝1〟か〝0〟に決めた。磁気コアの穴に電線を通せば〝1〟、通さなければ〝0〟を意味した。一つの磁気コアの穴には64本の電線を通すことができたので、頭を使えば64ビットのデータを一つの磁気コアで記憶できた。揮発性メモリーも似た原理を用いた。数千のコアに髪の毛のように極細の電線が通され、最終的にロープのように〝束ねられた。〟厄介な作業だったが、一つだけ恩恵をもたらした。ソフトウェアは電線の束に固定され、破壊することが実質不可能となった。アポロ12号では打ち上げ後、落雷に遭ったがすぐ計算機が再起動した。この

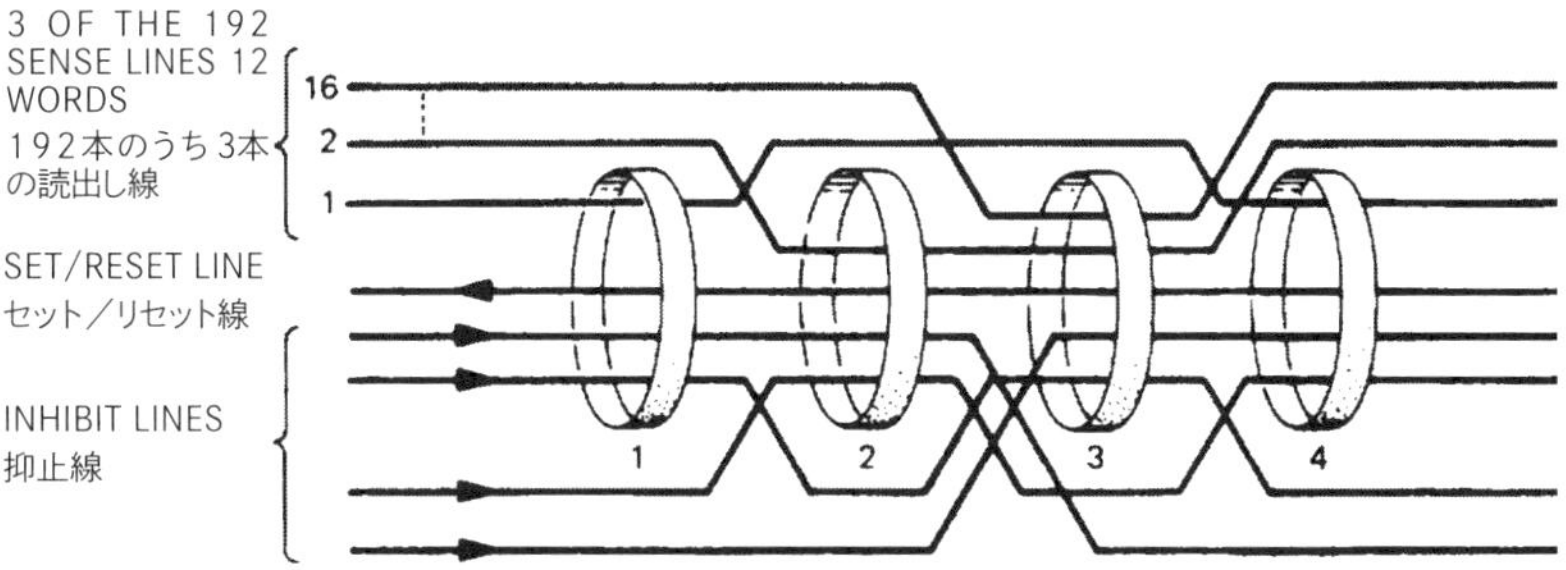

TRUTH TABLE 真理値表

Core No. \ Sense Line No.	1	2	. . .	16
1	1	0		0
2	0	1		0
3	0	1		1
4	1	0		0

図7.3　コアロープメモリーの原理を簡易化した図。抑止線が特定のコア“アドレス”を選択し、データ線がコアの中を通過するか否かで“1”か“0”を返す仕組み。各々のコアは12ビット記憶した。(Hall, “MIT’s Role in Project Apollo, Vol. lll,” 90)

とき、宇宙飛行士は感謝せずにはいられなかった。当時、アポロ宇宙船にはディスクドライブ、フラッシュメモリー、磁気や紙テープ［初期のコンピューターの記憶媒体］もなかった。アポロ宇宙船のソフトウェアには実体があった。手にもつと、数kgの重さがあった（図7・3参照）。

この〝頑丈なソフトウェア《ファームウェア》〟は、ソフトウェアが手作業で生産されることを意味した。アポロ誘導計算機を製造したレイセオン社は、ロープ製造の役目も担った。数千もの小さい穴に電線を正確に通す、骨の折れる作業だった。電線の編み込み方、電線を通す方向の違いで、メモリーに〝1〟または〝0〟を格納した。

レイセオン社はマサチューセッツ州ウォルトハムにある工場を製造拠点とした。この町には有名なウォルトハム・ウォッチ・カンパニー（Waltham Watch Company）もあり、精密機械の歴史があった。機織りと繊維製造業を誘致した。「まず、機織り機を製造しなければなりません」とレイセオン社マネージャーのラルフ・レイガンは報道陣に伝えた。[30] 作業は年配の女性に割り振られた。技術者は彼女たちに〝リトル・オールド・レイディーズ（小さなおばさんたち）〟というあだ名を付けて、実際〝LOLs（ロルズ）〟と呼んだ。コアロープの編み込みは特殊なスキルだったため、たとえ設計データが到着せず、作業者が一日中座っておしゃべりしていても賃金を支払った。作業者がほかのプロジェクトに気を取られ、作業内容がうろ覚えにならないように配慮した。[31] ミッションの成功が彼女たちの正確な指の動きに掛かっているとＮＡＳＡは理解していた。ＮＡＳＡは宇宙飛行士を工場に送り、作業がどれだけプロジェクトに影響するものなのか彼女たちに教えた。レイセオン社に限らず、ほかの工場にも同じように宇宙飛行士を派遣していた。ある技術者は、工場で働いている女性たちが宇宙飛行士を〝大歓迎し〟、細心の注意を払って、品質の良い製品をつくりあげようと意気込んでいたと話す[32]（図7・4、図7・5参照）。

やがて、ロープ製造は一部自動化された。イギリス企業のユナイテッド・シュー・マシーナリー・カンパニー（United Shoe Machinery Company）が工程を早める機械を製造した。ＩＬはプログラム内容を機械が読み取れるよう、穴を空けた紙テープを作成した。頑丈な装置は磁気コアを並べ、機械は紙テープの数値情報からコア位置を判断し、作業者が素早く電線のついた針を通せるようにした。その作業が終わると機械はコアの位置を変え、作業者が反対方向から電線を通した。度重なる編み込み作業、半田付け、絶縁樹脂の接着作業でロープは〝モジュール〟に変わり、計算機に挿入された。

理想上、この作業は1回で済まされるはずだった。一つのロープ製造ですべてのミッションがまかなわれるはずだった。しかし、宇宙船の重量、燃料、軌道変数など、揮発性メモリーに格納される情報がそれぞれのミッションで異なった。現実は厳しかった。それぞれのミッションは著しく異なり、前回のものに修正を加えたので、同じロープで飛んだミッションはついになかった。無人飛行だったＡＳ-５０１とＡＳ-５０２だけ

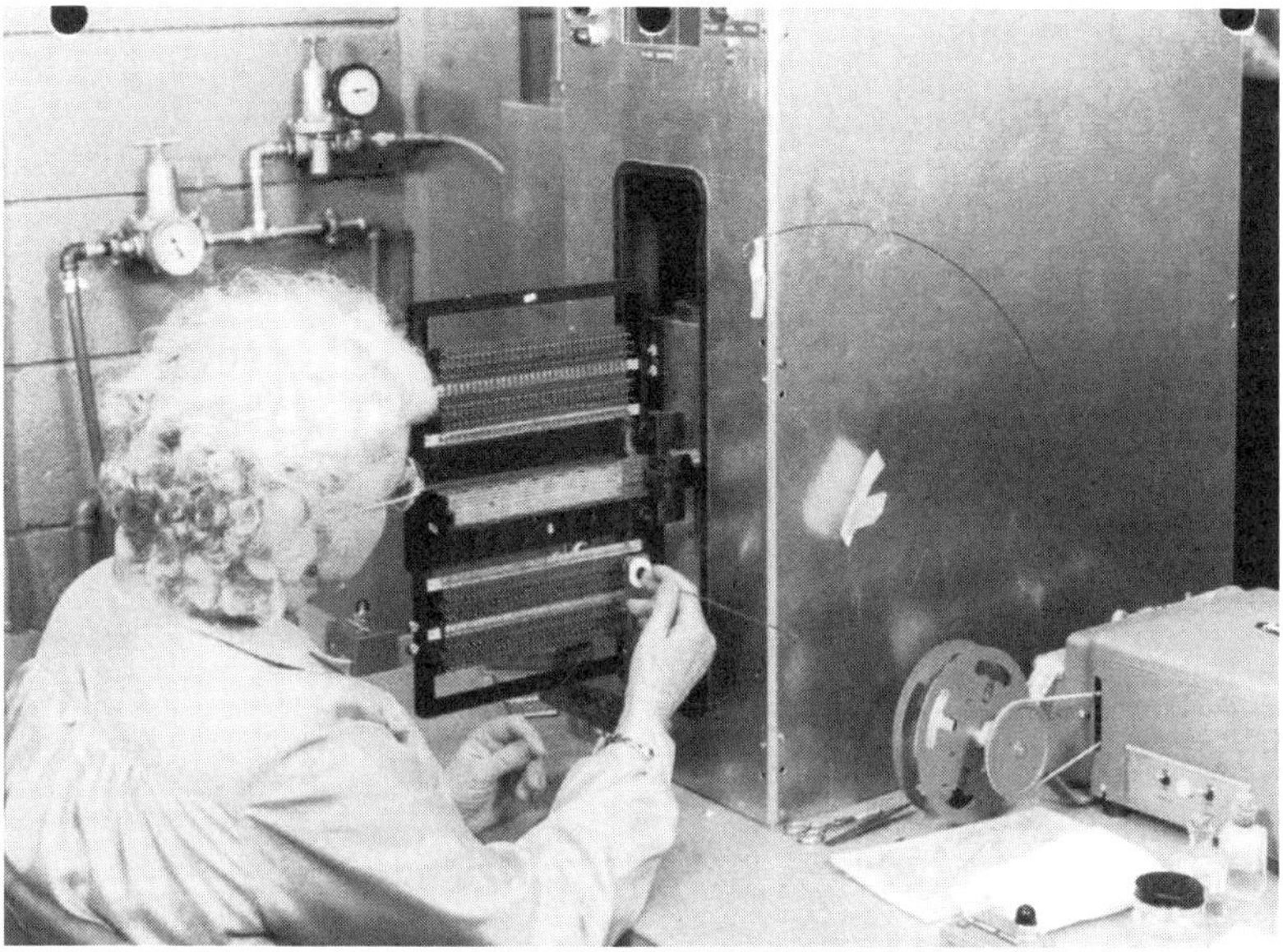

図 7.4　ソフトウェアの編み込み。数値で制御された機械と作業者。右にある滑車の紙テープが正しいコア位置に覗き穴を合わせ、機械に繋がった導線を作業者が穴に通した。(Raytheon photo CN-4-22)

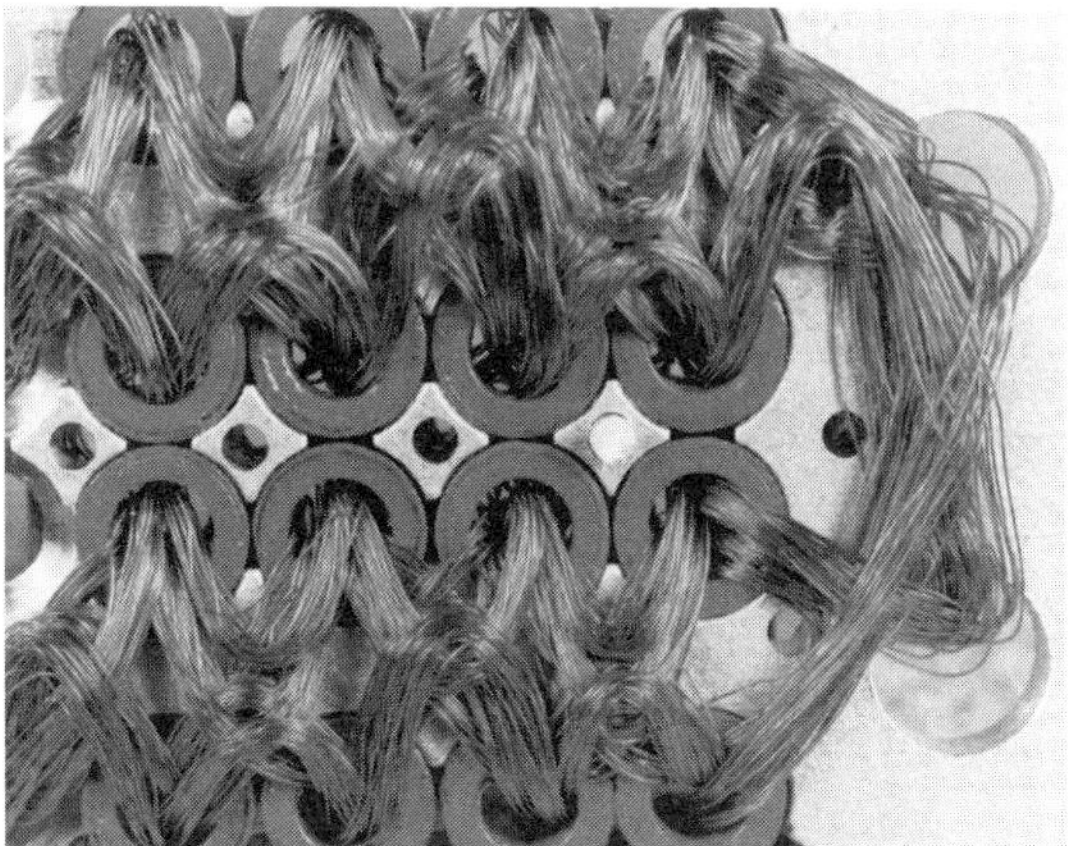

図 7.5　アポロのソフトウェア。コアロープメモリーの拡大図。(Raytheon photo CN-1156-C. Reprinted in Hall, *Journey to the Moon*, 15)

とだった。

厄介であると同時に膨大な時間を要したロープ製造の作業工程は、プログラムコードがロープに変換されるまで数週間掛かった。プログラマーにとって、その作業速度が重要だった。打ち上げの3、4か月前には、ソフトウェアの設計を〝固める〟必要があった。[34] ILのレイ・アロンソは、発注から納品までの日数を初めて知ったときの衝撃を覚えている。「なんだって？　打ち上げ直前に技術者がソフトウェアプログラムを設計変更することができない？」。結局、プログラミング可能なシステムの意義はなんなのか？　あるミッションは直前に実施されたミッションの後に打ち上げがすかさず実施されたので、前回の教訓をソフトウェアに反映できないときもあった。製造後にロープを変更することは可能だったが、電線の絶縁樹脂を取り外し、1ビットずつ手で直す必要があった。アロンソが言うには〝とてつもなく穴が小さく、多大な労力を要する作業だった〟。[35]

次第に、NASAとILのマネジメント層は、ロープ製造が少しは自由気ままに設計変更するプログラマーを縛りつけられるのではないかと考えるようになった。デビッド・ホーグはロープ製造の本質を見抜いていた。「ロープの長期製造は欠点ではなく、リスクの高い土壇場での変更を物理的に回避することに役立った」。[36] ソフトウェア製造は試験実施のため、打ち上げの数か月前に設計を固めることを技術者に要求した。[37] 誕生したばかりで自由なプログラミング文化に、やがてプロジェクトマネジメントとシステムズエンジニアリングが展開された。

アポロ計画のプログラマーは現場のいざこざだけと向き合ったわけではない。彼らは、宇宙飛行士とも対峙した。

●宇宙飛行士と自動化

アポロ誘導制御システムの利用者《ユーザー》として、宇宙飛行士は各自異なる価値観、意見、要求をプログラマーに伝えたので、技術者の作業を煩雑にした。当初、宇宙飛行士は電子機器、計算機、自動装置を毛嫌いしていたとＩＬは指摘する。電子機器が頻繁に故障する状況に呆れ返っていた。「私たちはあらゆることをデジタルシステム、慣性航法装置で実現しようとしていた。宇宙飛行士は心底、そんなこと上手くいかないと考えていた」とクライン・フラシアは思い出す。[38] 宇宙船内でどれだけ操作するか敏感になっていた宇宙飛行士は、デジタル計算機にわずかでも制御がわたることに不快感を露わにした。

アロンソが言うように、宇宙飛行士は計算機が各ミッションの消耗品に過ぎないと考えていた。「もちろん、軌道上に打ち上がったら計算機の電源、切るからね」。実際、初期のミッションでは航行中に何回かシステムの電源を切った。[39] 一方、電源が点いているときは、宇宙飛行士は一挙手一投足、計算機に命令したがった。もちろん、秒速数千の命令を実行する計算機ではそのような願いは叶わず、処理しきれない作業負荷を宇宙飛行士に負わせた。弁の開閉など、実に細かいところに至るまで、宇宙飛行士はシステムを直に操作したいと考えた。たとえば、月着陸船降下エンジンの調整もそうだった。[40] 宇宙飛行士は保守的ではなかったが、どのシステムなら自らの命を委ねられるか冷静に考えていた。リクリーは〝ニュー・ナイン〔マーキュリー計画で選抜された宇宙飛行士の第2期。第1期は〝オリジナル・セブン〟として知られる〕〟のメンバーに、大気圏再突入の自動化について初めて講義を行ったときを覚えている。「私はただ、彼らの優れた質問に感激した。ニール・アームストロングはすべてを把握していた……的を射た質問をした。

彼らは技術嫌いのラダイト［19世紀初頭のイギリスで機械化に反対した労働者の組織で知られる］ではなかった[41]。実際、宇宙飛行士はＮＡＳＡから、システム設計の変更指示や意見を具申して良いと言われていた。しかし、基本的な設計については口出しが禁じられていた。

　バティンは、宇宙飛行士とアポロ12号のピート・コンラッド船長に教えた。「あるとき、旅客機が滑走路に待機したまま離陸しなかった。『ご搭乗の皆様、申し訳ありません。飛行機に問題が発生したため、当機は只今離陸できません。部品を一部取り替える必要があります。その作業は非常に難しく、時間が掛かります』と機内放送が掛かった。そして、たった30分後、再度機内放送が掛かり、出発の準備ができたという。ある乗客は『想像したより部品交換が簡単だったようだね』と声を掛けた。旅客機の責任者は即答した。『違います、パイロットを交代させました』」。バティンは、コンラッドがえらくこの話に感動し、ほかの仲間にも繰り返し聞かせていたという[42]。「宇宙飛行士が自動化を歓迎しなくても、代わりの人はいくらでもいる」。

　ＩＬは宇宙飛行士やＮＡＳＡに、システムについて定期的に講義した。宇宙飛行士は計算機や誘導についてあまり興味を示さなかった。ＩＬの研究開発員は技術の原理原則を説明したが、宇宙飛行士が実際に知りたかったのは操作方法と確認事項だった。ＩＬの講義はどちらかというと学術的内容や理論に特化していたので、ついに宇宙飛行士の堪忍袋の緒が切れた。マイケル・コリンズは、ある日の日記でストレスを発散している。〝この講義は次のような人を対象にしている。（a）計算機の設計を改善する技術者、または（b）現在の計算機の一部を修理または交換する人。計算機の操作を理解し、故障を見つける宇宙飛行士のための講義ではない[43]〟コリンズは船内修理に反対し、ＩＬと宇宙飛行士とのコミュニケーション不足を指摘した。

　宇宙飛行士はＩＬに数々の意見を述べた。そのほとんどは、かなり具体的な内容だった。たとえば、アポロ誘導計算機はメートル単位系を使用していたが、速度をフィートで表示して欲しいと要望した。したがって、ユーザーインターフェース改善のため、ソフトウェアはメートル法（または国際単位系）からヤード・ポンド法に変換された。また、宇宙飛行士が自動逐次《シーケンス》制御を監視し、介入できるよう、時間稼ぎのために手順や軌道までもが変更された。[44] さらに、〝進め〟を指示する〝ＰＲＯ〟ボタンを追加し、計算機がハードウェアに命令する前、エンジン点火などの主要操作を宇宙飛行士が承認できるようにした。

宇宙船内の〝姿勢指示計〟の難題もあった。計器は宇宙船の姿勢を伝えた。飛行訓練を積んだ宇宙飛行士はジャイロスコープの情報を参考にし、水平線に対する飛行機の傾きを教えてくれる人工水平線に慣れていた。水平線の下部は濃い色で地球を表し、上部の水色は空を表した。宇宙では宇宙船があらゆる姿勢をとったので、装置は球体だった。やがて、公式にこの球体は〝フライト姿勢方向指示器（Flight Director Attitude Indicator：FDAI）〟と呼ばれるようになった。あだ名は〝エイト・ボール（eight ball）［ビリヤードの遊び方の一つ。アメリカではビリヤードの8番ボールの形をしたボールを振ると、質問の答えが浮かび上がるおもちゃが有名］〟だった。

〝エイト・ボール〟はどのような原理で動いたのか？　飛行機ではジャイロスコープが人工水平線を直接動かした。この方法をＩＬは気に入っていて、慣性航法装置のジンバルの一つに〝エイト・ボール〟を接続することを提案した。慣性航法のプラットフォームが指定方向に固定されたように、〝エイト・ボール〟も特定の恒星に向いた。しかし、地球周回時、〝エイト・ボール〟の球も回転してしまって水平線を示さなかったため、この方法に宇宙飛行士は納得しなかった。もう一つの方法は、〝エイト・ボール〟が地球または月の〝中心方向（局所垂直方向）〟を示すことだった。ところが、この方法にも問題があった。宇宙船が発射台で空を向いたときや打ち上げ後に軌道に対してピッチ角をもつまで、計器は役立たなかった。結局、使うのは宇宙飛行士なので彼らの意見が尊重され、地球または月の〝中心方向〟を示す、後者の〝エイト・ボール〟の原理が採用された。しかし、この意思決定はILの技術・精度に対する美的センスを害した。ホーグは不満を漏らした。「飛行機の操縦技術に束縛されすぎていると感じることもあった。地球から月に旅立つ新たな挑戦なのに重力にとらわれすぎていた[45]」。

ここで、新たに重要な問いが浮上した。計算機は、危険だとわかっていても宇宙飛行士の操縦を許可するのか？　当初、ILのプログラマーはさまざまな警告《アラーム》や制約をソフトウェアプログラムに含めた。1962年の訪問でジム・ミラーはアラン・シェパードがこの設計方針に反対したのを覚えている。「どうかすべての制約を解除してくれ……いっそ死を覚悟したいと思ったら、どうか自由に操縦させて欲しい。もしかしたら、でために操縦して、なにかがきっかけで命が救われるかもしれない」。ミラーは納得した。「彼は正しいことを言っていた。ソフトウェアがシンプルになった[46]」。しかし、マーガレット・ハミルトンは宇宙飛行士の誤った操作を検知するソフトウェアコードを含めようと孤軍奮闘していた。「もし宇宙飛行士が軌道上で打ち上げ前プログラムを選択したらとんでもないことになりました。『そんなこと絶対に起きないよ』と大勢の人が口を揃えていましたが」。それなのに、まさにそのような事態がアポロ8号で発生した[47]。

NASAは宇宙飛行士が世界一鍛えられた専門家であることを求めた。もちろん、宇宙飛行士は使用するシステムに精通し、良く訓練されていた。しかし、彼らは人間であり、疲労を蓄積した。ソフトウェアに制約を含めることで疲労の問題を多少なりとも軽減できた。ジェミニ計画で自動大気圏再突入が成功する前、宇宙飛行士はリクリーに、絶対に手動操作で大気圏再突入を実施すると誓っていた。しかし、リクリーは断言する。「宇宙飛行士は2週間の飛行で疲労困憊しており、私が知る限り大気圏再突入で操縦桿に一切触れていない[48]」。

1963年の記者会見で、ホーグは面白おかしく問題を次のように表現した。「たとえば、若い女の子に下品に振る舞うことをお願いするとしよう。そして、実際そのように行動してしまったら……計算機とて同じこと！　控えた方が良いことは決して実行してはいけない」。もし間違った命令を送信したり、ボタンを誤って押してしまったりしたら計算機は〝エラー〟信号を表示し、宇宙飛行士に再度正しい入力を促した。[49]最終的に、ソフトウェアはメモリー容量の限界に達し、ほとんどの自己診断機能は除外せざるを得なくなった。しかし、最低限の入力は検証し、宇宙飛行士の入力ミスを防いだ。現代のコンピューターの〝エスケープ〟や〝バックスペース〟ボタン機能に似ていた。

●命令〝月を目指せ〟

1965年、宇宙飛行士との訓練がIL技術者を混乱させた。彼は司令船シミュレーターの誘導制御を宇宙飛行士に教える技術者だった。〝誘導と航法がまともに動けば宇宙飛行士は実質乗客だった〟。しかし、彼には腑に落ちないことがあった。「宇宙飛行士には〝私が操縦したい〟という願望がある。だけど、それは計算機が故障したときだけ実現する。私たちは誘導制御システムを運用できるよう彼らを訓練するのか？　それとも、故障時、そのほかのシステムを代わりに使うことを教えるのか？　それとも両方教えるべきなのか？[50]」。正常時はなにも求めず、故障時にはすべてを求める運用をどのように教えれば良いのか？　アポロ誘導計算機のユーザーインターフェース開発は方針が明らかではなかった。ショーファーか、エアマンか？

ILはミサイル開発で慣性誘導システムの専門領域を築き上げた。大陸間弾道ミサイル（ICBM）を操縦した人は今まで誰もいなかった。一方で、アポロ誘導計算機には、命令を入力する宇宙飛行士がいた。エド・コプスは怪訝な顔をする。「誰かがそこに座っているという事実に慣れるだけで相当時間が掛かった。人がキーボードを叩いて、計算機からの応答を待ち、またキーボードを叩くなんて奇想天外だった」[51]。アポロ宇宙船の計算機は宇宙飛行士の命令に従った。

当初、コスマラは一つのボタンしかない宇宙船を想像していた。「宇宙飛行士は船内に入り、計算機の電源を入れ、〝月を目指せ（Go to Moon）〟と命令して、後は座って眺めるだけで良かった」。異なる案では、二つのソフトウェアプログラムが用意された。月へ向かう〝Ｐ００《プー》〟と帰還の〝Ｐ０１〟を想定した。このユーモア溢れるアイディアは、技術者の計算機に対する極端な考えを映し出した。ただし、いざ宇宙飛行士が設計に取り込まれたら、この考えは長続きしなかった[52]。

ジョン・ミラーは絶えず繰り広げられた戦いを思い出す。「宇宙飛行士は宇宙船を操縦したいと考えていた。そりゃそうだよね、彼らはテストパイロットだから……ＩＬの方ではもちろん、そう、自動化を推進していた……技術者は私たちが宇宙船を制御する計算機を動かすんだと意気込んでいた。火花が散った」[53]。ＩＬの漫画はユーモアに溢れ、極端な〝ショーファー対エアマン〟の対立構造を描く。一つは全自動を表し、宇宙飛行士が煙草を吸い、居眠りし、まだかまだかとミッション中止ボタンをじっと眺めている。反対に、まったく自動化されていない船内では、宇宙飛行士が慌てて目盛盤《ダイヤル》、指示器、図表、印刷物、入力を確認している（図7・6a、b参照）。アポロ誘導計算機はこの両極端のどこかで機能した。果たして、どこが最適だったのか？

１９６０年代前半、チャールズ・スターク・ドレイパーと同僚は飛行機と宇宙船内での宇宙飛行士の適切な役割について考え始めた。〝単調作業の悪循環に陥らず、宇宙船の変化を察知し、動きを補完する観察者・アク

(a)

(b)

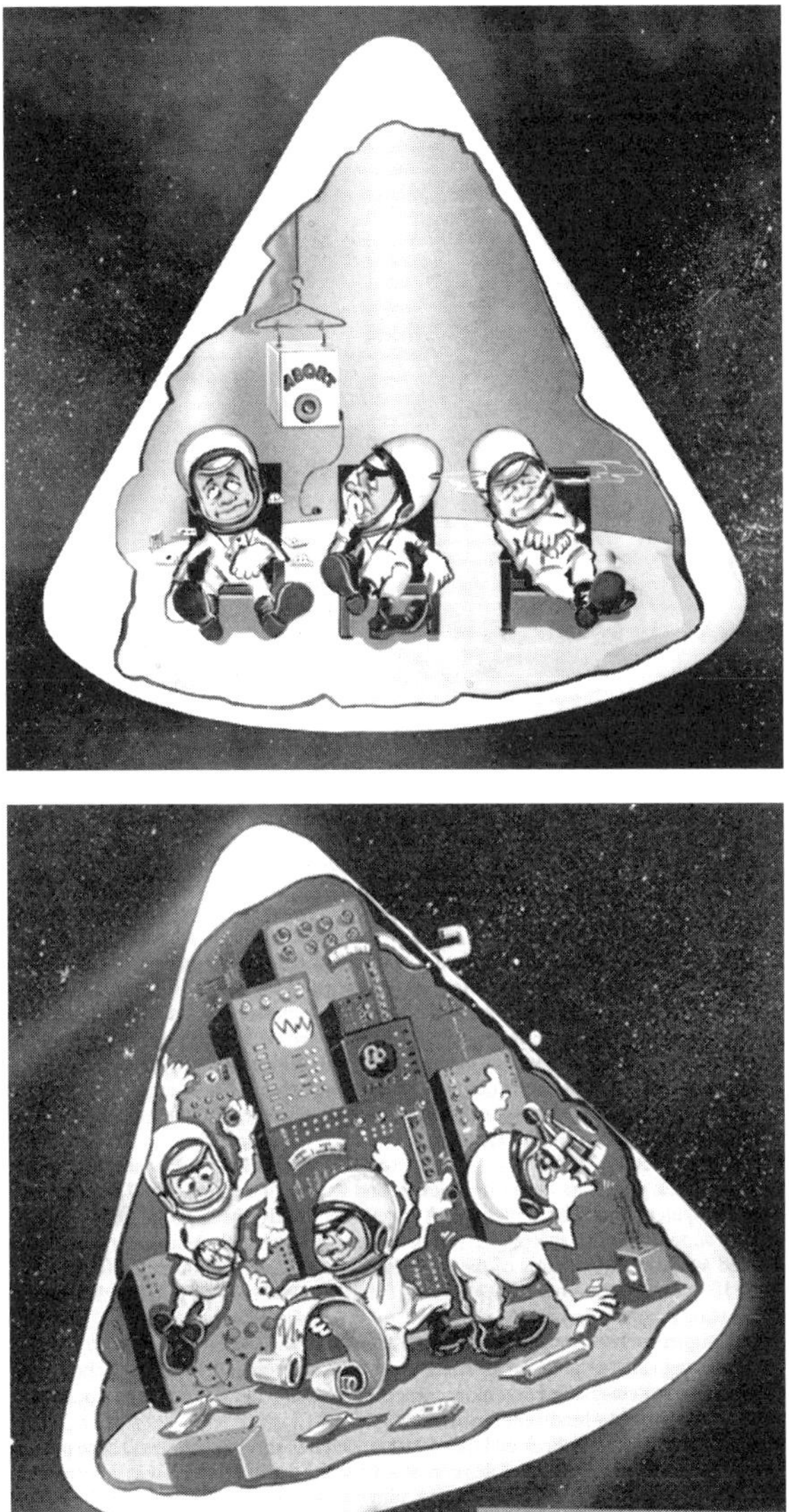

図 7.6　a（上）と b（下）。自動制御の両極端を MIT 器械工学研究所が描いた漫画。あまりの自動化は宇宙飛行士を退屈させ、ミッション中止がまだかと待機させる状態を生み出している。逆に、自動化されていないと宇宙飛行士が忙殺されている。(Draper Laboratories/MIT Museum)

チュエーター〟として宇宙飛行士をとらえた。宇宙飛行士を有効活用するには問題発生時、人がシステムになにかしら介入できる手段を必要とした。ドレイパーたちは初め、宇宙飛行士に〝監督（overseer）［監督を監視する人］〟という言葉を使用したが、やがて〝監督者（supervisor）［なにかしらの対象物を管理・監督する人］[54]〟を使用するようになった。どちらも、主人と奴隷、経営者と従業員といった関係性を彷彿させた。

●操縦技能の遷移

1962年、アポロ誘導制御システムの人と機械の接点《ヒューマンインターフェース》の設計が、制御システムに精通しているILのジム・ネヴィンズ（Jim Nevins）に任された。マーキュリー計画でNASAはその設計を心理学者のロバート・ボアスとマクダネル社の〝ヒューマンファクター〟専門家に依頼していた。ネヴィンズは人間工学と制御システムに詳しい人材を探した。機械工学と心理学を専門とし、のちに監視制御と遠隔ロボット工学を生み出すMITのトム・シェリダン（Tom Sheridan）准教授を探しあてた。グループはやがて30人規模に拡大した。誘導制御システムは操縦桿とスロットルエンジン、ジャイロスコープ、〝エイト・ボール〟、ロール・ピッチ・ヨー軸の制御装置を装備した。装置を追加するたび質問が増えた。これらの機械は無重力でどのように動くのか？　与圧服を着て身動きがとれない宇宙飛行士は、どのように操作するのか？　ヘルメットを被った宇宙飛行士は六分儀を覗けるのか？

ネヴィンズのグループは大きな図を描き、空欄に〝宇宙飛行士〟、〝計算機〟、〝地上〟と固有名詞を付け、要

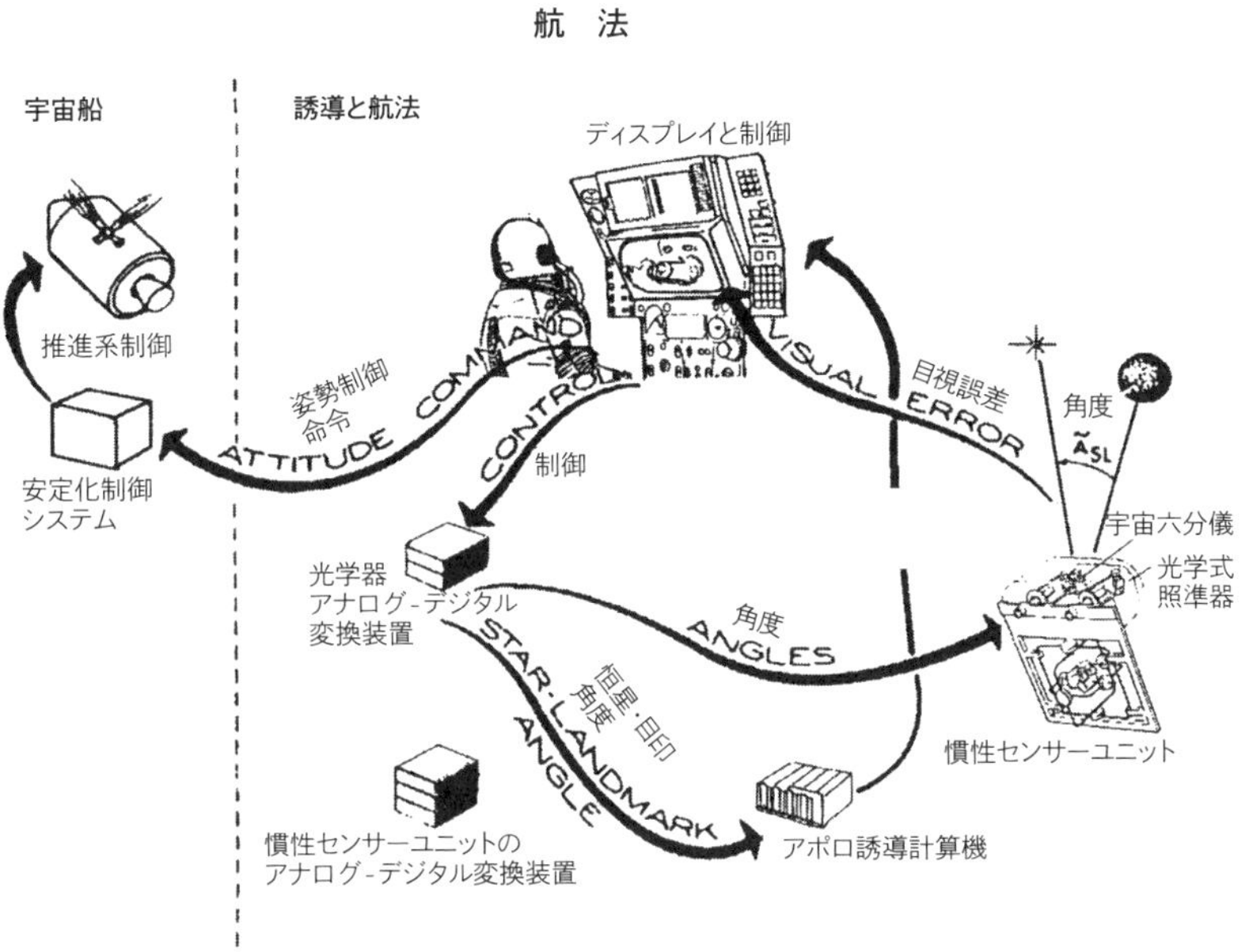

図7.7　軌道航行中の宇宙飛行士とアポロ誘導制御システムの情報の流れを示した図。(Draper Laboratories graphic 25381. Reprinted in Hall, *Journey to the Moon*, 62)

素間でやり取りされるデータの流れを示した。「宇宙飛行士が行う意思決定、計算機に聞く質問、計算機の回答を図に表した」[55]。設計者は宇宙飛行士と機械のやり取りを定義するのには夢中になったが、それを数学的に表現するのには消極的だった。技術者は作業を動詞で表現し、各々に対して〝実現方法〟を考えた[56]（図7・7参照）。

情報の流れに注目した。フライトの要所要所で宇宙飛行士はどんな情報を必要とするのか？　そのデータはどこに表示されるのか？　その情報はどこへたどり着くのか？　データ表示画面はどれくらいの大きさがあれば良いのか？　1回に何桁の数字を表示するのか？　データ表示のため、ブラウン管があった方が良いのか？　最終的に、数字は3行にわたって表示することになった。その理由は、技術者がx、y、z軸の三つの状態ベクトルを見るのに慣れていたからだ。ブラウン管は重すぎるのと、電力消費が大きかったので不採用となった。

ネヴィンズは、アポロ宇宙船システムの〝宇宙飛行士と計算機間のやり取り〟を説明した。広い意味でとらえ、自身の構想を〝操縦技能の遷移（A Transition in the Art of Piloting）〟と名づけた。この考え方は、宇宙飛行士が計算機と管制官とやり取りすることを意味し、飛行の定義を一生変えてしまった。〝アポロのフライトマネジメントシステムは、自律ではなく、飛行装置と地上装置が統合されたシステムとなった〟。宇宙飛行士と計算機は結局、〝幾層にも正確に定められた監視と意思決定〟の一部でしかなくなった。宇宙飛行士が素早い変化を察知する一方、管制官はあたかも自身が宇宙船内にいると想像しながら、遅く進む劣化を見つける役割を担うだろうとネヴィンズは予測した。月まで飛行することは従来の操縦とはかけ離れていた。しかし、航空管制を取り入れるなど、似た要素もあることにはあった。[57]

ネヴィンズにとって、宇宙飛行士はシステムを管理し、頻繁にジャイロスコープをアライメント調整する重要な役割を担っていた。任務は（1）誘導制御の監視・意思決定、（2）誘導・航法・推進の自動システムの逐次《シーケンス》制御決定・初期化、（3）慣性航法装置のアライメント調整の光学式照準器操作、恒星の特定・追跡だった。

「もし技術が発展したら……ますますこれらの作業は自動化されるだろう」。一方で、計算機の役割は（1）センサーデータの監視、（2）スラスター点火時間、ベクトル、軌道変数、視線の決定、（3）姿勢制御、（4）誘導、だった。いくつかのボタンを押せば、宇宙船は特定の姿勢を保った。さらに、もう何回かボタンを押せばメインエンジンが点火し、宇宙船を軌道投入するか外すことができた。計算機の仕事の方が従来の操縦に近かった。

主系または従系の装置を使用する選択判断は複雑なため、相当宇宙飛行士に頼るとネヴィンズは説明した。宇宙飛行士のもっとも重要な役割は、主系と従系のバックアップシステムを監視し、故障検知することだった。ネヴィンズは着陸での宇宙飛行士の作業について熟考した。これは第8章で詳しく説明する。彼の考えは、宇宙飛行士をバックアップシステムとしてみたチルトンの考えを発展させたものだった。緊急時訓練に重点を置き、宇宙飛行士に作業を与えた。ジェミニ宇宙船は150個、マーキュリー宇宙船には102個あったスイッチや指示器が、アポロ宇宙船では448個に増えると説明した。宇宙飛行士はミッションの各段階に応じて宇宙船の設定を変更した。作業は電話の配電盤を操作するのと似ていて、スイッチを入れたり切ったり、弁を開閉したりした。

ネヴィンズは宇宙飛行士が忙《せわ》しく操作しなければならないことを申し訳なく思った。設計者の〝技術不足〟で止むを得なかった。計算機が発展するのに伴い監視作業は自動化され、人の役割は〝もっと純粋な管理・監督業務〟に移行した。未来の機械は〝操縦・監視業務から人を解放し〟、人にもっと科学実験と探険に費やす時間を与えると予測される。[58] もちろん、宇宙飛行士が操縦に関与しなくなれば、NASAはテストパイロットではなく科学者といった、今までとは異なる人種を宇宙に送り始めるかもしれない。

●ディスプレイとキーボード

「どうやって宇宙飛行士と計算機を会話させるのか?」。デビッド・スコット宇宙飛行士はILに簡潔に質問した。ネヴィンズとチームは、アポロ誘導計算機のインターフェースに、宇宙飛行士が計算機に命令する設計思想を反映した。〝ディスプレイ画面とキーボード〟装置を開発し、〝ディスキー(DSKY)〟と省略して呼ん

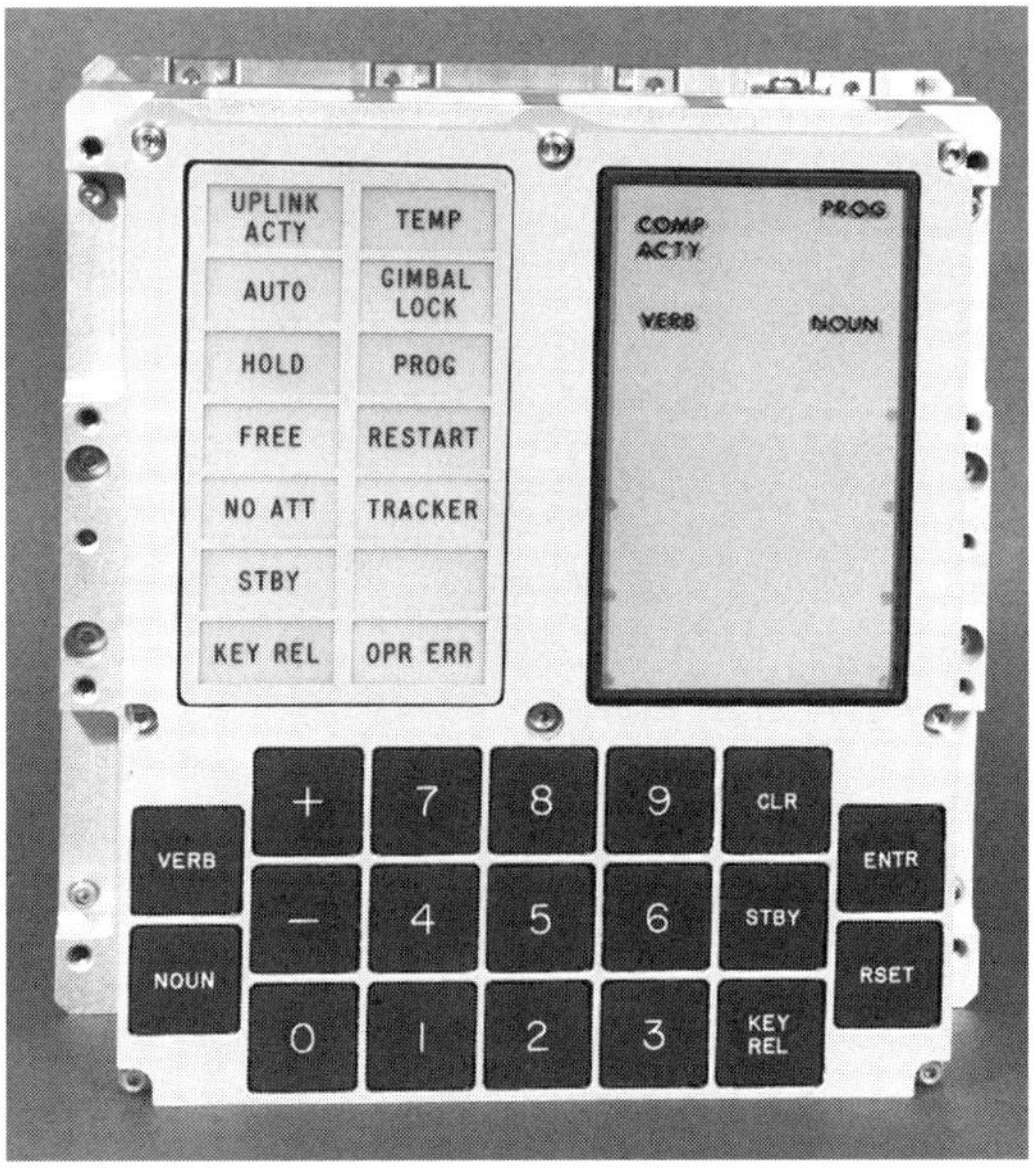

図7.8　アポロ誘導制御システムのユーザーインターフェースユニットDSKY。プログラム名、“VERB-NOUN”を示すデジタル表示盤、3行の数値表示盤（右）、ジンバルロック・警告・操作エラーなどを示す状態表示ライト（左）に注目。(Raytheon photo CN-4-268)

だ。電卓のように、DSKYは数字、プラスとマイナス、加えて七つの機能、〃ENTER（入力）〃、〃CLEAR（クリア）〃、〃KEY RELEASE（入力解除）〃などのボタンを備えた（図7・8参照）。ディスプレイ画面には、航法座標を示す符号付き数字を表示する行が3段、機能を示す数字を表示する場所が3か所あった。1行に5桁の数字とプラス／マイナス符号を表示した。小数点表示がなかったため、昔の計算尺と似ていた。宇宙飛行士は、時刻やジャイロ角度の特殊表記を知っている必要があった。時刻は、秒数が3桁、1／100秒が2桁で表された。ジャイロ角度は度数が2桁、1／1000度が3桁で表された。もっとも恐れられた〃GIMBAL LOCK（ジンバルロック）〃含め、さまざまな警告《アラーム》や指示器の点灯が異常や故障を知らせた。画面はアルファベット文字と数字を〃7セグメント［七つの部分（セグメント）から構成される。個々の部分が点灯したり消えたりすることで、アルファベット文字やアラビア数字を表現する］〃表示した。セグメント表示の利用はアポロ計画が最初ではなかったが、アポロ誘導計算機での使用は1970年代に流行《はや》ったLED表示の前身となり、角張った数表記のデジタル時代を象徴した。計算機の〃ピンボールゲームのボタンとライト（PINBALL GAME BUTTONS AND LIGHTS）〟という名のルーチンプログラムがＤＳＫＹインターフェースを動かした（カバー画像参照）。

アロンソは入力規則について考え始めた。「なんとなく、宇宙飛行士とアポロ誘導計算機間の対話が基礎構文で表現できるのではないかと考えた。たとえば、〝ＩＭＵ（Inertial Measuring Unit：慣性センサーユニット）［加速度計とジャイロスコープで構成される「慣性センサー」を詰めた装置］の角度を、表示せよ〟〝時刻を、表示せよ〟〝ロケットを、点火せよ〟〝ＩＭＵを、調整せよ〟といった具合にね」。アルバート・ホプキンズとハーブ・テイラーと協働し、解決策が確定するまで、試験や実演で使える暫定的な設計を考えた。ところが、一時凌ぎのはずの設計が結局最後まで使われることとなった。[59]

宇宙飛行士は、この〝VERB–NOUN（動詞–名詞）〟規則に従って、DSKYにデータを入力した。命令のため、宇宙飛行士は〝VERB〟ボタンを押し、2桁の数字を入力した。次に〝NOUN〟ボタンを押し、特定のデータを入力し〝ENTER（入力）〟を押した。たとえば、〝NOUN37〟はロール・ピッチ・ヨー軸データ、〝NOUN89〟は特定の目印《ランドマーク》の座標を呼び出した。VERBとNOUNは、入力するたびに画面表示された。もし、追加入力が必要であればディスプレイ画面が点滅した。数値は5桁表示する3段のうち、いずれかの行に表示された。次のデータを表示するためには、凹んだ〝ENTER〟ボタンを再度押し、もとに戻した。誤入力されたら、DSKYは入力を無効にした。もし誤ってボタンを押してしまったら、〝CLEAR〟ボタンを押し、再度入力した。インターフェースは少し厄介で、シンプルではなかった。慣性航法のプラットフォームをアライメント調整するためには、３０～１３０回の入力が必要だった。月まで行くには全体で1万回の入力を要した。ある〝VERB〟は単純にデータを表示するだけだった。たとえば、〝VERB01〟は特定の数値データを表示し、〝VERB11〟はそのデータを〝監視〟し、1秒に1回数値を更新した。ほかの〝VERB〟は誘導プログラムを起動した。〝VERB41〟は〝IMUの粗調整〟、〝VERB46〟は〝自動操縦《オートパイロット》機能の起動〟を指示した。ある程度、宇宙飛行士は好みに応じて表示機能を変更することができた。たとえば、特定の行にデータ表示を指定することが可能だった。どんな〝VERB-NOUN〟の組み合わせも、DSKYのどんな入力も、電波テレメトリー通信を通じて地上からも入力できた。地上からの遠隔操作を禁止するスイッチも宇宙飛行士には与えられていた。管制官は頻繁に〝状態ベクトル〟の位置と速度をテレメトリー通信で更新した。[60]ある管制官は目の前にDSKYがあり、アポロ誘導計算機に直接、命令を送信した。DSKYはどんな入力も、宇宙飛行士または管制官を通じて受け付けた。

宇宙飛行士がDSKYを通じて計算機に命令したように、計算機もときに、宇宙飛行士に指示した。ディスプレイ画面は頻繁に命令を点滅させ、チェックリストに記載されている作業を実行するよう促した。たとえば、〝VERB37〟は〝状態変更〟を意味した。フライトの各段階に応じて、宇宙飛行士は異なるソフトウェアプログラムを選択した。まず〝VERB〟ボタンを押し、次に〝37〟と打ち込み〝ENTER〟を押し、表示が点滅したらその段階で必要なプログラム番号を入力した。「プー」と発音された〝P00〟は、計算機の空運転を指した。〝0〟から始まるプログラム名は飛行前点検作業に関係する処理だった。たとえば、〝P01〟は〝打ち上げ前初期化〟だった。また、〝1〟から始まるものは〝打ち上げ監視〟を意味した。〝P11〟は〝地球軌道突入監視〟を指示した。〝2〟は〝ランデブー飛行航法〟に関係した。さらに、司令船には〝6〟から始まる〝大気圏再突入〟、月着陸船には〝60〟から始まる〝月面着陸〟に関する機能があった。第8章でも説明するが、月面降下は〝P63〟で始まり、宇宙飛行士が〝P68〟の〝着陸承認〟を入力するまで、月着陸船の計算機がソフトウェアプログラムを自動で流した。

ＩＬのマネジメント層とＮＡＳＡは〝VERB–NOUN〟規則に抵抗した。「真剣味が足りない」に続き、「軍らしくない。あまり科学的でない」という反対の声が聞こえてきた。[61]宇宙飛行士の評判で、ネヴィンズは二つの意見を嗅ぎ分けた。「一つの反応は、DSKYで宇宙船は操縦しない、だって飛行機もDSKYみたいなもので操縦しないじゃないかというものだった。そういう人がいる一方で、機能と優れた能力にすぐ気が付いて、肯定的に受け入れてくれる宇宙飛行士もいた。宇宙船の主要な動きがすべて計算機で制御されていることに感動した人たちは、ありがたくＤＳＫＹを受け入れてくれた」。

ネヴィンズは「初期のマーキュリー宇宙飛行士を説得するのがとくに難しかった」と顔をしかめる。「だから、私たちはスパイを雇った」。１人目は１９６２年修士号を取得し、バティンと一緒に誘導に取り組んだデビッド・スコット。２人目は１９６４年に航法中の人の役割について研究し、修士号を取得したチャーリー・デューク（Charlie Duke）。３人目は１９６４年に惑星間航法で博士号を取得したエド・ミチェル（Ed Mitchell）。全員、ＭＩＴ流に誘導制御を考えた。「彼らは全員洗脳されていた」とネヴィンズは冗談を飛ばす。[62]

長時間の訓練が功を奏したのか、宇宙飛行士はミッションでのDSKY使用についておおむね好意的になった。ホーグは振り返る。「最初は集中して無口で控えめだった宇宙飛行士が次第に熱中し始め、ミッションのあらゆる作業を計算機で管理するのに自信をもつようになり、やがて静けさは称賛の嵐に変わった」[63]。スコットはジョークをいう。「シンプルでわかりやすくて、宇宙飛行士でさえ使い方がわかった」[64]。たとえば、慣性航法のプラットフォーム調整時、アポロ計画特有の業界用語もつくり出した。計算機は角度調整時、〝残差〟を示した。〝００００〟は誤差がなく、完璧な調整を意味した。宇宙飛行士は「ファイブボールズ！」と感嘆し喜んだ。男社会における成功を象徴した。
ネヴィンズのグループは数々のシミュレーションを実施した。六分儀の照準作業を確認するため、簡単な上下振動を模擬したり、制御装置に手が届くか確認したり、ジョンスヴィル遠心加速器ではアポロ誘導計算機のインターフェースを完全に再現したりした。システムをNASAの司令船と月着陸船のシミュレーターにも装備した。[65]
ある日、NASA本部はネヴィンズに連絡した。安全に月に向かうためには、DSKYは複雑すぎると宇宙飛行士がILに正式に意見を上申した。ネヴィンズは〝スペースナビゲーター〟というシミュレーターを用意した。〝完璧に再現した誘導航法システム、宇宙空間の恒星位置、宇宙船の動きを再現する駆動装置、作業者〟を総動員し、宇宙飛行士の地球から月への〝航法〟を実演した。古いレーダー追跡ハードウェアも使用し、シミュレーターを旋回させた。ILは建物の屋上にこのシミュレーターを設置した。アポロ宇宙船の誘導、航法、制御を説明するため、そして宇宙飛行士の訓練を再現するため、ネヴィンズはクリス・クラフト、ロバート・シーマンズ、ロバート・ミューラー（Robert Mueller）を含むNASAのマネージャーたちに3時間の講義を実施した。「彼らは結論に達した。とても複雑で、訓練費と時間がとてつもなく掛かる。しかし、実現可能だと」。[66]ドレイパー博士がシミュレーターの中にいて、ボストンの街並みと星空を背景にした写真は、アポロ計画でのILの貢献を象徴する有名な写真となった。
MITでスコットは惑星間航法に役立つ恒星座標の統計学を研究していた。彼が宇宙飛行士になった際、MITと契約した業務を宇宙飛行士室（Astronaut Office）の代わりに動向を見守るよう任された。「私はケンブリッジの屋根の上で星を眺めながら、六分儀と照準器と計算機を使った準備作業に何時間も取り掛かった」。

何人かの同僚はボタン操作が一向に慣れず、ボタンを押すことに相当するソフトウェアプログラムを、上位機能の一部に組み込めないかお願いしてきたという。そんな状況のなか、ネヴィンズに転機が訪れた。それは、アポロ8号の選抜前、ケネディスペースセンターで司令船の誘導システムをフランク・ボーマン、ジム・マクディヴィット、ジム・ラベルが操作しているのを見たときだった。ラベルが操作を修得し、機械が上機嫌に動いていた。「システムに振り回されていなかった。いやぁ、本当に参ったよ、ラベルが難なく操縦をこなしていて、本当に宇宙を飛んでいるように見えたんだもの[67]」。

●文化の変化

アポロ計画の最初の数年、ＩＬは作業を洗い出し、試作品《プロトタイプ》をつくり、実験を実施し、ほとんどの時間を想像力豊かで面白い作業に費やしていた。ところが１９６６年半ば、すべてが一変した。ジェミニ計画終了後、〃ＮＡＳＡが襲い掛かってきた〃とリクリーは身震いする。

マーティンは事の成り行きを説明した。「数年後、ようやく目が覚めてプログラミングの重大な問題を抱えていることに気が付いた……私たちには新しい組織が必要だった。30人の代わり、今度は２００人の組織が必要だった……設計の文書化も大量に必要だった。また、数え切れないほどの報告会議開催も要した。さらに、ＮＡＳＡの監督も必要だった。全チームが〃プロフェッショナル〃になった。ついに、プロジェクトマネージャーという役職も登場した」。ＮＡＳＡで大量のマネジメント管理表が壁に貼り出された。「契約業者が毎日来て、青、赤、黄色のテープのいずれかでスケジュール表に印を付けた……圧巻の景色だったよ」。マーティンはNASAのマネジメント手法を真剣にILに取り入れようとした。しかし、それはILに新しい時代の風を吹き込み〝多くの人から楽しみを奪った〟。しかし、NASAの洗練されたマネジメントは、若いレイ・アロンソには衝撃的だった。当時、技術者はスケジュールが上手くいくとは微塵も思ってなかった。したがって、契約前に製造を開始していた。彼らはNASAに聞いた。「もう計算機の製造は進んでいますが、なにかお助けできますか?」。アロンソはそのような質問にすっかり面食らっていた。[68]

ソフトウェアのプログラミングが難しかった理由は、ミッション定義が最初に行われず、逆にソフトウェアの仕様が決まることでミッション仕様が決まったからだ。ホーグはNASAの批判が公平だとは思っていなかった。プログラミングの遅れは大抵、データ、要求仕様、手順の不確定が原因だった。「ILが大半のミッションの計画を練る必要があるみたいだ。作業完遂のため、試験飛行、ミッションの実施方法もこちらで決めなければならない」。そんな背景から、プログラミングは〝当初の想定よりはるかに作業量が増えた〟とホーグは指摘する。[69]

NASAは基本機能以外を格納するミッション特有のソフトウェアプログラム作成を、IL以外の契約業者に頼もうと動いていた。これはILにとって青天の霹靂だった。バティンとラルフ・レーガンは、賢くその修羅場をくぐり抜け、1966年半ば、NASAがILに基本的なソフトウェアプログラムだけでなく、ミッションプログラムも依頼するよう誘導した。厳しいスケジュールも含め、この作業はミッション計画を練る挑戦をILに突き付けた。アポロ計画後半、予算が減ったのでNASAはILに、技術者を減らし、設計作業でない訓練・地上支援などの作業は下請けに回すよう指示した。[70]

このころ、ソフトウェア業務がビル・ティンダルの目に留まっていた。彼はアポロ計画全体でもっとも謎の人物《プレーヤー》とされている。ヒューストンのミッション計画・分析部門（Mission Planning and Analysis Division：MPAD）の業務として、マーキュリー計画とジェミニ計画の音頭を取り、軌道ランデブー飛行の理論を実践に変えた。[71] 宇宙開発に心底惚れていて、明瞭で簡潔な文章を書く才能があった。１９６６年前半、ＩＬのソフトウェア作業に注目し、大いに心配した。彼が開発した〝ティンダルグラム〟は、技術的な意見を率直に伝える文章として評価され、ＮＡＳＡの上意下達に使われた。ソフトウェア開発を初期段階から気に留めていた数少ない人物だった。

ティンダルはＩＬのようすを見るため、ＩＬに足繁く通った。最初、誰も彼を真剣に取り合わなかった。マーティンは思い出す。「彼は本当に失笑の対象だった……私たちはあれをやって、これをやってとソフトウェア作業を楽しく進めていた。すると、今更ながらＮＡＳＡがなんとなく目を覚まして、ＩＬが完全に制御不能で好き勝手やっていることに気が付いて、ノコノコやってきた」。ＮＡＳＡの心配は、設計文書の質と管理だった。基本工程など毛頭からなかった。ＩＬはものすごく設計作業は楽しんでいたが、試験に対して積極的ではなかった。[72] ジャック・ガーマンは注意した。「ミッションの安全、人の命がかかったシステムと対峙するとき、そのゲームの名は〝試験〟だ」。しかし、ＩＬの連中は試験を雑用と考え、なぜＮＡＳＡのために数々の試験報告書を提出しなければならないのか理解していなかった。[73]

１９６６年5月、とんでもない量のティンダルグラムが発行された。警告を発した。「アポロ計画で、ソフトウェアが打ち上げ遅延の原因となると大勢が予測している」。とても説得力のある言葉だった。今まで、誰も新しい〝ソフトウェア〟に注目している人はいなかった。ソフトウェアはマサチューセッツ州ケンブリッジの学者が長年温めてきた技術だった。今となってはソフトウェアがアポロ計画のスケジュールの鍵を握っていた。1960年代までに月面着陸を達成するという目標は、ソフトウェア開発の進捗にかかっていた。

ティンダルはバティンを筆頭にして、四つのグループが彼に報告するよう決め、ILを観察した。しかし、ティンダルはイチャモンをつけた。「いまだ私は作業が四つのグループに、どのように分担されているかわからない」。ティンダルはIBMと協働し、リアルタイム処理計算機複合体（Real-Time Computer Complex：RTCC）プロジェクトに取り組み、ヒューストンで勢力的に作業を進めるNASA技術者を連れて来た。ILがマネジメントテクニックを彼らから学んでくれないかと期待した。やがて、ILは個人に特定ミッションのソフトウェアプログラムを割り当て、コーディング、製造、試験まで、全工程を任せるようになった。担当者は男性だったが、ILは主担当のことを〝ロープマザー〟と呼んだ。

ティンダルはとくに、増加の一途をたどるソフトウェアのプログラム容量を懸念した。学者肌のILが精度を求めるばかりに容量がどんどん拡大していった。「ソフトウェアが必要以上に洗練されている。〝ケーキのお飾り〟のような作業が、スケジュールとメモリー容量に与えている影響を心配している。余計なものは排除する。〝計算機の自己診断機能〟といったルーチンプログラム。地球の偏平率と抗力の第3次・4次の高調波成分を計算するこまごまとしたプログラムなどが該当する」[74]。

1966年、5月13日金曜日の〝ブラックフライデー〟をILは忘れない。メモリー容量に収まるように、ティンダルが個々のお気に入りプログラムをソフトウェアから抜くよう指示した。ただ公文書には〝会議ではなにが不必要かと感情的な議論が行われた〟と淡々と記されているだけだ[75]。

2週間後、ティンダルは今度、〝アポロ誘導ソフトウェアプログラム、またはミミズで溢れたバケツ〟と題したメモを書いた。〝週間目標の新しい重荷をもらってＩＬから戻って来た〟と続いた。初有人ミッションＡＳ－２０４のロープマザーがプログラム開発計画など、ＩＢＭのマネジメント手法を取り入れたのにティンダルは感心した。しかし、メモリー容量が５００バイト（全容量に対して２％）を超えていた。さらに耐え難いことに、ロープマザーは個々の試験を実施せず、全プログラムを統合しようとしていた。「とても満足できる状況ではなかった[76]」。

ＡＳ－２０４のソフトウェアプログラムは飛行時、「十分な検証が行われず、バグが多く残り、要求よりも品質は悪いだろう」と結論づけられた。〝指をクロスしてただ願って突き進むしかなかった〟ティンダルはＩＬを毎日監視するため、ヒューストンから遣いを送ることを考えた。

ミッション後半、とくにブロックⅡと有人ミッションのソフトウェアプログラムはさらにひどかった。ＡＳ－５０１とＡＳ－５０２の遅れから〝猛回復したばかり〟にもかかわらず、ティンダルとＮＡＳＡは無慈悲にも、ソフトウェアプログラムの取捨選択と作業の加速を命令した。「スケジュールが逼迫しているため、ソフトウェアプログラムの廃棄を早急に実施する。嫌がらせではない。開発に長期間費やしてきたから理不尽なのはわかっている。最低限の燃料で、高精度の誘導を実現するソフトウェアプログラムを排除することは、本来のミッション要求でもあるからやるせないのは十分承知している」。

システムズエンジニアリングは今度、〝重量と燃料〟対〝スケジュールとメモリー容量〟のトレードオフ問題を扱った。アポロ計画開始時、誰もソフトウェアを想像していなかったのに、誰が数バイトのメモリー容量が月面着陸の精度を左右すること、ソフトウェアの不完全性が貴重な燃料を消費すると予測できただろう？

その夏、続いての数か月、悪いニュースが立て続けに舞い込んできた。プログラマーの数が不足していたので、ＩＬは業者を雇い始めた。１９６６年半ば、アポロ計画のソフトウェア開発に従事する作業者の数が急激に膨れ上がり、アポロ11号の打ち上げ直前までその数は保たれた。１９６６年後期のコストは前期の2倍になり、１か月１００万ドル近くの差となった。[77]ＩＬは直前に迫るミッションをシミュレーションする台数しか計算機がなく、続くミッションの検証は後回しとした。ロープマザーは各ミッションに割り当てられ、プログラミングチームからサブルーチンプログラムを回収し、正常に動くプログラムに統合した。リクリーは観察した。「ほとんどの場合、技術者はまずそこそこのプログラミングをして、特定のミッションに当てはまるよう、後から手を加えていって整合性をとった」[78]。

１９６６年8月、ソフトウェア開発の慌ただしさにもかかわらずサターンＩＢ型と司令船ブロックＩの組み合わせで、ＡＳ–２０２ソフトウェアプログラムを搭載した初の試験飛行が実施された。アポロ誘導計算機の初めての検証だった。無人弾道飛行で、司令船大気圏再突入時の遮熱材耐久性試験も兼ねた。ブロックＩは〝ミッション・プログラマー〟を搭載し、宇宙飛行士の操作を模擬した。宇宙船は自律航法で1時間半飛行した。誘導システムは問題なく作動し、打ち上げ監視、機械船エンジン点火時の司令船位置調整、司令船大気圏再突入の誘導を実施し、成功を収めた[79]。

無人飛行成功後の１９６６年9月、ジョージ・ロー飛行計画部長はロバート・ギルルース本部長に手紙をあてた。「ＩＬはソフトウェアの準備にものすごい遅れをとっている……ＩＬのプログラミングを企業でやるように強引に推し進める必要がある」[80]。最初の有人ミッション、ＡＳ–２０４がもっとも深刻だった。宇宙飛行士がデータ表示にさまざまな文句をつけ、ソフトウェアの設計変更を依頼していた。結局、それらの変更はスケジュールと試験が追いつかないため無視された。少なくとも、最初の四つのミッションプログラムの開発は遅れていた。ソフトウェアプログラムのハードウェアは大きく、試験も中途半端で、バグ〔ソフトウェアプログラムに含まれる欠陥や不具合〕で溢れ返っていた。ＩＢＭとＮＡＳＡのプログラマーは地上装置とやり取りする壮大な計画を思い描いていたが、その考えはローが言うには、すぐに葬られた。宇宙船の設計が滞り、十分な情報を提供できる段階になかった。コスマラが〝劣悪でバグが大量に残っていた〟とするソフトウェアプログラムをＩＬはスケジュールの都合上、正式に納めた。

１９６７年1月、運命の日、そのソフトウェアプログラムを操作するはずだった３人の宇宙飛行士が発射台で命を落とした。

●火災事故からの復活

アポロ1号の悲劇は、設計管理、品質管理、ＮＡＳＡの契約業者との関係など、アポロ計画のさまざまな失敗に起因した。連邦議会での聴聞会や計画見直しがそこかしこで行われ、トラウマとなるほどだった。しかし、アポロ宇宙船の惨事への世間の注目は、人目を忍んでソフトウェア開発を進められることを意味した。事故でジョー・シーアは干され、クリス・クラフトが新たな名声を轟かせた。彼の運用志向は残りのアポロ計画で貫かれた。権力はＮＡＳＡの管制、ヒューストン、やがて宇宙飛行士に移り、弾道ミサイル開発で培われたシステムズエンジニアリングは脇に置かれるようになった。

しかし、ビル・ティンダルは意気消沈しなかった。火災事故からたった2か月後、機転を利かせた。「打ち上げが延期したことを逆手にとって、ソフトウェア開発をＩＬで進める」。マーティンは〝かなりしんどい時間〟を過ごしていた。「私たちは規律、整理整頓、生産履歴管理《トレーサビリティー》がきっちりとした文化でアポロ計画を進めていなかった[81]」。バティンも自身が誘導技術のみに夢中になり、マネージャーに向いていないことを自覚した。「ティンダルは私たちの工房に良い規律をもたらし、私たちは人の採用方法も学んだ。それはマネジメントで……正直に言うと、私が得意とする分野ではなかった……一つの楽器に集中したいと思っていた私はオーケストラ全体を見ようとしていなかった[82]」。

　エド・コプスは転機を覚えている。〝ある日、ティンダルが私たちをドスの利いた声でひどく叱った。「君たちは常軌を逸している。国の重要なアポロ計画の中枢で、君たちがプロジェクトの成否を握っている。期限が否応なしに迫っている。君たちが計画を台なしにしている事実にいい加減に気づけ！」〟。この時期、ティンダルは人心を掌握するようになっていたので、ＩＬは素直に彼の意見に耳を傾けた[83]。

　１９６７年3月、ティンダルはここ数か月にないほど落ち着き、今度は冷静に伝えた。「もうこの分野で大きな問題はないと感じている。今となってはＩＬに、作業負荷に耐えられる優れた組織と施設が備わっている[84]」。火災から2か月しか経っていなかったが、状況は改善しつつあった。ソフトウェアのバージョン数も減った。基本、ソフトウェアの製造は二つに絞られた。一つは司令機械船用、もう一つは月着陸船用。加えて、地球軌道飛行用と間に合わせで使用するソフトウェアがいくつかあるだけだった。打ち上げは十分に延び、もはやソフトウェア開発の進捗は問題ではなくなった。宇宙飛行士の訓練、試験も十分な余裕をもって進められた。幸い、品質の重要性も組織に浸透した。〝コードインスペクション〟など、コードの印刷物を人が目視確認する作業に洒落た名前が付いた。バグを見つけるのに効果的だった。しかし、ソフトウェアがバグのない状態で飛んだことは一度もなかった。説明がつかないバグは極力つぶしていたが、見過ごせる程度のバグは残したままだった。

次第に、ソフトウェアプログラムを事前に準備するか否かが議論されるようになった。「ロープ製造開始を早く指示するのではなくギリギリにすべきだ」とティンダルは指示した。そうすれば、試験で見つけたバグを可能な限り直すことができた。[85]〝ソフトウェア検証《ベリフィケーション》計画〟が、ソフトウェアプログラムの新機能や設計変更の検証、シミュレーション、試験、品質を細かく定めた。ソフトウェアの処理順序を示すフローチャートの組織版のようだった。[86]ソフトウェアの遅れや問題でＮＡＳＡはスケジュール注意報を発し、１９６７年秋まで悪戦苦闘したが、ティンダルとＩＬはソフトウェア開発の基盤が急激に整えられていくのを確認した。[87]

ティンダルが引退したとき、同僚は彼に詩を送った。5節のうち1節をここで紹介する。

そう！　ジェミニは偉業だった！
実に君はアポロでもやり遂げた
データ取捨選択という名の苦しい過程で
君は世界一の権力者にまで登り詰めた
君は言ったね、搭載ソフトウェアはミミズの入った高級バッグと
それは君特有のお手柔らかな表現だった
君はプログラム全体を徹底的にウォッシュした[88]！
ＭＩＴがスカッシュに躍起になっているときに！

●初期のミッション

アポロ宇宙船の月面着陸を承認するためには、初期のミッションでシステムを検証する必要があった。基本的なハードウェア、性能、信頼性、ミッション中止機能を確認し、数々の変数を測定した。誘導と航法は、もちろん検証項目の中でもっとも重要だった。宇宙飛行士は宇宙船を制御することができるのか？　計算機は？　管制官は？　宇宙飛行士は恒星・地球・月の目印《ランドマーク》を追跡できるのか？　初期のミッションでは、位置・速度を正確に把握するため、ジャイロスコープの方向指示のふらつき、加速度計の性能、慣性航法装置の位置や速度データが収集された。宇宙飛行士と宇宙船の関係性は再度見直され、実際の着陸を通じて技術は成熟していった。

アポロ1号の火災事故後、2回目の無人飛行AS-501（アポロ4号）が1967年11月に実施され、月から地球への帰還を想定した、高い軌道からの大気圏再突入を試験した。アポロ誘導計算機が5時間稼働した。位置・速度を測定し、数々の姿勢変更を制御し、機械船のサービス推進システム（Service Propulsion System：SPS）エンジン点火を2回実施した。地上からは状態ベクトルが遠隔操作を通じて2回更新された。人が搭乗していなかったので、航法座標を自力で更新できなかった。SPSのエンジンは4分半点火し、機械船を月から帰還する軌道に乗せ、秒速約11kmで大気圏再突入させた。

あるとき、計算機がすでに命令を送信したにもかかわらず、オーストラリアにいる管制官がエンジンの電源オン命令を重ねて送信してしまった。命令を受けて、アポロ誘導計算機は制御を切り替え、地上からの命令しか受け付けなくなった。今度は地上からエンジン停止命令を送る必要が生じた。無事に実行されたが、設定解除に時間をとられ、予定時刻を13・5秒過ぎてしまった。これは大気圏再突入で秒速60ｍの超過に繋がり、遮熱材を厳しい試験条件に晒した。アポロ誘導計算機の制御は、パラシュートが開いた上空約7kmで終了した。大気圏再突入の速度超過にもかかわらず、計算機は着水を目標の約3km圏内に収めた。

また、1968年1月にアポロ5号が飛行し、無人月着陸船の試験を実施した。試験で司令船は対象外だった。グラマン社製月着陸船の初飛行で、初めて軌道上でエンジンを点火した。また、ブロックⅡ計算機の初飛行でもあった。〝SUNBURST〟ソフトウェアプログラムを実装し、初めて自動操縦《オートパイロット》機能が試された。目標は打ち上げ4時間後、アポロ誘導計算機が月着陸船エンジンを10％の推力で30秒、次にフルパワーで12秒点火することだった。

月着陸船の降下エンジン点火時、計算機は点火が遅すぎると判断し、時期尚早に停止してしまった。[89] ロープマザーだったジム・ミラーは焦った。「管制室がひどい状態になった。なにが起こったのかと全員が騒然として、あまりにもドタバタしたから原因を探ることを妨げた」。ヒューストンは計算機に停止信号を送り、計算機処理を介さない遠隔操作を試みた。ミラーはそのとき、管制官がソフトウェアの動きについて、ソフトウェアが制御する月着陸船の特徴や微妙な感覚について理解していないのではないかと感じた。「私は事態をすぐに理解した。MITには誰もなにも聞かなかった……自分たちの方が理解していると管制官は思い上がっていた」。ミラーは独自に解決策を提案したが、試験で一度も試したことがないという理由で管制官は違う方法をとった。

管制官は誘導システムの冗長系を使うよう指示した。点火と分離命令を送信し、成功した。月着陸船は向きを変え、エンジンを点火し、下降段を切り離した。しかし、ここで再度冗長系でない元の計算機が作動し始めてしまった。下降段がないことを把握していなかったので、安定化システムは下降段を含めた重量で誤って計算を実施した。スラスターはシューと音を立て、煙を吐き出し、不安定な状態に陥った。

問題は〝ソフトウェアエラー〟と言われるが、本当の原因は組織間のコミュニケーション不足だった。ミラーは説明した。「私は降下エンジン点火ソフトウェアをつくった技術者に、立ち上げ時の条件が厳しいと聞かされていた。スラスターが即時に点火しないと深刻な問題になると教わっていた」[90]。しかし、そのためには数々の与圧装置や弁をエンジン点火前に落とす必要があった。計算機はこの遅延をスラスター点火の不調と勘違いし、間もなく計算機の電源を落としてしまった。ＮＡＳＡは内輪で認めた。「問題の原因は不完全なシステムインテグレーションだった。個々のシステムの不具合が原因ではない」[91]。この場合〝不完全なシステムインテグレーション〟は、組織間のコミュニケーション不足を意味した。

しかし、ＮＡＳＡは組織間のコミュニケーション不足を誤魔化し、人が事態の悪化を防いだことを強調した。ジョージ・ロー飛行計画部長はやり切れない表情を浮かべる。「もし人が操縦していたら、試験飛行は違う結果になっていたかもしれない……私は人を想定したハードウェアで……あえて無人ミッションを実施するのをあまり好まない……」。のちに、サム・フィリップスは〝極めて保守的なプログラミング〟が問題の原因だったと説明した[92]。

今度はＩＬプログラマーが国民に誤解される羽目になった。ソフトウェアの設計製造にはあらゆる技術や組織が関係したが、ソフトウェアコードが犯人扱いされたので、組織マネジメントの問題は話題にならなかった。「月着陸船のプログラミングを実施した私たちはとても残念だった。計算機の誤動作とソフトウェアプログラムの誤ったデータの区別がつかない国民の無知に耐えた」とドン・アイルズ（Don Eyles）は唇を噛む[93]。ミラーは反対に良い側面を強調した。「管制が徹底的に見直された。自分たちが思うより緊急事態に対処する能力をもっていないのを自覚した」。計算機はミッション、管制業務に現実を突きつけた。そしてそれは、プログラマーと宇宙飛行士間で新たな緊張状態を生み出した。

最後の無人ミッションだったアポロ6号は、月からの帰還を再度シミュレーションした。打ち上げ時に問題が発生した。サターンロケット2段目にある二つのエンジンが、またもや時期尚早に停止してしまい、再起動が掛からなかった。そのため、計画より大きな楕円軌道を描いた。月の周回軌道投入で3段目のエンジンを起動することができなかった。秒速約10kmの大気圏再突入は秒速9kmで実施された。高速なら問題なかったはずのソフトウエアバグが、低速で問題を引き起こした。そのため、目標より80km離れた場所にカプセルが着水した。そんな問題もあったが、全体的にみると誘導と航法は満足に機能していた。ミッション中ずっと慣性航法のプラットフォームは調整され、宇宙船で計算された状態ベクトルと地上データの誤差は約3kmに収まっていた[94]。

次のアポロ7号は、最初の有人飛行で、ブロックII宇宙船を初めて使用した。ブロックIに宇宙飛行士が搭乗したことはなかった。目的は宇宙飛行士の計算機操作を検証することだった。全九つのうち、最初の目標は〝誘導制御システムの動きを確認する〟ことだった。他の目標には、慣性システムの粗調整と微調整、地球の目印《ランドマーク》追跡による軌道変数決定、姿勢維持をそれぞれ自動と手動で実施することなどが含まれていた[95]。

1968年10月11日に打ち上がったアポロ7号は〝SUNDISK〟プログラムを走らせながら月を164回周回し、11日間飛行した。アポロ誘導計算機はサービス推進システムを6回噴射し、自動操縦《オートパイロット》で動き、サターンロケットの軌道投入を監視した。使用済のサターンロケットの段を月着陸船に見立て、司令船の月着陸船救出訓練も実施した。六分儀でロケット段を追い、計算機が距離を計算した。「もしかするとカルマンフィルターを使った初めての例かもしれない」とホーグは誇りをもって報告した。宇宙飛行士は誘導航法システムの電源を何回か入れたり切ったりして、恒星の照準合わせで容易にＩＭＵを調整した。飛行中、計算機は〝手順の不手際〟に反応し、３回〝再起動〟した。誤入力が原因だったので、ＩＬは命令キャンセル機能を追加した。また、走査望遠鏡の視界が原因でいくつかの問題が発生した。宇宙船を取り囲む粒子が視界を悪くした。そのため、地球に近づくと大気圏の影響で鮮明だった水平線がぼやけてしまった。大気圏再突入は手動操作で始まり、次に自動制御に切り替わり、計算機は海上の目標地点約２km以内にカプセルを着水させた。アポロ７号に続いた大気圏再突入はすべて自動で行われた。[96]ネヴィンズはアポロ７号が、ＮＡＳＡと宇宙飛行士が計算機と自動装置を信用するようになった大きなきっかけだったと指摘する。「宇宙船の性能が私たちの期待を上回った」とホーグはチームにメモを渡した。以後、成功を称える言葉が頻繁に交わされるようになった。

技術的成功は収めたが、アポロ７号は宇宙飛行士とヒューストンの管制に対する意見の食い違いを露呈した。ミッション中、ウォリー・シーラ船長は地上にいる管制官に非協力的で対立するようにさえ見えた。「ウォリーは宇宙船を制御していたが、その権限をミッション全体にも広げようとしていた」と同僚のウォルター・カニンガムは指摘する。[97]軌道上でどんなに機械に対して権限があろうとも、宇宙飛行士は彼らを包む大きな組織と折り合いをつける必要があった。組織は独自に権力をもち、その力の配分を決めた。反抗的なアポロ７号の宇宙飛行士は二度と飛行することはなかった。

●アポロ8号：完全自動航法まであと一歩

初期のミッションはアポロ8号の準備を整えた。アポロ8号はアポロ計画とILチームの実力を誇示した。ミッションは直前に決まった。1968年夏、ジョージ・ロー飛行計画部長は1960年代までの月面着陸を悲観し始めた。月着陸船の製造が致命的に遅れていた。月着陸船の試験終了まで待つと1968年に初飛行する計画が崩れてしまう。目標達成まで1年しかなかった。最初の試験飛行は結局、1969年3月までずれ込んだ。ローは月着陸船を使用しない大胆な発想の転換を試みた。そのようなミッションが遂行できれば、貴重なデータを収集し、国民の理解を深め、士気を鼓舞することが可能だと考えた。スターク・ドレイパーも含め、トップマネージャーと技術者と話し合い、アポロ7号の成功を考慮した結果、ローはアポロ8号を11月中旬までに打ち上げる判断を下した。月周回をクリスマスに合わせる算段だった[98]。

ミッションの目的は将来の着地点候補を特定するため、月面の目印《ランドマーク》を探すこと、月を周回する宇宙船の位置データを地上から測定し較正すること、光学システムを検証することなどが含まれた。バティンが考案した航法とILが開発した計算機が大活躍した。ILチームにとってアポロ8号のクライマックスは、月への高精度な自動航法だった。『ボストン・グローブ』紙は読者に説明した。「月へ繰り出す航海者はただの乗客ではない。宇宙飛行士は機械や地上装置が天体航法を実施している間、積極的に舵をとる」[99]。アポロ8号は機械と同様に、人も試験した。

アポロ8号は1968年12月21日にケネディスペースセンターから打ち上がり、6日間の飛行後、月を10回周回したのち海に着水した。サターンロケットの３段目が点火し、アポロ８号が地球の周回軌道から外れ、いざ月に向かい出したとき、バティンは人生で〝もっとも長く、もっともハラハラする時間を過ごした〟という。誘導の精度は抜群だった。バティンの当初の計画では７回の軌道修正を予定していたが、そのうちの４回は不要だった。また、３回目の修正は、スラスター点火で秒速90cmの微修正しか必要としなかった。月の周回軌道に入るため、月の裏側で計算機がエンジン点火したとき緊張が走った。司令機械船は遠点が高度約３１５km・近点が高度約１１１kmの楕円軌道に投入されるところ、実際は遠点が高度約３１３km、近点が高度約１１２kmの楕円軌道を遷移した。あまりにも精度が良かったので〝張り詰めた空気が一気に歓声で割れた〟。誘導、航法、制御全体が成功したとＩＬは確信した。

　クリスマスイブ、宇宙飛行士が聖書の創世記を読み上げ、ミッションはクライマックスを迎え、国民に感動を呼び寄せた。その裏で、慣性航法装置と計算機はミッション中ずっと静かに作動し続けていた。宇宙飛行士は飛行で初めて誘導操作を〝COLUSSUS《コロッサス》〟プログラムで試した。以前のソフトウェアプログラムは、試験飛行の地球軌道データしか含まなかったが、〝COLUSSUS〟は地球と月の二つの天体、重力場、座標系を扱った。自動操縦機能《オートパイロット》は蓄熱を拡散するため、宇宙船をゆっくり回転させた。司令船に乗っているジム・ラベルは、アライメント調整や照準合わせを何回も実施した。光学式照準器のほとんどの調整は数百分の一度の大きさで収まった。計算機は大半、状態ベクトルを自動更新した。操作前には必ず宇宙船内で計算された状態ベクトルが地上からの状態ベクトルに上書きされたにもかかわらず、地上からのデータは専用メモリーに保存された。

　ラベルは飛行中、慣性航法のプラットフォームを計30回調整した。たいがい、自動調整〝Ｐ５２〟プログラムを使用した。計算機は座標が既知の恒星や目印《ランドマーク》に照準を合わせ、宇宙飛行士はその誤差だけ確認した。位置修正のため、ラベルは六分儀で２００回以上、地球と月を確認した。目印追跡時、計算機は司令船を秒速０・３度、穏やかに自動で上下《ピッチング》した。そのため月周回時も、ラベルは目印を見続けることができた。[100] アポロ８号は〝操縦からはほど遠く〟、司令船パイロットは恒星の位置確認、地上と宇宙船の状態ベクトルの誤差確認に追われた。

月の裏側から姿を現し、地球に戻ろうとしたとき、アポロ８号はソフトウェアプログラムのヒューマンエラーを経験した。ラベルは星表《スターカタログ》の恒星番号〝01〟に照準を合わせようとした。しかし、間違って打ち上げ前プログラムを呼び出してしまった。エンジン点火前には必ず〝ＰＲＯ〟ボタンを押したので軌道上で打ち上げ前プログラムは実行されなかったが、計算機は混乱に陥り、あらゆるメモリーを上書きし始め、航法計算に必要なデータまで危うく上書きしてしまうところだった。[101] ＩＬは状況を解析するのに手こずった。最終的に、ヒューストンと宇宙飛行士に全メモリーデータを確認させた。深刻でないことがわかり安堵した。誤った操作は慣性航法に用いるプラットフォームのアライメント調整を崩してしまったので、ラベルは〝粗調整〟し直した。

計算機は月の周回軌道を外れるため、月の裏側でエンジンを点火した。その際、地上からの更新データが使用された。あまりにも精度が良かったので、地球の大気圏再突入軌道に入るため、秒速１・５ｍの修正しか必要としなかった。帰還中、ラベルは１００回以上照準合わせを実施した。地上追跡と宇宙船の慣性航法の精度は〝ほぼ同じ〟だった。自動制御された着水は、目標地点から約55ｍの誤差だった。[102]

〝複雑な作業をすべて含んでいたので、制御技術者のアロン・コーヘンにとってアポロ８号の地球に帰還させる宇宙船の軌道投入が一番のクライマックスだった[103]〟。フランク・ボーマン宇宙飛行士は航法を〝奇跡〟と褒め称えた。ほとんど自動だったので、ＩＬはアポロ８号を航法の勝利とした。ミッション後、多くの技術者が航法ソフトウェアを独自で設計するためＩＬを去って独立した。ボストン北部のイタリアンレストランで、ＩＬが祝宴をあげている写真を『ボストン・ヘラルド』紙は掲載した[104]。航空産業の季刊誌『Aviation Week and Space Technology』は、ＩＬ技術者を喜ばせる見出しを掲載した。〝アポロ８号は船内だけで実現する自律制御の価値を証明した〟と題し、有人月面着陸の〝精度〟と動きの〝正確さ〟に言及し、成果を盛大に祝った[105]。

●ソフトウェアの隆盛

アポロ８号の大成功は質問を投げ掛ける。もし慣性航法のデータが地上追跡データと精度がさほど変わらないのであれば、なぜヒューストンは地上で計算したデータを上書きしたのか？　ホーグとその他大勢の技術者は慣性航法だけで十分だと感じていた。のちに行われたシミュレーションは実際、ラベルが船内で実施した航法だけで大気圏に再突入できたことを証明した。しかし、宇宙飛行士が巨大組織間、またその中で雁字搦《がんじがら》めになっていたように、計算機とＩＬも自由に身動きがとれなかった。宇宙飛行士が数年前に機械のバックアップとして定義されたように、慣性航法もバックアップ機能として役割が定着していた。慣性航法のデータが地上から上書きされたことは、誰が権力を握っているかを象徴した。この場合、ヒューストンが実権を握っていた。バティンは航法を実施したラベルをとてつもなく誇りに思った。しかし、これ以降、人が航法を実施することはなかった。「とても残念なことに、彼らは二度と人を使って航法しなかった[106]」。

アポロ宇宙船のソフトウェアは計画当初あまり理解されていなかった。むしろ、誰も予想していなかった。

しかし、ソフトウェアはミッションの要《かなめ》になり、宇宙飛行士と機械の重要なやり取りを仲介した。数々のセンサーから情報を読み取り、さまざまなメーカーで製造された複雑なシステムを一つに統合した。あらゆる問題に対処する複数のプログラマーを〝ミッション〟に向けて一致団結させた。ソフトウェアは宇宙飛行士と宇宙船を繋ぎ、航法と制御入力を状態ベクトルに反映し記録した。道理で、重要だが人の目に触れないソフトウェアは、製造・試験が難しく、管理は手に負えず、信頼し難かったわけだ。仮想世界《バーチャル》と手製のロープ。一見変わった組み合わせで構成されたソフトウェアはミッションの前提条件、畏れ、社会との関係性を設計に反映してミッションを実現した。月面着陸ほど、ソフトウェアと宇宙飛行士が思い通りに動かないことを証明してみせるものはなかった。

08章

月面着陸の設計

初めての月面着陸できっと失敗しないだろうと期待を掛ける仲間に、我々はアポロ計画の全成功を託している。

――ピート・コンラッド（Pete Conrad）宇宙飛行士

本書は人と機械のやり取り《ヒューマンマシンインタラクション》に着目して、アポロ11号月面着陸の詳細から説明した。パイロットの役割、計算機工学、ソフトウェア、人の能力についての議論の集大成として着陸について一つずつ追っていく。必然的に軌道上での話は除外するが、各ミッションの重要な場面は月面着陸に凝縮された。ニール・アームストロングは月面着陸を次のように表現した。「システムと宇宙飛行士にとって最難関」。アームストロングは1〜10までの難易度評価で、月面歩行を1、〝月面着陸はおそらく13だった〟と見極めている。月着陸船での速度、距離、高度はX–15と似ていた。[1] 心拍数の上昇も当然と思われる。

月着陸船は複雑な運用で構成されたが、月面着陸ほど難易度が高く、時間制約が厳しく、不確定要素に満ちているものはなかった。月面着陸は地球から離れた、極寒の暗闇のなかで実施された。着陸軌道の設計では、システム性能、宇宙飛行士の能力、通信の特異性など、実に多くの要素が考慮された。〝打ち上げ候補日〟も、宇宙飛行士の視界を確保するよう、月面の日射を考慮して1か月に数日しかない日程候補から選ばれた。

月面着陸は全アポロ計画の縮図で、各ミッションのうちでドラマチックな10分間である。人命とミッションを脅かす運用が続くなか、人と機械、手動操作と自動操縦機能《オートパイロット》、操縦士としてのパイロットとシステムマネージャーとしてのパイロットの駆け引きが月面着陸で垣間見えた。運用は何事もなく円滑に進んだ場合もあれば、波乱に満ちていたこともあった。技術者は、月面着陸の最後数分間の数mを徹底的に計画した。定期的に実施された試験と交渉は、人と計算機の役割をトレードオフした。宇宙飛行士は緊迫する着陸操作を繰り返し訓練し、手順を練った。着陸の設計ではシステムズエンジニアリングが大活躍した。燃料と宇宙飛行士の視界条件のトレードオフ問題が扱われた。ソフトウェアが技術者の夢を実現したように、月面着陸も多くの人の夢を叶えた。ところが、ソフトウェアの難解な動きのように、月面着陸も思い通りにはいかなかった。

●宇宙船の制御

月面着陸のどんな話を進めるにしても、月着陸船の話から入るのが妥当だろう。20世紀、もっとも不思議でなんとも歪《いびつ》な形をした空飛ぶ物体だった（図8・1参照）。ここで言う〝飛ぶ〟の意味は曖昧だ。月着陸船は地球の大気圏、つまり空気の中を飛ぶことはなかった。一方の司令船は打ち上げ時にはロケット先端で空気を押し上げ、大気圏再突入時には燃焼しながら降下したので、流体力学にならい、ほっそりした形をしていた。反対に月着陸船は飛行機やミサイルの美しい形状と違って、所構わず奇妙な位置に出っ張りがあった。それでも、月着陸船は現代でも唯一月面着陸した有人宇宙船だ。月着陸船の構造には理由があった。それぞれの突起や皺が、特定の燃料タンク、レーダー受信機、または人が作業した痕跡を示唆した。設計に慣れ親しんだ人は、月着陸船を外観から見ただけで内部の構造を理解し、ポストキュビズム［対象物を多角的に観察し、一つの画面で再構成する絵画技法を生んだ現代美術の動向］の芸術を感じ取った。

月着陸船にも多段式ロケットが装備されていた。着陸が先で、離陸が後という点で普通のロケットと異なった。2段式の月着陸船は、八角形の降下段と上昇段で構成された。降下段には、大きなロケットエンジン、電

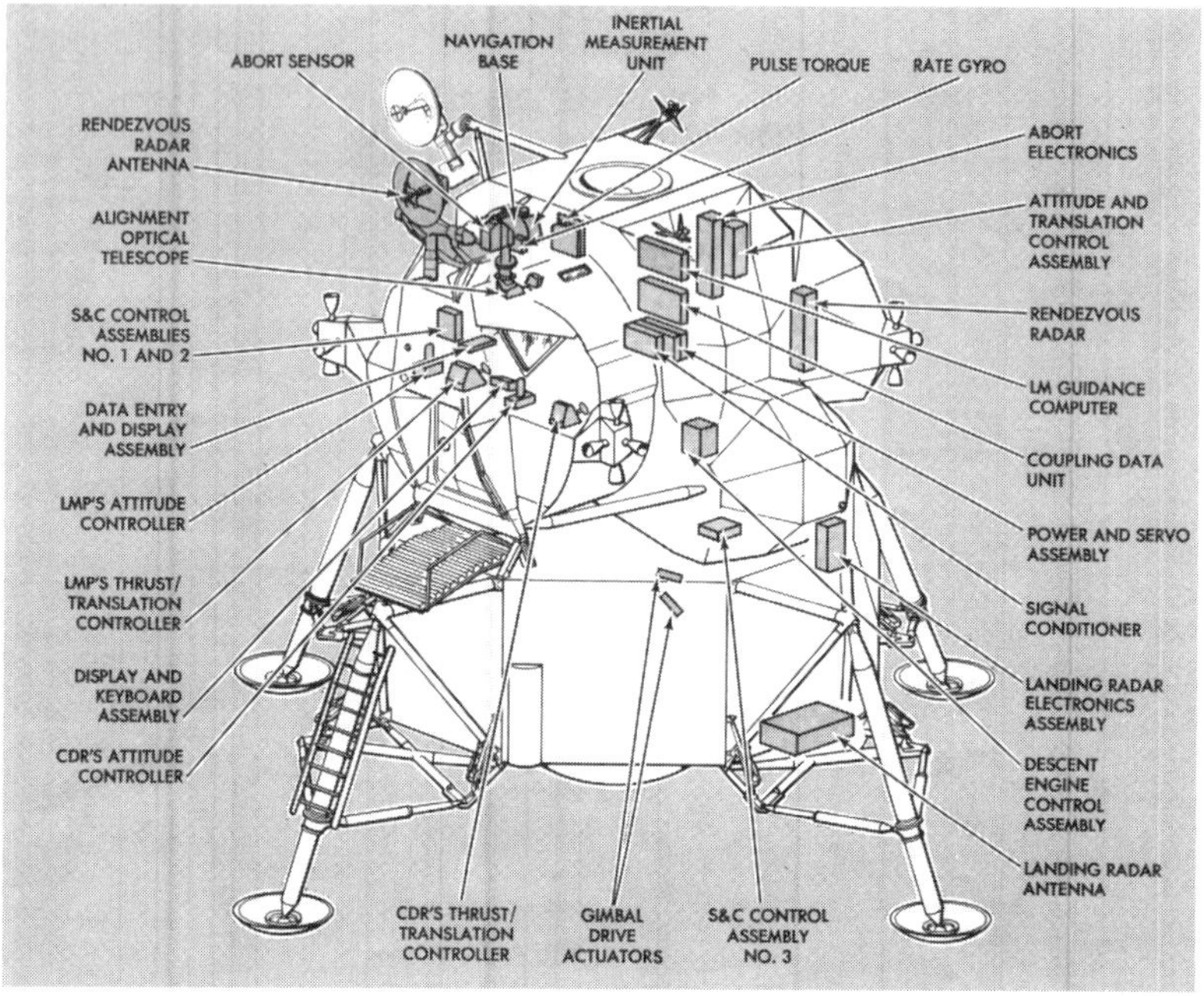

図8.1　月着陸船の主要な構成要素とその位置。(Grumman Aerospace Corporation, "Apollo News Reference," Bethpage, N.Y., n.d. approx. 1970, GN-11)

力供給装置、着陸ギアが装備され、上昇段にはスラスター、乗組員室、生命維持装置、制御装置、アポロ誘導計算機が実装されていた。月面着陸では全システムが総動員された。月面での作業が終了したら、降下段が上昇段のための発射台となり、上昇段は降下段から分離・上昇し、司令機械船とランデブー飛行した。月面降下中、緊急事態が発生したら降下段分離後、上昇段だけで避難するか、2段両方接続された状態でミッションを中止することができた。また、月着陸船の姿勢制御は上昇段に付いた四つのスラスターを使って行った。着陸後、月着陸船の重量が一桁変わるので、計算機にとって打ち上げは非常に難しい課題だった。

　月着陸船の設計は当時、もっとも特異なプロジェクトとなった。プロジェクト全体の記録は主任開発員のトム・ケリー（Tom Kelly）、上司のジョー・ギャヴィンによってまとめられた。[2] グラマン社はニューヨーク州ロングアイランドにあるベスページの工場で月着陸船を製造し、ＩＬのようにシステムインテグレーターとして各社を取りまとめた。

グラマン社は昔から海軍の機体製造を請け負っていた。したがって、技術者はパイロットと協働するのに慣れていた。たとえば、ハワード・シャーマン（Howard Sherman）は月着陸船の人と機械の接点《ヒューマンインターフェース》をほとんど設計し、パイロットの役割に独自の意見をもっていた。「設計者は機体の設計に慣れていた。飛行機ではパイロットは目の上のたんこぶだった」。必ずしも良い結果を生まなかったので、グラマン社の技術者が宇宙飛行士の意見を一つも取りこぼさず聞き入れ、設計に反映している状況を芳しく思っていなかった。[3] ギャヴィンは月着陸船のデジタル制御を宇宙飛行士に受け入れてもらうのに苦労した。[4]

ＩＬが精度で勝負する一方、グラマン社は重量軽減にもっとも価値を置いた。そうは言っても、貨物機のハードランディングに耐える頑丈な機体が海軍御用達で、その特徴を月着陸船にもきっちり反映していた。とくに、重く頑丈な着陸ギアが特徴で、未知の月面環境に耐える設計となっていた。グラマン社の技術者にとって設計は真新しいことばかりだった。当時、どこの技術者にとってもそうだったに違いない。当初の構想では乗組員室はヘリコプターのような丸い空間のコックピットで、宇宙飛行士はその中に座った。しかし、最終的に月着陸船から座席はなくなった。宇宙飛行士は張力ケーブルに繋《つな》がれ、ずっと立ったまま飛行した。そうすることで、窓を小さい三角形にすることを可能にし、硝子の重さを数十kg減らした。窓は宇宙飛行士の目線に合わせた位置に取り付けられた。技術者は重量を減らすのにさまざまな工夫を凝らした。たとえば、燃料管を化学薬剤で処理し、可能な限り金属を薄くした。一部は、紙のような薄さになった。[5] 外壁はとても薄く、与圧部は風船のように膨れ上がった。

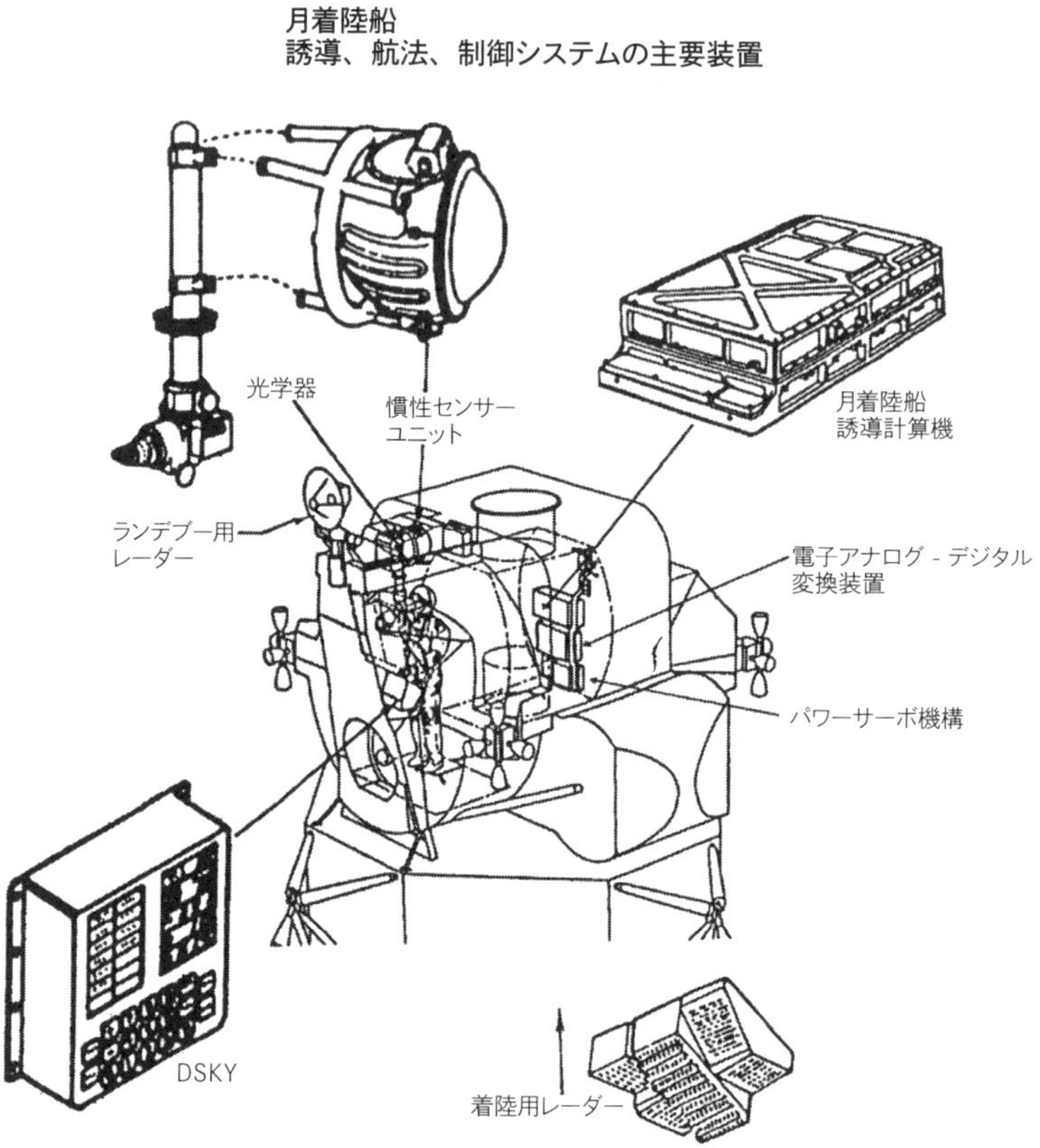

図 8.2 a　月着陸船の誘導、航法、制御システム–MIT から見た図。(Hand, “MIT’s Role in Project Apollo, Vol. lll,” 52; Grumman Aerospace Corporation, “Apollo News Reference,” Bethpage, N.Y., n.d. approx. 1970, GN-17)

　月着陸船には宇宙飛行士が搭乗したので、宇宙飛行士との関係が重要だった。グラマン社エンジニアリングマネージャーのトム・ケリーはNASAのクリス・クラフトの言葉を思い出す。「宇宙飛行士の時間とエネルギーがミッションで一番大切な資源《リソース》だ[6]」。月着陸船が前後に揺れ動く中、宇宙飛行士は立つことができたのか？　ゴワゴワした宇宙服を着て、突っかかったり、破れたりせず、扉《ハッチ》を出ることができたのか？　たとえ

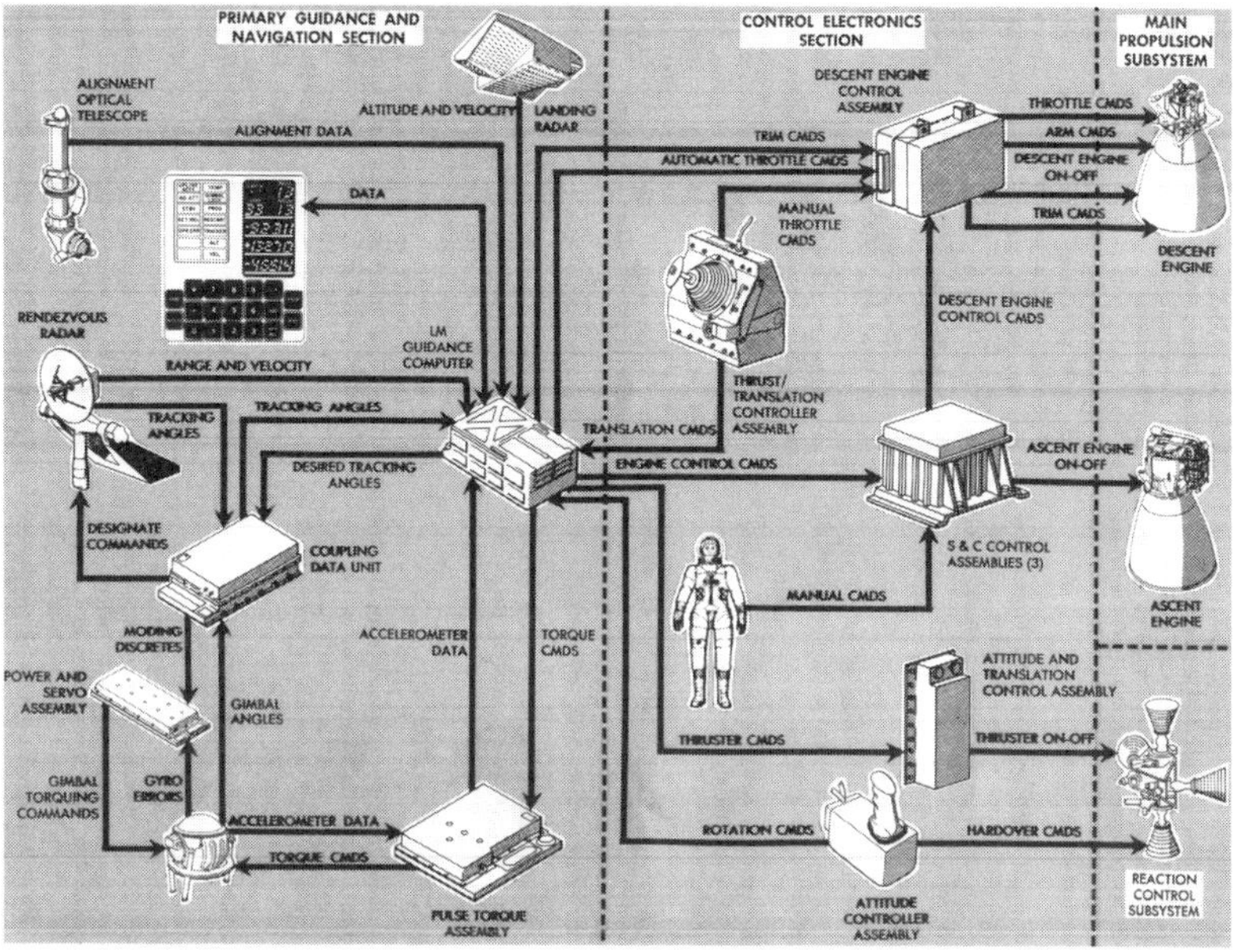

図 8.2 b　月着陸船の誘導、航法、制御システム-グラマン社から見た図。(Hand, "MIT's Role in Project Apollo, Vol. lll," 52; Grumman Aerospace Corporation, "Apollo News Reference," Bethpage, N.Y., n.d. approx. 1970, GN-17)

ば、宇宙飛行士は身動きがとれなくなった仲間を引きずって階段を昇ることはできなかった。どんな事故が起きても、宇宙飛行士は自力で階段を登る必要があった。宇宙飛行士はどのように操縦するのか？ どんな操縦桿、操作レバー、ボタン、つまみ《ダイヤル》が必要なのか？ 計算機はどれだけ月着陸船を制御するのか？ 最上位の着陸設計に宇宙飛行士の能力が影響した（図8・2 a、b参照）。

　1969年3月、アポロ9号が初めて有人飛行した。地球の周回軌道の試験では、数々の計算処理や冗長系の動きが確認された。月着陸船に搭乗していたラスティー・シュヴァイカート（Rusty Schweikart）とジム・マクディヴィットは司令船から分離し、約96km離れた。そして、月着陸船の降下段を切り離し、アポロ宇宙船初のランデブー飛行を試みた。本来、月面での打ち上げ時に使用される降下段と上昇段のエンジンを、それぞれ2回ずつ噴射し、月着陸船の〃緊急《ライフボート》〃制御を試した。緊急制御は、アポロ13号で絶体絶命の状況を救った。もっとも複雑だったのがソフトウェアの自動操縦《オートパイロット》機能の確認だった。主に、三つの状態で動きを検証した。（1）司令機械船と月着陸船がドッキングした状態、（2）降下段も上昇段も揃っている月着陸船の状態、（3）上昇段しかない月着陸船の状態。それぞれの状態が異なる力学、重量、操縦を要した。月着陸船の歪《いびつ》な形、曲げモーメント、燃料の流体運動が動きに影響した。全状態を試した後、宇宙飛行士は報告した。「全工程において自動操縦機能がもっとも適している」[7]。

シュヴァイカートとマクディヴィットが月着陸船に搭乗している間、デビッド・スコットは司令船に残ったままだった。月着陸船とドッキングしたのち、スコットはメインエンジンオンのまま、司令船を〃手動操作〃する機会に恵まれた。計器針の動きを注視し、数分間ジェミニ宇宙船のように、司令船を手動で制御した。また、スコットは計算機に十分慣れ親しんでいたので、自由気ままに新しい操作を試した。ソフトウェアには必ずバグが残っていて、通常手順しか承認されていなかったのでジム・ネヴィンズは心配した。スコットは星表《スターカタログ》から木星の座標を探し出し、計算機に入力した。木星にぴったり照準が合わさった。ミッション最後、司令船は空《から》の月着陸船を放棄した。スコットは、月着陸船の軌道変数の地上データを更新し、計算機に光学式照準器を向ける角度を演算するよう命令した。光学式照準器を覗くと、十字線に月着陸船が重なっていた。スコットは追跡を続けた。月着陸船は約４０００km離れた軌道を漂っていた[8]。

●ミッション計画

月着陸船は宇宙で確かに正常に動きそうだが、どのように月面に軟着陸させるのか？

初期のころ、宇宙調査委員会のドナルド・チータム（Donald Cheatham）が月面着陸の基本的なアイディアを固めた。とくに着地点を探す着陸の後半、宇宙飛行士の判断力を最大限に活かすべきだと考えた。大気圏での操縦との類似点は少なかったが、課題は〝操縦特性（handling qualities）〟に関係した。ヒューストンで何回もシミュレーションを実施し、クーパー評価法に則って、宇宙飛行士に操縦感覚を評価してもらった。[9]

チータムは月面着陸を各段階に分けた（図8・3参照）。アイディアはアポロ計画の最後まで残った。着陸は月面高度15 kmから始まった。月着陸船を周回軌道から外す〝制動《ブレーキング》フェーズ〟、コマンダーが着地点を判断する〝進入《アプローチ》フェーズ〟、着陸寸前に空中停止《ホバリング》する〝着陸《ランディング》フェーズ〟に区別した。

チータムのアイディアはグラマン社の要求仕様を固めたが、製造が進むにつれ、技術者の頭の中にさまざまな疑問が思い浮かぶようになった。いったい、これらの要求仕様を実際の手順やチェックリスト、バックアップ装置、続行《ゴー》／非続行《ノーゴー》判断にどう反映すれば良いのか？　作業はヒューストンのミッション計画・分析部門（Mission Planning and Analysis Division : MPAD）のフロイド・ベネット（Floyd Bennett）率いるグループに託された。

MPADは宇宙調査委員会の一部から派生し、1963年に設立された。航路、軌道力学、航法など各ミッションに必要な技術を担当した。高いプロ意識をもったこのグループが、アポロ計画の難しいが解き甲斐のある計算を扱った。ランデブー飛行手順、慣性航法、計算機のメモリー容量を考慮し、軌道を計算・分析・決定し

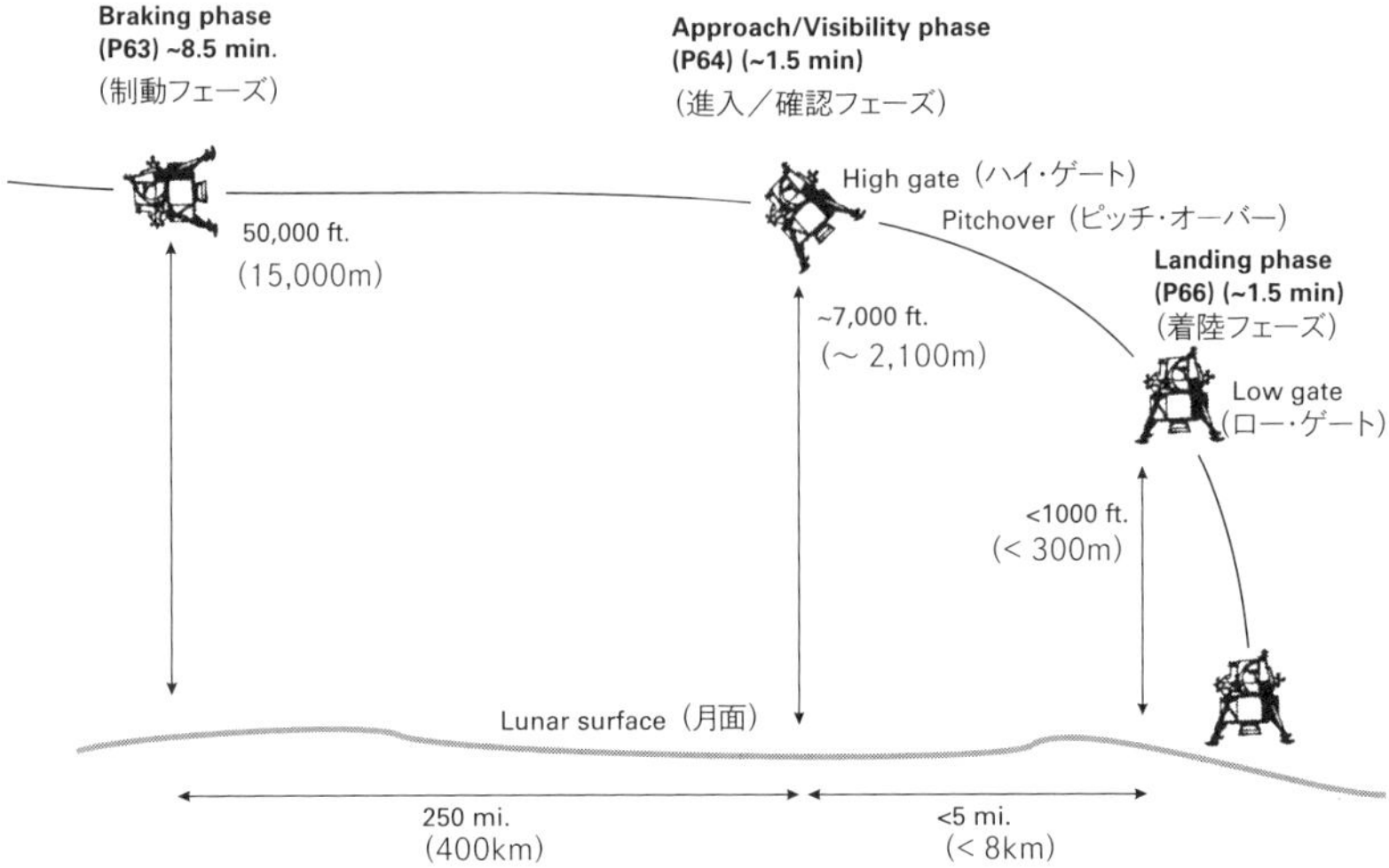

図8.3　月着陸船の着陸フェーズ。尺度は任意。(Redrawn by author from Johnson and Giller, "MIT's Role in Project Apollo, Vol.V," 182)

た。アポロ13号事故の際、印刷物が積み上がった職場や廊下で、ＭＰＡＤ技術者は軌道や酸素や水の残量を検討した。ＩＬのソフトウェア開発にプレッシャーを掛けたビル・ティンダルはＭＰＡＤの古株だった。ＭＰＡＤは直接ＩＬを管理したわけではなかったが、アポロ計画の軌道の要求仕様などを定義したため、ソフトウェア開発と密に繋がっていた。[10]

目まぐるしく変化するアポロ計画に対応して、組織再編が何度も行われた。ついに１９６７年12月、ＭＰＡＤは月面着陸部門（Lunar Landing Branch）を結成した。アポロ11号が月面着陸する1年半前の出来事だった。フロイド・ベネットをリーダーに12人の技術者が集まった。ベネットが航空分野でキャリアを築くことはなんら不思議ではなかった。血縁はないが、地球の極を飛行したリチャード・バード（Richard Byrd）の副操縦士フロイド・ベネットと名前が同じだった。また、ニューヨーク州ブルックリンにある有名な飛行場も、副操縦士フロイド・ベネットの名前にちなんで命名されている。技術者のべ

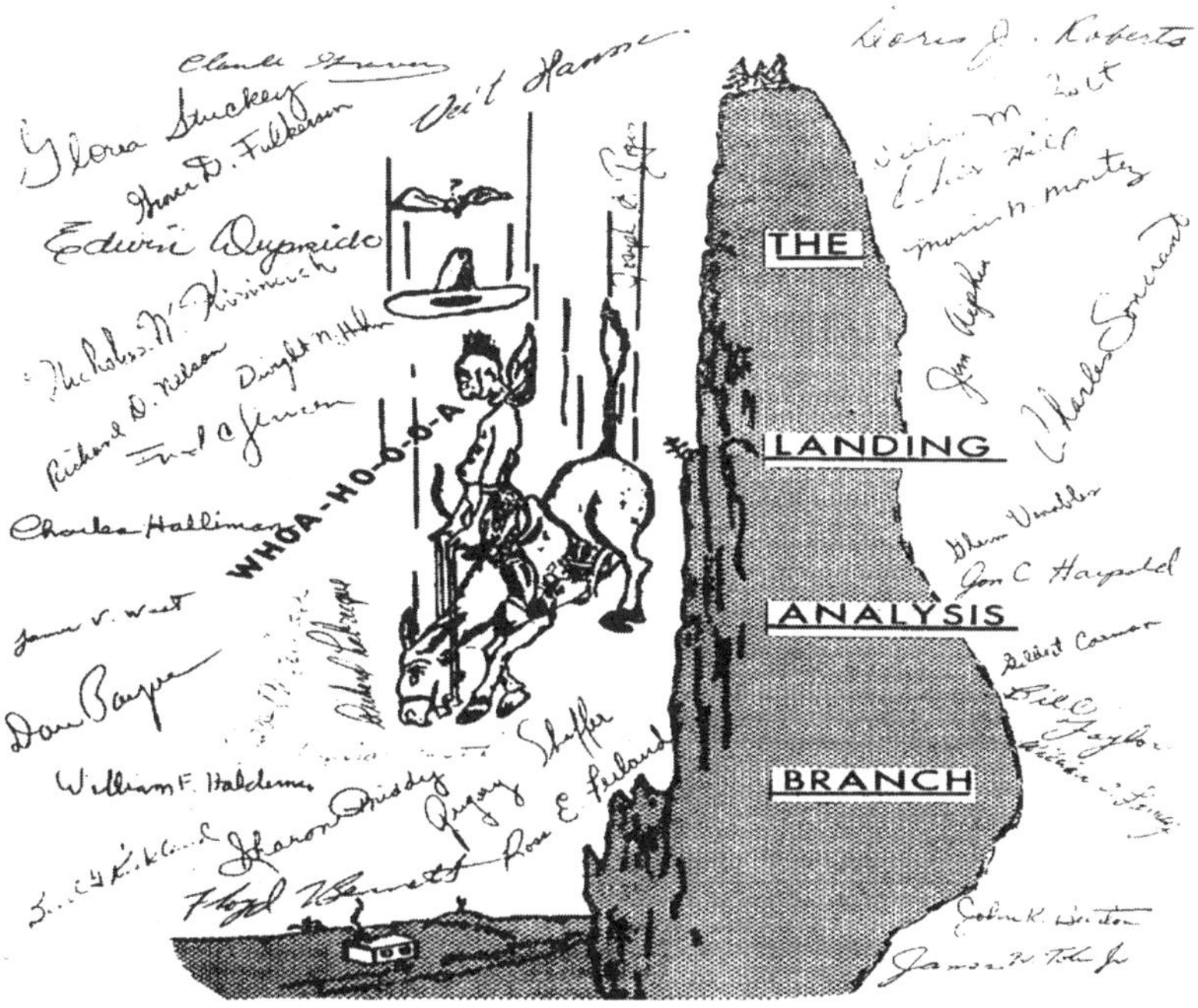

図8.4　ミッション計画・分析部門・月面着陸課のロゴと従業員のサイン。燃料最適降下法をじゃじゃ馬が崖から飛び降りることのように表現している。(Mission Planning and Analysis Division [MPAD], "The End of a Great Era," June 15, 1990, JSC Archives, 336)

ネットは１９５４年、工学部を卒業してすぐにＮＡＣＡラングリー研究センターに勤め、１９６２年に宇宙調査員会に参加した。月軌道ランデブー飛行の判断に伴い、月面降下を検討し始めた。１９６６年、ＮＡＳＡフライト運用部門（NASA Flight Operations）に入り、さまざまな飛行装置やランデブー飛行分析に関する職務を渡り歩いた後、月面着陸部門初のまとめ役として就任した。

ベネットはグループのためにロゴを作成した。カウボーイが急な崖から馬に乗って飛び降り「どうどう！」と馬に落ち着くように声を掛けている（図８・４参照）。着陸を気難しい暴れ馬の乗馬にたとえ、最小限の燃料で降下する方法を表現した。軌道の解析結果では目標点とする高度が月面より下を示したので、正しいタイミングで計算機が着陸《ランディング》フェーズに切り替わらなければ、月着陸船が月面に激突した。

ベネットとグラマン社は常に情報交換した。ミッション設計者とシステム設計者が設計変更の影響を把握する前に物事が進められてしまった。“何回も修正を実施したので混乱を招き、スタートで躓《つまず》いた。着陸レーダーの設計がとくに困難だった。月面の地質、地形、月着陸船の姿勢が大いに影響した。誘導データ更新のため、確実にレーダー信号が受信される必要があった。そうならなければ、安全に着陸することはできなかった。問題に直面した技術者は極めて保守的になった。しかし、保守的になればなるほど、燃料が増え、燃費を落とした。システム性能の限界に挑んだ月着陸船では、保守的な姿勢が目標達成を逆に遠ざけた。”[11]

ベネットと同僚が提案した難解な着陸ソフトウェアの要求仕様を、ＩＬは絶対にプログラミング作業に落とし込む必要があった。ここで、フィードバック制御の専門家で、ＭＩＴの機械工学部を卒業したアラン・クランプ（Allan Klumpp）を紹介する。１９５９年、ジョー・シーアのシステムグループに所属し、ＮＡＳＡ本部を訪れるまでパサデナにあるジェット推進研究所で働いていた。トラゲサーとホーグが行った誘導制御のプレゼンテーションに感銘を受けた。「今まで見たプレゼンテーションの中で、もっとも気合いが入ったものだった……二つの画面を同時に使用して説明を行っていた」。ＮＡＳＡ本部ではなく、ＩＬで働きたいと決意を新たにし、間もなくマサチューセッツ州ケンブリッジに拠点を移した。クランプは今までベトナム戦争で使われた武器システムの開発に従事し、自責の念に駆られていたのでアポロ計画の平和なミッションを気に入っていた。アポロ計画の技術文化は実際、戦争と平和が表裏一体だった。

ＩＬでのクランプの初仕事は、着陸時の窓の眺めを再現することだった。１秒ごとに景色が変わるソフトウェアプログラムを作成した。粗雑な映像が完成した。その作業が終わると間もなく、誘導〝計算〟に取り組んだ。数値計算だけでなく、降下中に計算機がどのように月着陸船を制御するか、論理フローチャートも作成した。同僚のジョージ・チェリー（George Cherry）は大型汎用計算機《メインフレーム》で月面着陸をシミュレーションするため、プログラムのパンチカードを３０００枚作成した。クランプは大型汎用計算機での処理を、誘導計算機のリアルタイム処理に落とし込む方法に手こずり、その数は６０００枚に増加した。クランプは宇宙飛行士が手動で月面降下をしたがっていたのを強烈に覚えている。しかし、彼が作成したフライトシミュレーションプログラムで毎回、宇宙飛行士は墜落してしまった。月面着陸は計算機の腕に掛かっていた。[12]

クランプと同僚のドン・アイルズは、月面着陸の計算式をソフトウェアの中に埋め込んだ。１９６６年、ボストン大学の数学科を卒業したアイルズは、アポロ宇宙船が飛び始める１年前はまだＩＬに在籍していなかった。しかし、ずば抜けて優秀だったので、アポロ計画でもっとも重要な着陸設計の中心人物となり、すぐに頭角を現した。月面着陸で宇宙飛行士が計算機とやり取りしたとき、宇宙飛行士は弱冠24歳のアイルズの頭脳と話していたことになる。

●システムとしての月面着陸

着陸は五つの主要サブシステムから構成された。第一のサブシステムは、月着陸船の〝降下エンジン〟だった。正式名称は〝降下推進システム（Descent Propulsion System：DPS）〟だった。ベルの形状をしていて、月着陸船の底から突き出ていた。サターンロケットの巨大エンジンのように、DPSは姿勢制御用のジンバル（回転台）に繋がっていて、角度を自由自在に調整できた。燃料消費に伴い重心位置も変化したので、スラスター点火の角度調整はとても大切だった。DPSには独特な特徴があった。どんなエンジンも月着陸船を、着地点の上を通過させることはできたが、DPSは秒速単位で燃料消費する月着陸船を着地点の真上に誘導し、穏かに月面に着陸することを可能にした。[13] そのために、計算機がリアルタイム制御で降下エンジンの〝スロットル弁を調整した〟。

制御技術者にとってシステムがあらゆる事態に臨機応変に対応できることは理想的だったが、罠もあった。DPSは出力を0〜55％までしか調整できなかった。それ以上にすると、凄まじい勢いで酸化剤がDPSの金属部分を腐食したので定格推力に合わせざるを得なかった。この制約は制御を複雑にし、理想の軌道から着陸開始するために約17kgの追加燃料を必要とした。

第二のサブシステムは〝着陸レーダー〟だった。月着陸船の高度と速度を検知するため、電波を月面に発射し、反射波を受信した。レーダーは4か所から電波を発した。その内の三つは、ドップラー効果を計算し、月着陸船の垂直速度を測定した。四つ目は、反射波が戻ってくる時刻を測定し、高度を計算した。レーダーアンテナは二つ向きがあった。一つは、月着陸船垂直時、真下にあり、もう一つは、水平時に真下を向く角度で付いていた。カリフォルニア州のサンディエーゴにあるライアン・エアロノティカル（Ryan Aeronautical）社がレーダーを製造した。この会社は大西洋を単独横断飛行したチャールズ・リンドバーグの機体〝ザ・スピリット・オブ・セント・ルイス（The Spirit of St. Louis）〟を製造したことで有名だった。

着陸レーダーが正常に作動したのはアポロ10号の試験飛行だけだった。アポロ11号では着陸レーダーの数値が本当に正しいか疑わしかったため、宇宙飛行士は外を確認した。また、アポロ14号では危うく着陸レーダーが原因で、ミッションが中止されるところだった。

第三のサブシステムは〝通信装置〟だった。月着陸船には地球と通信するアンテナが二つあった。〝高利得〟パラボラアンテナは、高品質の音声とデータを転送したが、正常に動くためには地球を向いている必要があった。着陸中、計算機がアンテナの方向を自動調整することも、月着陸船パイロットが取っ手を使って動かすこともできた。二つのアンテナとは別に、調整を必要としない二つの小さい全方向性アンテナが月着陸船の真横に付いていたが、データ転送率が低く、音質も悪かった。重要な着陸時、雑音を極力少なくするためにアンテナを調整するのは煩わしかった。月着陸船には司令機械船とのランデブー飛行用レーダーも付いていた。月着陸船と司令機械船が接近したとき、距離と速度を測定した。ランデブー飛行時、計算機が司令機械船を追跡できるよう、アンテナはサーボ機構に接続されていた。ランデブー飛行用レーダーは着陸では使用しなかったが、ミッション中止が発生した場合すぐ使えるように電源は入ったままだった。後述するが、アポロ11号では計算機に繋がったランデブー飛行用レーダーが問題を引き起こした。

第四のサブシステムは、リアルタイムにシステムを統合した〝計算機〟だった。司令船に搭載された計算機は〝アポロ誘導計算機（Apollo Guidance Computer：AGC）〟と呼ばれ、月着陸船の計算機は〝Lunar Guidance Computer〟の頭文字をとって〝ＬＧＣ〟と呼ばれた。ＬＧＣは、異なる企業が製造した装置とデータをやり取りした。自動操縦《オートパイロット》機能は姿勢制御システム（Reaction Control System：RCS）の方位調整、降下エンジン点火、操作盤の指示器制御、ＤＳＫＹ・操縦桿から宇宙飛行士の入力を受け付けた。ソフトウェアは時間間隔を測定したり、パルスを数えたり、慣性航法装置からデータも収集したりした。計算機と慣性航法装置を併せて、主系誘導制御システム（Primary Navigation and Guidance System：PNGS）となり、〝ＰＮＧＳ〟は〝ピングス〟と発音された。ＰＮＧＳ故障時、ミッション中止誘導システム（Abort Guidance System）、通称〝ＡＧＳ〟がバックアップとして作動し、ランデブー飛行を続けた。

　システムのバラバラな動きはソフトウェアが管理した。降下エンジンは燃焼すると〝腐食〟し、推力特性を変えた。ソフトウェアはその変更を計算式に代入した。初期の着陸では、計算の修正ミスでスロットル調整が安定しなかった。

　最後のサブシステムは〝人〟だった。今まで、積極的な〝操縦士《オペレーター》〟と評価されることもあれば、消極的な〝貨物〟と揶揄されることもあった存在だ。左に座る〝コマンダー〟が実際に月着陸船を操縦した。右に座る宇宙飛行士は、実際は副操縦士だったが〝月着陸船パイロット（Lunar Module Pilot：LMP）〟と呼ばれた。宇宙飛行士に奇妙な役職名を付け、せめてもの気休めとして〝人〟が権限を握っているのだと錯覚させた。月着陸船パイロットは操縦桿には一切触れなかった。システムインテグレーターとして働き、ＤＳＫＹを操作した。降下中、コマンダーがソフトウェアプログラムと着陸フェーズを確認し、着地点を探索した。最後数百ｍを〝操縦〟し、着陸直前にエンジンを切った。一方、月着陸船パイロットは、ＡＧＳとＰＮＧＳの誘導制御システムの数値誤差を確認し、数値をＤＳＫＹに入力した。着陸直前、コマンダーが外を注視していられるよう、高度、速度、燃料の残量を読み上げた。コマンダーと月着陸船パイロットは互いに良好な関係を築く必要があった。また、彼らは作業の承認、システムマネジメントを支援する管制官とも会話した。

　ベネットのチームが月面着陸を考える際、飛行機の着陸を参考にした。月面着陸は慣れない空港への着陸のようだった。コマンダーが着地点を一通り見渡したのち、着陸態勢に入れるかどうか判断した。しかし、目視確認すると貴重な燃料が消費された[14]。打ち上げ時と同じ課題に直面した。月面着陸は全自動なのか、それとも手動操作も入れるべきなのか？　もっと現実的に考えたなら、着陸操作の自動化の度合いは？　人は機械にどの程度コントロールを譲るのか？

自動着陸は複数の選択肢を提供した。ヴェルナー・フォン・ブラウンが最初に描いた月面着陸構想では、人の関与はなかった。〝船長〟が障害物を回避する動作のみ手動だったが、そのほかの作業は基本〝紙テープ［初期のコンピューターの記憶媒体］に記憶された誘導プログラムを使用して全自動で行われた[15]〟。NASAと結んだ契約のもと、グラマン社は全自動のミッション遂行を考えた。着地点の選択は、司令機械船に残った宇宙飛行士が望遠鏡で月面を直接確認する方法や事前に月面装置を設置し、月着陸船へ転送された映像を間接的に確認する方法が提案された[16]。

ベネットのチームは〝宇宙飛行士が制御に介在する〟シミュレーターを宇宙飛行士と共同開発し、月面着陸を練った。宇宙飛行士の役割は着陸寸前を除き、システム監視とミッション中止の判断だった。とくにPNGSが故障した場合のミッション中止時、宇宙飛行士にとてつもない作業負荷が掛かった。ベネットはたとえ全自動で着陸できたとしても、宇宙飛行士が手動またはセミオートマチック制御を行えるのはあたり前だと考えた。「誰一人として、自動で着陸したいと考えていた宇宙飛行士はいなかった」。

ベネットは一度、クリス・クラフトに全自動の無人月面着陸を提案している。案は却下された。もし全自動の着陸が失敗したら、成功するまでアメリカ連邦議会は有人飛行を認めないとクラフトは踏んでいた[17]。ベネットは月面着陸を白紙に戻したいとは露程も思っていなかった。「ただ、安全な着陸を実現するため〝純粋に〟考えていただけだ」。ある日、ベネットは全自動でシミュレーションを実行するよう宇宙飛行士に依頼した。彼らは軽蔑の目でベネットを見た。「それは操縦じゃない」と[18]。

月着陸船と司令機械船がドッキングした状態で宇宙飛行士は月着陸船に移動し、電源を投入し、一連の確認作業を進めた。月着陸船と司令機械船の誘導計算機間に電気的接続はなかった。そのため、宇宙飛行士が司令機械船のアポロ誘導計算機からデータ、時間、軌道変数を読み上げた。数値を月着陸船の誘導計算機に手入力し同期化するため〝確認《マーク》〟と読み上げた。同様に、ＰＮＧＳの初期化、較正、アライメント調整も実施した。ようやく設定が終わると2機を分離させた。分離後、司令機械船に残っている宇宙飛行士に月着陸船の破損を目視確認してもらうため、コマンダーは月着陸船を回転させた。もしなにも問題なければ、月着陸船はゆっくりと司令機械船から離れ、月面高度16kmの低軌道に入った。

１９６６年６月、ＮＡＳＡはヒューストンで月面着陸の運用計画を説明するシンポジウムを開催した。ＭＳＣソフトウェアコーポレーション（MSC Software Corporation）のオーウェン・メイナード（Owen Maynard）が運営組織のリーダーを務めた。戦闘機製造がカナダで廃止されたときアブロ社から解雇され、のちにＮＡＳＡに雇われ、やがてＮＡＳＡ内部で中核的存在となった技術者だった。ミッションの分類を考案した。〝Ａミッション〟は無人試験、〝Ｇミッション〟は初月面着陸、〝Ｈミッション〟は基本着陸の改善、〝Ｊミッション〟は積載物の重量を増やし滞在時間を延ばした高度な月面着陸を目的とした。また、各ミッションで九つの〝チェックポイント〟を設けた。比較的安全なときに点検を実施し、手順移行やミッション中止を判断した。[19]

意外に思えるが、地球から約38万km離れた月周回軌道は、宇宙飛行士にとって安全な場所で〝チェックポイント〟の一つだった。月周回軌道では、すべての動きをいったん停止することが可能で、安全点検を実施し、再度計画を練り直すことができた。もし問題が発覚すればトラブルシュートできるよう、管制官は月を１回か

2回周回することを指示した。いざとなれば、月面着陸せずに比較的安全に地球に帰ることもできた。低軌道にいる月着陸船を司令機械船が救出しにいくことも可能だった。

着陸降下開始は重要な〝チェックポイント〟だった。月着陸船を減速するため、降下エンジンを点火し、月面高度15kmで月周回軌道から外した。エンジンが点火したら、約10分間の間に月面着陸するか、危険なミッション中止を実施するかのどちらかだった。時が刻々と刻まれた。

●月着陸船のデジタルオートパイロット

月着陸船は直感では操縦できなかった。姿勢制御のため、16個のRCSスラスター（4個1式が4組）が装備されていた。月着陸船の底にある大きい降下エンジンがジンバルの支点に繋がっていたので、降下エンジンが月着陸船の姿勢を制御することもできた。一つ、または一式のスラスターが故障したら月着陸船は制御不能に陥り回転し始めた。燃料消費で重心は変わり、推進液の流体運動も月着陸船の制御を難しくした。これら、そのほかの複雑な要素が直感操作を弊害した。さまざまなデータ、センサー、アクチュエーター、ソフトウエア処理を統合する月着陸船の誘導計算機だけが、宇宙飛行士に〝操縦〟感覚を与えた。これらの処理が自動操縦《オートパイロット》機能を構成した。

ソフトウエアの自動操縦機能は0・1秒ごとに演算を実行した。演算はその1／40の時間、25ミリ秒「千分の1秒」で終了した。さらにスラスター点火時、自動操縦機能の変数を補正するため、2秒ごとにほかの処理が割り込んだ。〝状態予測〟に月着陸船の理想的な動きを伝え、月着陸船に加わる力・加える力を計算した。これはバティンが考案した計算に似ていた。スラスター点火時、月着陸船の姿勢を即座に計算し、その効果が加速度計に反映される前、新しい予測値を数式に代入した。〝噴射選択論理〟は16個のスラスターのうち、どのスラスターを噴射すれば良いか判断した。スラスター故障時、スラスターを自動選択し、ほかの制御装置も使って動きを補完した。状態予測計算は燃料消費で絶えず変わる月着陸船の重量も考慮した。軽い重量では同じスラスター点火時間で加速度を増すことができた。

ある自動操縦《オートパイロット》機能は、軌道上で速度変更しない〝惰性飛行《コースティング》〟に関与した。〝惰性飛行〟の間、司令機械船と月着陸船分離後の目視検査などを実施した。〝KALCMANU（calculate maneuver：マニューバー計算）〟プログラムはジンバルロックを回避しながら効率的に月着陸船の姿勢を変え、サーボ機構をゆっくり動かした。ほかの処理プログラムは降下／上昇エンジン点火時、月着陸船の速度を制御した。その中でも、月面着陸の降下エンジン点火が困難を極めた。速度を落とし、周回軌道から月着陸船を外す際、1秒に10回ほど計算機は慣性航法装置から速度と姿勢を読み取った。誘導計算は1秒に2回行われ、新しい位置と速度を予測し、スラスター点火を指示した。これらの処理結果は上位の誘導処理プログラムに取り込まれ、月着陸船の期待位置と期待速度を計算した。これらの処理は三つの着陸フェーズ、〝制動《ブレーキング》フェーズ〟、〝進入《アプローチ》フェーズ〟、〝着陸《ランディング》フェーズ〟で常に作動していた。[20]

●月着陸船のユーザーインターフェース

月着陸船の操作盤の配置は月面着陸、月面離陸、ランデブー飛行、自動操縦機能《オートパイロット》への入力などの操作を反映した。コックピットの両側に共通の計器がある場合もあれば、左右に独自のスイッチや制御装置が実装されている場合もあった。コマンダーと月着陸船パイロットは左右の窓からそれぞれ外を覗いた。司令機械船のものと類似した〝エイト・ボール〟は宇宙での姿勢指示計で、月着陸船の基準点からの姿勢の傾きを教えた。〝エイト・ボール〟はアナログ計器だったが、自動操縦機能《オートパイロット》が装置を駆動した。着陸中、月の中心方向との関係性を示し、飛行機の人工水平線に相当する情報を提供した。x、y軸の〝クロスポインター（cross pointer）〟は前方と横方向の速度を示した。速度計も計算機が駆動させた。もう一つの指示器は、計算機の状態ベクトルの自動計算から高度と降下率を示した。宇宙飛行士にはそれぞれに2本の操縦桿が与えられた。一つは姿勢制御用、もう一つは水平・垂直速度制御用だった（図8・5、図8・6参照）。

通常、月着陸船パイロットが計器盤を監視する間、コマンダーが操作を実施した。コマンダーが操縦桿をニュートラル位置から動かすたび、計算機は二つの動きを実施した。まず、操縦桿の傾きに比例してアナログ電圧を印加し、次に操縦桿が動いたことを合図するため、スイッチを閉じた。

自動操縦機能は制御の選択肢をいくつか提供した。姿勢制御とスラスター点火、それぞれに全自動、全手動操作が用意されていた。いくつものサーボ機構、制御選択スイッチ、フィードバック制御、ソフトウェアが操作に介入した。たとえば〝インパルス制御〟は操縦桿の動きに合わせて、短く、タイミング良くスラスターを

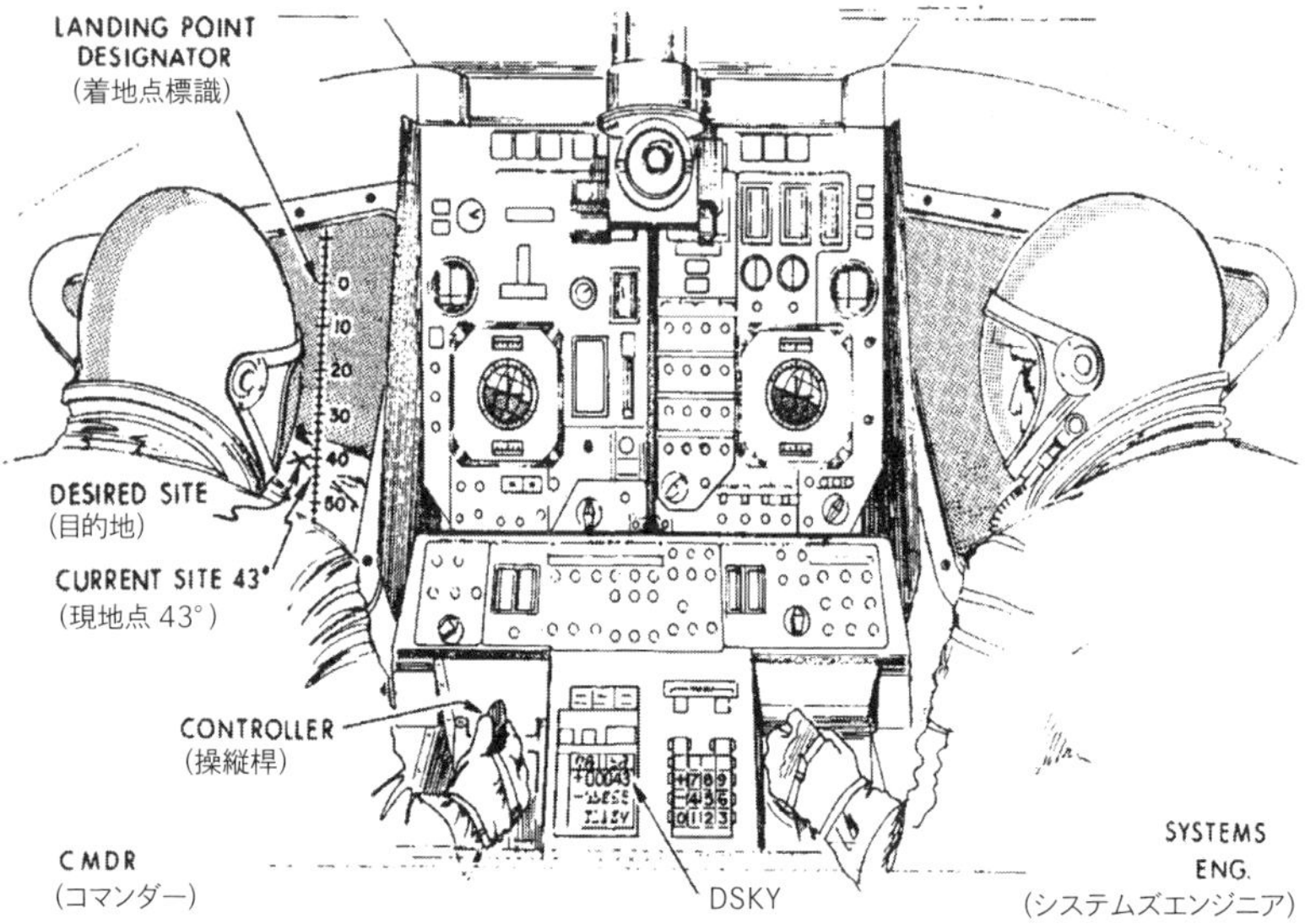

図 8.5　月着陸船内の宇宙飛行士と制御装置の配置。月着陸船パイロットが“システムズエンジニア”と定義されていることに着目。（Klumpp, “A Manually Retargeted Automatic Descent and Landing System for the LEM,” 130）

点火した。ドッキングなど繊細な操縦が求められる場面で活躍した。操縦桿を目一杯倒した〝ハードオーバー制御〟は、計算機処理を飛ばし、RCSスラスターの弁を直接制御した。この操縦は燃費が最悪だったが、計算機が故障し、命令を受け付けなくなった緊急時に役立った。ジム・ネヴィンズはインターフェースについて的確に表現している。「扱いやすく、冗長もしっかりしているが、宇宙飛行士の作業負荷は極めて高い[21]」。

月着陸船のもっとも重要な自動操縦《オートパイロット》機能は〝動作率／姿勢維持制御〟だった。DSKYに〝VERB77〟を入力するか、スイッチを〝PNGS AUTO〟から〝ATT HOLD〟に切り替えて実行した。X-15の〝回転率制御〟に似て、このセミオートマチック制御では操縦桿を傾けて姿勢を制御した。操縦桿から手を離すと姿勢を自動維持した。同時に使用された類似制御は垂直方向の動きを制御し、一定の降下率を保った。宇宙飛行士は

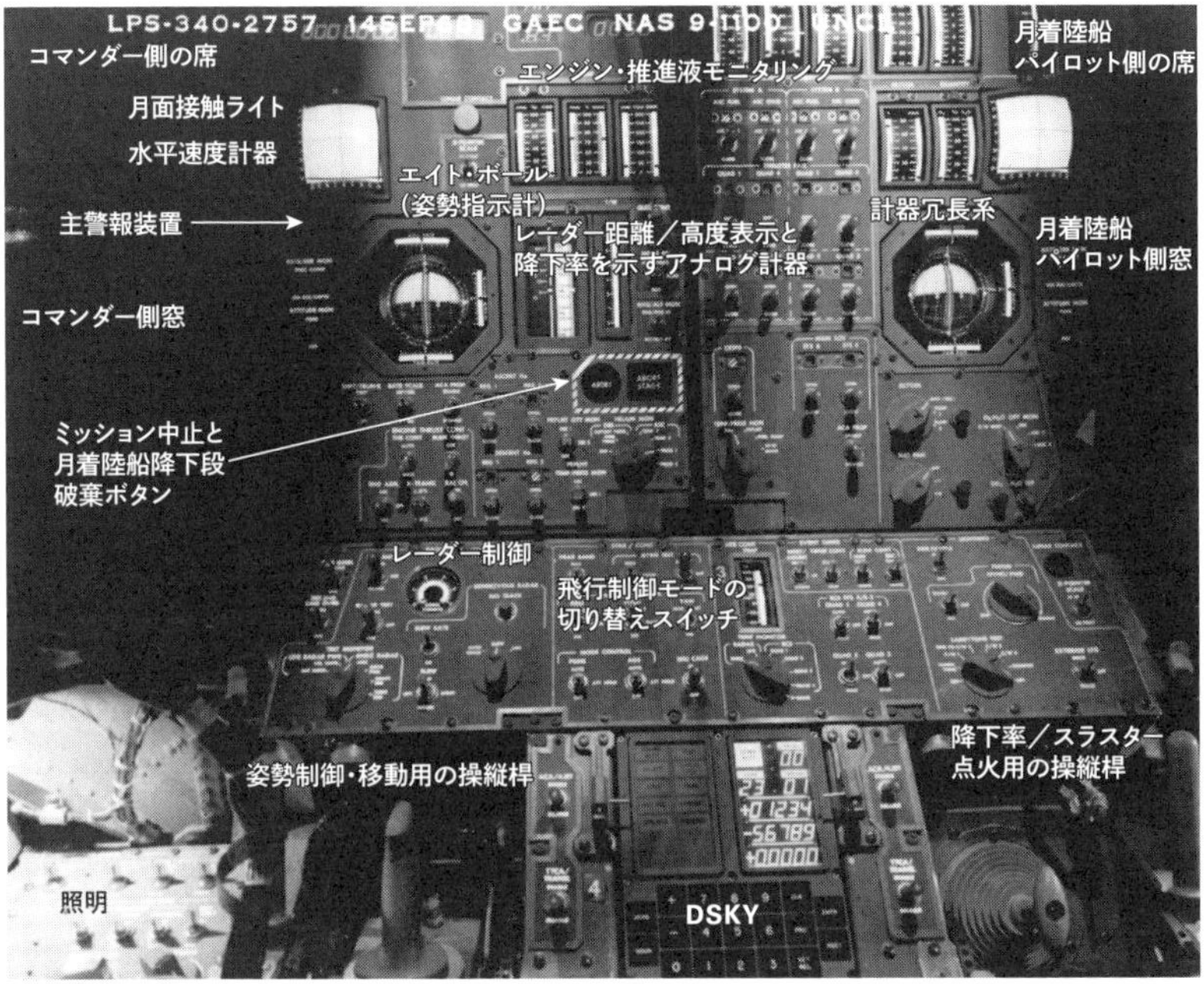

図8.6　月着陸船計器盤の一部。コマンダーが左に座り、月着陸船パイロットが右に座る。その間にユーザーインターフェース装置DSKYが備え付けられている。コマンダーには別途、手動操作桿と左に沈下率調整スイッチが用意されている。(Cradle of Aviation Museum archives, Bethpage, N.Y., Courtesy of Paul Fjeld)

その増減をスイッチで調整した。

月着陸船誘導計算機の手動操作は、月着陸テスト機（Lunar Landing Research Vehicle：LLRV）のアナログ制御をデジタル化したものだった。月着陸テスト機については後述する。〝操作は骨の髄までデジタル化され、計算機の論理分岐、カウンター、非線形計算により、処理に自由度を与えた[22]〟。これらの充実した機能は宇宙飛行士の能力を代替するというよりは、複雑な月着陸船の機能をインターフェースに集約し、シンプルにし、選択肢を与えた。

インターフェースは宇宙飛行士へ指示もした。図8・7にアポロ12号で使用されたコックピット内のチェックリストを示す。ミッションの全体スケジュールから一部抜粋した。分離から月面着陸まで

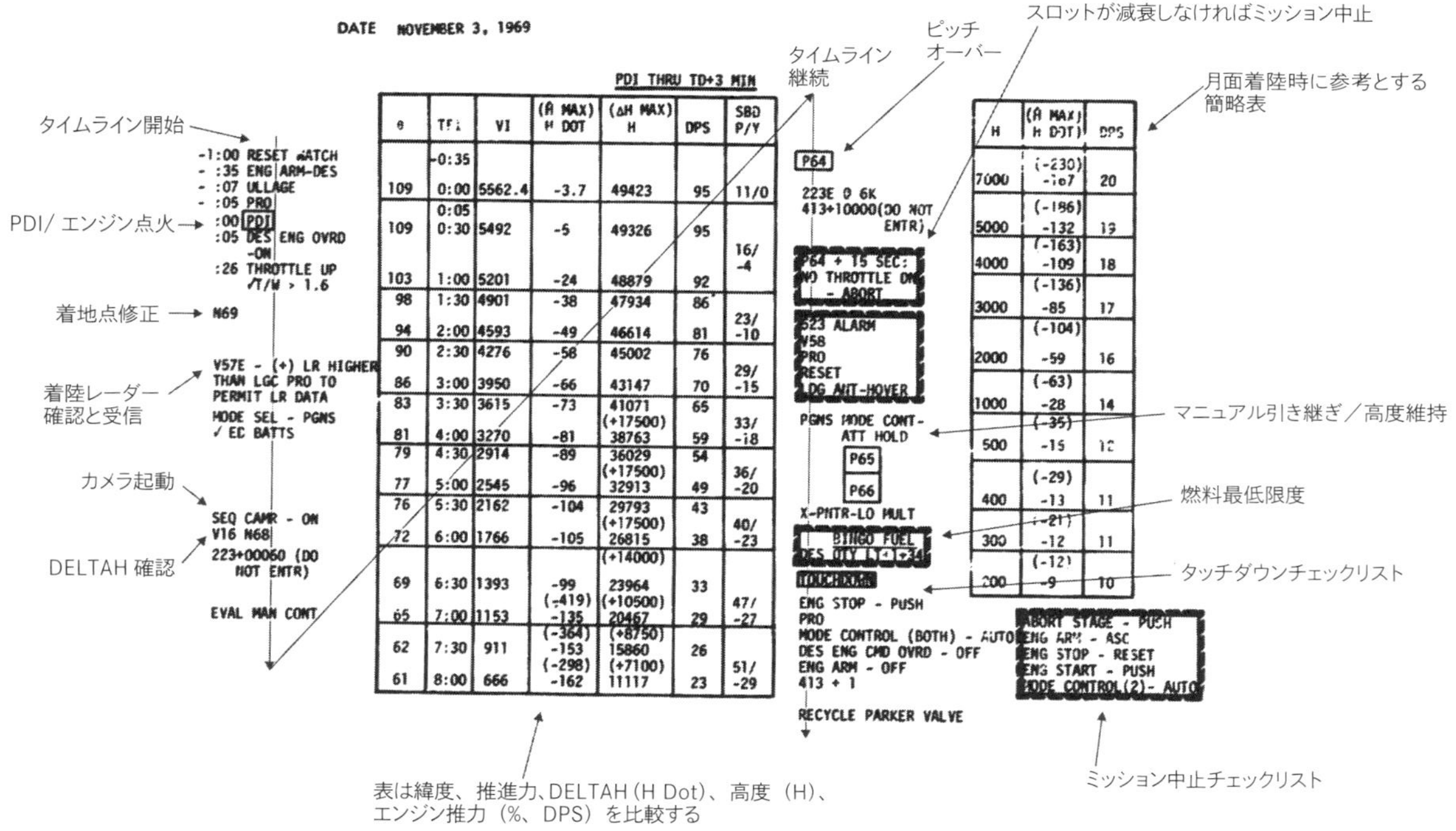

θ	TFI	VI	(Ḣ MAX) H DOT	(ΔH MAX) H	DPS	SBD P/Y
	-0:35					
109	0:00	5562.4	-3.7	49423	95	11/0
	0:05					
109	0:30	5492	-5	49326	95	16/ -4
103	1:00	5201	-24	48879	92	
98	1:30	4901	-38	47934	86	23/ -10
94	2:00	4593	-49	46614	81	
90	2:30	4276	-58	45002	76	29/ -15
86	3:00	3950	-66	43147	70	
83	3:30	3615	-73	41071 (+17500)	65	33/ -18
81	4:00	3270	-81	38763	59	
79	4:30	2914	-89	36029 (+17500)	54	36/ -20
77	5:00	2545	-96	32913	49	
76	5:30	2162	-104	29793 (+17500)	43	40/ -23
72	6:00	1766	-105	26815	38	
				(+14000)		
69	6:30	1393	-99 (-419)	23964 (+10500)	33	47/ -27
65	7:00	1153	-135 (-364)	20467 (+8750)	29	
62	7:30	911	-153 (-298)	15860 (+7100)	26	51/ -29
61	8:00	666	-162	11117	23	

H	(Ḣ MAX) H DOT	DPS
7000	(-230) -107	20
5000	(-186) -132	19
4000	(-163) -109	18
3000	(-136) -85	17
2000	(-104) -59	16
1000	(-63) -28	14
500	(-35) -15	12
400	(-29) -13	11
300	(-21) -12	11
200	(-12) -9	10

図 8.7　アポロ 12号の動力降下噴射（PDI）から着陸までの時系列チェックリスト。コマンド入力の手順が左から中央に掛けて記載されている。表は“許容降下率比率”対“高度”の値を示す。(Annotations by the author from Apollo 12 Timeline Book, http://history.nasa.gov/alsj/a12/a12LM_Timeline.html [accessed January 5, 2007])

の手順書5頁のうちの1頁だ。このチェックリストはDSKYの下、2人の宇宙飛行士の間に用意されていた。チェックリストは左上から始まり、月着陸船の速度を落とし、月着陸船を軌道から外す1分前からスタートした。〝時計のリセット〟。最初の指示は宇宙飛行士にあてたものだった。リストの欄を下に読んでいき、下まで到達したら次の欄の上に移行し、着陸まで手順を進めた。太い線で囲まれた箇所はミッション中止条件や〝燃料確認〟などの重要項目を表した。右下に記載されている最後の手順は着陸後の〝安全〟操作だった。「鷲《イーグル》は舞い降りた」と無線を入れる前、オルドリンとアームストロングがこのチェックリストに沿って会話しているのが聞こえる。[23]

月着陸船に特定の指示を出したソフトウェアプログラムは人にも特定の動作をするよう指示し、提示データを基に判断を下すよう促した。コアロープの〝0〟や〝1〟のように、紙に記載された時系列の手順も月着陸船コックピットのシステムを繋ぎとめ、人と機械を一つのシステムに統合した。

●着陸態勢の準備

月面着陸は〝制動《ブレーキング》フェーズ〟の月面高度15kmから始まった。月着陸船は降下前、なぜ月面上空15kmを周回したのか？　月には大気圏がないので理論上、もっと低軌道で周回することもできた。しかし、それは安全ではなかった。月に衝突しないため、宇宙飛行士は月面全体を見渡す必要があった。ところが、そのような理想的な状況を実現することは実質不可能だった。追跡、誘導、そのほかさまざまな要因が軌道を不確定にした。月面の地形も明らかではなかった。月が完璧な球体であれば簡単だが、丘や山が突如として現れることもあった。ＮＡＳＡ技術者は月面の地形について高度６kmまでは把握しきれず、４・５kmまでは軌道と誘導技術が不確定で危険だと判断した。したがって、余裕をもって、衝突を恐れる必要のない月面高度15kmを着陸態勢の準備に入る高度と定めた。[24]

月着陸船は二つの方法で月を周回した。初期のミッションでは司令機械船と月着陸船の分離後、月着陸船は月の裏側、着地点のほぼ正反対でエンジンを点火した。後半のミッションでは2機を結合した状態で低軌道を周回したため、司令機械船のエンジンを点火した。そうすることで月着陸船の燃料消費を節約し、重量も軽量化した。月着陸船が月面に滞在する間、司令機械船は周回軌道を回り続けた。月着陸船を遠点が高度約１１１km、近点が高度約18kmの楕円軌道に投入した。エンジン点火は月の裏側で地上との通信が遮断されたときに実施された。数秒の誤差も月面衝突に繋がる可能性があったので技術者は心配した。

月面着陸は、2機の宇宙船が月の裏側から再び姿を現し、ヒューストンの信号を再受信した瞬間から佳境に入った。エンジン点火の成功を確認し、新しい軌道高度が許容範囲内にあるか判断した。この段階は〝信号受信（Acquisition of Signal）〟の頭文字をとって〝ＡＯＳ〟と呼ばれ、月着陸船は時速６４００kmで月を周回した。宇宙飛行士はこのとき、与圧服を着ていたがヘルメットと手袋は外していた。管制官が読み上げる状態ベクトルの更新値〝PADs（Pre-Advisory Data）〟を復唱した。通信故障を起因とするミッション中止時も、PADsはミッション中止の1分前まで提供されるものだった。

月面高度15kmですべての点検が終了したら、宇宙飛行士は降下を開始し、動力降下噴射（Powered Descent Initiation：PDI）を実施し、〝制動《ブレーキング》フェーズ〟に移行した。〝VERB37〟を入力し、〝ENTER〟ボタンを押し、その後〝63 ENTER〟と入力すると、〝Ｐ６３〟が呼び出された。このプログラムは航法の状態ベクトルと着地点を加味して、点火時刻を計算した。月着陸船が近月点［軌道上で月からもっとも近づく点］に到達したとき、降下エンジンの点火準備に入り、DSKYが点火するまでの時間とそのほかの情報を宇宙飛行士に伝えた。押し込まれた〝PRO（ceed）〟ボタンを再度押して元に戻し、次の手順に移行した。計算機は〝VERB-NOUN〟規則を使用して、宇宙飛行士にプラットフォームのアライメント調整［慣性航法装置のプラットフォームをあらかじめ指定した方位に向けて水平を保った姿勢に操作すること］実施の有無を尋ねた。司令機械船と月着陸船の分離前にアライメント調整は済んでいるはずだったので、通常、宇宙飛行士はただ〝ENTER〟を押して〝いいえ〟と答えた。計算機の処理をすべて宇宙飛行士が承認するのは非現実的だったが、主要操作前には必ず宇宙飛行士が〝PRO〟ボタンを押して、処理の最終承認を与えた。[25]

次に計算機はＰＤＩ実行のため、月着陸船の姿勢を制御した。点火前の約35秒間、表示がいったん消え、計算機が準備態勢に入っていることを伝えた。点火５秒前、宇宙飛行士は表示を確認して〝ＰＲＯ〟ボタンを押した。この時点で、宇宙飛行士はエンジン点火をやり過ごすか、５秒遅延させることができた。もしそれ以上遅延するのであれば月をもう一周した。

エンジン点火はＲＣＳスラスターを数秒点火することから始めた。そうすることで、すべての燃料をタンクの底に押し込んだ。そして、メインエンジンを点火しＰＤＩを正式に始めた。点火時、ＤＳＫＹの3段のディスプレイ画面には慣性速度、降下率、高度がそれぞれ表示された。計算機は時刻カウンターを回し始め、以降の着陸操作はこの時刻を参考にしながら実施された。

ＰＤＩ実施時、月着陸船は〝足を月面に向けた〟状態で月を周回した。計算機は月着陸船の足が再び軌道方向を向こうとする前に降下エンジンを点火した。約26秒間、エンジンは出力10％でエンジンのジンバルを微調整した。噴射が重心に合っているか確認し、月着陸船を減速させる以外、余計な力や動きが加わらないようにした。宇宙飛行士はこのわずかなスラスターの動きを身体で感じることはなかった。

弱出力の約30秒後、約7分半、スラスターは全出力となった。その間、月着陸船は400km移動し、速度を秒速1650から180mに減速した（時速約6000から650km）。そして、高度を1万5000から3000mに落とした。降下中、〝ABORT〟を押して降下段を残したまま、または〝ABORT STAGE〟を押して、降下段を破棄して上昇段だけでミッション中止することも可能だった。本当にミッションを中止したら、ランデブー飛行の軌道選択や煩雑な作業に追われたので、宇宙飛行士の作業負荷は劇的に増加した。

しかし、順調に進めば〝制動《ブレーキング》フェーズ〟での宇宙飛行士の主な役割は、誘導制御システム、PNGSとそのバックアップのAGSを監視するだけだったので、作業負荷は小さかった。また、誘導制御システムと計算機以外の補助もあった。月着陸船が地球から見て月の表側を横断したとき、地上追跡システムを使って管制官が事細かに月着陸船と司令機械船の動きを追跡した。PNGSとAGS間の数値誤差が開くと問題だった。もし著しい差異が生じたら管制官がどちらの装置の方が正しいか判断し、ミッションを続けるかどうかを決定した。

PDI降下中、月着陸船は上向きでも、下向きでも良かった。アポロ11号では下向きで、宇宙飛行士は高度を目視確認した。PDI3分経過後、高度約12kmに達した時点、宇宙飛行士が操縦桿を使って、または計算機が自動で月着陸船の姿勢をヨー軸回りで制御した。どちらの方法をとっても、この時点で月着陸船は着地方向に足と着陸レーダーを下に向けていた。PDI4分経過後、高度約900m、ヒューストンにいるフライトディレクターと管制官が着陸〝続行《ゴー》〟の判断を下した。

ここから集中力が一気に増した。着陸レーダーが月面を探査し始めた。着陸レーダーが距離を検知したとき〝高度（Altitude）〟ボタンが消灯し、速度測定のドップラー信号受信時〝速度（Velocity）〟ボタンが消灯した。事象は数分間隔の出来事だった。ここまでは慣性航法が使用された。加速度計で月着陸船の動きを測定し、恒星や目印《ランドマーク》を使用してデータを較正した。また、地上追跡システムからもデータが更新された。しかし、ここまでくると、着陸レーダーがもっとも正確なデータを示した。今度は恒星からではなく、月面から情報を取得した。月面に対して月着陸船はどれくらいの高さにいるのか？　どれくらいの速さで動いているのか？　これらの重要な値がなければ、誘導制御に数kmの高度誤差が生じ、宇宙飛行士の有視界飛行を妨げた。

着陸レーダーが月面を検知すると、月着陸船パイロットは〝VERB16〟と〝VERB68〟を打ち込み、レーダー値と慣性航法値の差を示す〝DELTAH〟を表示した。高度6000mで3000m以内の誤差であれば抜群の精度だった。[26] これは、月が完全な球体であると仮定していた。実際、後半のアポロ計画でそうだったように、もし地形が山岳地帯のように凸凹していたら、ゆっくり降下しても高度計の表示は大幅に振れた。これらの誤差をなくすため、後半のミッションでは計算機に粗い月面の地形モデルが組み込まれた。もし着陸レーダーの値が良ければ、すなわち〝DELTAH〟の値がさほど大きくなければ、宇宙飛行士は〝VERB57〟を打ち込み〝承認〟した。計算機は慣性航法と着陸レーダーで読み取った高度と速度の加重平均を算出した後、数秒以内に着陸レーダーの測定高度と合わせ、新しく航法計算を実施した。予定通りに進めば緊張は一気に弛緩した。月着陸船がようやく、目標の月に狙いを定めた。着陸レーダーがロックオンされると、二つのメーター計器、x-y軸表示計器が、それぞれ高度・降下率と水平移動速度を教えた。[27] 着陸レーダーの数値を計算機の演算に取り込むことは月面着陸の重要な作業だった。

もし着陸レーダーが正常に作動しなかったら、またはPNGSの値と著しく異なったら、あるいは計算に数値が正しく代入されなかったら、ミッション規則に則《のっと》ってミッションは中止された。月着陸船パイロットは〝H（高度）〟と〝DELTAH〟値、そのほかの変数も時系列表の規定値と比較した。月着陸船パイロット自身がデータを照合し、計器の値が〝死亡曲線（Deadman's Curve）〟に被らないか確認した。NASAは宇宙飛行士にもっと穏やかな表現の〝ミッション中止境界値（Abort Boundary）〟を使用するようお願いしていた。各高度には安全にミッション中止できる〝DELTAH〟と降下率が規定されていた。たとえば、ある高度で降下エンジンが故障したら、規定速度を超過した状況から月着陸船は回復不能だったので、ミッションは中止された。システムは特定の数値を表示することで警告《アラーム》を発した。たとえば〝1406〟は〝誘導計算機の故障〟、〝1401〟は〝誘導計算の処理能力超過〟を意味した。

●ハイ・ゲート：月面高度2700m

一見すると、月面着陸は純粋な工学問題だ。古典ニュートン力学を使って高校生でも問題が解けそうな気がする。実際、システムが全自動であれば、月着陸船は比較的平坦な上を水平に突き進み、着陸時に垂直降下するだけだった。月面高度2700m、月着陸船は仮想の〝ハイ・ゲート（High Gate）〟を通過した。この用語は昔のパイロットの俗な言い回しで、空港への進入開始点を意味した。次の指標である〝ロー・ゲート〟も由来は同じだ。〝ハイ・ゲート〟から着陸まで、月着陸船は理想の軌道計算から外れ、人の意思決定と判断を積極的に必要とした。〝ハイ・ゲート〟に到達すると計算機は進入《アプローチ》フェーズの〝Ｐ６４〟を実行した。

着地点は無人探査機、初期のアポロ計画、地上からの観測で作成されたさまざまな月面地図を参考に選択された。しかし、これらの解像度の月面地図では情報不足で、小さい月着陸船に害を与えるかもしれない地形を把握するには不十分だった。十分に地形が滑らかで平坦だとは保証できなかった。初期の計画では、一つ前のミッションでビーコンやレーダー送信機を事前に月面に落とし月着陸船を誘導することが考えられたが、そのアイディアが実を結ぶことはなかった。ほかの計画では、貨物を運んだ月着陸船が全自動で着陸できるよう、月面を平らにならすことも考えられていた。[28] 確実な基準点がなかったため、高精度な着陸には最後の数秒間、なにかしらの誘導が必要だった。ここで、ＮＡＳＡは人の視力と判断に頼ることにした。着地点は適切か？ 着陸経路は本当に安全か？ これらはすべてコマンダーが判断した。さまざまな計器や計算機が用意周到に準備されていたが、死と隣り合わせだったので着地点は宇宙飛行士に決定権が委ねられた。

着地点を選択するには、着地点を〝目視確認する〟必要があった。

しかし、月面高度２７００ｍの〝ハイ・ゲート〟までコマンダーと月着陸船パイロットは背中を月面に向け、足を真上に放り出し、上空を見上げた体勢をとっていた。

したがって、月着陸船は進入《アプローチ》フェーズに入ると同時に〝ピッチ・オーバー〟した。コマンダーの姿勢を立たせ、窓から着地点を覗き込めるようにした。このシンプルな動きは問いを投げ掛けた。コマンダーに十分な情報と時間の余裕を与えるには〝ピッチ・オーバー〟を月面高度どれくらいで実施すべきか？ コマンダーはどのように着地点を探すのか？ 着地点を探すまでどのくらい時間が掛かり、着地点の選択、月面着陸実施の有無はどのように判断するのか？ 次の着地点候補が見つけられることが大前提だが、コマンダーが着地点を

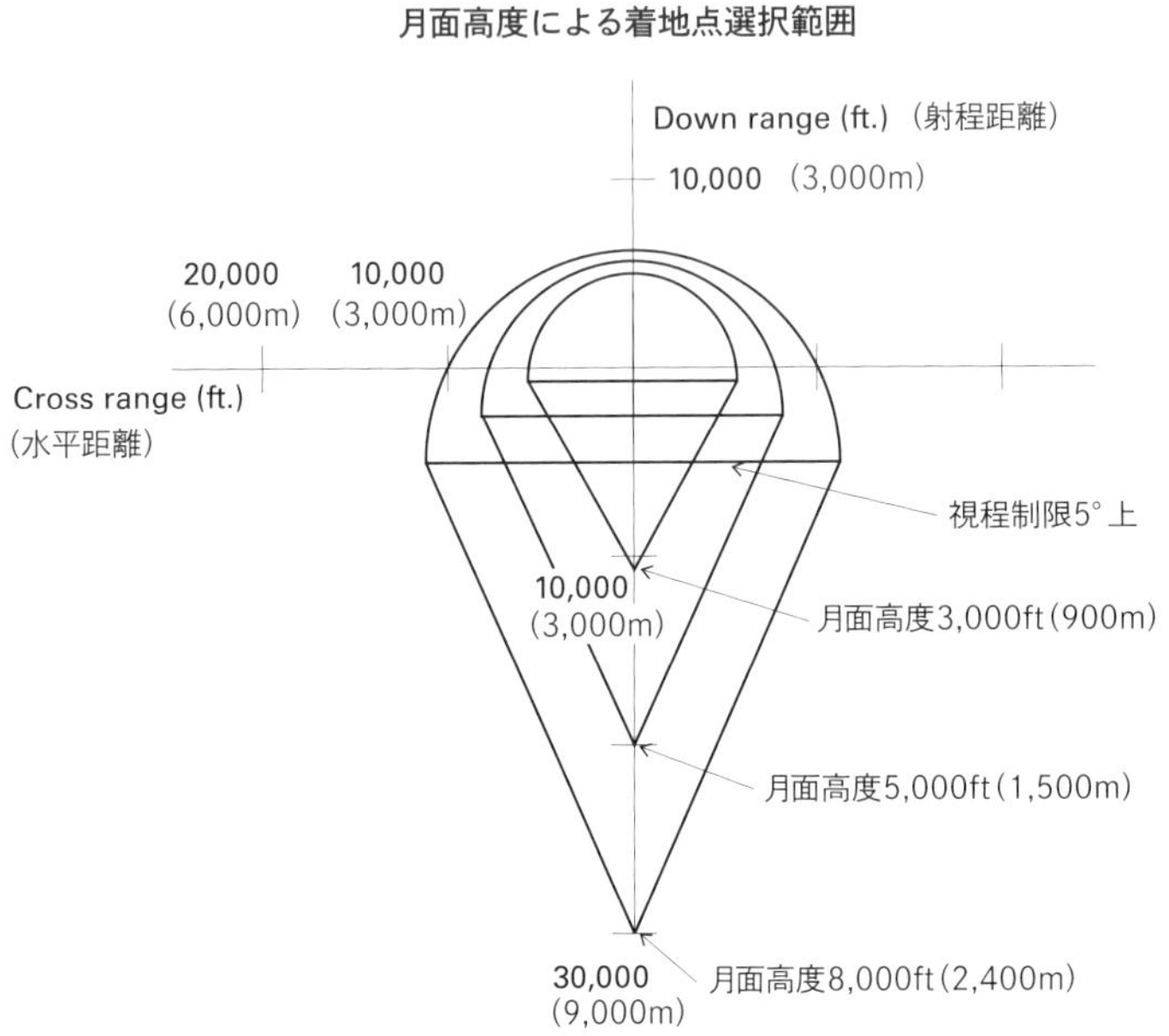

図 8.8　高度 2.4km からの着地点標識（LPD）変更で到達できる範囲を示す。線の頂点が月着陸船の位置。通常、自動システムが月着陸船を誘導するのは座標（0,0）。月着陸船が頂点にいるとして考えると、コマンダーは各高度で半円の範囲から着陸点を再選択可能。月着陸船の高度が低下するほど円錐は小さくなり、着地点を再選択することが厳しくなる。(Redrawn by the author from Cheatham, "Apollo Lunar Module Landing Strategy, " fig. 36)

〝再選択〟したいと考えたら、どれくらい時間の猶予が与えられるべきなのか？　ある飛行計画は記した。〝未知の環境で月着陸船のシステム性能とコマンダーの能力をトレードオフする戦略が必要だ〟。システムズエンジニアリングが再び登場した。[29]〝エネルギー（燃料）〟対〝情報（視界）〟。月面着陸では、人の目で不確定要素を減らし安全を手に入れ、エネルギーを犠牲にした。

　アポロ計画のミッション設計者と技術者は、重量と燃料を極力減らしたいと考えたため、効率的な航行を実現する装置も設計から外した。しかし、意思決定時、燃料節約はコマンダーの目視確認と真っ向から対立した。[30] 結果、視界が勝利した。〃着地点の視界を確保するため燃料が犠牲にされた〃[31]。人が判断する時間を確保するため、数kgの燃料増加を容認した。燃料が増えれば増えるほどコマンダーの考える時間は増えた。最初の着陸では約1分間、空中停止《ホバリング》できる燃料が積まれた。月面高度２４００ｍ、コマンダーは着地点を目にした。もし必要あれば、６・４kmの範囲内で着地点を再選択することができた。

図8・8は着地点選択の典型的な分析の一例だ。[32] 燃料のトレードオフはコマンダーによる着地点再選択の最終許容高度の判断と同様に、ＬＰＤの目盛ごとに細かく行われた。仮に高度１５００ｍでは周囲９００ｍ範囲内で着地点を再選択することが可能だった。しかし、もっとも遠くまでたどり着くには追加で秒速約14ｍ必要だった。残燃料は〃delta v budget〃が示し、月着陸船の速度変化から算出された。月着陸船が月面に近づくほど、着地点の再選択範囲は狭まった。

したがって、〃ハイ・ゲート〃は月面高度２４００〜２７００ｍの間に設定された。この時点で、計算機はＰＤＩ実行の〃Ｐ６３〃から進入《アプローチ》の〃Ｐ６４〃に自動で切り替わった。〃ハイ・ゲート〃で月着陸船は〃ピッチ・オーバー〃し、コマンダーと月着陸船パイロットの背中が月面と平行した状態から垂直状態になるよう月着陸船を傾けた。月着陸船の足から着陸するので、どんな状況でも〃ピッチ・オーバー〃できる必要があった。人が乗っていたので、安全確保のため〃ピッチ・オーバー〃は高い高度で実施された。

〃ピッチ・オーバー〃はドラマチックだった。地球からの長い旅路、宇宙飛行士の2人は背中を月面に向け、足を宙に放り出した状態で急降下した。〃ピッチ・オーバー〃が実施されると、宇宙飛行士は死から生き返るように起立し、初めて着地点を目にし、クライマックスを迎えた。アポロ計画の何回かの着陸ではこの瞬間、歓喜が沸き起こった。しかし、ある着陸では混乱と危険を招いたのだった。

●着陸の目印

ピッチ・オーバー後、コマンダーは予定着地点を探し、安全であるか否か確認した。コマンダーは着地点をどのように再選択したのか？　進入《アプローチ》プログラム〝P64〟は〝LPD角度〟をDSKYに表示させた。〝着地点標識（Landing Point Designator：LPD）〟装置を使い、どこに着地点があるか、せめて窓のどのあたりを見れば良いか教えた。この装置はドナルド・チータムが考案し、アラン・クランプが設計したものだった。クランプはLPDを〝ハイブリッド〟制御システムと呼んだ。〝コマンダーが着地点まで手動で誘導するにもかかわらず、自動装置が操舵を制御した〟からだ[33]（図8・9参照）。LPDは、数行のソフトウェアコードと窓の目盛で構成された。窓の内側と外側には、少しず

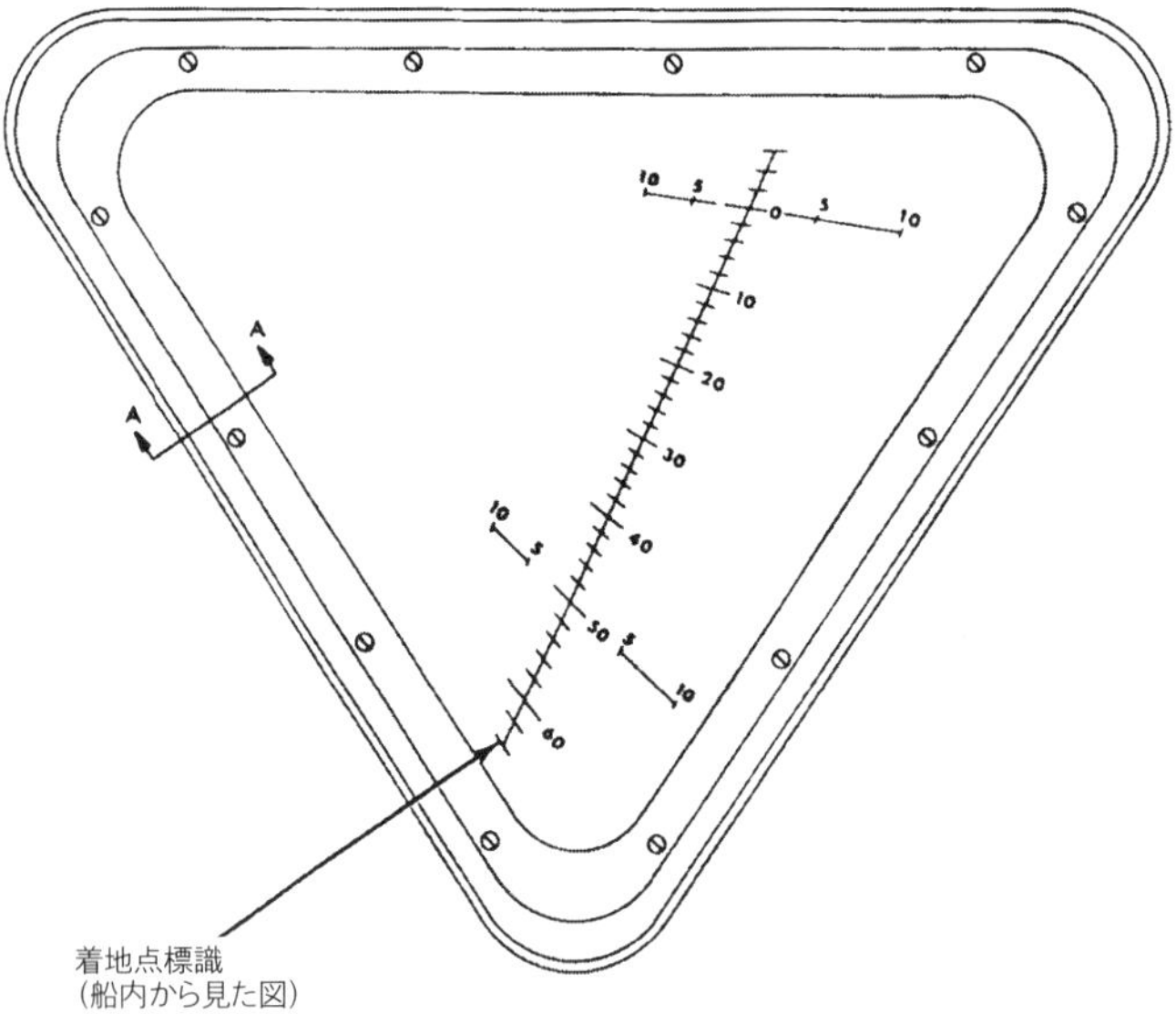

図8.9　月着陸船の窓に印付けられた着地点標識（LPD）。（Grumman Aerospace Corporation, “Apollo Operations Handbook, Lunar Module, LM 10 and Subsequent, Volume 1: Subsystems Data,” April 1, 1971, 1-11）

らして目盛がそれぞれに刻まれていた。目盛が重ね合わさって見えたとき、目の焦点も合った。ＤＳＫＹが〃ＬＰＤ角度〃を表示し、窓のどの目盛位置に着地点が見えるか教えた。

計算機の照準をずらして着地点を再選択することもできた。コマンダーは新しい着地点を探し、窓の目盛を読み取り、月着陸船パイロットに数値を伝えた。すると、月着陸船パイロットがＤＳＫＹに数回入力した。クランプはその操作が面倒で誤りやすいと思ったので新機能を追加した。コマンダーが操縦桿を軽く動かすと〃ひとクリック〃動かした方向に着地点が１度か２度修正された（図8・10参照）。左右どちらかに操縦桿を軽く倒せば、着地点のＬＰＤ角度が２度ずれた。また、操縦桿を前後に動かせば０・５度、着地点を前後に調整できた。角度の実距離への変換は高度に左右された。たとえば、高度１８００ｍでのひとクリックは約１８０ｍ

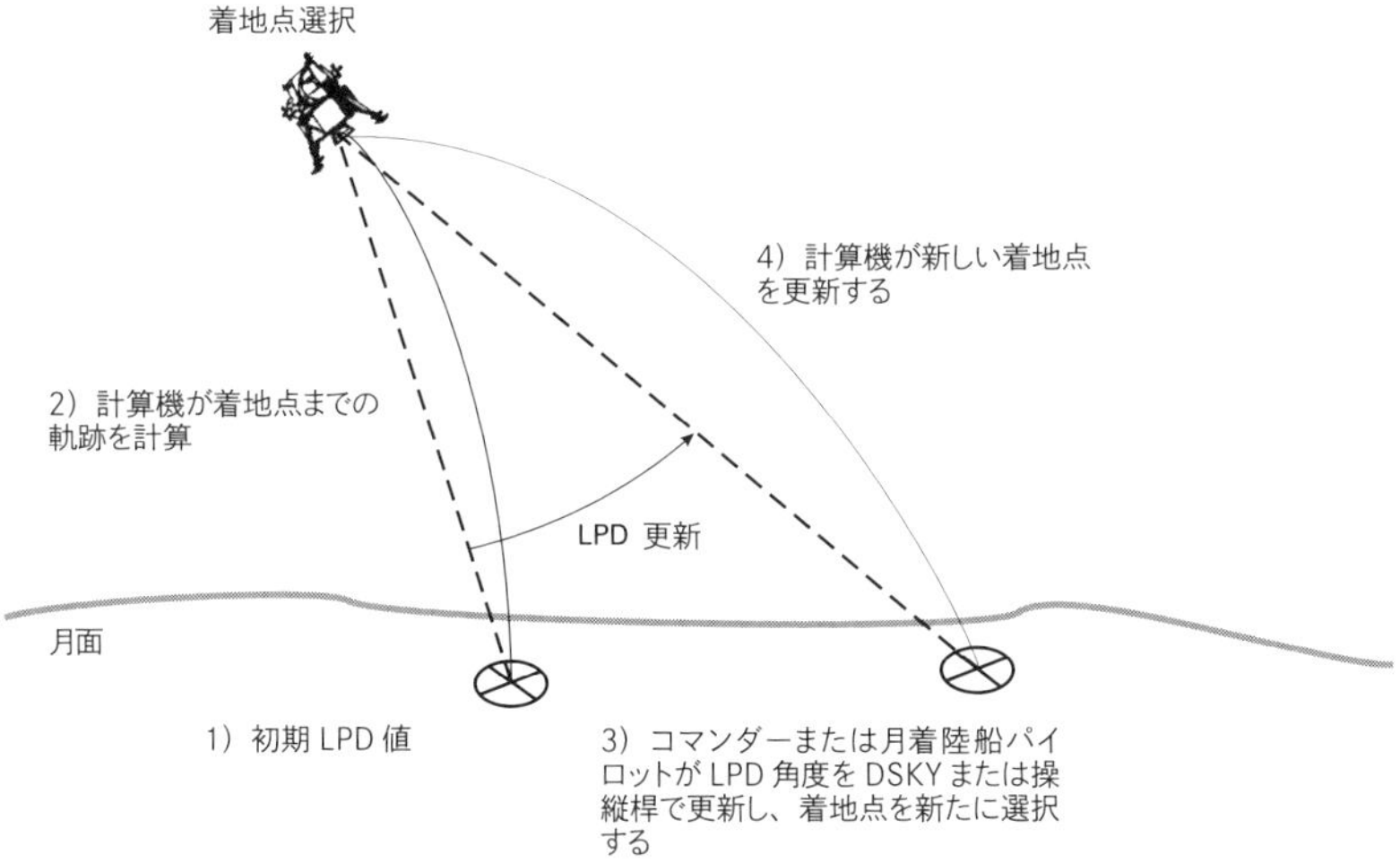

図 8.10　着地点探索方法。コマンダーまたは月着陸船パイロットによる着地点標識（LPD）の角度調整で着地点を再選択できることを示す。新しい LPD 角度をユーザーインターフェース装置 DSKY に入力するか、操縦桿をクリックして動かすだけで、何回も着地点を調整することが可能。(Redrawn by the author from Cheatham, “Apollo Lunar Module Landing Strategy,” fig.40)

の移動、高度１５０ｍでは約24ｍの移動に相当した。操縦桿を動かすと、計算機は新しい着地点を認識し、新しい経路を計算し、月着陸船を着地点まで導いた。月着陸船パイロットが数値を読み上げ、コマンダーが着地点を確認し、必要ならば再度着地点を探した。宇宙飛行士は繰り返し作業で最適な着地点を探した。クランプは操作について次のように記述している。〝コマンダーは計算機のフィードバック制御で理想の着地点を探す[34]〟。

ピッチ・オーバー後、数分間コマンダーは着地点を再選択することが可能だった。しかし、ある高度でＬＰＤは役立たずとなった。約１５０ｍ〝ロー・ゲート〟直前に達すると、計算機は着地点の再選択を受け付けず、月着陸船を着地点に導く〝Ｐ６６〟に切り替えた[35]。

ＬＰＤは着陸時の人間＝機械《ヒューマンマシン》システムの中核だった。コマンダーにエンジンとスラスター操作、速度・姿勢変更の作業負荷を与えることなく、高位レベルでの操作と制御を提供した。着地点を探したり、安全評価したりすることは人が得意とする分野だった。高精度の制御・演算は計算機に任せた。コマンダーは実際、ＬＰＤを使って着地点をより安全な場所に変更した。しかし、ＬＰＤが指し示した新しい場所に、自動着陸した月着陸船は一つとして登場しなかった。

●タッチダウン

〝ハイ・ゲート〟通過１分半経過後、高度１５０ｍの〝ロー・ゲート〟に達し、着陸まで１分を切る最終着陸《ファイナルランディング》フェーズに突入した。このフェーズは〝コマンダーが着地点を眺め、いつでも自動から手動操作に切り替えられる状態だった〟[36]。コマンダーが考える時間をもてるよう、燃料を多少余分に積載し、上空を空中停止《ホバリング》して安全確認した。各コマンダーが同じ操作をするとは考えられなかったので、さまざまなスキルやテクニックを考慮して燃料が余分に積まれた[37]。

　誰もがＬＰＤの自動制御のもとコマンダーが着陸するとは考えていなかった。ベネットは、全自動着陸は将来の無人ミッションで実現すると思っていた。〝ピッチ・オーバー〟後、コマンダーはいつでも〝PNGS AUTO〟から〝ATTITUDE HOLD〟にスイッチを切り替えることができた。〝ロー・ゲート〟直前、コマンダーが手動で、または計算機が自動で〝Ｐ６６〟を呼び出した。〝Ｐ６６では四つの制御が選択でき、それぞれの違いは作業をどのようにコマンダーと誘導計算機で分かち合うかで区別された〟[38]。基本、計算機が降下率を決めたが、コマンダーがリアルタイムにいつでも速度変更することもできた。左手にある〝降下率スイッチ〟の上げ下げで速度を秒速30cm加減できた。また、月着陸船の姿勢も〝レート制御〟で調整できた。この制御は計算機が降下率を計算している間、月着陸船をヘリコプターのように空中停止させた。〝この制御は手動で操作されたが自動制御が補助した。すなわち、コマンダーが直接操縦したが、裏で安定化制御が働いていた〟。〝Ｐ６６〟を早く呼び出すほど、長時間遠くまで操縦することができた。月面高度３００ｍでは、３分間の飛行で４・８kmの範囲内に着地することができた。ところが、それが月面高度90ｍまで低くなると、２分間の飛行で約８００ｍの範囲に狭まった。〝Ｐ６６〟には全手動降下制御の選択肢もあった。左の操縦桿が降下エンジンのスロットル弁を直接操作し、右の操縦桿がＲＣＳスラスターを点火した。この制御は燃費が最悪で、操縦するのも困難だったので結局一度も使われなかった。

　最終進入《ファイナルアプローチ》、月面から高度30ｍ、コマンダーは水平速度を〝ゼロ〟にし、宇宙船の水平方向の動きを止めた。

この操作の計算機処理は簡単だったが、月着陸船が空中停止《ホバリング》する間、速度を落とす自動制御は一度も使われなかった。その代わり、噴煙が巻き上がるなか、コマンダーは最後の最後まで月面の安全確認に努めながら、速度針を注視し、降下率が秒速約1・5ｍになるまで操縦桿を握った。月面から高度15ｍ、コマンダーは降下率を秒速1ｍまで落とした。計算機は降下率を微調整するとともにパイロットが指定した高度を維持した。最終進入《ファイナルアプローチ》は頻繁に手動操作と誤解されるが、実際はセミオートマチック制御だった。アポロ計画のどのコマンダーも計算機の補助を受けて月面着陸した。

月面高度30ｍ以下、もはや月着陸船の降下段を投棄してミッション中止することはできなくなった。瞬間的でも、とりあえず月面に着陸する必要が生じた。この時点から窓の景色を参考にし、コマンダーは目視で月面着陸を試みた。もし視界が遮られたら、主にＰＮＧＳ〔誘導計算機、慣性航法装置、光学システムの統称〕の高度と速度を頼りに計器着陸した。アポロ計画では、有視界／計器着陸の両方が実施された。それは月着陸船がどれくらい月面の砂塵を巻き上げるかによった。

タッチダウンの問題もデリケートだった。エンジンを早く切りすぎたら、月着陸船を砕くか、ぺしゃんこにした。しかし、遅すぎたら、砂塵をこれでもかと巻き上げ、コマンダーの視界を悪くした。最悪、月着陸船エンジンが壊れ、爆発した。理想的にはタッチダウン寸前、コマンダーがエンジンを切ることだった。月面から約1・7ｍの低高度では着陸レーダーの信頼性が著しく下がったので、着陸レーダー以外の装置を必要とした。

月着陸船の四つの足のうち、三つに着陸プローブが取り付けられた。着陸プローブは長い管《くだ》の先端にスイッチを付けることで月面との接触を知らせた。プローブが月面に接触すると月着陸船コックピット内の〝月面接触（Lunar Contact）〟が青く点灯し、宇宙飛行士にエンジンを手動で切ることを促した。プローブの長さは降下エンジンの弁を閉める時間、推進をゼロに戻すまでの時間、コマンダーの動作遅延を考慮して決められた。コマンダーは約１秒のうちに反応し、エンジンの停止を間に合わせる必要があった。

月着陸船が着陸したことを伝えるため、コマンダーは〝Ｐ６８〟を呼び出した。また、着陸姿勢を保つよう操縦桿をほんの一瞬動かした。たとえば、月着陸船が緩やかな傾斜に着陸したら、自動制御システムは月着陸船の姿勢を保つため、スラスターを点火し続けた。〝Ｐ６８〟はすべての制御を切り、計算機に着地点の経度と緯度を表示するよう指示した。月着陸船パイロットはメモリーアドレス番地４１３に命令を送信し、ＡＧＳ［ＰＮＧＳのバックアップ。月面着陸時のミッション中止用計算機］を停止させた。

●着陸訓練

どんな設計も図面や資料で確認すると理路整然としている。着陸経路、ソフトウェアプログラム、操作手順、それぞれ独立にみると、非の打ち所がないようにみえる。しかし、ミッション遂行前、重要な問いに答える必要があった。月面着陸を実際に行うため、どのように人を訓練するのか？　月面着陸は飛行の中でももっとも不確定性が高く、もっとも訓練を要した。

再度、ＮＡＳＡはシミュレーションに目を向けた。もちろん、アポロ計画のシミュレーションは今までのプロジェクトより技術も洗練され、選択肢も豊富だった。マーキュリー計画とジェミニ計画では、宇宙飛行士は訓練時間の１／３をシミュレーションに費やした。アポロ計画ではその時間が半分にまで及んだ[39]。マーキュリー計画とジェミニ計画では、それぞれ四つのシミュレーターが用意されていた。対して、アポロ計画には11個ものシミュレーターがあった。この中には、司令機械船と月着陸船両方の手順確認シミュレーター、軌道遷移とドッキング模擬装置、遠心器、無重力を再現する月面歩行模擬装置も含まれていた。

シミュレーターの中でもっとも重要だったのは、司令機械船と月着陸船にそれぞれ用意された〝ミッション・シミュレーター〟だった。各々のミッションをできる限り忠実に再現した。コンピューターモデルのシステムダイナミクスに従って設計された操作盤のスイッチや計器を模擬するだけでなく、スラスターの噴射音、乗組員室の与圧、火工品の燃焼音も再現した。シミュレーターは計算機、映像投影装置、構体、アナログビデオ装置が〝列車の車両のように連なり〟大所帯となった。[40] シミュレーターは月着陸船と司令機械船の製造を担う販売元《ベンダー》から提供された。通常、フライト製品に却下されたもので組み立てられた。月着陸船と司令機械船の内装、制御の操作卓、挙動を模擬した。しかし、〝固定式〟で動かなかった。

グラマン社とノース・アメリカン社は両社ともシミュレーター製造をゼネラル・インストラメント社の一部門、リンク・カンパニー（Link Company）に依頼した。第二次世界大戦中、飛行機の〝リンク・トレーナー〟訓練機を製造したので有名だった。ミッション・シミュレーターをヒューストンとケネディ宇宙センターにそれぞれ一式ずつ納入した。司令機械船用の装置が2台、月着陸船用が1台で一式だった。打ち上げ前日まで訓練できるよう準備態勢を整えた。ミッション・シミュレーターはとてつもなく巨大なデジタル計算機を何台も使用した。また、高度な光学システムを使用し、ミッション中の外の眺めを合成した。シミュレーターは管制室とも繋がっていたので、フライトディレクターと管制チームも訓練に参加することができた。

絶えず行われる月着陸船と司令機械船の設計変更についていくのは非常に大変だった。そんなことだから、シミュレーター自体も設計管理に苦労した。ソフトウェアプログラムの設計が常に変わったので、計算機の振る舞いを再現することは困難を極めた。そのため、大型汎用計算機《メインフレーム》が計算機自体を模擬し、実際のフライトソフトウェアを搭載した。ＩＬがコアロープ製造を正式に発注したら、シミュレーターにも読み込ませられるよう、ＮＡＳＡにもデータが送付された。第三者がプログラムを検証することで、設計に自信をもつことができ、なおかつ不具合発見にも貢献した。[41]

シミュレーター指導員は操縦訓練に多大な時間を費やした。やがて、シミュレーターの空き具合が大いに訓練に影響するようになった。マイケル・コリンズはシミュレーター訓練を〝ＮＡＳＡシステムの真髄〟と表現した。宇宙飛行士はシミュレーターで能力を証明できなければ地上に留められた。[42]「計算機が宇宙飛行士と運命をともにした」とコリンズはつけ加えても良いくらいだった。

〝ルナー・ミッション・シミュレーター（Lunar Mission Simulator：LMS）〟は３台の大型汎用計算機を使った。着陸時の景色を忠実に再現するため、レンズ、鏡、映像投影装置を含め５トンの硝子を使用した。目印《ランドマーク》の確認、計算機へのデータ入力、高度３６００ｍからの着陸操作を練習できた。宇宙飛行士が〝操縦〟すると、シミュレーター構造の一部である小さいカメラが連動し、シミュレーター画面の映像を変えた。月面模型は直径約５ｍ、１：２０００の縮尺でつくられた。実際、月面模型は逆さまに取り付けられたので、カメラは下から上を見上げた。大道具は〝サーベイヤー（Surveyor）〟と〝オービター（Orbiter）〟月探査機からの画像を基に月面模型を製作した。３次元の立体模型は３ｍの解像度で特定の着地点を再現した。のちに、アポロ計画のデータを使って改善も加えた。シミュレーターの動きに合わせ、サーボ機構に繋がったカメラが動き、月着陸船を着地点まで誘導した。しかし、シミュレーター画面上の景色の再現は非常に難しかった。実際、模型の誤りが原因でアポロ15号のデビッド・スコットは月面着陸中に方位を見失った。

宇宙開発のシミュレーターの歴史についてはまだ史実がまとめられていない。そのような研究があれば、コンピューターのリアルタイム画像処理の発展に伴い、どのように仮想現実《バーチャルリアリティー》技術が進んだかわかるだろう。実際、アポロ計画のシミュレーターはあまりにも洗練されたので、景色の再現が唯一の欠点となった。[43] したがって、着陸でもっとも重要な機能はパイロットの目となったのである。

●空飛ぶシミュレーター

宇宙飛行士はシミュレーター訓練の着陸の再現が芳しくないと感じていた。月面着陸の最後数mを忠実に再現する、よりシンプルな装置が登場した。その装置は、高度な計算機でも最新の視覚装置でもなく、テストパイロットの聖地と称えられたエドワーズ空軍基地のNASA飛行研究センター（FRC）からやってきた。この革新的装置はヒューバート・ドレーク、ドナルド・ベルマン（Donald Bellman）、ジーン・マトランガ（Gene Matranga）が考案したものだった。彼らはX‐15の安定性と飛行性研究に精通していた。

1960年、彼らは月面着陸の可能性を模索し始めた。軌道をどのように設計するのか？　宇宙飛行士にはどんな権限を与えるべきか？　宇宙飛行士はどのように訓練すべきか？　最適解はヘリコプター訓練だった。実際、月着陸船のコマンダーはヘリコプターの操縦訓練を受けた。月着陸船が〝ピッチ・オーバー〟するときのように、ヘリコプターも水平方向加速時、機体を傾けた。[44] 大げさにたとえると、月着陸船はヘリコプターのように飛行した。しかし、月の重力は地球の1/6の大きさなので、ヘリコプター訓練でもピッチ角やヨー角を6倍にする必要があった。したがって、どんなヘリコプターも月着陸船の摩訶不思議な動きを完璧に再現することはできなかった。

ドレークとマトランガは自由自在に飛ぶ機体を発想した。月での動きを模擬するため、この機体は独自にスラスター、ロケットエンジン、アナログ計算機、制御システムを積んだ。偶然にも、ベル・エアロシステムズ社（Bell Aerosystems）の技術者も、似たような装置の提案書を出していた。ドレークとマトランガはアポロ計画のマネジメント層を説得し、ＮＡＳＡ ＦＲＣはベル・エアロシステムズ社の開発を認めた。やがて〝月着陸テスト機（Lunar Landing Research Vehicle：LLRV）〟が誕生した[45]。

ＬＬＲＶは月着陸船に似ていて、流体力学にならった機体ではないうえ、奇妙で面白い形をしていた。ＬＬＲＶには翼、細い胴体、動翼、巨大方向舵《ラダー》もなく、月面の重力環境を再現するアナログ計算機だけを積んだ。巨大なジンバルに繋がったジェットエンジンまわりに骨組みが構築されていた。ジェットエンジンの動きはX-15でも使用された過酸化水素のスラスターで補完された。人は機体の前方に座り、計算機は後方に据えられた。ＬＬＲＶの物理的構造は人と計算機の関係を象徴した。ＬＬＲＶは両輪があって初めて飛ぶことができる機体だった。

ＬＬＲＶには二つの制御法があった。ジンバルにジェットエンジンが繋がっていたので、ジェット推進で垂直移動もできるヘリコプターのようだった。月着陸船と同じように、パイロットは機体の重心の前方に座り、垂直に離陸するため、エンジンの出力を上げ、機体の姿勢をスラスターで制御した。上空数百ｍまで上昇すると、パイロットは操作レバーとスイッチを動かし、月重力環境を模擬し、月面降下を練習した。アナログ計算機がジン

図8.11　月着陸テスト機（LLRV）の画。地球重力の6分の5をキャンセルするために装備された巨大ジンバルの中央にあるジェットエンジン、高度を保つための過酸化水素スラスター、前方に座り後方のコントローラーでバランスをとる操縦士に着目。(NASA Dryden/ Bell Aerosystems)

バルとジェットエンジンを制御し、機体の重さを1/6まで抑えた。機体重量は燃料の消費とともに減った。月面降下の制御では8分間、月重力環境での動きを模擬し、ＬＬＲＶのロール角とピッチ角を変えたりすることができた。機体の姿勢はスラスターが制御し、二つの上昇ロケットが月着陸船の降下エンジンを模擬した。

この破天荒な装置は、人が操縦できるのか否か、プロジェクトの出だしから疑問視された。コンピューターシミュレーション上、物理的に操縦可能なことは証明されていたが、それでも鋭い注意力と優れたスキルを要した。しかし、これはまさにパイロットが好む状況だった。訓練で限られた燃料しか積まないこともパイロットに時間のプレッシャーを与え、本番を意識したシミュレーションを可能にした。パイロットはこのストレスと興奮を〝パッカー・ファクター(pucker factor)［軍隊における俗語で、危険な状態でのストレスレベル、アドレナリン分泌量を示す。もしパニックに陥ったら、その人は〝パッカー(pucker)〟した］〟にたとえた(図8・11参照)。

ＬＬＲＶの飛行性は流体力学ではなく制御システムに依存したため、飛行機のような滑らかな胴体やエンジンカバーは必要なかった。機体は醜く、不細工で、〃空飛ぶベッドの骨組み（The Flying Bedstead）〃と呼ぶ者もいた。実際、正式にこの名がついたイギリス製の飛行機も存在する。しかし、ＬＬＲＶを不格好とするのは、今までどれだけ飛行機が流体力学にならって美しく設計されてきたかを証明した。ＬＬＲＶは計算機が模擬した人工の重力環境で独自の世界を飛んだ。

それでも、機体はときに気まぐれに動き、壊れやすく、とても危険だった。研究用の機体だったので、アポロ宇宙船のフライト製品のように厳しい試験には晒されず、システムの冗長系もなかった。機体の安定性は計算機にかかっていた。また、デジタルではないが、アナログ・フライ・バイ・ワイヤ制御方式が採用されていた。１９６４年、ＬＬＲＶ設計者のウォルター・ラスナック（Walter Rusnak）は次のように記している。〃制御がすべて電子機器に託されて飛ぶ、たった一つの機体だ[46]〃。ある技術者はもっと率直に表現した。〃月着陸テスト機の電子機器の故障は、飛行機で翼がもげ落ちるのに相当する[47]〃。ＬＬＲＶはパイロットにソフトウェアを信じることを教えた。ただ、アナログ世界ではソフトウェアではなく、それが増幅器、フィルター、フィードバック制御に代わった。これらの機器が無造作に動いたとき、深刻な事態となった。

過酸化水素がＬＬＲＶのスラスターを動かし、推力を得るため蒸気を噴射した。そのため、ＬＬＲＶが上空を飛んでいる間、機体はシューっと、ときには轟音を立て、さまざまな音をパイプオルガンのように出した。１９６４年10月、初の試験飛行が行われた。不具合解決だけで1年間掛かったが、月面上空１５０ｍからの月面降下を忠実に再現した。高度１５０ｍ。それは、パイロットが手動操作を引き継ぐ重要な瞬間だった[48]。

ＬＬＲＶの試験飛行はヒューストンの誘導制御主任ロバート・ダンキャンの注意を惹《ひ》きつけた。ＬＬＲＶを月面着陸を検討する実験機以上の物として見ていた。ＬＬＲＶを月着陸船の操縦特性評価、制御とデータ表示の検証、コマンダーの操縦訓練に使えると考えた。グラマン社の技術者とＩＬプログラマーが月着陸船の制御システムの設計にいざ取り掛かると、昔ながらの操縦特性（handling qualities）の質問が浮上した。月着陸船の制御はどれだけ敏感なものであるべきか？　スラスターにはどれだけの推力が必要か？　システムの自動の割合はどのくらいであるべきか？

ＬＬＲＶでＸ−15の〃レート制御〃を即座に検証した。この機能はやがて月着陸船の〃ATTITUDE HOLD〃に繋《つな》がった。また、別途に制御装置の調整、通信不感帯領域、操縦感度を検証した。技術者はＬＬＲＶに月着陸船の計器盤に似た装置を装着し、速度測定のためドップラーレーダーを追加した。加えて、操縦桿とペダル制御を右手の３軸操縦桿に置き換えた。月着陸船からの眺めを再現するため、コックピットを遮蔽した。さらに、降下率調整のため、左手にＴ字操縦桿を装備した。

ＬＬＲＶのチームはアポロ計画室（Apollo Program Office）が月面着陸を評価できるよう、２００回以上も試験飛行を実施した。やがて、ＮＡＳＡは予算をつけ、ＬＬＲＶは〃月着陸訓練機（Lunar Landing Training Vehicle：LLTV）〃に発展し、宇宙飛行士はＬＬＴＶで訓練するようになった。ＮＡＳＡは新規のＬＬＴＶを３機、既存の２機を月着陸船に改造する注文を出した。１９６７年初期、ＬＬＴＶは有人宇宙船センター（Manned Spacecraft Center）からそう遠くないヒューストンのエリントン空軍基地で使用された。ＮＡＳＡとグラマン社のコミュニケーションを取りもっていたのは、ニール・アームストロングや月面着陸設計者のドナルド・チータムを含む委員会だった。

ＬＬＴＶはパイロットの夢だった。なぜなら、操縦するのが難しい機体だったからだ。月面着陸に多くのスキルと経験が必要となることを物語った。最近行われたインタビューでデビッド・スコットは解説した。

「ＬＬＴＶは自信を与えてくれた。いちいち考える暇はないから無意識に操作できるように訓練を繰り返した。私は無我夢中になった……身震いしたよ。操縦が極めて困難な機体だったから」[49]。ニール・アームストロングは舌を巻く。「不可解極まりなかった。今までの常識では計り知ることができなかった。機械が実際あのように飛べるのだと、何度も何度も驚いた」[50]。

ＬＬＴＶは決して安全ではなかった。１９６８年５月、墜落する機体からニール・アームストロングはパラシュートで脱出した。危機一髪だった。事故調査委員会は警告表示《アラーム》、運用、マネジメントを変更するように指導したが、高いリスクがあるにもかかわらずテストプログラム自体は非難しなかった。アームストロングは１年間まるまる機体を操縦しなかったが、アポロ11号の数か月前、８回月面着陸を訓練した。彼は報道陣を前に次のように伝えた。「ＬＬＴＶは着陸時の月着陸船の操縦特性を把握するのに抜群です」[51]。ＬＬＴＶのパイロットの作業負荷は実際より高かった。副操縦士の月着陸船パイロットがいなかったので、絶えず計器や目に飛び込んでくるものに集中する必要があった。実際の着陸では月着陸船パイロットがシステムを監視し、計器が示す数値を読み上げた。ミッションに正式に任命された宇宙飛行士、交代要員を含め、コマンダーはエリントン空軍基地でＬＬＴＶを使って月面着陸を何百回と訓練した。

●月面着陸の再現、リスク、自信

ＬＬＴＶの有益性にもかかわらず、アポロ計画のマネジメント層はＬＬＴＶの訓練続行はリスクが高すぎると判断した。アポロ1号の火災事故で辛酸を舐めたので、優秀な宇宙飛行士を再び訓練で失うと考えることは想像を絶した。同じ轍を踏むわけにいかなかった。アポロ12号飛行後の1970年1月、ロバート・ギルルース本部長は飛行準備審議会を招集した。月面着陸に成功した2人のコマンダー、ニール・アームストロングとピート・コンラッド、クリス・クラフト、マックス・ファゲット、ジム・マクディヴィットなど、ほかの技術者と宇宙飛行士も参加した。これまで2回のLLTV墜落事故があった。一つはニール・アームストロングが経験したもので、もう一つも死者こそ出さなかったが危険極まりなかった。ギルルースは質問した。LLTVの月面着陸訓練は危険を冒してまで続ける価値はあるのか？　訓練は中止した方が良いのか？

議論は〝リスク〟と〝訓練で得られる教訓〟のトレードオフばかりでなかった。月面着陸における適切な人の役割について、技術者とマネージャーが個々にどのように考えているか侃々諤々《かんかんがくがく》と意見を闘わせた。

アームストロングとピート・コンラッドの立場は明確だった。コンラッドは伝えた。「もし、もう一度月に行くなら打ち上げ直前にLLTV訓練をしたいと思う」。普通のシミュレーターでは着陸最後60mの訓練が不十分だと考えていた。ラングリー研究センターにある巨大な構体をもった装置も冴えなかった。それに対して、LLTVはピッチ姿勢をとらえるのに優れていた。月着陸船のピッチ角調整が難しかった。アポロ12号の着陸でピート・コンラッドは月着陸船を40度ピッチングする過激な操作を実施した。しかし、LLTVで自信をつけていたのでなんの躊躇《ためら》いもなかった。「初めての月面着陸で失敗しないだろうと期待を掛ける仲間に、我々はアポロ計画の全成功を託している」と強調した。LLTVは宇宙飛行士に〝自信〟という偉大なる能力を与えた。

アームストロングはいつものように口数少なくコンラッドの意見に同調した。LLTVは水平方向のわずかな速度変化を把握すること、時間のプレッシャーと闘うことを教えてくれると言葉を添えた。着地点を再選択する訓練にもなった。「勝手にゲームをするんだ。降下していって頭の中で、いや私はここに着陸したくない、あそこに着陸しようと考えた」。アームストロングはその遊びが〝自信を与えてくれた〟という。最悪、月面着陸時の事故はアポロ計画中止に繋がった。ＬＬＴＶは保険だと説明した。「保険を掛ける必要があるくらい、まだ技術は未熟で危険だ[52]」。

宇宙飛行士はＬＬＴＶの存続をいつも支持し、ＬＬＴＶも期待に応えた。月面着陸は難しく、リスクが高かったが、自信、経験、スキルで乗り越えられることを証明してみせた。何人かのコマンダーは月面着陸時、ＬＬＴＶの訓練について無線で話している。フライト報告会では月面着陸の最後の瞬間、セミオートマチック制御に切り替えたとき、ＬＬＴＶ訓練が役立ったと伝えた。

ＬＬＲＶとＬＬＴＶの両方で計算機は人の操縦を一切必要としない状況をつくり出すこともできた。そこまで自動化できるなら、なぜ最後まで全自動で月面着陸しないのか？　人の視力でしか適切な着地点が選択できず、地図も不十分だと言うのなら、なぜ人が自動システムに着陸を指示しないのか？　ピート・コンラッドのように視界が遮られて計器飛行で着陸した宇宙飛行士もいた。なぜ、操縦を計算機に任せないのか？　宇宙飛行士は視覚と手動制御を一体にして考える傾向があった。

このような背景から、クリス・クラフトは自動着陸システムを月着陸船に装備することを提案した。コマンダーが着地点を選択して月着陸船を誘導したら、計算機が再び制御を担い、空中停止《ホバリング》し、自動で月面にゆっくりと着地させた。宇宙飛行士はこの考えが気に食わなかったが、ＬＬＴＶ審議会は宇宙飛行士室（Astronaut Office）が自動着陸の可能性を検討するよう要請した[53]。アポロ12号の後、ＩＬは自動着陸〝Ｐ６６〟を導入し、〝速度降下誘導（Velocity-nulling Guidance）〟と呼んだ。月着陸船を空中停止させ、最後の数ｍを自動化した。

しかし、その機能が一度も使われることはなかった。

打ち上げは自動だった。宇宙飛行士はロケット段分離、制御、エンジン点火の逐次制御《シーケンス》実行時、目盛盤《ダイヤル》や指示器を注視して、ミッション中止するか否か身構えるだけだった。月まで向かう途中では、システム監視、保守管理、船内整理整頓、航法の較正を実施した。大事なエンジン点火は、計算機や管制官によって事前に計算され、サーボ機構が制御した。月面着陸時だけ、宇宙飛行士は〝パワフルであると同時に繊細な月着陸船を着陸操作した〟。最後の10分間のうち、最後の1分か2分だけが手動操作だった。しかも、ここで言う〝手動〟は、姿勢維持または降下率調整のため、計算機に新たな設定値を送信することを意味した。このセミオートマチック制御でも宇宙飛行士とＮＡＳＡは十分満足した。人の判断力とスキルも頼りにし、あたかも着陸が人の支配下にあるように思わせた。

月着陸船を適切な場所に誘導し、着地点を評価するのは人の目が一番だと疑う者は皆無だった。月着陸船が〝ピッチ・オーバー〟し、コマンダーが初めて着地点を目にしたとき、視覚、知覚、情報が走馬灯のように駆け巡った。視覚と手動操作はどう協調したのか？　着地点を探すのも手動操作に含まれたのか？

理想的とはまったく言えない条件で実施された月面着陸で、これらの質問に対する答えがおのずと導き出された。立派だが不完全な機械を、スキルはもっているが過ちを犯しがちな人間が操縦した。

09章

不具合を隠しもった計算機：アポロ11号

コマンダー席に座っているアームストロング……彼は機械の歯車となり作業をこなすばかりでなく……究極の宇宙飛行士だった。資本主義社会と技術の偉大な力が結集し、のちにコリンズが小さな聖堂に見立てた月着陸船の正真正銘の指導者……技術の力を統《す》べる将官となった。アメリカの資本主義は数十億ドル規模のアポロ計画によって支えられた……アポロ計画は利益を生む病院のやり方とチームワークを大切にするフットボールチームのやり方が手を組むことによって実現した。

――ノーマン・メイラー（Norman Mailer）『月にともる火（Of a Fire on the Moon）』

アポロ11号は、新しいシステムを使った月面着陸の単純な検証に過ぎなかった。月面着陸を除き、システムの作動はほとんど実証されていた。アポロ10号は月面高度15 kmを周回し、ＰＤＩ（Powered Descent Initiation：動力降下噴射）操作だけ残し、地球に帰還した。ＰＤＩ以降の操作はすべて真新しかった。月面着陸は何度も地上で検証されたが、それはシミュレーション上の話に過ぎなかった。アポロ11号の月面着陸は、多くの組織の力が結集し、システムズエンジニアリングやプロジェクトマネジメントを実証する開発計画の集大成だった。関係者、計算機、ソフトウェアがシステムを構成した。[1]

●動力降下開始

１９６９年７月20日、午後５時ヒューストン時間。２時間も経たない前、月着陸船が司令機械船から分離し、月の安全な周回軌道に入り、月面降下の準備態勢に入っていた。月着陸船は月の裏側で〝降下軌道投入(Descent Orbit Insertion：DOI)〟を開始した。高度約１１１kmの円軌道から、遠点が高度約１１１km、近点が高度約18kmの楕円軌道にニール・アームストロングとバズ・オルドリンを移した。2人はエンジン点火を注意深く観察した。予定より少しでも点火が長かったらミッション中止できるよう身構えていた。司令機械船〝コロンビア〟にいるマイケル・コリンズは、月着陸船までの距離を電波で測定し、動きを見守っていた。すべては二重に確認され、冗長系が組まれ、操作を実行する前に〝人のお墨付き〟をもらった。宇宙飛行士は常に制御に介在した。慣性航法のプラットフォームのアライメント調整から〝ＰＲＯ〟ボタン押下に至るまで、最終確認はもっとも身が危険に晒された宇宙飛行士自身が実施した。

エンジン点火は上手くいった。最初の報告は月着陸船からではなく、月の裏側から姿を現した司令機械船のコリンズから届いた。「やあ元気か、こちらはなにもかも上手く進んでるよ」。数分後、月着陸船〝イーグル〟も姿を現し、エンジン点火の成功を報告した。

降下開始。比較的単純な軌道力学に、月の不確定性と粗さが加わった。アームストロングとオルドリンは足を下にし、月面を見る姿勢で降下した。初めての着陸だったので、彼らは目視確認しながら着陸したいと考えていた。楕円軌道でもっとも月に接近したとき、月面の目印《ランドマーク》を確認し、窓を通過する時間を計った。表と照らし合わせ高度を確認し、月面高度約16kmの近月点にいることを確認した。司令機械船からはコリンズが独自に月着陸船の高度を測定した。高度は15kmを示した。ＰＮＧＳ［誘導計算機、慣性航法装置、光学システムの統称］の測定は約１４・９９１kmを示した。ミッション終了後、実際の高度が１５・３００kmだったことが判明した。数値にバラつきはあったが、自信を得るには十分な値だった。

ヒューストンは月着陸船の高利得パラボラアンテナから信号を受信するのに手こずった。月面への降下中、ずっと問題は続いた。パラボラアンテナは広い帯域をもっていて、データも複数ビット送信した。しかし、正常に機能するためには、パラボラアンテナが地球に正対している必要があった。パラボラアンテナの駆動制御の調子が悪かった。月着陸船が下を向いた状態では一部の構造がパラボラアンテナを遮った。また、電波が月面で反射し、その干渉波の雑音を拾った。ヒューストンは信号を受信するため、月着陸船の姿勢を変えることを宇宙飛行士に指示し、自動サーボ機構の動きを補助するよう依頼した。「イーグル、こちらヒューストン。信号受信のため、ヨー角度を右に10度修正することを勧める。どうぞ」。宇宙飛行士は月着陸船を傾けた。窓の視界が多少犠牲になった。

数分後。「イーグル、こちらヒューストン。もし聞き取れるのであれば、動力降下開始《ゴー》だ。どうぞ」。ゆっくりとした南部訛りでＣＡＰＣＯＭ（CAPsule COMmunicator）［宇宙にいる宇宙飛行士と話す地上の宇宙飛行士］のチャーリー・デュークが伝えた。

オルドリンは〝VERB3−NOUN63〟を入力し、動力降下の〝Ｐ６３〟を呼び出した。数分後、計算機はサブルーチンプログラム〝BURNBABY〟を走らせ、降下エンジン点火を実行した。ＤＳＫＹの１行目に〝VERB06−NOUN62〟、2行目にエンジン点火までのカウントダウン時刻が表示された。点火直前、表示が点滅した。計算機はオルドリンが〝PRO〟ボタンを押すまで命令を実行しなかった。オルドリンはポンとボタンを押し、エンジン点火に承認を与えた（図９・１参照）。

エンジンは10％のスラスター出力で作動し始めたが、身体で感じ取ることはほとんど不可能だった。月着陸船の重心位置にスラスターがくるようジンバルを調整した。約30秒後、エンジン出力が１００％になり、月着

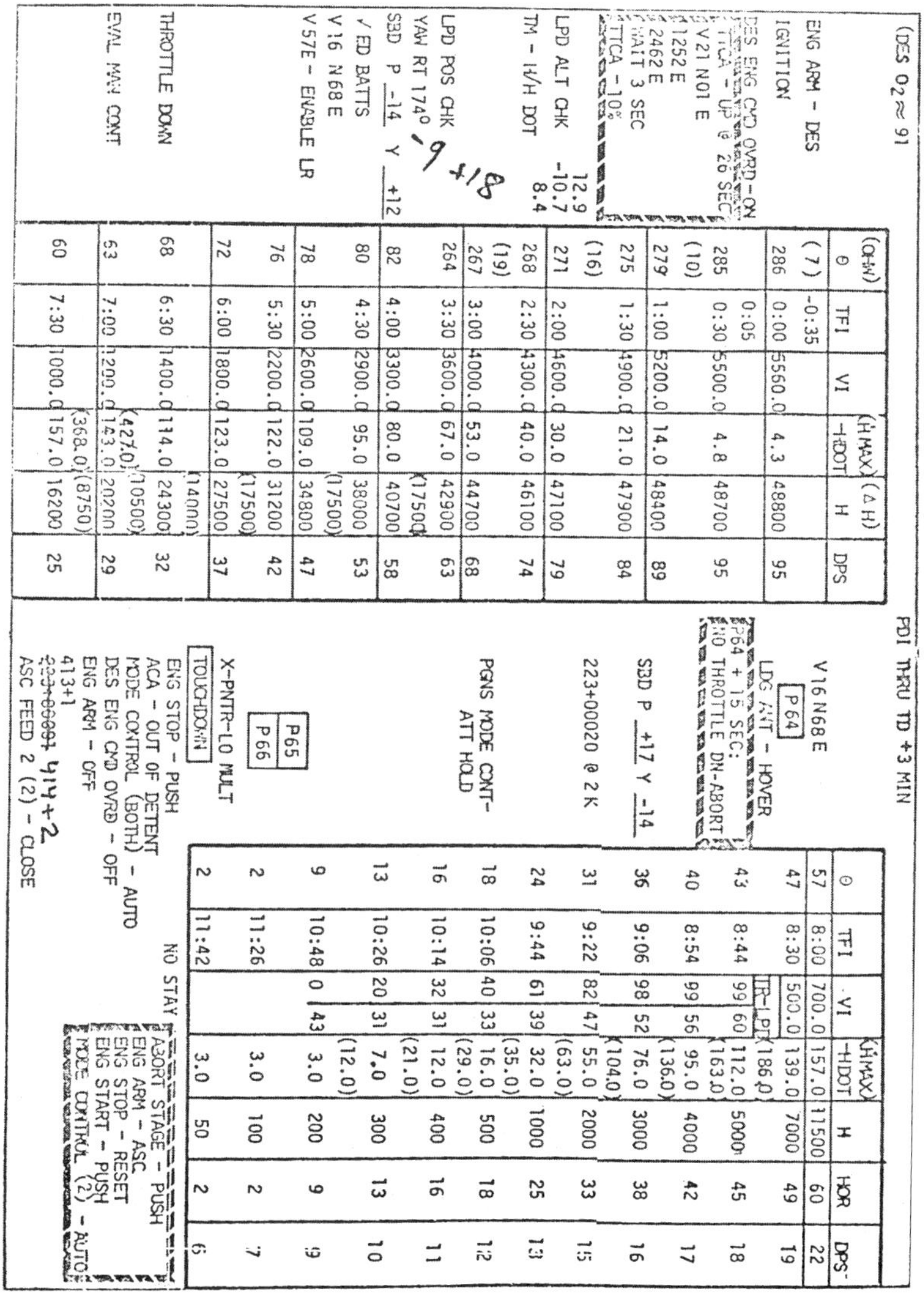

(DES O2 ≈ 91

PDI THRU TD +3 MIN

ENG ARM - DES
IGNITION
DES ENG CMD OVRD - ON
TTCA - UP @ 26 SEC
V21 N01 E
1252 E
2462 E
WAIT 3 SEC
TTCA - 10%
LPD ALT CHK 12.9 -10.7 8.4
TM - H/H DOT
LPD POS CHK
YAW RT 174°
SBD P -14 Y +12 -9 +18
✓ ED BATTS
V16 N68 E
V57E - ENABLE LR
THROTTLE DOWN
EVAL MAN CONT

(OHW) θ	TFI	VI	(Ḣ MAX) -HDOT	(Δ H) H	DPS
(7)	-0:35				
286	0:00	5560.0	4.3	48800	95
	0:05				
285	0:30	5500.0	4.8	48700	95
(10)					
279	1:00	5200.0	14.0	48400	89
275	1:30	4900.0	21.0	47900	84
(16)					
271	2:00	4600.0	30.0	47100	79
268	2:30	4300.0	40.0	46100	74
(19)					
267	3:00	4000.0	53.0	44700	68
264	3:30	3600.0	67.0	42900	63
				(17500)	
82	4:00	3300.0	80.0	40700	58
80	4:30	2900.0	95.0	38000	53
				(17500)	
78	5:00	2600.0	109.0	34800	47
76	5:30	2200.0	122.0	31200	42
				(17500)	
72	6:00	1800.0	123.0	27500	37
				(14000)	
68	6:30	1400.0	114.0	24300	32
			(427.0)	(10500)	
63	7:00	1200.0	143.0	20200	29
			(368.0)	(8750)	
60	7:30	1000.0	157.0	16200	25

V16 N68 E
P64
LDG ANT - HOVER
P64 + 15 SEC:
NO THROTTLE DN-ABORT
SBD P +17 Y -14
223+00020 @ 2 K
PGNS MODE CONT-
ATT HOLD
P65
P66
X-PNTR-LO MULT
TOUCHDOWN
ENG STOP - PUSH
ACA - OUT OF DETENT
MODE CONTROL (BOTH) - AUTO
DES ENG CMD OVRD - OFF
ENG ARM - OFF
413+1
~~223+00001~~ 414+2
ASC FEED 2 (2) - CLOSE

θ	TFI	VI		(Ḣ MAX) -HDOT	H	HOR	DPS
57	8:00	700.0		157.0	11500	60	22
47	8:30	500.0		139.0	7000	49	19
		TR-LPD		(186.0)			
43	8:44	99	60	112.0	5000	45	18
				(163.0)			
40	8:54	99	56	95.0	4000	42	17
				(136.0)			
36	9:06	98	52	76.0	3000	38	16
				(104.0)			
31	9:22	82	47	55.0	2000	33	15
				(63.0)			
24	9:44	61	39	32.0	1000	25	13
				(35.0)			
18	10:06	40	33	16.0	500	18	12
				(29.0)			
16	10:14	32	31	12.0	400	16	11
				(21.0)			
13	10:26	20	31	7.0	300	13	10
				(12.0)			
9	10:48	0	43	3.0	200	9	9
2	11:26			3.0	100	2	7
2	11:42			3.0	50	2	6

NO STAY
ABORT STAGE - PUSH
ENG ARM - ASC
ENG STOP - RESET
ENG START - PUSH
MODE CONTROL (2) - AUTO

図9.1　アポロ11号の動力降下噴射（PDI）から着陸までのチェックリスト。(Apollo 11 Flight Data File, LM Timeline Book, Rev. "N." July 12, 1969, 9. Grumman Aircraft Corporation Archives. Courtesy of Paul Fjeld)

陸船をゆっくり月周回軌道から外した。オルドリンが落ち着いてチェックリストを確認していたころ、ヒューストンは月着陸船の状態を知らせるテレメトリーデータで騒ぎ、月着陸船に搭乗している宇宙飛行士にアンテナを別の物に替え、アンテナの追尾方法を変更するよう要請していた。

オルドリンの主な役割は、ＰＮＧＳ〔誘導計算機、慣性航法装置、光学システムの統称〕とＡＧＳ〔ＰＮＧＳのバックアップ。月面着陸時のミッション中止用計算機〕、二つの誘導制御システムの値を比較し、おおよそ一致していることを確認することだった。二つの数値を凝視し、もし大幅なズレが生じたら報告した。ＭＩＴの博士号をもったオルドリンにはたやすい作業だった。しかし、オルドリンは緊張したのを覚えている。「個人の集中力と注意力は余計なことを一切除外しないと保たれない。細長い円筒形の筒を覗いているような感覚だ」。アンテナを手動で地球に向けるのに奮闘した。

アンテナは他愛のない問題だったが忙しい時分、余計な作業負荷を増やし、ヒューストンの音声とデータ通信を不安定にした。シミュレーターで何百時間と費やしても「私は一度も断続的な通信をシミュレーションで訓練させられたことはなかった」とオルドリンは思い起こす。「注意散漫になった。シミュレーター訓練では、すべてが上手くいくか、問題が発生するかのどちらかだった。極端な状況を再現した。正常に動くか否か。とくに、通信の不安定は非常にもどかしかった。自分がどのような状態にいるのかわからなかった。自分がいま管制室の厳重な監視下にいるのか否か。そのような現実味は訓練では滅多に再現されなかった」とオルドリンは振り返る。着陸中、ずっと手動でアンテナを調整することもできたと報告した。しかし、それはほかの作業に対する集中力を犠牲にした。「不安定な通信は、計算機と計器を監視する集中力を欠いた。警告《アラーム》の兆しだった」。

●分岐点

アームストロングとオルドリンは高度を確認するため、足を下にして、月面を向いた。月面を目視したのは、アポロ11号の月面着陸だけだった。訓練時、宇宙飛行士が安全確保のため目視確認をしたいと要望を伝えていた。[2]

完璧な月面着陸を阻害する最初の兆候が現れた。PDI燃焼数分後、アームストロングは外の目印《ランドマーク》を確認した。〝マスケリン（Maskelyne W.）〟クレーターだった。しかし、予定より2、3秒視界に入るのが早かった。「そうか、3分経過地点に予定より早く到着したということか」。オルドリンはコックピットの計器に集中し、PNGSとAGSの数値を比較した。アームストロングはヒューストンに再度報告した。「予定より若干移動距離が延びている」。管制官は了承した。

なぜ、イーグルは長距離進んでいたのか？　速度が若干速かった。原因はいくつか考えられた。月の重力強度を示す地図は不完全で、「マスコン（mass concentration または mascon）」と呼ばれる月面で異常に重力が強い場所について科学者はいまだ把握し切れていなかった。重力強度の違いは月着陸船に影響し、軌道を変えてしまった。また、月着陸船が司令機械船から分離したとき、なぜか速度がシミュレーションより増した。フライトディレクターのジーン・クランツ（Gene Kranz）は、結合部に溜まった余分な空気圧、または司令機械船と月着陸船の2物体間に働く力が影響したのではないかと予想した。[3] 地球から約38万km、そのようなささいなことに気が付く管制官の洞察力に私たちは驚く。着地点は事前に決められていて、少しの加速の誤差も数km単位で目標を外すことに繋《つな》がった。実際、アームストロングは記憶していたはずの目印を見逃した。

それ以外のことは今のところ順調に進んでいた。地上の内線《インターコム》ではジーン・クランツがチームに聞いた。「動力降下、準備」。技術者は緊張した面持ちだったが興奮して答えた。「FIDO（飛行力学）：続行《ゴー》」「GUIDANCE（誘導）：続行《ゴー》」「EECOM（電気操作・船内環境司令）：続行《ゴー》」「SURGEON（航空医学）：続行《ゴー》」。時間を節約するため、クランツはラジャー（了解）と答える代わり「ラジ」で済ませた。

エンジン点火から4分経過。

アームストロングは月着陸船をヨー軸回りで制御した。右の操縦桿を使用して、降下エンジンを中心軸として月着陸船の向きを変えた。2人は今度、背を月面に向け、宙を見上げた姿勢となった。ここで新たな問題が発生した。回転が予定より遅かった。アームストロングは回転速度を決めるスイッチが誤った設定になっていることに気が付いた。スイッチを切り替え、問題を解決した。[4]

着陸レーダーは窓の反対方向にあり、月着陸船を傾けると月面を向いた。ゆっくりとした回転は着陸レーダーが月面を探知するまで時間が掛かっていることを意味した。しかし、月面高度11・100km、レーダーは月面をロックオンし、ミッションの大きな不確定要素をクリアした。

オルドリンは〝VERB16–NOUN68〟を入力し、誤差を示す〝DELTAH〟を表示した。〝DELTAH〟は〝着陸レーダー高度と計算機が演算した高度差〟を教えた。計算機は慣性航法と地上追跡データから高度を予測した。言うなれば、宇宙空間から情報を取得した。その一方、着陸レーダーは月面から情報《グラウンドトゥルース》を得た。固い岩で覆われた月面で着陸レーダーを試すのは初めてのことだった。計算機の状態ベクトル予測はデータを計算式に取り込んだ。〝DELTAH〟の値が大きくない限り計算機はデータを正常に処理した。オルドリンは〝−2900〟と表示されていることを確認した。〝DELTAH〟が示す誤差は900m以下だった。チェックリストによると値は許容範囲内だった。

●警告の出現

月面からの高度を確認するときも手動操作が関与した。オルドリンの承認なしに計算機は着陸レーダーのデータを取り込むことはなかった。着陸高度のデータを更新しようとしたまさにそのとき、問題が発生した。

クランツは誘導担当の管制官に聞いた。「(着陸レーダーのデータを)受け付けてるか?」。

「プログラムアラーム」。アームストロングは若干語調を強めて声に出した。

オルドリンは素早く〝VERB90−NOUN50〟を入力し、警告《アラーム》の種類を調べた。

アームストロングは大声で読み上げた。「１２０２だ」。

オルドリンは高度計データを計算機に読み込ませるため〝VERB57−ENTER〟を入力した。アームストロングはヒューストンに聞いた。「警告《アラーム》１２０２について教えてくれ」。

ＣＡＰＣＯＭのチャーリー・デュークは、アンテナの通信障害はただ苛立たしかったが、計算機の問題は〝ミッションを中止しかねない〟と焦った。[5]

管制室の内線《インターコム》では最近行われたシミュレーションを思い出し、スティーブ・ベールズが「前と一緒だ」とつぶやいた。

「もし再度警告《アラーム》が発生しなければ続行《ゴー》だ」とベールズは伝えた。だが、警告《アラーム》が再び発生した。

地上では技術者が慌てふためいた。ＩＬの技術者はリアルタイムにフライトを追い、マサチューセッツ州ケンブリッジにあるＭＩＴの教室で管制官と宇宙飛行士のやり取りを〝構内放送〟で聞いていた。警告《アラーム》１２０２は〝エグゼキュティブ・オーバーロード〟だった。計算機の処理が追いついていなかった。なにかしらの原因で処理時間が奪われていた。緊迫した雰囲気のなか「エグゼキュティブ・オーバーロード！」と誰かが叫んだ。ノーマン・メイラーはおかしく思った。「まるで会社の社長のトイレが詰まって溢れ出てきたようじゃないか！」[6]。ＩＬは助けの手を差し伸べるにはあまりにも遠い場所にいた。ＩＬのフレッド・マーティンは唖然とした。「飛行前試験で警告《アラーム》１２０２は経験したことがない」。

ヒューストンでは管制官のスティーブ・ベールズがバックルームで待機しているチームに助けを求めた。ジャック・ガーマンは「その警告《アラーム》では続行《ゴー》だ」と指示した。隣に座っていたＩＬのラス・ラーソン（Russ Larson）は緊張しすぎて口ごもってしまい、ただ親指を突き上げた。ベールズは判断をクランツに伝えた。10秒も経たないうち、ベールズは月着陸船に「その警告《アラーム》では続行《ゴー》だ」と伝えた。問題はない、心配するな。30秒後、再度警告《アラーム》が現れた。ヒューストンから再び続行《ゴー》の合図。

さらに30秒後、ＰＤＩ燃焼の出力が徐々に落ち始めた。計算機はまだ動いていた。オルドリンは「おぉ！出力減少……シミュレーターよりいいじゃないか」と喜んだ。「予定時刻通りに出力減少！」。アームストロングは興奮して報告した。公文書でドン・アイルズは、この二つのやり取りだけが感嘆符が付いていたと告げる[7]。月面着陸を阻害したかもしれない問題を無事一つくぐり抜けた。

アームストロングは、若干距離を長く進んでいることは認識していたが、計算機が時刻通りにエンジン出力を下げて安堵した。〝計算機が月着陸船の位置に若干戸惑っている。もし、位置を正確に把握していたら、わずかに減速するためもう少し後に出力が減少していたはずだ。〟アームストロングの方が良く状況を把握していたが、計算機が制御を担っていて、どうすることもできなかった。この問題はアポロ12号では改善された。

PDIから7分後、警告《アラーム》の原因を調べるため、管制室は騒然としていた。ある管制官はDSKYに変数をリアルタイム表示する〝VERB16〟の処理負荷が高く、続けてオルドリンが〝DELTAH〟を確認する〝NOUN68〟を指定したから警告《アラーム》が発生したのではないかと推測した。「もしかしたら〝NOUN68〟が問題の原因かもしれない。地上で〝DELTAH〟を確認しよう」とクランツに伝えた。月着陸船の機能を地上で確認することを提案した。クランツはオルドリンが〝NOUN68〟を使わない方が良いかバックルームに聞いたが、技術者は〝NOUN68〟が原因とは考えていなかった。もちろん、オルドリンが〝NOUN68〟を入力することによって、計算機の処理性能の限界を若干超えていたのは事実だった。

警告《アラーム》は出続けたままだった。月着陸船はまだ命令に反応していたのでミッション中止はしなかった。「すべてが正常に動いているように感じられた。エンジンも問題なかった。私は状況をしっかりと把握していた。月着陸船が異常な姿勢になったわけでもなく、なにかが支離滅裂な動きをしたわけでもなかった。計算機が泣きわめこうが、私は続行《ゴー》の判断を望んだ」[8]。また、アームストロングは自身の心理を次のように表現した。「訓練ではわざと多くの故障を起こし、通常ミッション中止を選択せざるを得なかった。ただ、実際のフライトとなった途端、皆の期待を思うと着陸を余儀なく選択することになる」[9]。まだ機体が飛んでいるのであれば、コマンダーとして操縦を続けるのは当然だった。

警告《アラーム》の問題は貴重な時間を費やし、管制官は今度、燃料の残量を心配し始めた。「降下エンジン2、残りわずか」と管制官が声を上げた。チャーリー・デュークは〝降下エンジン2の点火〟をやり過ごしたばかりだった。タンク2の残量がもっとも低く、要観察とした。宇宙飛行士を焦《あせ》らせてしまうため、ある管制官はデュークが宇宙飛行士に〝燃料が残りわずかだと伝えたくないと考えていた〟と発言している。

アームストロングは月着陸船が正常に動いているか確認する必要があった。ボイスレコーダーは独り言を記録している。「よし……フラグなし。RCS（Reaction Control System：姿勢制御システム）良好。DPS（Descent Propulsion System：降下推進システム）も良好。圧力……よし」。計算機の警告《アラーム》以外のシステムに異常がないか確認した。テレメトリーデータはアームストロングの月着陸船ピッチ角変更を記録している。

2分後、高度2100mの〝ハイ・ゲート〟直前、DSKYに〝64〟と表示され、ソフトウェアプログラムが〝P64〟に切り替わり、進入《アプローチ》フェーズに移行したことを伝えた。また、異なるディスプレイ画面に新しいLPD角度が表示された。

月着陸船は計算機の制御のもと〝ピッチ・オーバー〟を始めた。背中を月面に向けた宇宙飛行士を、今度は顔が月面を向くよう船体を傾けた。このとき、本来であればアームストロングは窓の外を眺め、着地点を見つけて歓喜を味わっているはずだった。しかし、警告《アラーム》に対処しようと、ずっと計器に目が釘付けだった。

再度、クランツは多数決をとった。「着陸続行《ゴー》か非続行《ノーゴー》か」。緊張した面持ちだったが、全員が「続行《ゴー》！」と興奮して次々に叫んだ。

アームストロングはスイッチを切り替え、〝AUTO（自動）〟制御から〝ATTITUDE HOLD（姿勢維持）〟に変更した。操縦桿を動かし、月着陸船の操縦特性を確認した。「手動姿勢制御、良好」。チェックリスト〝EVALMAN CONT（手動操作評価）〟によると、着地点の良し悪し判断に集中するため、アームストロングは本来この確認作業をもっと早い段階で実施しているはずだった。しかし、警告《アラーム》に気を紛らわされ、実施するのが遅れた。アームストロングはスイッチを〝ＡＵＴＯ〟に戻し、降下を続けた。

繰り返しクランツは聞いた。「着陸続行《ゴー》か非続行《ノーゴー》か」。

「ＦＩＤＯ（飛行力学）：続行《ゴー》」、「ＧＵＩＤＡＮＣＥ（誘導）：続行《ゴー》」、「ＥＥＣＯＭ（電気操作・船内環境司令）：続行《ゴー》」、「ＳＵＲＧＥＯＮ（航空医学）：続行《ゴー》」。

クランツはラジャーと答える代わりに「ラジ」と返した。デュークはイーグルに声を掛けた。「イーグル、こちらヒューストン。着陸続行《ゴー》だ。どうぞ」。飛行機の航空管制のように着陸許可が与えられた。

高度９００ｍ、別の〝警告《アラーム》〟が発生した。

オルドリン「１２０１」。

アームストロング「１２０１」。

２人とも数字を読み上げた。２人とも警告《アラーム》に気が散った。

１秒後、ヒューストンは応答した。「了解。警告《アラーム》１２０１。続行《ゴー》だ。同じ種類の警告《アラーム》。続行《ゴー》だ」。ヒューストンのバックルームでジャック・ガーマンは「同じ種類」と繰り返すＣＡＰＣＯＭとオルドリンの復唱に感動した。ガーマンの判断が38万km離れた人に届き、地球に戻って来ていた。

「〝ロー・ゲート〟通過」。管制官が報告した。

すると、警告《アラーム》１２０１が点灯した。そう思いきや、今度は警告《アラーム》１２０２が点灯した。計5回、警告《アラーム》が発生した。アームストロングの心拍数は1分間に１２０から１５０に上昇した。

理想の着陸では〝ピッチ・オーバー〟後、コマンダーはＬＰＤで着地点を確認し、必要であれば着地点を再選択した。月面着陸後の秋、アームストロングはＳＥＴＰに報告した。「完全に過ちを犯したのはこの場面だった」[10]。技術報告会議では次のように反省している。「着地点はあまり考えていなかった。それより、ミッションが継続できるかずっと緊張していた……必然的に、私たちの集中力は警告《アラーム》を解消すること、操縦し続けること、ミッション継続判断に注がれた。このとき、ほとんどコックピット内に釘付けだった。だから降下中に着地点を評価して、最終着地点を探すことを怠った。月面高度６００ｍに到達してようやく、窓の外を眺める余裕ができて着地点を探した」。

もはや、管制官が手出しできない状況になり、宇宙飛行士にミッションの成否が掛かった。クランツはチームを静まり返らせた。「静かにしよう……ここから声を出して良いのは燃料についてだけだ」。

〝Ｐ６４〟切り替え2分半経過後、アームストロングはオルドリンに指示した。「ＬＰＤの値を教えてくれ」。オルドリンは、47度下を見るように伝えた。

ようやく、アームストロングは窓の外を眺めた。そして、大惨事となり得る状況を目のあたりにした。「予定着地点をはるか遠く過ぎていたうえ、新しい着地点には岩石が密集したクレーターがあって、大きい岩がそこかしこにあった」。アームストロングはのちに、岩は直径３ｍあったと報告している。ミッションの科学的功績を誇示するため、クレーター近くに着陸したい衝動に一瞬駆られた。しかし、その考えは見送った。「ＬＰＤを確認すると、短距離で安全に着陸できる場所がないことがわかった。古い教えに、疑わしいときは長く距離をとって着陸せよというものがある。私はそれに従った」。

月着陸船は降下を続けた。「あそこは着地に良さそうだ……ＬＰＤの値は?」。

オルドリンは答えた。「35度。35度。高度２３０ｍ。降下率秒速７ｍ」。続けて「高度２１０ｍ。降下率秒速６ｍ。33度」。

アームストロングは操縦桿を動かして着地点を調整した。しかし、うっかり、スイッチを〝ATTITUDE HOLD〟に切り替えることを忘れていた。４秒後、スイッチを切り替え、ＬＰＤをゼロにした。降下率は計算機が制御した。[11]

アームストロング：「なかなかゴツゴツした場所だね」。

オルドリン：「高度１８０ｍ。降下率秒速約５・５ｍ」。

アームストロング：「次に……」。

アームストロングは左手でスイッチを切り替え〝Ｐ６６〟を呼び出した。高度１２０ｍ、〝ATTITUDE HOLD〟のままクレーターの上空を通過した。計算機が一定速度で降下することを制御するなか、月着陸船の姿勢を右手で操作した。左手には降下率を秒速30 cm単位で増減できるスイッチがあった。最初の20秒間、月着陸船のピッチ角は変えなかったが、降下率を落とすため、スイッチを8回操作した。前方速度を落とすためピッチ角を少しあげた。また、クレーターの反対側に進むため西へ進んだ。「ヘリコプターのように月着陸船を傾けた」。ある時点では穏やかに上昇もした。

動きが速くオルドリンは注意した。「水平方向の速度計器が振り切れたままだ」。月着陸船は秒速６ｍ以上もの速さで進んでいたので、計器の針が振り切れていた。

「高度90ｍ。降下率秒速１ｍ。前進速度秒速14ｍ」。アームストロングはまだ、時速約48 kmで進んでいた。

フロイド・ベネットはヒューストンの軌道解析室から月着陸船の動きを追っていた。「前進速度と上昇速度を注視し続けていた……その速度では絶対に着陸できないと思った。私は『彼はなにを考えているつもりだ?』と詰問した……蓋を開けてみたら、アームストロングが岩石の密集地帯を避けようとしていたことがわかった。どうやら、地上に報告する余裕がなかったらしい[12]」。これらの操作は貴重な燃料を消費し、燃料タンクの残量は限界に達していた。

管制官は伝えた。「燃料残りわずか」。残り2分。

ノーマン・メイラーは月着陸船を〝どの睡蓮の葉に身を休めようか考えているアメンボ〟と表現した[13]。ようやく、アームストロングは気に入った着地点を探し、水平速度を徐々に落とした。大気圏の空気抵抗がなかったので減速操作は難しかった。

アームストロングはあとから振り返って、自身の操縦が〝過剰〟で〝最終進入《ファイナルアプローチ》では少し鈍《どん》くさかった〟と認めている。水平速度に〝困惑〟したという。「高度と上昇速度を確認するための視界も思ったより悪かった」。月着陸船のエンジンが月面の砂塵を巻き上げ、月面の目視確認が厳しくなった。アームストロングは着陸を、霧の中での計器着陸のようだったと伝えた。「霧（砂塵）がすごい勢いで巻くしあげられたので混乱した」。

月着陸船が降下するなか、オルドリンも無線を入れていた。「砂塵が巻き上がっている」。

ヒューストンにいるジャック・ガーマンはこの瞬間、月面着陸の現実を突き付けられた。ここまでの台本では、警告《アラーム》も訓練でシミュレーションされたものだった。しかし、月面の砂塵は想定していなかった。

低高度で月着陸船が空中停止《ホバリング》するなか、脚からぶら下がっている着陸プローブが月面に触れた。〝月面接触(Lunar Contact)〟が青く点灯した。アームストロングは、青い点灯を一度も見なかったと報告しているが、エンジンを切った。スラスター出力が徐々に弱まり、月着陸船は最後の数十cm、軽い衝撃で着地した。予定より1分遅かったが完璧な着陸だった。アームストロングがシステムをシャットダウンする最中《さなか》、オルドリンは命令を読み上げた。「制御。両方とも自動。降下エンジンオーバーライド命令、オフ。413入力」。

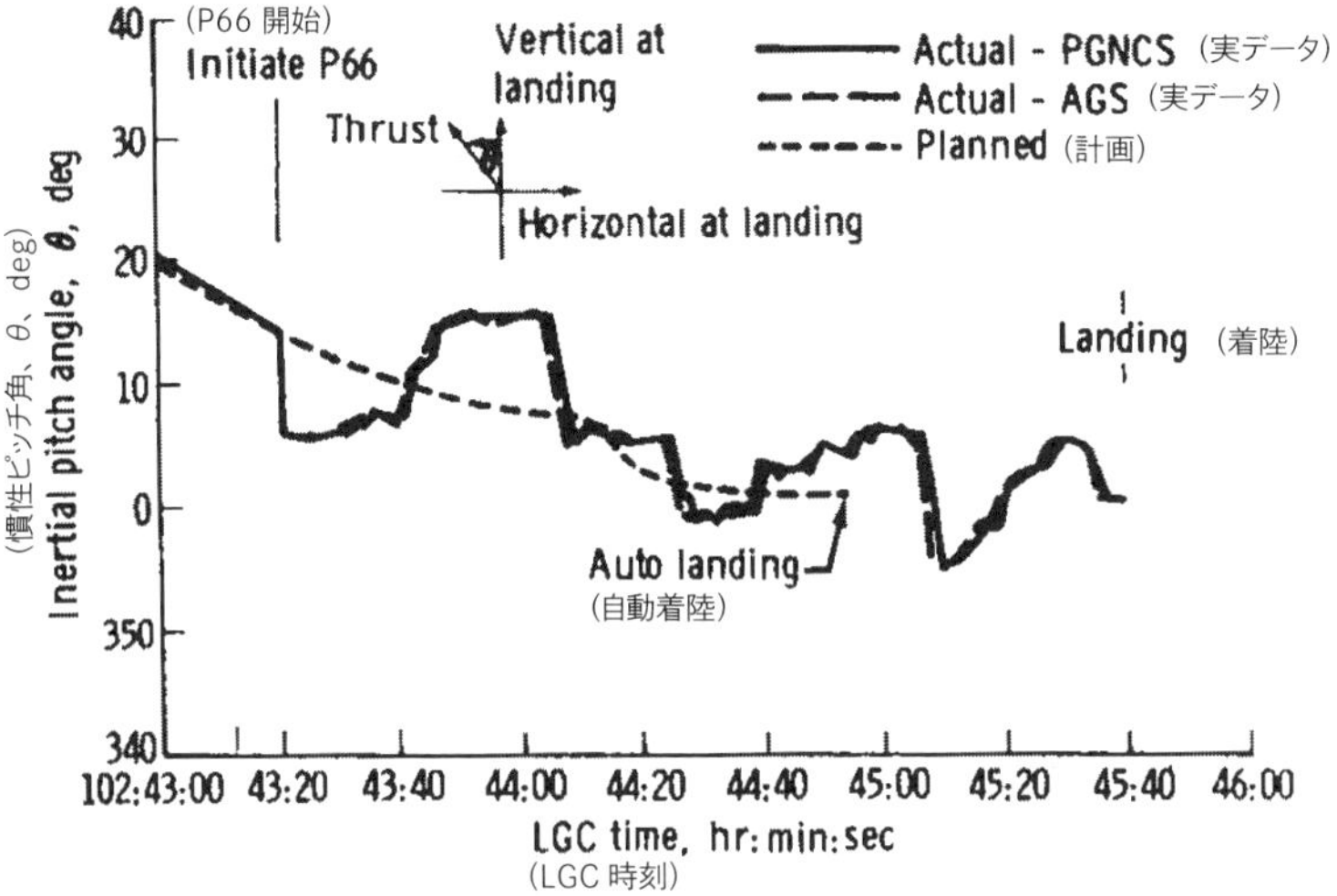

図9.2　着陸フェーズにおけるアポロ11号のピッチ角度と自動制御の場合との比較。(Bennett, “Apollo Experience Report:Mission Planning for Lunar Module Descent and Ascent,” 24)

アームストロングは続けた。「エンジン停止。ACA(Attitude Controller Assemblies) 解除」。操縦桿を少し動かし、姿勢を保ち、これ以上RCSが作動しないよう計算機を設定した。そして、有名な言葉を発した。「ヒューストン、こちら〈静かの海〉。鷲《イーグル》は舞い降りた」。チャーリー・デュークは応答した。「了解。固唾を呑んでいたから、息ができなくて大勢の顔が真っ青になりかけている。ようやく息を吹き返すことができた。本当にありがとう」。

デュークと仲間には顔面蒼白になる理由がたくさんあった。着陸は燃料が完全に尽きる約40〜50秒前に終わった。宇宙飛行士が着陸かミッション中止の判断を下す約20〜30秒前だった。アームストロングは約2分半も操縦した。着地点は自動で設定されていた場所から330m離れていた。また、当初予定されていた場所からは6・4kmも離れていた。ミッション計画・分析部門の分析は〝自動操縦《オートパイロット》での着陸のため、総飛行時間が予定より40秒長かった〟と結んだ[14](図9・2参照)。

アームストロングは自己評価を低くする。「最後の数秒間、私の操縦は決して良くなかった」。ＳＥＴＰでのスピーチでは「私はどこに着陸するか決定権を握っていたけど優柔不断だった」と認めている。ある場所に近づいてはダメ出しし、着地点の再選択を繰り返した。フロイド・ベネットはこの発言を着陸の公文書に残したいと考えたが、技術的でないとしてＮＡＳＡは却下した。[15] アームストロング公認の伝記作家は、アームストロング自身より好意的に着陸を見ている。「月着陸船の着陸はニールの操縦に掛かっていた。真っ直ぐでシンプルだった」[16]と……

●原因究明

月面着陸直後、ＩＬの電話が警告《アラーム》１２０２のように鳴り響いた。ＮＡＳＡが原因究明のため、電話を掛けてきた。数時間後の月面離陸前に月着陸船の原因究明と修理を求めた。計算機が正常に動いていないことは明らかだったが原因不明だった。

〝凄まじい勢い〟でシミュレーションを実施し、事象の再現を試みた。フレッド・マーティンは一心不乱になった。「不眠不休で働いた。離陸の時間が刻々と迫っていた。ＮＡＳＡの連中は15〜30分置きに電話を掛けてきた。絶対に原因を突き止める必要があった。私たちは昔の出来事を蒸し返したり、新しい仮説を立てたり、ブレーンストーミング［独創的なアイディアを集団で考える方法］したり、突拍子もないことを考えたり、思い付くことはすべてした」[17]。ついに、月着陸船シミュレーターのつわもの、ＩＬのジョージ・シルバー(George Silver) が研究室に駆け込んできた。自宅で着陸を見守っていて、警告《アラーム》を聞き、前に同じ事象を見たことがあったので急いで職場に駆けつけてきた。〃ＡＵＴＯ（自動）〃制御でランデブー飛行レーダーがオン状態になったとき、同じ警告《アラーム》に遭遇したことがあった。

フレッド・マーティンは階段をものすごい勢いで駆け上り、仲間とテレメトリーデータを確認した。着陸時、ランデブー飛行データがオンになっていた。しかし、着陸時はオフになっているものだとてっきり思っていた。そうなると、オルドリンがレーダーをオンしたことになるが、なぜそんな操作をしたのか？　ランデブー飛行レーダーは、着陸時は使用しないはずだった。確認すると、宇宙飛行士は忠実に手順に従っていた。なんと、ランデブー飛行レーダーの立ち上げ操作が手順に含まれていた。実際、スイッチが〃ＡＵＴＯ〃でなければならないとき、オルドリンは〃ＳＬＥＷ〃設定にしていた違いはあったが、だからと言って問題は変わらなかった。シミュレーターでこの手順は検証していた。ところが、スイッチが偽物で電気接続がなかった。本物の月着陸船ではスイッチが装置と電気的に接続されていたので、今まで起きたことのない事象が姿を現したのだった。

アームストロングとオルドリンは数時間、月面を探索していた。離陸までのカウントダウンも始まっていた。ＩＬはＮＡＳＡに電話を掛け、打ち上げ前にランデブー飛行レーダーのスイッチを〃ＬＧＣ〃設定に変えるよう伝えた。問題は解決し、以降警告《アラーム》は発生しなかった。

離陸時、ランデブー飛行レーダーはオンになっている必要があったが、なぜ着陸時もオンする手順になっていたのか？　オルドリンは訓練時、万が一ミッション中止で司令機械船に戻る可能性もあるため、ランデブー飛行レーダーをオンのままにしておきたいとＩＬに伝えていた。ＩＬのラス・ラーソンがそれを認め、手順をチェックリストに含めていた。オルドリンのＭＩＴ博士論文はランデブー飛行についてだった。専門家のオルドリンはミッション中止に備えていた。

しかし、計算機とランデブー飛行レーダーの接続に問題が隠れていた。[18] レーダーには三つの設定〝SLEW〞、〝AUTO〞、〝LGC〞があった。最初の二つの設定で宇宙飛行士はアンテナを操作した。〝SLEW〞設定では手動操作でレーダーの向きを変えた。途中で設定を〝AUTO〞に変えて、ランデブー飛行中、司令機械船の信号を自動追跡した。レーダーの〝SLEW〞と〝AUTO〞設定は誘導計算機の処理を介さず、データも別画面に表示された。一方で〝LGC〞設定では、データ処理は誘導計算機を仲介した。距離、速度、アンテナ角度をランデブー飛行の誘導計算に取り込んだ。着陸時、手順は〝AUTO〞に設定するよう指示した。〝AUTO〞と〝SLEW〞設定は、計算機に影響することはなかった。

真の原因は、ランデブー飛行レーダーと誘導制御システムが、異なる電源の供給源をもっていたことだった。どちらの電源も同じ周波数の交流電源を使用していたが、サイン波の位相が同期していなかった。スイッチ切り替えが研究室で試験されたとき、実際には異なる電源供給源をもつはずなのに、ランデブー飛行レーダーと計算機は同じ電源に接続されていた。ドン・アイルズ経由から聞いた話をジョージ・シルバーは伝える。

「問題は以前から知られていたが、放置されたままだった」。

アポロ11号では、二つの電源装置の位相が偶然にも問題を引き起こす位相角となってしまった。そのため、計算機とランデブー飛行レーダーが同期しなかった。ランデブー飛行レーダーの位相角カウンターが電気雑音を拾ってしまい、増減を繰り返した。そして、計算機に処理性能を超えるカウント値を送信し、計算機の処理が追いつかなくなってしまっていた。計算機は処理時間を約15%費やすカウンター処理に対応できていなかった。[19]

計算機は15%の〝オーバーヘッド〞処理性能をもっていた。すなわち、処理が全稼働したら、計算機の稼働率が85％まで減少した。付加処理が15％以下であれば計算機は正常運転した。しかし、ランデブー飛行レーダーはあまりにも不要なデータを間欠的に大量送信したので、この15％のオーバーヘッドを超え、処理能力超過《オーバーロード》を発生させた。

幸い、計算機はこのような事態に直面しても見事に対応した。バグを起こさず、ソフトウェア設計の優れたロバスト性を証明した。ＩＬは〝非同期実行のエグゼキュティブ〟を誇りに思った。処理能力超過発生時、基本のハウスキーピング機能やＤＳＫＹ表示処理を最初に切り捨て、優先順位の低い処理をすべて無視した。もちろん、オルドリンの〝NOUN68（DELTAH）〟の要求も却下され、ＤＳＫＹ表示は〝Ｐ６３〟に戻った。少しの間、ディスプレイの更新もしなかった。そんな中、優先順位の高い、誘導演算、スロットル調整、姿勢サーボ機構の制御は実行し続けていた。そのため、アームストロングは月着陸船が応答していると確信した。

この処理能力超過で、計算機は警告《アラーム》を発するばかりでなく、再起動も掛けていた。幸いにして、当時の再起動は現代のデスクトップパソコンの厄介な再起動とは異なった。１９６８年にソフトウェアチームが検討した〝再起動保護機能〟のおかげで、計算機は瞬時に立ち上がった。警告《アラーム》１２０１と１２０２発生時、計算機は〝BAILOUT（パラシュート脱出）〟サブルーチンを呼び出し、シンプルに再起動を掛けた。月着陸船にパラシュートは搭載されていなかったので、皮肉な名前なことは確かだ。再起動保護機能は優先順位の低い処理、中途半端な処理を破棄し、処理の中断箇所から瞬時に稼働した。アームストロングは計算機の再起動による息継ぎさえ感じなかった。

月着陸船が〝ピッチ・オーバー〟し、〝Ｐ６４〟に切り替わったとき、処理能力のゆとりは一層厳しくなった。そのため、警告《アラーム》が続き、発生頻度が増した。アームストロングが〝Ｐ６６〟で手動操作に切り替えた後、計算機の着地点予測計算が不要となり、作業負荷が一気に減り警告《アラーム》が消えた。

これらの分析は月面着陸後にわかった。だとすると、管制官はなぜミッション中止を瞬時に実行しなかったのか？

アポロ11号打ち上げの1か月前、月着陸船シミュレーターを使い、管制官、そのほかさまざまなネットワークも含め、関係者は着陸訓練を実施していた。基本手順が確認された後、技術者は色々な故障を故意に起こした。若いジャック・ガーマンは到底起こらないような計算機エラーをさまざま発生させた。この訓練中、計算機の処理能力超過《オーバーロード》も含まれていた。

打ち上げの約1～2か月前、管制官のスティーブ・ベールズは警告《アラーム》発生時、月面着陸を続けることができたのにミッション中止の判断を下してしまった。若い管制官たちは、このミッション中止の判断は数多くあるミスの一つと思い、あまり気にしなかった。しかし、ＮＡＳＡのマネジメント層は騒ぎ立てた。「とても恐ろしいことだった」。誤ったミッション中止は、ミッション中止を見過ごすのと同じくらい最悪だった。ガーミンは思い出す。「クランツは会議を招集して、一つ残らず警告《アラーム》の内容を確認するよう指示した。管制官は事象とその対処法を洗い出した[20]」。

ジャック・ガーマンは手書きの〝カンニングペーパー〟を作成した。バックルームの操作卓に置いてある置物の下にその紙を隠していた。左の欄には警告《アラーム》の番号が書かれ、右には事象と処置を記載していた。カンニングペーパーの〝１２０１－１２１１ ＰＧＮＣＳ〟に該当する箇所に、運用時のメモが右の欄に記されている。

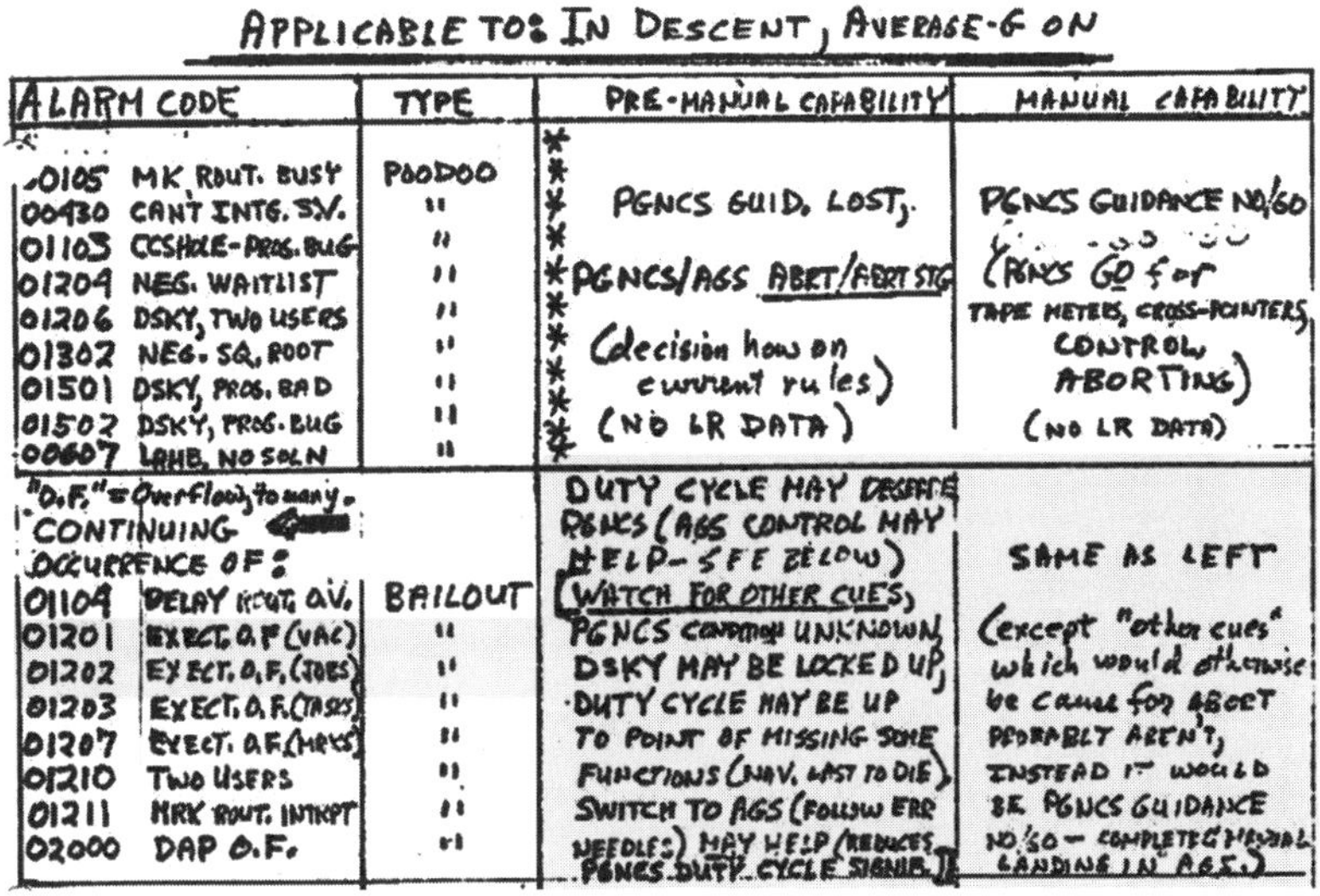

APPLICABLE TO: IN DESCENT, AVERAGE-G ON

ALARM CODE	TYPE	PRE-MANUAL CAPABILITY	MANUAL CAPABILITY
.0105 MK ROUT. BUSY	POODOO	PGNCS GUID. LOST; PGNCS/AGS ABORT/FIRST SIG (decision how on current rules) (NO LR DATA)	PGNCS GUIDANCE NO/GO (PGNCS GO for TAPE METERS, CROSS-POINTERS, CONTROL ABORTING) (NO LR DATA)
00430 CAN'T INTG. SV.	"		
01103 CCSHOLE-PROG.BUG	"		
01204 NEG. WAITLIST	"		
01206 DSKY, TWO USERS	"		
01302 NEG. SQ. ROOT	"		
01501 DSKY, PROG. BAD	"		
01502 DSKY, PROG. BUG	"		
00607 LAMB. NO SOLN	"		
"O.F." = Overflow, too many CONTINUING OCCURRENCE OF:		DUTY CYCLE MAY DEGRADE PGNCS (AGS CONTROL MAY HELP-SEE BELOW) WATCH FOR OTHER CUES; PGNCS CONDITION UNKNOWN, DSKY MAY BE LOCKED UP, DUTY CYCLE MAY BE UP TO POINT OF MISSING SOME FUNCTIONS (NAV. LAST TO DIE) SWITCH TO AGS (FOLLOW ERR NEEDLES) MAY HELP (REDUCES PGNCS DUTY CYCLE SIGNIF.)	SAME AS LEFT (except "other cues" which would otherwise be cause for ABORT PROBABLY AREN'T, INSTEAD IT WOULD BE PGNCS GUIDANCE NO/GO - COMPLETE MANUAL LANDING IN AGS.)
01104 DELAY (ROUT. O.V.)	BAILOUT		
01201 EXEC. O.F. (VAC)	"		
01202 EXEC. O.F. (JOBS)	"		
01203 EXEC. O.F. (TASKS)	"		
01207 EXEC. O.F. (HRS)	"		
01210 TWO USERS	"		
01211 MRK ROUT. INTRPT	"		
02000 DAP O.F.	"		

図 9.3　アポロ 11号着陸時のジャック・ガーマン（Jack Garman）のカンニングペーパー。塗りつぶされた箇所はガーマンがリアルタイムで警告 1201と 1202を分析した箇所を示す。(Courtesy of Jack Garman)

〝PGNCS状況不明。DSKY固まっている可能性有。デューティー比により特定の機能が計算機の不調で取りこぼされている可能性有。（航法の優先順位は一番上）AGSにスイッチを切り替えたら（ERR針確認）PGNCSのデューティー比を大幅に改善できるか〟。

これらの少ない言葉数で、ガーマンは問題をリアルタイムに分析する重要な情報を書き留めていた（図9・3参照）。オルドリンにとってこの事実は寝耳に水だった。「私が月着陸船内のシステム担当だったのに、そのことについてはなにも知らされなかった。意志疎通がきちんととれていなかったようだ。この警告《アラーム》発生時、私は五里霧中で、一人暗闇のなか孤軍奮闘していた[21]」。

●人と機械、どちらの誤り？

なにか間違いがあったのか？　ランデブー飛行レーダーは間違ってオンにされたままだったのか？　いいや、違う。オルドリンはフライト前にきちんと操作を手順に入れていた。スイッチの設定は誤ったが、〃AUTO〃または〃SLEW〃だろうと状況は変わらなかった。試験ではランデブー飛行レーダーも誘導計算機も同じ電源に接続された状態で行われた。ところが、月着陸船では電源供給源が異なった。重要な問題を引き起こす、目に見えないわずかな違いが見落とされていた。しかし、ドン・アイルズが言うには、電源位相の問題は何年も前から知られていたという。ただ、公に問題提起されたことがそれまでなかった[22]。

コミュニケーション、言い換えるならば、システムズエンジニアリングの失敗だった。ＩＬの報告書は次のように記している。〃ランデブー飛行レーダーの問題について知っている技術者は何人かいた。また、15％のTLOSS（プロセス処理時間）低下がソフトウェアプログラムに影響を与えると知っている者は大勢いた。技術者はこの課題について膝を突き合わせて議論することがなかった〃。報告書は〃もし宇宙飛行士のチェックリストがハードウェア技術者によって具《つぶさ》に査読されていれば〃問題を防ぐことができたかもしれないと結んでいる[23]。

ＬＧＣのロバスト性、優れた処理と再起動保護機能がミッションを救った。優先順位の低い処理は無視された。警告《アラーム》１２０１と警告《アラーム》１２０２は試験で確認したものの、実運用で発生するとは誰も考えていなかった。不足のない再起動、計算機の賢い対応を考えると、〃プログラムアラーム〃が少し大げさに取り上げられてしまった感がしなくもない。本来、大した問題ではなかった。〃低優先順位の処理は無視。高優先順位は継続。

問題なし〟などとディスプレイ画面に表示された方が良かったかもしれない。そうすれば宇宙飛行士が慌てる必要もなかった。後悔先に立たず。

警告《アラーム》は発生したが、アポロ11号の月面着陸の成功要因を、次に説明する人と機械《ヒューマンマシン》の関係性から読み解くこともできる。第一に、アポロ計画は〝原因のない失敗はない〟という方針を掲げ、フライト前にクランツは技術者にすべての警告《アラーム》を洗い出すよう伝えていた。フライト中、不明事象が起きたらきまりが悪い事態となった。第二に、問題を素早く解析するため、ＩＬは試験と多大な訓練時間の経験を土台に、問題発生時、研究室で即座にシミュレーションを実施できる態勢を整えていた。

もっとも重要だったのは警告《アラーム》発生時、技術者が問題を解析している間、宇宙飛行士がミッションを継続したことだった。ＮＡＳＡの〝人は重要なバックアップシステム〟という方針が評価されたかのようだった。

しかし、アポロ11号は人が常に制御に介在するのを、どのように認めていたのか？　結局、警告《アラーム》が唯一起こした問題は、宇宙飛行士の集中力を欠いたことだった。計算機の問題は解決した。岩石の密集地帯に着陸する可能性はあったが、もし自動であれば着陸はこんな大げさにならなかったかもしれない。

●手動操作に替わるソフトウェア

アポロ11号の帰還後、ニクソン大統領は宇宙飛行士に自由勲章（Medal of Freedom）を授けた。また、警告《アラーム》発生時、ミッションを中止せずに続行《ゴー》の指示を出した若いスティーブ・ベールズ管制官も表彰された。〝計算機故障時に月面着陸続行の指示を出した〟ことが称えられた。[24] 月着陸船コックピット内だけで重要な意思決定が行われたわけでないが、前述の言い回しは機械に責任をなすりつけた。

ささいなエラーだったにもかかわらず、公開講演で月面着陸の一部始終は〝当てにならない機械〟対〝スキルをもった英雄パイロット〟という構造を生み出した。報道は宇宙飛行士を称えた。『Datamation』誌は、アポロ11号は〝人がまだ機械に勝《まさ》っている〟ことを証明したと掲載し、月着陸船の誘導計算機は１９６９年の最先端技術でないと批判した。[25]『Electronic Design』誌は〝アームストロングが月着陸船の操縦を制覇した〟と誤った内容の記事を掲載した。〝必要不可欠の存在〟という特集記事を組み、アイザック・アシモフ（Isaac Asimov）含め、多くの技術者、科学者から複雑なミッションにおける人の役割についてインタビューを集めた。[26] 報道は人の能力をこれでもかと褒めちぎり、人の勝利を絶賛した。

ソフトウェアのバグが犯人だったのか？　プログラミングに特定の誤りがあったわけではなかった。それどころか、ＩＬの試験、再起動保護機能、コードインスペクションの戦略は功を奏し、計算機が完全不能に陥ることを防いだ。警告《アラーム》に関して責められることを理不尽だとさえＩＬは感じていた。１９７３年の報告書では、アイルズは問題の原因を宇宙飛行士による〝過剰なインターフェース操作〟だとした。オルドリンが〝ＤＥＬＴＡＨ〟表示を指示したことをほのめかした。[27] フレッド・マーティンは念を押す。「ソフトウェアは実際にミッションを救った。スイッチが間違った設定にされていても……優先順位の高い処理を優先して、ミッションを中止しなかった」。[28] 警告《アラーム》が計算機のエラーだと勘違いされることをディック・バティンはいまだに苛立たしく思う。[29]

皮肉なことに、警告《アラーム》が計算機に対する注目度を高めたにもかかわらず、アポロ12号まで気づかれることのない致命的なミスがソフトウェアにはまだ残っていた。警告《アラーム》と同じように、プログラミングのエラーではなく、機器間のデータ処理の問題だった。グラマン社の技術者はフライトデータをレビューして、推力に〝グラつき〟効果があることに気が付いた。全推力に25％の誤差があり、お城のてっぺんがグラつくように推力の値が振れた。計算式の間違った変数により、自動スロットルのサーボ機構が一部しか安定せず、ある特定の降下条件で激しく振動を起こした。大惨事を防ぐため、計算式の定数を変更した。アポロ14号までに問題は解決されたが、ＩＬとＮＡＳＡの技術者はプログラムコードに隠れた危険が潜んでいることを教訓として学んだ。[30]

　システム設計の観点からすると、警告《アラーム》と推力の問題が、異なる二つのハードウェア間のインターフェースを起因としていることは不思議ではなかった。異なる組織によって製造された二つの機器間で問題が起きることは珍しくない。計算機のソフトウェアという粘着剤がシステムを繋ぎとめ、ときには成功、ときには雲行きを怪しくした。そして、グループ間の関係性を表した。

　ＩＬのヒュー・ブレア・スミスはもっと俯瞰的に分析した。警告《アラーム》をソフトウェアの問題として解釈して良いと譲ったが、〝宇宙飛行士の手順、管制手順も含めてソフトウェア〟と定義する場合に限ると主張した。[31]宇宙飛行士は詳細に決められた〝プログラム〟に従って操作を進めた。この場合のプログラムは〝時系列手順、チェックリスト、ミッション中止判断基準、ミッション規則〟のことを指した。計算機のソフトウェアプログラムと同じくらい、人の行動を規定する〝プログラム〟も大切だった。〝プログラム〟は前提条件や組織の関係性も表した。アポロ計画も結局のところ、アポロ〝プログラム〟と呼ばれていた。アポロ計画の人間《ヒューマン》＝機械《マシン》システムは、機械、人に対する命令を区別することが困難だった。

　アポロ11号の問題はコミュニケーション不足、文書の誤り、分刻みに進める作業手順の確認不足を起因とした。それでも、アポロ5号からの傾向のように、NASAと報道陣は〝機械〟の方が責めやすいことを良いことに、着陸の成功を人の功績とした。このシンプルで突っ込みどころがないストーリーが政府を味方につけた。また、宇宙飛行士に対する賛辞はアポロ計画の優れた人間《ヒューマン》＝機械《マシン》システムのバグについて取り繕ったのだった。

10章

続いた5回の月面着陸

いざ月面着陸するとき、誰もが宇宙飛行士が操縦桿を握っていると考えた。私は計算機を信頼している……だが、決して着陸操作はできないだろう。操縦は私がする。もししくじれば、それは自己責任だ。計算機のせいでは決してない。……でも、制御は計算機を介すじゃないか、結局自身を騙しているだけじゃないかと言われればそうかもしれない。スラスター点火時、操縦桿を動かすと計算機に命令が送信される。計算機が操作していることと変わらないじゃないかと言うかもしれないが、あたかも自分で操縦している感覚に陥るんだ。

——デビッド・スコット（David Scott）宇宙飛行士、〝The Apollo Guidance Computer：A User's View〟

アポロ11号は人類史上初の月面着陸をなし遂げた。冷や汗ものの不具合対処、国民の熱狂は唯一無二となった。しかし、アポロ11号は計画された六つの月面着陸のうちの最初に過ぎなかった。続く月面着陸でも、人と機械の対立と連携が見え隠れした。アポロ計画では、スキル、経験、リスクが人と機械の境界線を行き来し、その線引きを曖昧にした。社会目標と技術目標は、互いに妥協点を探し、補完し、弱みを補った。緊迫が漂う月面着陸。大勢の技術者が、ロケット先端の空調の効いた球体の中にいる光学式照準器と操縦桿を携えた２人の男と計算機に注目した。

●探査機近傍への月面着陸

月面着陸の偉業と栄光にもかかわらず、アポロ11号は〝精度〟を欠いた。続くアポロ12号では、着陸目標地点の半径1km以内に〝ピンポイント〟で着陸することという新しい目標が掲げられた。NASAはアポロ11号と同じように、アポロ12号の着地点に比較的平坦な〝嵐の海〟を選択した。

皮肉なことに、この場所に初めて着陸するのはアポロ12号ではなかった。1967年4月、その2年半前、探査機のサーベイヤーⅢ（Surveyor Ⅲ）がすでに着地していた。サーベイヤーⅢは、サーベイヤーⅠの後、2番目に月面着地した探査機だった。サーベイヤーⅡはスラスターが故障し、月面に衝突し壊れてしまった。サーベイヤーⅢでは着陸時、エンジンが予定通りに停止せず、着地前に何回か跳ね返った。地上からの命令を受信してスラスターを切り、ようやく落ち着いた。着地に人は不要だった。

アポロ12号の目的は、高精度な着陸ではパイロットのスキルが必要であることを証明することだった。[1] NASAはアポロ11号のときよりも着陸精度を改善するため、アポロ12号にさまざまな変更を加えた。

高精度な着陸とはどういう意味だったのか？　もしかすると、地質学者にとっての〝精度〟とは、興味のあるクレーターや地形の近傍に着地することを意味したかもしれない。だが、技術者の〝精度〟は、ある座標を円で囲む範囲内に着地することを意味した。〝正確度（accuracy）〟は物理指標、〝精度（precision）〟は数値尺度で示した。

アポロ計画は、地球からの月面観測、月探査機による月面観測、アポロ11号以前のミッションでの月面観測など、異なるデータを基にした月面地図を利用した。各データの座標は必ずしも一致しなかった。アポロ12号をサーベイヤーⅢの近くに着地させるためには、アポロ誘導制御システムに新たに座標を登録する必要があった。[2] ある報告書は警告している。〝計算機に登録する座標と着地点の座標を比較するのは無意味である。データはさまざまに加工され誤差を含んでいる[3]〟。計算機に登録された座標は、月を研究する科学者が推奨した数値とは異なった。座標の信憑性が疑わしいとなると、〝サーベイヤーⅢの近くに着陸する〟目標は、月面の地形の単調性と均一性を考えると曖昧なようでいて、とても明確だった。ピンポイント着陸を達成するのにわかりやすい指標だった。したがって、アポロ12号は〝高精度な（precise）〟着陸ではなく、〝正確な（accurate）〟着陸と言われた。

アポロ11号のソフトウェアを流用し、アポロ12号では2点だけ変更が加えられた。その両方の変更が、着陸の数値精度を高める目的で行われた。まず、新しい命令〝NOUN69〟は、着陸の制動《ブレーキング》フェーズで地上追跡データから着地点の座標を更新した。〝NOUN69〟入力に加え、28回ほどのボタン操作で精度を改善することができた。ただし、座標を上下に変更することはできたが、斜め方向に変えることはできなかった。アポロ11号では〝ピッチ・オーバー〟前、予定より長距離進んでいるのをアームストロングは把握していたが、計算機が制御を担っていたのでどうすることもできなかった。新しい命令は、その改善を目的とした機能だった。[4] 2番目の変更は、動力降下中、恒星を利用してＬＰＤを較正し、光学式照準器を調整できるようにしたことだった。

何箇所か手順も変更された。第一に、切り離しの際、司令機械船パイロットのディック・ゴードン（Dick Gordon）は月着陸船のスラスターを使用する代わりに、司令機械船の巨大スラスターを使用して月着陸船から遠ざかった。アポロ11号の切り離しの際は、月着陸船のスラスターが使用されていたが、その際、月着陸船が加速してしまったことが着地点超過の一因となっていた。アポロ12号では代わりに司令機械船のスラスターを使用し、月着陸船の加速を防いだ。第二に、制動《ブレーキング》フェーズで月面を目視確認する代わりに、宇宙飛行士は天を仰ぎ見たままの状態で飛行した。ピート・コンラッドとアラン・ビーン（Alan Bean）はアームストロングとオルドリンとは異なり、月面を目視確認しなかった。そうすることで、ヨー軸回りの制御をなくし、軌道のずれを排除した。[5] 第三に、進入《アプローチ》フェーズの軌道を修正し、同じ量の燃料で着地点を再選択する時間をより長くした。また、ＬＰＤが示す角度をゆっくり連続的に遷移するよう改善し、コマンダーが数値を確認できるよう変化を追いやすくした。[6]

●月面への計器着陸

月面高度15km、ＰＤＩ開始地点まで到達すると、管制官が月着陸船の計算機に新しい状態ベクトルを送信した。多少の時間、月着陸船のＤＳＫＹ制御を宇宙飛行士から奪った。更新された状態ベクトルは、北に8km指定経路から外れていることを計算機に教えた。エンジン点火前〝ＫＡＬＣＭＡＮＵ〟が自動的に月着陸船を経路に戻した。降下中、距離の誤差をゼロにした。

アポロ11号と同じように、アポロ12号も月面高度15kmで動力降下を開始した。アポロ11号では、この時点ですでに着地点を若干超えていたが、アポロ12号は1・6km予定着地点の前方にいた。

コンラッドは戯《ざ》れ言《ごと》を地上に伝えた。「〝鏡〟のスイッチを入れてくれ。〝フォックスコーペン（fox-corpen）〟をくれ。そうしたら〝フック〟を下ろす」。〝フォックスコーペン〟は、海軍の貨物機パイロットの俗語で〝滑走路の方位〟を指した。また〝鏡〟は、滑走路の下に映し出される機体の〝丸い影〟を指した。〝フック〟は、貨物機に付いている〝テールフック〔テールフックを使用することで空母着陸など、短距離での着陸が可能となる〕〟のことを指した。

ヒューストンは〝NOUN69＋4200〟を指示した。この新しい命令はアポロ11号では不可能だった月面高度を１・26km下げた高度からの着地点再選択を可能とした。ビーンが命令を入力した。管制官は入力に誤りがないか確認し〝ENTER〟を押す承認を与えた。この入力を間違えたら取り返しがつかなくなる。

管制官は伝えた。「ＭＳＦＮはＰＮＧＳとＡＧＳと一致している」。ＭＳＦＮ（Manned Space Flight Network）は地上からアポロ12号を追跡した。その値がＰＮＧＳ［誘導計算機、慣性航法装置、光学システムの統称］とＡＧＳ［ＰＮＧＳのバックアップ。月面着陸時のミッション中止用計算機］と近似していることを伝えた。

コンラッドは応答した。「こちら良好。良い《イィ》感じに進んでるよ」。数分後、再度交信した。「姿勢ライト消灯。速度ライト消灯」。着陸レーダーは月面高度12km、データを転送してきた。コンラッドは計算機の誘導計算に着陸レーダーの値を代入するよう指示した。着陸レーダーの値は〝ＤＥＬＴＡＨ［着陸レーダー値と慣性航法値の高度差］〟５１０ｍだった。数分以内に計算機が修正し、誤差を30ｍ以内に収めた。[7]

着陸レーダーの値を誘導計算に代入すると、ＲＣＳスラスターが点火し、月着陸船を計算結果が示す新たな着地点に誘導した。コンラッドは報告した。「ＲＣＳ点火、良好。いや、本来より多いんじゃないか」。数分後、無線が入った。「噴射量が多い。おかしいなぁ」。しかし、スラスターの動きは正常だった。のちに、ＮＡＳＡはシミュレーターのソフトウエアが問題だと気が付いた。シミュレーターで宇宙飛行士はスラスターの噴射が少ないのに慣れていた。そのため、実際の月着陸船では通常より噴射が多いと感じていた。また、アポロ11号でもそうだったように、燃料の流体運動で月着陸船の動きが想定より荒くなっていたことも影響した。[8]

月面高度２・１km〝ハイ・ゲート〟、計算機は自動的に〝Ｐ６４〟に切り替えた。月着陸船は即座に〝ピッチ・オーバー〟を始めた。月面のパノラマ景色が視界に入ってきた。

コンラッドは視界を疑った。シミュレーターより眺めが良く、細かい情報も目に飛び込んできた。「視界は抜

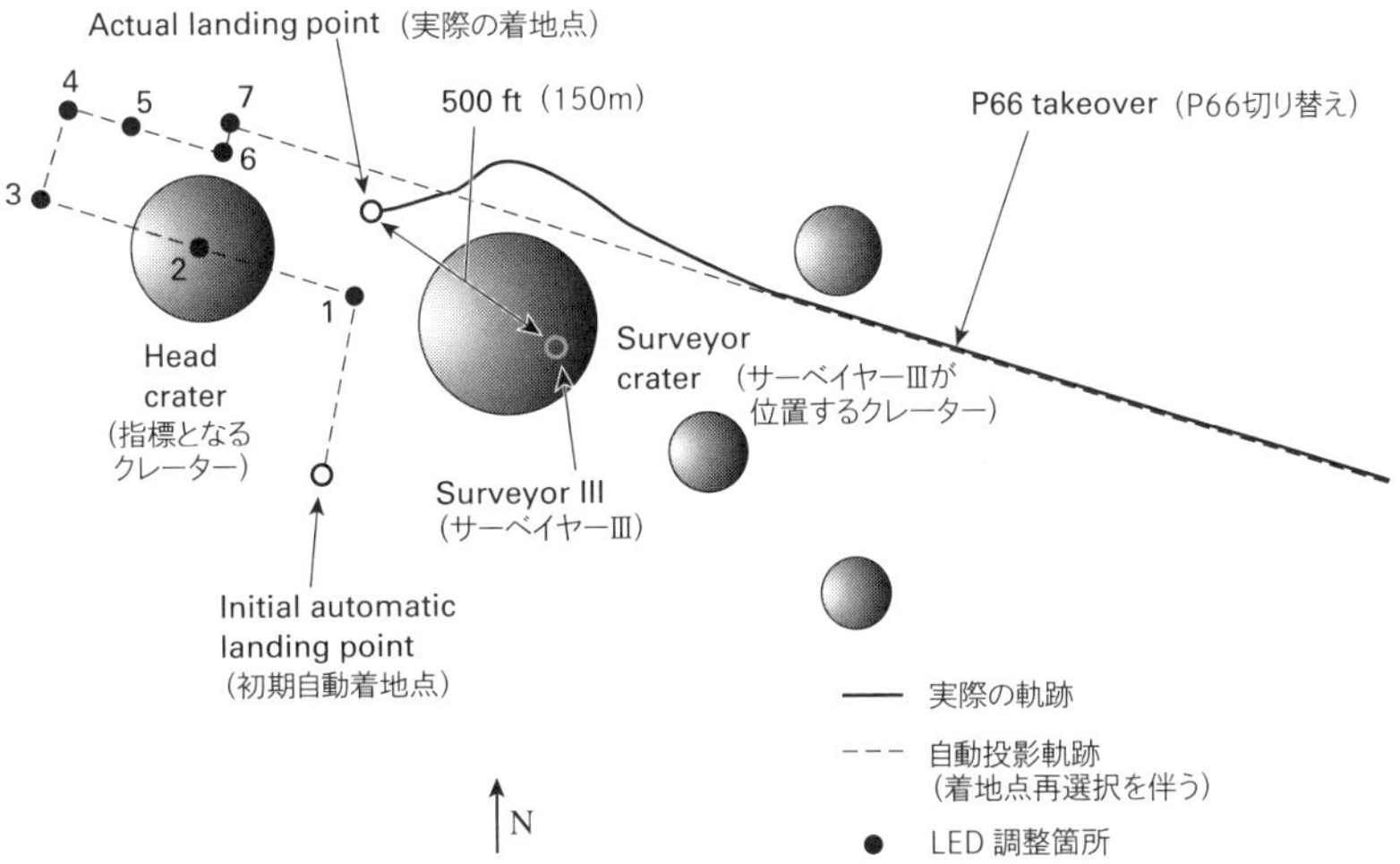

図10.1　アポロ12号着陸時にピート・コンラッド（Pete Conrad）宇宙飛行士が実施した着地点標識（LPD）の変更。(Redrawn by the author from Floyd V. Bennett, "Apollo Experience Report:Mission Planning for Lunar Module Descent and Ascent," 340)

群だったけど数秒間、どこにいるのかさっぱりわからなかった。世界がガラリと変わったようだった」。クレーターがそこかしこにあってビーンは恐くなった。[9]ビーンはLPDを起動するため計算機に目をやった。数値を読み上げる前、コンラッドはDSKYに42度と表示があったので、窓の外をその角度で眺めた。ついさっきまでぼんやりとしていた灰色の背景が鮮明に見えてきた。

歓喜のあまり興奮してコンラッドは叫んだ。「あそこだ！　あそこ！　なんてこった！　命中だ！」。「ほら！　クレーターのど真ん中に誘導してるよ！」。〝NOUN69〟は役目を全うした。少しの修正を加えるだけでクレーターの淵に月着陸船はたどり着いた。

本来〝ピッチ・オーバー〟後、コマンダーが外を眺め月面を確認したが、この重要な瞬間はアポロ11号で見逃された。コンラッドは30秒以内に着地点を再選択し始めた。1分間のうち7回、着地点を調整した（図10・1参照）。

最初、コンラッドは着地点を少し北に調整した。クリック。「なんて素晴らしいんだ。信じられない」。着地点の命中に感激した。

次に、西へ。クリック。クリック。北へ1回。東へ2回。再度、北へクリック。最後に東へ。7回にわたった修正は、月着陸船を1967年にサーベイヤーⅢが着地した場所に近づけた。しかし、自動で着陸はしなかった。

月面高度120m。「よし、任せてくれ」。〃P66〃でLPDを切って操縦桿を握った。もしLPDを使った状態であれば、着地点を再選択する時間は49秒間残っていた。7回の修正のうち、3回も北に調整したにもかかわらず、コンラッドは月着陸船をさらに北に修正した。また、一つ前の再選択着地点に戻すため、速度を落とした。

月面高度90m、コンラッドはクレーター近くに月着陸船を傾け降下した。「サーベイヤーⅢがあるクレーターとヘッドクレーターの間に最適な場所を見つけた。左に操縦し、クレーターを周回する必要性が生じた。だから、そうした[10]」。

月面高度60m、砂塵が舞い上がり、コンラッドは視界を失った。それまでは月面の動きで速度を把握していた。「私は下になにがあるか判別できなくなった。良い場所にいるのは少なからずわかっていたから、後は歯を食いしばって耐えて着地するだけだった。ただ、下にクレーターがあるのか否かはわからなかった[11]」。

コンラッドは今度、月着陸船内の計器に注目した。外を見るのも忘れなかった。垂直方向の速度を示す〃クロス・ポインター〃の十字針が正常に動いていないと感じた。実際、計器は正常だったが、月着陸船の動きがほとんど停止し、ものすごくゆっくり降下していたので、針が動いていないようにみえた。そのため、コンラッドは外を見て速度を把握しようとした。もし計器を信じていれば「私は残り15～30 m、窓の外は確認していなかっただろう」とコンラッドは断言する。[12] 月面に近づけば近づくほど砂塵が視界を遮った。

月着陸船は秒速90 cm、次に秒速60 cmで降下した。プローブが月面を触った。〝接触ライト点灯〟。コンラッドはエンジンを切り、月着陸船を残りの数十cm落とした。

コンラッドは安堵の溜息をついた。「よし。あー、良かった、良かった。ヒューストン、聞いてくれ。ニールの着地点より砂塵が多かった。シミュレーターがあって良かった。だって今のはＩＦＲだよ」。ＩＦＲは〝Instrument Flight Rules〟の頭文字をとった航空用語で、雲や霧の中での計器飛行を指した。「高度が高いうちに着地点を検討できて良かった。砂塵の中に入ったら、もうなにが下にあるかまったく見えなくなった……砂塵は水平線を覆い隠すほどに舞い上がったよ」。

ビーンはコンラッドを称えた。「ナンバーワンパイロットといて本当に頼もしい限りだ」。彼らのプライドはいまだにプロフェッショナルとしてのパイロットに繋がっていた。

コンラッドはまわりを見渡した。「想定よりまわりにクレーターがあった。砂塵が巻き上がる前に見逃したか、砂塵で視界がぼやけたかのどちらかだ」[13]。幸い、把握していなかったクレーターの上に着地はしなかった。

コンラッドは手動操作を1分50秒実施した。ニール・アームストロングより30秒短かった。着地またはミッション中止を判断するまで60秒残っていた。アポロ11号と比べると2倍以上の時間だった。[14]

混乱をきたしたにもかかわらず、月着陸船は着地点に命中した。コンラッドとビーンは着地後、月面の過酷な環境に数年間耐えた材質の腐食を分析するため、サーベイヤーⅢの探査機からサンプルを採取した。

●計器と信用

ＮＡＳＡはアポロ12号の成功をもって、着陸精度が向上できたことを証明した。フロイド・ベネットは、ピンポイント着陸運用の指揮でＮＡＳＡ特別サービス勲章（NASA Exceptional Service Medal）を授与された。[15] アポロ12号はかつてそこに無人でたどり着いたサーベイヤーⅢのすぐ傍《そば》に着陸した。自動操縦《オートパイロット》と手動操作で実施される月面着陸が比較され、人が関与する着陸は精度良く、機械は所構わず着地すると言われた。

自動システムが動く中、操縦桿を使った操縦はどれだけ精度を高めたのか？「私が〝オーバーフライ〟し、月着陸船を停止させたのは水平速度が若干大きかったからだ」。このコンラッドの発言で〝オーバーフライ〟が、〝過剰な操縦〟か〝着地点を超えた〟ことかははっきりしない。コンラッドは少し高い高度で飛んでいたため、はじめ2回の着地点選択が〝手前〟気味だったと分析している。「前方の場所があまり広くなかったからもっと最適な着地点を探した」。

地上での解析データと一致しないので、コンラッドの説明は若干混乱を招く。最初、北に移動し、2回目、3回目と西に進んだ。再度北に進み、その後ようやく東へ移動した。ＮＡＳＡのミッション報告書には次のように記されている。〝大幅な水平距離の誤差を防ぐため、そして左に舵をとるため、月面高度約１２０ｍで手動降下プログラムが始動した〟。決して、〝水平距離のミス〟がコンラッドの最初の修正が原因だとは責めていない。着陸予定地点は外れたものの、彼の着陸は〝正確（accurate）〟だった。フライト後の報告会でグラマン社のチームは報告した。「コンラッドが実施した着地点の修正は、実際は必要なかったと飛行後のデータ解析は示す。しかし、LPDをリアルタイムで確認していたときは着地点にクレーターがあったとコンラッドから報告を受けている」[16]。

ほかの分析はコンラッドが月着陸船を予定着地点にだいぶ近づけたと主張した。ミッション計画・分析部門のミッション後の解析は次のように分析している。「もし、着地点の再選択が実施されていなければ、月着陸船はサーベイヤーⅢの南西約１８０m離れた場所に着地した。もし、月着陸船が7回目の着地点再選択の後、自動着陸していたらサーベイヤーⅢから北西約３００m離れていた」[17]。どちらも１km以内の着陸〝精度〟を満たした。コンラッドの操縦は、確かに目標地点まで近づけたが、それはたった数十mの話だった。

アポロ12号は計器着陸が実施できることを証明した。コンラッドは視界が完全に遮られたため、アームストロングより砂塵が多い場所に着地したのではないかと考えた。アポロ11号の宇宙飛行士は、砂塵が舞い上がっていてもなんとか外を見通すことができたが、アポロ12号では厳しかった。月面歩行でコンラッドとビーンはアポロ11号のときよりも実際、砂塵を多く巻き上げているようにみえる。太陽の光が差し込む角度が低かったため、一層視界が悪くなったのかもしれない。アポロ11号では10度以上もあった太陽入射角が、アポロ12号ではたった5度だった。また、ミッション後の解析では、アポロ11号よりアポロ12号の方が降下中、スラスターの噴射量が多いことがわかった。コンラッドの進入はアームストロングより勾配が急だった。

コンラッドは省みる。「私は月面高度２１０mで手動操作に切り替え、降下率を一気に落とした。弾丸のような速さで月面に近づいていた。ただ、まだ燃料がたくさん残っていて、まわりをじっくり見渡したいと考えた」。月面高度１５０mで降下率を秒速90cmまで落とし、月着陸船を空中停止《ホバリング》させたと報告している。しかし、彼の記憶は間違っていた。実際は、月面高度１２０mより低高度で手動操作に切り替え、降下率を秒速30cmまで落とし、鋭角に降下していた。「私は少し緊張していた」。

アポロ12号の月面着陸のたった数週間後、アームストロングとコンラッドはLLTVの飛行準備前審議会でお互いの経験を照らし合わせた。コンラッドは砂塵で視界が遮られたため、最後の瞬間、計器飛行の方が安心したという。しかし、クロス・ポインターが水平速度ゼロを示し、正しく動いていないと思ったため、外も眺めた。速度計を最初の点検で確認しなかったことを反省した。正しい動きを早い段階で確認していなければ、降下中に計器を信用できないのは当然だった。

実際、速度計は正常に動いていた。月面高度90 mもの高さでコンラッドが垂直降下に入ったので、最後の数秒間、秒速30 cm以下では針のささいな動きがわからなかった。[18]「十分平らな場所にいるとわかっていたから、最後は窓の外を眺める必要がなくなった」。全体的に、彼は訓練が価値あるものだと考えた。「慣性誘導システムを信頼していた。コックピット計器に注力する必要に駆られたとき、そうするのに躊躇《ためら》いは微塵もなかった」。

コンラッドの経験と発言は、月面着陸での人の役割に疑問を投げ掛ける。会議でクリス・クラフトは尋ねた。アポロ12号のように計器着陸する場合、スイッチだけ切り替えて〝降下率制御〟を計算機に任せた方が良いのか？　月着陸船はコマンダーが左スイッチを押すだけで降下率を制御し、簡単に空中停止《ホバリング》した。ここで、質問を言い換える。パイロットの大切な役割が目視確認と着地点の再選択であれば、なぜ手動操作を続ける必要があったのか？

アームストロングは自身の経験から、人には独自の役割があると説明した。「私は仲間のピートより、計器着陸を拒んだかもしれない」。理由は、ドップラーレーダーが付いたヘリコプターの操縦経験だった。ヘリコプター着陸時、計器には秒速1・8 mの誤差があった。着陸時、速度がゼロであれば、実際、月着陸船が秒速

1・8mで動いている可能性もあった。着地点で勢いあまって躓《つまず》く可能性があった。アームストロングはその状況を〝足の親指で躓く〟のと似ていると説明した。しかし、彼はヘリコプターの誤差は〝ローター干渉による影響だと知っていて、月着陸船にはおそらく存在しないだろうとも見抜いていた〟。だが、公共の場で手動操作を正当化する際、ヘリコプター訓練の話を例に出した。コンラッドと違い、降下の際、アームストロングはレーダーに頼った。しかし、窓の外を眺め、二重に確認した。ところが、コンラッドが着地点に納得するまでに掛かった時間よりずっと長い時間を要した。[19] 2人の男は、レーダーを異なる理由で信じていなかった。アームストロングは、空中停止状態《ホバリング》では速度計に誤差があるだろうと考えていた。一方、コンラッドは空中停止の際、速度計がゼロを示すのは計器が故障した可能性もあると考えていた。

アポロ11号とアポロ12号の飛行間隔は数か月しか空いていなかった。次の月面着陸までは1年以上も空いた。そのため、アポロ11号とアポロ12号は比較しやすい対として扱われる。月面着陸部門のミッション後の解析をもとに、フロイド・ベネットはフライトの詳細かつ示唆に富む分析を示している。アームストロングの最大の目的が初の月面着陸であったのに対し、コンラッドの目標は精度良く着陸することだった。降下中に着地座標を更新する〝NOUN69〟の機能は、アポロ11号で起きた着地点越えを防いだ。アームストロングは警告《アラーム》の雑念と闘い、コンラッドはLPD修正に奮闘した。アームストロングが有視界着陸した一方で、コンラッドは計器飛行で着陸した。月面着陸以外の段階では計器に命を預けた。だが月面着陸時、2人とも計器を信用しなかった点で共通していた。

●ハードウェア故障とソフトウェア修理

結局、全自動着陸を試す機会は訪れなかったが、打ち上げ前、ジム・ラベルは月着陸船を自動着陸させると宣言していた。数々の本や有名な映画のおかげもあって、アポロ計画の中でアポロ13号がもっとも有名なミッションとなった。もちろん、アポロ13号は月面着陸しなかったので本書の分析から外す。アポロ13号の惨事は、人と機械のやり取り《ヒューマンマシンインタラクション》の難しい側面をさまざまに映し出した。誘導制御システムは宇宙飛行士の命を救ったので、冗長系を組むことの有効性と異常時にも対応できるシステムの柔軟性が証明された。

アポロ14号は大惨事になりかけたアポロ13号の10か月後に飛行した。前回の月面着陸から1年以上も間が空いてしまっていた。エド・ミッチェル月着陸船パイロットは奮い立った。「アポロ14号は滞りなく終わる必要がある」[20]。彼はアポロ13号の搭乗員、アポロ10号の予備搭乗員として任命された経験があった。そのため、膨大な訓練時間を積んでいた。月着陸船の操作手順に精通し、ニューヨーク州ベスページでグラマン社と月着陸船の製造に携わった。アポロ14号のコマンダーにはアラン・シェパードが任命された。彼は47歳、〝オリジナル・マーキュリー・セブン〟のメンバーで、パイロット中のパイロットだった。古株で、スティック・アンド・ラダー操作［エルロン（補助翼）とエレベーター（昇降舵）を手で、ラダー（方向舵）を足で操縦する方法］で訓練され、それ相応の自己顕示欲をもっていた。

PDI燃焼の4時間前、シェパードとミッチェルは月着陸船を確認した。月の裏側に入ってヒューストンと通信を失う15分前まで、月着陸船〝アンタレス〟にはなんの異常もなかった。

アポロ計画で管制官は長時間、リアルタイム更新される2進数表示のテレメトリー数値をコンピューター画面で追った。訓練を受けていない者にとって、それは何の意味もなさない数値の羅列だった。制御卓にあるライトの点灯がビットを表し、月着陸船の状態を伝えた。アポロ14号のPDI燃焼が近づくと異常に気が付いた。数百あるビットデータのなか、本来〝0〟であるべきビットに〝1〟が立っていた。それは、ミッション中止を指示するビットだった。いつの間にか、ミッション中止を計算機が判断していた。月着陸船の誘導計算機は降下プログラムを開始していなかったので、誤りビットはかろうじてなにもまだ危害を及ぼさず、ミッション中止は求めていなかった。しかし、PDIが始まり〝P63〟の制動《ブレーキング》フェーズに切り替えられると深刻な事態となった。

現実問題、装置に〝くず《フレーク》〟が発生することがあった。ヒューストンは、ミッチェルに〝ABORT（ミッション中止）〟を押し、次に〝STOP（停止）〟を押すよう指示した。彼はボタンを押し、両方リセットした。誤りビットは消えた。

宇宙飛行士はアンテナと利得を調整し、安定な通信と雑音除去に努めた。通信経路の確保はいつも難しかった。約45分後、〝アンタレス〟が月の裏側から姿を現した。すべてが順調に進んでいた。しかし、30分後、ミッション中止のビットに再び〝1〟が立った。ヒューストンは宇宙飛行士にこの不具合を伝え、PDI後に問題解決することを伝えた。重要な点火まで2時間を切っていた。

ヒューストン：「なぁエド、画面を表示している間に〝ABORT〟ボタンまわりの操作盤を叩いてみてくれないか？　もしかしたらなにかグラついてるものが取れるかもしれない」。

ミッチェル：コツコツ。再度エラーが消えた。

ヒューストン：「了解、アンタレス。こちらでようすを見たいと思う」。管制官は航法ベクトルを地上から更新した。宇宙飛行士は上空通過時、着地点を今一度確認した。月面着陸前の最後の周回だった。

無線通信は落ち着いていて、淡々としていた。ミッション中止ボタンの気まぐれな動きはミッションを中止しかねないと誰もが把握していた。なにかしらの修理、改修、〝一時凌ぎ〟でも実施しなければ、月面着陸は続行できなかった。

ヒューストン、そしてＩＬの研究室では、ドン・アイルズ含め、技術者が必死に問題に対応した。アポロ11号のときにバックルームにいたジャック・ガーマンは、問題解決まで2時間しかない時に襲った絶望感が脳裏をよぎった。「悪夢中の悪夢だよ[21]」。

地上の騒然とした空気に気が付くはずもなく、ミッチェルは心配し始めた。ヒューストンに尋ねた。「このミッション中止ボタンの問題、どうにかなるか？」。

ＥＥＣＯＭ（電気系統・船内環境司令）のフレッド・ヘイズ（Fred Haise）は答えた。「今、取り組んでいる最中だ。ＩＬも問題を検討している。大急ぎで分析を進めている。おそらく、解決策が見つかった」。

「良かった。ひょっとして、もしかして半田くず？」。ミッチェルの予測はあたっていた。ミッション後の解析で、スイッチの半田付けが一部とれていたことが判明した。フライト中に外れ、無重力で浮遊し、いたずらをしていた。のちに、ほかの似たスイッチもX線解析され、類似の問題を抱えていることがわかった[22]。

ヒューストンは応答した。「うーん、まだ確定したわけじゃない。通信が途切れるまで19分あるから、その前になにができるか指示するよ。再度、通信が確立されたら、最新の情報を伝える」。

ビットに再び〝1〟が立った。コツコツ。再度、ビットは消えた。

管制官は伝えた。「もう気が付いていると思うけど、そのビットが〝Ｐ６３〟で立てば即刻〝Ｐ７０〟に移行する」。それは、制動《ブレーキング》フェーズ（Ｐ６３）が自動的にミッション中止（Ｐ７０）に移行してしまう大惨事を意味した。降下中にビットが立てば、ミッションが誤って中止される。かろうじて、それはとてつもない落胆に繋がるだけで済んだ。最悪は……宇宙飛行士が……。

シェパードは緊張し、なにも対処できないのではないかと意気消沈した。〝スクリュードライバーとレンチをもって、月着陸船に深く埋め込められた計算機を修理することはできない〟と回顧録に記している。ナットとボルトの世界はとうの昔に消えていた。[23]

ようやく、アイルズが手立てを思い付いた。ガーマンは覚えている。「彼が解決策を提示したら、皆がよし、それしかないと賛同した」。ヒューストンは手順を地上で試験し、アポロ14号に伝えた。[24]

ミッチェルはＰＤＩの時系列に手順を書き留め、復唱した。「VERB25 NOUN7、入力。１０５入力。４００入力。０入力」。手順は複雑で厄介だった。もし途中でミッション中止ビットが立ったら大問題だった。[25]

月着陸船が月の裏側に入るまで、管制官が聞いたのはそれが最後だった。約45分後、再び月着陸船が月の裏から姿を現した。通信が確立するとすぐにヒューストンは新たな手順を伝えた。前に教えた手順は時間の制約が伴ったので、新しい手順を練り直していた。

管制官はテレメトリー通信を通じて、自動的に手順を更新することもできた。しかし、その代わり音声を通じて宇宙飛行士に手順を伝えた。手順を書き留めてもらい、手入力で命令を送信してもらった。今日に至るまで、計算機の設計者エルドン・ホールは、この行動は宇宙飛行士があまり計算機を信じていなかったことを意味すると指摘している。手入力は誤る可能性もあったが、自身が操作する方が計算機に対する入力を信用することができた。

この修理はソフトウェアプログラムの変更だとよく言われる。本当は違う。実際、計算機のメインレジスタをビットレベルで変更した。手順はおおよそ七つの段階を踏んだ。最初の命令は、すでにミッション中止を実行していると騙すものだった。そうすれば、浮遊している半田くずに計算機が反応する心配がなくなった。この手順を実行することで、計算機のミッション中止ビット確認を防いだ。しかし、そうすることで自動速度上昇、自動誘導制御、着陸レーダー処理の実行を禁止してしまった。したがって、宇宙飛行士はPDIのため、手動で速度を上げた。計算機が降下計算を開始できるよう、DSKYに命令を何回か入力した。そうすることで、計算機のいくつかの設定をリセットした。そしてエンジン点火後、減速を指示した。[26]これらの変更に伴い、もはや計算機はボタンを押してもミッション中止しなくなった。そのため、宇宙飛行士はロケット段分離、そのほかの手順を手動で実行する必要が生じた。[27]アポロ計画の他の手順と同じように、自動でまったく問題もなく進めば操作は比較的簡単だった。しかし、自動装置に問題が生じれば、一気に作業負荷が増大した。

シェパードとミッチェルは手順に自信があったとのちに述べている。地上側が問題に上手く対処していた。対処法は地上側の技術者が考え、宇宙飛行士は試験済手順を教えてもらった。地上で試験された確実な手順を1回実行するだけで済んだ。もちろん、シェパードは認めている。「ほかに選択肢があまりなかった。それが上手くいくか、あとは諦めるしかなかった」。[28]アポロ14号の宇宙飛行士が新しい手順で無事にミッション中止できたかは今でも疑問だ。通常のミッション中止も同様に言える。

ミッチェルは真剣な顔をする。怖いもの知らずで、不確かな変更を土壇場で入力したわけではない。「私はシステムに慣れ親しんでいた。コンピューターハッカーのようにシステムで遊ぶこともできた」。訓練を積んでいたので、計算機に全幅の信頼を置いていた。「私はアポロ誘導計算機と主系の誘導制御システムを使って、チェックリストに含まれていないことも操作できた[29]」。複雑極まりなかったが、宇宙飛行士と2台の計算機で構成される人間＝機械《ヒューマンマシン》システムは、緊急時に対応することができた。しかし、新しい手順は不確定性を招いた。

計算機に入力を終えたとき、シェパードは安堵した。〃上手くいきそうな予感がした〃しかし、それは楽観視に過ぎなかった。まだまだ、多くの問題が先に待ち受けていた[30]。

ＰＤＩ準備時、宇宙飛行士は緊張した。ミッチェルは振り返る。「私たちは、ミッション中止スイッチの問題を軽い問題だと考えるように努めた。しかし、私たちの集中力を高め、用心深くした。次になにが起こるかは神のみぞ知っていた。私たちは心の奥底では疑っていた。ソフトウェアプログラムを書き換え、システムを変更したとき、必ずしもではないが……大抵副作用が生じた[31]」。

宇宙飛行士はＰＤＩ燃焼のチェックリストを順次確認していった。ＲＣＳエンジンは自動で点火した。ミッチェルは〃ＰＲＯ〃ボタンを押し、手順を進めた。次に待っていたのはＤＰＳ点火だった。

シェパード：「よし。マスターアーム（加圧）オフ」。ＰＮＧＳが自動でミッション中止できるよう、通常このスイッチはオンだった。これ以降、すべてのミッション中止操作を手動で行う必要があった。点火1分半経過後、コマンダーは手動で加圧を大きくした。

ミッチェルが計算機に入力できるよう、作業がシェパードに一部分担された[32]。

ミッチェル：「001、入力。誘導が開始されるはず。入力と出力調整は君が担当だ」。

シェパード：「了解。計算機の誘導が始まった」。

計算機が月着陸船を制御したので、この時点でシェパードは手順が上手くいっていると思った。「ＰＮＧＳの調子が良かった。だから、少し自信がもてた[33]」。

点火1分経過。ミッチェルは唱えた。「400、入力。0、入力。よし。着陸レーダー、設定オン。VERB21、NOUN1、入力。1010、入力。77、入力。着陸レーダー作動確認。アル、出力を最小にしていいよ」。

シェパード：「了解。下がってるよ」。

ミッチェル：「入力とスラスターは君の担当だ。よし。ヒューストン、手順を最後まで進めた」。計算機が自動で進めていたことを、今度は十数回ほどの手入力で実行した。

点火から2分半経過、シェパードは〝NOUN69＋2800〟を打ち込み、航法を修正した。降下開始。秒速3m。少し速かった。高度も少し低かった。しかし、すべては許容範囲内にあった。ミッチェルは報告した。「こちら、良好」。

点火4分経過後、ミッチェルは着陸レーダーが月面を検知するのを待った。「高度9600m、着陸レーダーの値がもうすぐくるはずだ」。

レーダーの合図はなかった。45秒後、再度確認した。ミッチェルはまごついた。「レーダーオン。レーダーの〝オン〟確認……作動してない」。

着陸レーダーの信号を受信しなかった。アポロ11号では高度1万1100m、アポロ12号では高度1万2000mで着陸レーダーが作動した。ミッチェルはのちに振り返っている。「月面高度6000mになって私たちは必死になった。着陸レーダーがオンにならなかったら、高度3000mで必然的にミッション中止をせざるを得なかった[34]」。

「まだ〝ALTITUDE（高度）〟と〝VELOCITY（速度）〟のライトが点灯している」。この二つのライトはレーダーが月面をとらえたら消えるはずだった。

シェパードは緊張した。「地上側はこの事態を把握してるだろうな」。

ヒューストンは指示を与えた。「〝LANDING RADAR〟のブレーカーを回してみてくれ」。

結局、着陸レーダーが点火前に高度を測定し、高い高度での月面ロックオンを防ぐ〝ロースケール〟設定になっていたことがわかった。サーキットブレーカーを回すことによって問題は解決した。[35] このトラブルシューティングのテクニックは、電気技術者のもっとも古く、粗い策だった。しかし、どんくさい電子機器には有効だった。電源を1回切って、再度電源を入れる。ミッチェルは冷静に振り返る。「やることをやっただけだ。窮地に立たされ、解決策を探した。自分の指先が計算機の動きの延長にあった」。[36]

20秒間、ライトに目が向けられ、緊迫した空気が流れた。

ミッチェル：「着陸レーダー……ヒューストン、状況は？」。

ミッチェル：「……よし！」。

着陸レーダーがひょいと作動し始めた。ミッチェルは〝VERB57‒ENTER〟を入力し、レーダーの値を確認した。「値は許容範囲内か？」。

ヘイズ：「そうだ。レーダーの値は良好だ」。

シェパード：「了解。ＰＲＯボタン。収束。ＰＲＯボタン」。深呼吸して、続けた。「よし……上手くいってくれよ。よし。あぁ、危なかった」。

ＰＤＩから11分経過後、アポロ14号は〝ハイ・ゲート〟を通過した。「よし、今のが〝ピッチ・オーバー〟だ」とミッチェルは告げた。

窓の外を眺め目印《ランドマーク》を確認した。「あそこに〝コーン・クレーター（Cone Crater）〟がある」。着地点を探すにはなんの苦労もなかった。目の前には、訓練の石膏でできた月面模型と同じ地形が広がっていた。シェパードは〝シミュレーターの忠実度〟に感動し、積み重ねた訓練に自信をもって〝意思決定〟した。[37]

張り詰めた空気が着地点の確認で一気に弛緩した。

ミッチェル：「ほら、あそこだ」。

シェパード：「やった！　命中だ！」。

計算機を注視していたバズ・オルドリン月着陸船パイロットと違って、ミッチェルは外を眺めていた。〝計器が動くたびに窓の外を盗み見て〟誘導と指示を与えたシェパードの言葉の裏付けを取っていた。[38]

シェパードは着地点の再選択を1回実施した。着地点をおおよそ約１００ｍ左に移した。月面高度３００ｍをきったとき、シェパードは着地点が良くないことに気が付いた。近くにあるクレーターが大きすぎた。〝Ｐ６６〟を入力し、当初の着地点に戻した。[39] 月面高度約１１０ｍ、目標地点から６６０ｍ手前で操縦桿を握った。[40] 着地点の座標が５４０ｍの誤差を含んでいたので６００ｍ水平方向に移動した。[41]

月着陸船は軽い傾斜に着地した。シェパードはこの傾斜を〝右翼が7度傾く程度〟と表現した。もしもっと早い時点で着陸していたら、月着陸船はもっと平らな場所に着地できただろうと考えた。[42]

●パイロットのスキルと冗長系

アポロ14号のミッション報告書は宇宙飛行士の存在を正当化した。〃有人宇宙飛行の有益性がまたしてもミッションで証明された。宇宙飛行士はハードウェアの問題を解析し、ミッション中止を引き起こしかねない問題に対処した〃。

同調して『ボストン・グローブ』紙は〃計算機の問題が発生したので、シェパードは手動操作に切り替えて月着陸船を月面に降ろした〃と記事を掲載した。[43] アポロ14号の宇宙飛行士はシステムの問題を経験した。第一に、ミッション中止ボタンの半田付け不良による単純な機械故障により、計算機に新たな手順を追加した。複雑なソフトウェア、デジタル計算機が入り乱れているにもかかわらず難を逃れた。同様に、臨機応変に問題に対応できたであろう制御システムは数少ない。根本的な問題解決は月着陸船の宇宙飛行士ではなく、管制官に回された。そして、そこからマサチューセッツ州ケンブリッジにいるＩＬのプログラマーに委ねられた。宇宙飛行士が他の作業に追われている間、解決策がいざ浮かんだら、地上で手順を確認し検証した。これらは宇宙にいる宇宙飛行士の成果だったのか？　それとも、地上にいる技術者の功績だったのか？

第二にミッション中止ボタンの一騒ぎの後、新たに着陸レーダーの問題に対峙した。数年経った後も、宇宙飛行士は二つの問題が関連していたと考える。ミッチェルは回想録に記している。〃システムの問題は伝播する傾向がある[44]〃。実際、着陸レーダーが月面を検知しなかったのは単に違う設定になっていたからだ。おそらくそれはシステムのちょっとした乱れ《ノイズ》が原因で、計算機やミッション中止システムとは無縁だった。しかし、宇宙飛行士は彼らが計算機の設定や手順を変えたことで、なにかしらシステムに影響を与えたと考えていた。

シェパードは期待通りに動かない機械、役立たずのミッション規則に対し葛藤した。「機械の不具合や、めちゃくちゃな配線や電気回路と必死に格闘した」。パートナーには次のように伝えていた。「エド、もしレーダーが作動しなかったら、手動で降下するよ」。

もちろん、着陸レーダーは作動し始めた。シェパードは回想録で、着陸の成功はマニュアルスキルのおかげと自負している。「30年培ってきたパイロットのスキルを駆使して、針に糸を通すように、丘や海嶺を通り過ぎ、クレーターや岩石がそこかしこにある狭い斜面に月着陸船を着陸させた」[45]。着陸後、ミッチェルがシェパードに次のように質問したと記されている。〝「着陸レーダーがなくても、本当に私たちを着陸させようと思ったのか?」〟。アランのトム・ソーヤのようなイタズラな笑みが顔面に広がった。「エド、わからないものだよ。決してわからないものだ」[46]〟。しかし、宇宙飛行士と管制官の通信、月着陸船のコックピット内、技術報告会でこのような会話が展開されたのは記録にない。ミッチェルも会話は記憶していない。

フライトディレクターのジーン・クランツが書いた書籍『Failure is Not an Option』で、シェパードがフライトディレクターのジェリー・グリフィン（Gerry Griffin）に打ち明けたことが記録されている。〝ここまで来たからには月面着陸せざるを得ない。着陸レーダーがなくても、おそらく私は着陸を試みただろう〟。クランツはシェパードが真剣であることは疑わなかったが、高度が正確にわからない状態ではミッションを中止せざるを得なかっただろうと指摘する。「残りの燃料があまりにも少なすぎた」[47]。シェパード、ほかの宇宙飛行士が着陸レーダーなしに月面着陸できたかは謎のままだ。しかし、アポロ14号のシステムの問題は再度、人と機械、宇宙飛行士、管制官、技術者の関係性を浮き彫りにした。以降のミッションで、これらの関係性は成熟し、成長していった。

●Jミッション：高度な月面着陸

アポロ15号、PDI直前、ジム・アイルウィン（Jim Irwin）月着陸船パイロットが無線を入れた。「ジョークを思い付いた。宇宙飛行士が月から帰還した。素晴らしかったと伝えたが、空気がなかったと不満を漏らした」[48]。技術が洗練し、フライトの成功で自信を積み重ねたことで、宇宙飛行士は冗談が飛ばせるほどリラックスできるようになっていた。〝Jミッション〟［積載物の重量を増やし滞在時間を延ばす高度な月面着陸を目的としたミッション］の初フライト、アポロ15号は設計と運用に変更を数々加えていた。月面に長く滞在できるよう消費物を多く積載し、月着陸船の重量は重くなった。

〝Jミッション〟は月探査ローバーも積んだ。月面を長距離移動するため、宇宙飛行士が乗り回す小さい4輪車だった。数km移動できるので、ローバーは着地点の制約を緩めた。もし月着陸船が予定着地点から離れた場所に着地してもローバーを走らせれば良かった。あるコマンダーはローバーのおかげで着陸精度をさほど気にしなくてよくなったと胸を撫で下ろす[49]。〝Jミッション〟では降下角度が14から25度に増加した。また、垂直降下開始も月面高度30から60mに変更された。勾配が急で、降下距離が長いほど、精度良く着地することができた。〝ピッチ・オーバー〟では視界が開け、LPDによる着地点再選択もより制御が改善された[50]。図10・2は、計6回の月面着陸のうちの3回の軌跡を示す。アポロ16号の降下角度が急になっていることに着目してほしい。

アポロ15号までくると、月面着陸は保証された。しかし、宇宙飛行士が無我の境地で着陸できるほどまでには達していなかった[51]。宇宙飛行士は訓練で、月面での新しい作業や科学実験に集中するようになった。前半のミッションと比べると、シミュレーターを自由に使用できる時間が増えた。そして、シミュレーター訓練は信

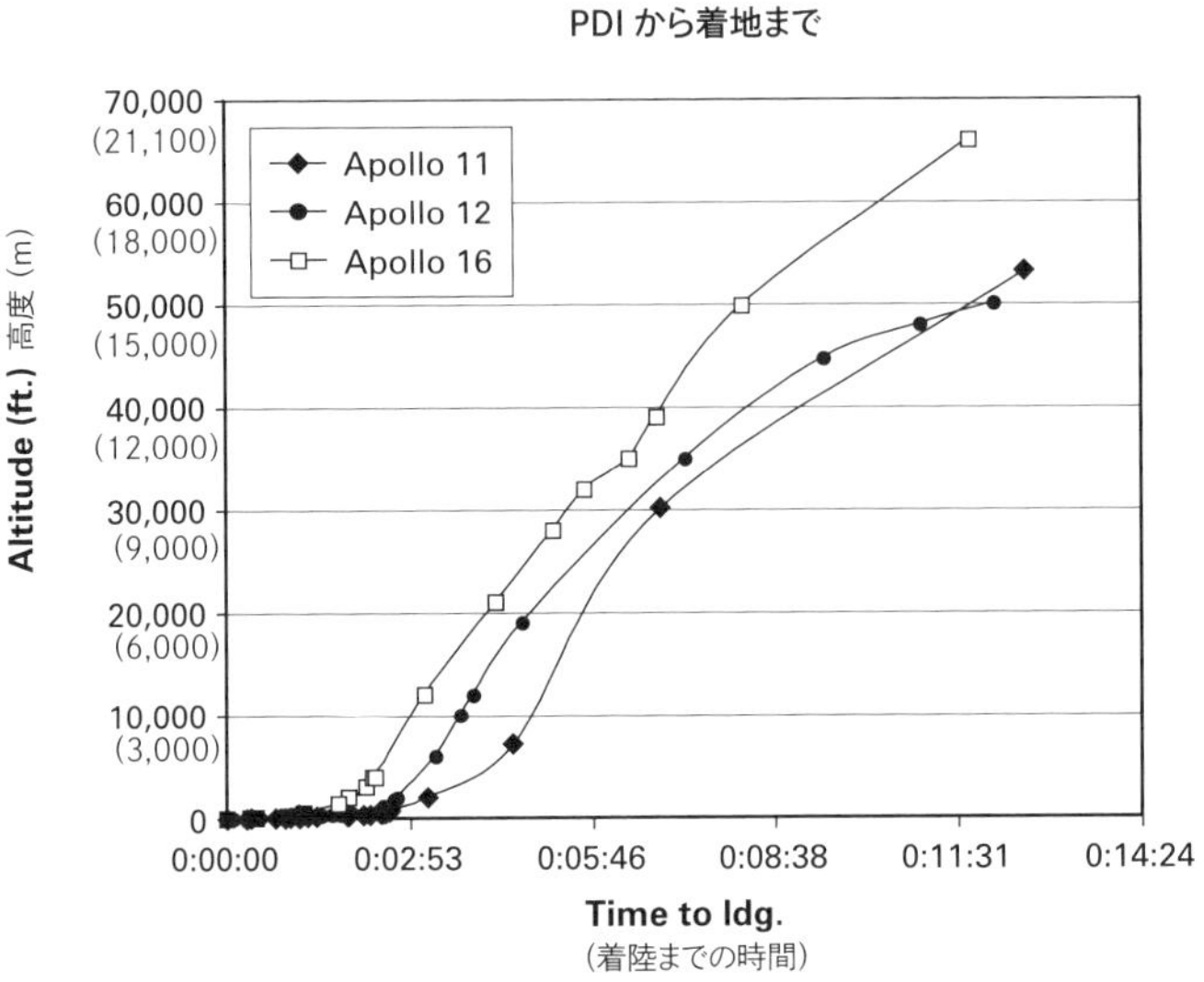

図10.2　アポロ11号、12号、16号の動力降下噴射（PDI）から着陸までのレーダー高度比較。アポロ16号Jミッションで急な降下が行われていることに注目。(Drawn by the author from Apollo mission transcripts)

頼性が高まり反復作業となった。したがって、宇宙飛行士は全訓練時間の40％を月面での科学実験に費やすようになった。今まではシステム設計や手順に比重が置かれていたのでそれは大きな進展だった。[52] アポロ16号の月面着陸についてチャーリー・デュークは自信満々だった。「前例を踏襲さえすれば良かったからすごい自信があった。月面着陸時、燃料が切れることを心配する必要はなかった[53]」。

●多様な月面着陸

自信は十分に増したが、それぞれの着陸に独自の要求があり、問題や不具合が生じた。アポロ計画では国の威信をかけ、世界を舞台にミッションが形成された。アポロ16号の時点で最後の三つのミッション、アポロ18号、19号、20号が中止された。次第にアポロ計画は衰退した。月面着陸のための新技術や手法の開発は脇に追いやられ、科学、探険、安全なミッション遂行が重視されるようになった。

アポロ17号でミッションは洗練され、システムの信頼性も高くなった。しかし、ジーン・サーナン（Gene Cernan）は〝月面に降り立つ最後の男〟という自身の肩書を気に留めた。人類初の月面着陸から3年半しか経っていなかったが、1972年には多くのことが変わっていた。政府予算は縮小し、ベトナム戦争で国の自信は失墜し、技術も批判されるようになった。ケネディ政権は有人宇宙飛行に莫大な予算を投入しアポロ計画を盛り上げたが、ニクソン大統領はその流れに逆行した[54]。

変革のなか、それでもアポロ計画は勇敢に立ち向かった。各々の月面着陸は地形、宇宙飛行士の訓練方法を異にした。システムの安全が保証され自信が増すにつれ、難易度が高い着地点が選ばれるようになった。アポロ11号が〈静かの海〉に着陸したのは偶然ではなかった。地名は平らな地形を彷彿させた。技術の不確定要素がつぶされていないとき、平らな場所が着地点に最適だった。アポロ計画が進み、経験が蓄積され、航法技術と月面着陸の運用が洗練されると、ＮＡＳＡは挑戦的な着地点を選択するようになった。より険しい地形、変化に富んだ地形、高い標高、深いクレーターが選択されるようになった。〝困難な〟着地点に挑む際、自然の摂理を読み解く科学（science）とモノを物理的に実現する工学（engineering）が互いに手を取り合った。面白い工学の挑戦が〝興味深い〟科学に通じることも多かった。アポロ15号は標高3300mのハドリー山の淵、1・6kmの幅をもったハドリーリル（Hadley Rille）に着地した。長さ128km、深さ300mあるV字型の溝が山と並行して走った。アポロ17号は二つの山の間を目標とした。あまりにも狭かったので、フロイド・ベネットチームのミッション計画者は、不確定範囲を長径3km・短径1kmの楕円から直径1kmの円に縮小しなければならないほどだった。ベネットは、ほかの着地点はあまりにもリスクが高く承諾しなかった。

パイロットは困難な着地点を楽しんだ。操縦スキルを大いに発揮できた。サーナンは回顧録に記述している。〝私にとって、未開の渓谷を飛行するのは宇宙パイロットとしての夢だった。パイロットとしての全知識を総動員し、月着陸船の限界に挑んだ[55]〟。

●混乱とシミュレーション

月面着陸のもっとも面白い瞬間は〝ピッチ・オーバー〟時に訪れた。コマンダーが初めて窓の外を眺め、着地点を探した。アポロ14号ではこの瞬間、着地点が見つかるとともに歓喜の声が上がった。一方、アポロ15号では宇宙飛行士はシミュレーターの月面の再現性の低さが原因で、管制官との意思疎通に失敗し、混乱を経験した。

アポロ15号の着陸時、着陸レーダーは正常に作動し、高度15kmでデータを更新し始めた。「見てごらん！

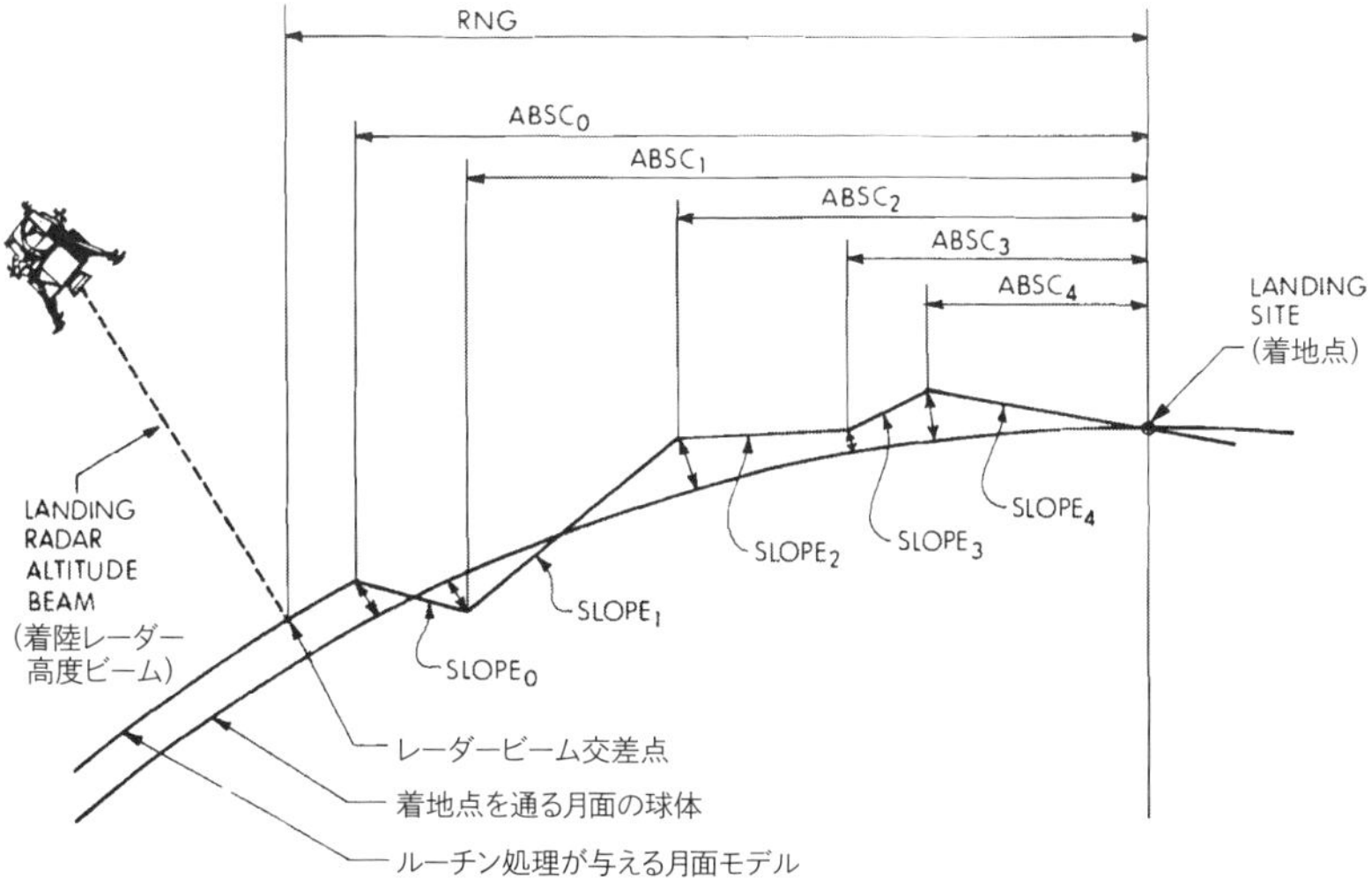

図10.3　ミッション後半、アポロ誘導計算機に月面の地形モデルが五つの線分として記憶された。(MIT Charles Stark Draper Laboratory, "Guidance System Operations Plan for Manned LM Earth Orbital and Lunar Missions Using Program Luminary 1E: Section 5, Guidance Equations," R-567, December, 1971, 5.3-73.)

〝ALTITUDE(高度)〟と〝VELOCITY(速度)〟のライトが高度15kmで消えたよ!」。デビッド・スコットコマンダーが歓喜した。アポロ14号を危うくミッション中止しかけた複雑なシステムが想像より順調に動いていた。やがて、計算機の値はレーダーの45m誤差範囲内に収まった。ソフトウェアには月面を五つに分割した地形モデルが組み込まれていた[56](図10・3参照)。

誘導が計算され、計算機が出力を弱め、月着陸船〝ファルコン〟が降下し、すべてが順調に進んだ。計算機は月着陸船の下に傾斜1度の斜面を期待したが、想定より平らだったので1分間水平に移動した。しかし、それは取るに足らない問題だった。[57]スコットは〝ATT HOLD(高度維持)〟制御に切り替え、ロール・ピッチ・ヨー軸回りの動きを確認した。なにも問題がなかったので自動制御に戻した。

月面高度2400m、管制官がスコットに伝えた。「予定着地点より900m南にいるようだ」。スコットが言うにはこの情報が〝混乱の原因だった〟。管制官の間違いだった。南方向の誤差はPDI前にとっくに修正されていた。〝1回だけ実施すれば良い修正に対して2回の修正が実施された〟[58]「私の理解では予定着地点が再選択されたのだと思った……混乱する会話だった」[59]。「私たちはこの問題を念頭に置きながら、スコットは外を眺め、高度3300mのハドリーデルタを目にした。「私たちはハドリーデルタの横を通り過ぎた。そのとき、すでに窓に山が入ってきたので、だいぶ予定地点を超過している印象を受けた」。山を通り過ぎた直後に着地する予定だった。ところが、まだ月面高度3000mにいた。スコットは、ハドリーリルを確認することができなかった。訓練では視界の左前に見えていた。したがって、南に長距離進んでいるのだと勘違いした[60]。

月面高度2100m〝P64〟に切り替わり〝ピッチ・オーバー〟が始まった。

スコットは方位感覚を失った。「窓の外を眺めた。〝ピッチ・オーバー〟後、そこになにもなかった！」。〝マスュー（Matthew）〟、〝マーク（Mark）〟、〝ルーク（Luke）〟、〝インデックス（Index）〟というあだ名がついた一連のクレーターを探した。最後のクレーターは着地点の真横にあるはずだった。しかし、特定できなかった[61]。月着陸船シミュレーターでの長時間にわたる訓練により、窓の外に影でくっきり区別できるクレーターを複数見るのを期待していた。しかし、〝知らないクレーターしか視界に入ってこなかった〟。見慣れたクレーターはどこにも見当たらなかった[62]。

スコットはのちにシミュレーターに加え、石膏でつくられたハドリー山の模型が問題だったと指摘している。模型はアメリカ地質調査所（U.S. Geological Survey）が製作を請け負っていた。彼らは月探査機で撮影したもっとも質の良い写真をもとに模型を作成したはずだった。しかし、解像度約20m、そのうえアポロ15号での太陽光入射角度とは異なる角度で撮影された写真を参考にしたことが災いした。[63] 作業者は〝月面にはもっと浮き彫りがあるだろうと〟勝手に想像し、実際よりも凸凹《でこぼこ》した模型を製作していた。宇宙飛行士は模型の下をカメラが動き回るルナー・ミッション・シミュレーターを使い訓練を積んだ。実際、月に到達すると模型で再現された特徴は実物とまったく異なるか見逃されていた。スコットは目を丸くした。「私はとても驚いた。実際の月面はもっと滑らかで平らだった……影をもたないクレーターもあって、識別するのが難しかった」。

ようやく、スコットはハドリーリルを目にした。「目標物に対して、妥当な位置にいたが、予定より南にいた」[64]。アイルウィンは、その間コックピットの計器に釘付けだった。スコットに参考情報を絶えず読み上げた。

スコットはＬＰＤの動きが抜群だと思った。当然、月着陸船が着地点に向かっていると信じた。「南にいたから、私は4回クリック操作して右に向かい、その後、少し手前になるよう着地点を再選択した……私はもう2回右に修正し、前方に3回調整した」。スコットはようやく、本来の着地点である〝サルート（Salyut）〟クレーターを見つけた。しかし、のちにそれが〝ラスト（Last）〟クレーターだったと訂正し、誤りを認めている。着地を目標に合わせた。「ジムが数字を読み上げる中、あと何回修正したか覚えていない。もしかしたら何回かクリック操作を追加していたかもしれない」。実際、9回追加操作し、計18回の修正を行っていた。どのミッションよりも多い回数だった。[65] 新しい着地点は当初より前方に約３３３ｍ、北に約４００ｍ進んだ場所となった。

スコットは目標地点の真上に来たらぴったり着地しようと考えていた。もしそれが叶わなかったら、燃料を残すため、許容範囲内の円内に着地点を素早く再選択し、着地するしかなかった。やがて、当初の予定場所に向かってないばかりでなく、見覚えのある目印《ランドマーク》がまったくまわりにないことに気が付いた。そのため、平らな場所を探し、直ちにそこへ向かった。

月面高度１２０ｍ、左にある降下速度スイッチをクリックして〝Ｐ６６〟に切り替えた。月面降下が始まった。規定に沿うことを意識した。前回のミッションでは〝階段状〟の経路に従っていた。〝階段状〟となった理由は、高度を特定することが困難で、高い高度で水平飛行したからだ。「月には滑走路がない。自分がどのくらいの高さにいるか比べられる指標もない。だから、降下率を比較的早い段階で下げる傾向があったんだと思う」[66]。

スコットは月着陸船の制御に手応えを感じた。ＬＬＴＶで訓練していたときと同じ感覚を得た。報告書では次のように記している。〝自信があった。ＬＬＴＶ訓練のおかげで……もし月着陸船の姿勢が正しくエンジンが燃焼し続けさえすれば着地できることは明らかだった〟[67][68]。

月面高度15ｍ、砂塵が舞い上がった。外の視界を完全に遮った。「完全な計器飛行だった……そこからは計器を頼りに着陸した」。外に目を向けたまま、何回かコックピット内の〝エイト・ボール（姿勢指示計）〟に目をやり、アイルウィンの数値読み上げに耳を傾けた[69]。アイルウィンは針が示す降下率を読み上げた。最後の４・５ｍ、スコットは速度を秒速30cmまで下げた。

〝Ｊミッション〟では、月着陸船の降下エンジン自体の長さを伸ばした。月面着陸時、エンジンが月面に埋没しないか懸念された。ほかのコマンダーは2～3秒間空けていたが、アイルウィンが「接触ライト点灯」と口にした瞬間、スコットはエンジンの〝STOP〟ボタンを押した。

月着陸船は最後の数ｍ落下し、衝撃を伴って着地した。秒速約２ｍの速度で落下し、全月面着陸の中でもっとも激しいものとなった。

「どん!」。驚いたアイルウィンは大声を上げた。月着陸船の計器は轟音を立てて振動し続けた。〝まるで宇宙船が大きく揺れているようだった[70]〃。

スコット：「よし。ヒューストン、隼《ファルコン》はハドリー平原に着陸した」。

アイルウィン：「認めるよ。今のは強い衝撃だった」。月着陸船の中でもっとも重量が大きかった〃ファルコン〃は、アイルウィンが想像した以上のハードランディングとなった[71]。

実際、月面に衝突した。月着陸船は小さいクレーターの淵に着地し、降下エンジンが岩の間に挟まっていた。

●傾斜

アポロ16号の〃ピッチ・オーバー〃は順調に進んだ。〃ピッチ・オーバー〃前に着地点が見えると予測していたので、月面高度６０００ｍでジョン・ヤング（John Young）コマンダーは窓の外を確認した。そして、着地点を見つけた。月を2周するうち、すでに着地点を2回確認していたので驚きはしなかった。〃ストーン・マウンテン（Stone Mountain）〃と〃サウス・レイ（South Ray）〃クレーターを見つけたので、目標地点上空にいると納得した[72]。

月面高度４２００ｍ、ヤングは着地点周辺全体を見渡した。「着地点ぴったりだ[73]」。

〃ピッチ・オーバー〃後、ＬＰＤが作動し、着地点が再選択できるようになった。ヤングは動きを止めた。「月着陸船がどこに向かっているか把握するまで、私は月着陸船の動きを観察した」。月面高度１２００～９００ｍの間、ヤングは南へ5回修正した。月面高度１２０ｍ、少し目標を過ぎていることに気が付いた。南へもう5回修正し、少し後退した。それでも若干北だったが、月面ローバーがあったので着陸精度はさほど問題ではなかった。

修正後、ヤングはLPDにすべて任せる衝動に駆られた。しかし、月面に近づくにつれ〝溝〟に向かっていることがわかった。[74] 月面高度約77mで手動操作に切り替え、前進するためピッチ角を小さくした。それ以降、コックピットには一切目を向けず、外の景色だけ注目した。「LLTV操縦と同じだった。指標は地面にあった」[75]。

接触ライトが点灯しても、宇宙飛行士はまだ数m上空にいると感じた。「ワン、ポテート」と、じゃがいもと1回唱えたヤングはエンジン停止ボタンを押した。デュークは〝フワッと落ちる感覚〟を味わった。最後の90cm、月着陸船は落下した。[76]

アポロ16号は予定着地点より210m離れた場所に着地した。[77] クレーターの淵まで数mしかなかった。月着陸船の後方にある装置を取りに行くまで、デュークは気が付かなかった。「東寄り3mに着地していたら、確実に一つの脚がクレーターにはまっていた」。

実際、宇宙飛行士は月面の浅い傾斜を判別するのに苦労した。もし着地点から数百m離れた場所に着地していたら、6～10度の勾配をもった傾斜に着陸していたことになる。ヤングは平坦な場所に着地できたのは「ただ運が良かっただけ」と冷静だ。皮肉なことに、情報不足で月面地図に等高線が記載されていなかっただけなのに、宇宙飛行士はそこが平らだと勘違いして着地点を選んでいた。そこにクレーターや岩があることはもちろん一切示されていなかった。ヤングはのちに、通過した〝パルメト（Palmetto）〟クレーター周辺の方が着陸に適していたと報告している。地図ではあまり良い場所には見えなかったが、実際の場所には岩石がなく着陸に最適だった。[78]

●パイロットか科学者か？

月面着陸にはどのようなスキルが必要だったのか？　6人の〝コマンダー〟のうち、5人が海軍のパイロット出身、または貨物機の操縦訓練を受けたことのある者だった。デビッド・スコットだけが例外だった。2人しか修士号をもっておらず、博士号をもったのは1人だった。全員が宇宙飛行の経験があった。中には3回経験している者もいた。一方、右に座った〝月着陸船パイロット〟は、オルドリンだけが宇宙飛行の経験があった。〝月着陸船パイロット〟という名を冠したが、実際はシステムマネージャーとして働き、彼らの教育水準に見合う作業が分担されていた。〝月着陸船パイロット〟6人のうち5人が修士号保持者で、3人が博士号をもっていた。MITのILで修士号を取得したデビッド・スコットは、計算機設計の経験があった。設計の重要な意思決定、とくに計算機のユーザーインターフェース設計に深く関与していた。コマンダーと月着陸船パイロットの教育水準の違いは、コマンダーの方が年配で、工学の知識より操縦スキルの方が求められたときに選抜されたことからきていた。しかし、作業の性質より必然的にそうなったとも窺《うかが》える。コマンダーの作業は目視確認と操縦、重要な場面での意志決定に重点が置かれ、飛行機のパイロットのスキル寄りだった。反対に、月着陸船パイロットの役割はシステムズエンジニアまたはシステム監視だった。チャーリー・デュークは「月面降下中、私は月着陸船の継続運用をただ見守っていた」と述べている。[79]

アポロ17号では宇宙飛行士の構成が一変した。テストパイロット出身でない地質学者のジャック・シュミット（Jack Schmidt）が仲間に加わった。初の〝科学者出身の宇宙飛行士〟で、月着陸船パイロットの任務を全うした。1962年、国立科学協会（National Academy of Science）は、科学を〝パイロットではなく科学者〟が実施することを条件に、有人宇宙飛行を後援した。各ミッションで3人の宇宙飛行士のうち1人は科学者であるべきだと主張した。ダーウィンの例を引き合いに出した。重要な観察をイギリスの測量艦ビーグル号で行ったのは、船乗りたちではなく科学者だ。もちろん、NASAは〝緊急事態に対処できるのはテストパイロット〟だと反論した。ミッションには試験飛行のように危険な側面があった。[80]

1964年、協会からの圧力もあって、NASAは科学者出身の宇宙飛行士選抜に乗り出した。惜しくも〝科学者とテストパイロット出身の宇宙飛行士にあまり区別がないこと〟を認めた。[81] NASAの動きは宇宙飛行士を疑心暗鬼にさせた。「NASAが資金を獲得するため、科学界に媚を売り始めた。試験管をただいじっているヤツらに搭乗席を譲り始めた」[82]。アポロ10号で月着陸船パイロットとして飛行したジーン・サーナンは、アポロ計画の科学的功績が〝工学の手柄を横取りした〟と考えた。「人類が飛行できるようになったのは科学のおかげではない」[83]。

1965年、反対にもかかわらず、NASAは6人の科学者を選抜した。アポロ17号で飛行した地質学者のハリソン・スミス（Harrison〝Jack〟Smith）も含まれていた。選抜後、NASAは即座に4人を空軍のジェット機操縦訓練に出した。[84] 1人は、この操縦訓練は不要なものだと抵抗した。飛行訓練は極めて表面的だと考えた。パイロットと科学者の文化の間でもがき苦しみ、結局彼は計画から脱退した。科学者が〝現役〟でいられる議論が巻き起こった。〝ジェットジョッキー〟対〝研究に没頭する教授陣［SFなどに登場する典型的人物の1人（absent-minded professor）］〟。〝こんな顕著な違いをもつグループがほかにあるだろうか。[85] 宇宙飛行士室長のディーク・スレイトンにとって、それはスキルの違いに集約された。「月面着陸には、宇宙飛行士のスキルが必要だ……右にいる月着陸船パイロットが無能なためにミッションを中止する羽目に陥るのはあまりにも残念だ。頭でっかちの科学者もなんの助けにもならない」[86]。

アポロ11号のミッション後、多くの科学者がＮＡＳＡを去った。続くミッションの科学者の地位に不満があった。月着陸船パイロットの任命では、科学者出身の宇宙飛行士より年齢が若い者が先に飛行した。天文学者ユージーン・シューメーカー（Eugene Shoemaker）はアポロ計画における科学の絶大な支持者で、無人ミッションでも同程度の科学実験は実施できたと説明している[87]。そうすれば、もっと早く、低コストで月面着陸を実現できたと主張する。これらの圧力がシュミットのアポロ17号の人選に至った。

サーナンは次第に地質学者出身の月着陸船パイロットと折り合うようになり、〝十分事足りる〟パイロットと評価するようになった。しかし、空や操縦に対する憧れには欠けていた。「正直に言うけど、彼には偉大なパイロットになろうと思う気概や願望はなかったと思う。ジャックはＮＡＳＡで飛行時間を稼がなければならないから強制的に飛んでいた。月に行くためには、それが必要最低条件だったから仕方なかった」。シュミットも自身のことを〝結構腕の良い〟パイロットと思っていた。しかし、戦闘機パイロットやテストパイロットと同じ水準にいると思ったことは一度もなかった[88]。サーナンは宇宙でのシュミットを次のように評価するようになった。「月着陸船パイロットのシュミットは、〝抜群〟のパイロットに急成長した」。サーナンにとって、相棒は〝そこそこ〟の能力をもったパイロットではなく〝頼れる〟パイロットとなった。

反対に、サーナンはテストパイロット出身のジョー・エングル月着陸船パイロットを次のように評している。〝飛行機野郎としては抜群〟だが〝月着陸船パイロットとしてはまぁまぁ〟。アポロ17号でジョー・エングルはシュミットにポジションを奪われた。ミッションにおける交代劇を正当化するため、これらの発言を歴史的観点から考察すべきだ。もし、エングルの操縦スキルが満足できるものでなく、シュミットの実力が実際のミッションで証明されていたのであれば、コマンダーの座をシュミットに譲ることは納得できた。

月面着陸後、サーナンは〝岩石博士（ジャック・シュミット）のタクシー運転手〟だと思われていることに苛立った。シュミットがこの難しい地形を自力では切り抜けられないだろうと考えていた。サーナンは回顧録で記している。〝岩石博士は実験室と管制室の温室で育ってきた。一方、私は生粋の飛行家として危険と向き合ってきた[89]〟。ミッション報告書によると、アポロ17号は〝もっとも生産的で、トラブルに見舞われなかったミッション〟だった。フライトは〝科学者が訓練を通じて宇宙飛行士になれることを実証し、なおかつミッションで科学分野の専門性と知識を発揮できることを証明した[90]〟。

●「君より賢くなった」

アポロ17号の月面着陸。計器にも注意を向けつつ、サーナンは窓の外を眺め月面を見渡し、着地点を探した。月面高度２４００ｍ、〝ピッチ・オーバー〟前、サーナンは身を前に乗り出し、窓の下に山頂を確認した[91]。窓の真っ直ぐ遠くには地球も見えた。コマンダーのサーナンは月着陸船パイロットに伝えた。「窓の外を２回眺めるチャンスがある。今と〝ピッチ・オーバー〟後だ」。

回顧録でサーナンは〝Ｐ６４〟切り替えの瞬間、実際は自動だったのに、あたかも自分が操縦しているように記憶している。「私は上方に、滑らかにピッチ角をとった[92]」。

「おぉ！　突然、窓全体を月面が覆い、着地点を確認した」。LPDを使用して、NOUN69で入力したばかりの命令を取り消した。「ヒューストンの目標値設定が完璧だった」[93]。

しかし、サーナンはもっと最適な場所があると考え着地点を再選択した。「最終的な着地点は岩石やクレーターに左右された。私はLPDを頻繁に使った……後ろに数クリック、何回か左、さらに右に何回か。行きたい場所に自由自在に操縦した」。サーナンは、予定着地点より、南に数百m行った場所に着地した。〃ポピー(Poppie)〃クレーターの右だった。クレーターは、サーナンの娘が父親を呼ぶときの名をとったものだった。「なんとなく、そこにたどり着いて、何回かLPDを操作して、最適な場所に着地した」[94]。

月面高度90m以下で〃P66〃に切り替え、サーナンは手動操作を始め、岩石がない平坦な場所を探した。この瞬間を、機械との関係性を含め、次のように表現している。〃私は計算機に向かってつぶやいていた。「私は君より賢くなった。君は目標地点がどこにあるか把握していると思っているだろうが、窓の外を確認しているのはこの私だ。私が着地点を把握している。私が君に場所を教えるよ」[95]〃「降下している間、月着陸船が私の一部になったと感じた。月着陸船は私の操縦に応えてくれた」[96]。

サーナンはLPDの自動制御でも手動操作でも〃月着陸船の操縦をものすごく快適〃だと感じた。LLTV訓練のおかげだった[97]。ミッション後、サーナンは報告した。「月着陸船の誘導の正確度は抜群だった。手動操作は素晴らしく、安定していた。司令船の操作とは異なったが、月着陸船の操作はLLTV訓練で想定した通りのものだった」[98]。

●視界、スキル、自動化

月面着陸はそれぞれ異なったが、一つだけ共通するものがあった。コマンダーは計算機の自動着陸を許可せず、〝P66〟の〝手動操作〟で月面着陸を実施した（表10・1参照）。MITでの教育や自動制御に慣れ親しんでいたこともあり、その中でもデビッド・スコットは自動装置に一番拒否反応を示さなかった。「私たちは一致団結して月着陸船を操縦した。PNGS、AGS、アイルウィン、そして私。全員で月着陸船を飛ばした。この〝チーム〟は宇宙飛行士を中心に形成され、ミッションを安全にし、効率化した。そして、気が付けば私がその中心にいた。ジムは随時、私に数値を読み上げてくれた。また、月面は私に多くの情報を提供してくれた。そして、月着陸船も私に協力してくれた」。アイルウィンはスコットが外を見ていられるよう、できる限りの情報を口頭で伝えた。スコットは集中した。「私は一切声を出さなかった。私は操縦に集中した。私は外を眺めるのに徹し、アイルウィンが月着陸船内の状況を伝えてくれた」[99]。

フライト	P66 月面高度（ft）	（m）
11	550	165
12	400	120
14	370	111
15	400	120
16	240	72
17	240	72

表10.1　全6フライトでのP66/ATT HOLD奪還高度。(compiled by the author from Apollo mission transcripts)

新聞、宇宙飛行士の回顧録、人気書籍、アポロ計画月面着陸の話でよく語られるのは〝いかに計算機が悪い場所に月着陸船を誘導したか〟だ。無能な自動装置のおかげで、コマンダーが手動操作する羽目に陥ったと悪評を広める。これらの指摘は〝手動〟操作が実はセミオートマチック制御であったとの認識を欠いている。化け物のような月着陸船の複雑な〝手動操作〟を取りまとめたのは、ソフトウェアだった。さまざまなフィードバック制御で月着陸船を制御した。さらに、月面高度数百mの低高度に達すると、コマンダーはLPDを使い、着地点を再選択した。本当の〝手動〟操作は以降実施された。計算機の介入に対して、各コマンダーの意見を紹介する。

ニール・アームストロング、アポロ11号：
LPDは……目標着地点の手前、若干北寄りを指し示していた。そこにはゴツゴツしたクレーターがあり、大きな岩がかなりの密度で転がっていた……LPDを監視し続けると、手前の場所に着地するのは不可能だということがわかった。[100]

ピート・コンラッド、アポロ12号：
手前にある着地場所の広さが気に食わなかった。だから、私はもっと最適な着地点を探した。[101]

アラン・シェパード、アポロ14号：
30年培ってきたパイロットのスキルを駆使して、針に糸を通すように、丘や海嶺を通り過ぎ、クレーターや岩石がそこかしこにある狭い斜面に月着陸船を着陸させた。[102]

デビッド・スコット、アポロ15号：
もし宇宙船の姿勢が正しく、エンジンが燃焼し続ければ着陸できることは明らかだった。ほかのことはケーキのお飾りのように、取るに足らないことだった。[103]
私は目の前に広がる月面が、滑らかで平らであることに驚いた。[104]

ジョン・ヤング、アポロ16号：
すべてが順調に進んでいたので、PNGSの自動操縦機能《オートパイロット》に任せようと思っていた。しかし、高度が低くなると、溝に着陸することがわかったため修正した。[105]

ジーン・サーナン、アポロ17号：
なぜ私が手動操作に切り替えたかって？　私は前方速度を落としたかった。これ以上、西に進みたくなかった。そっちの方に岩石や丘が多かった。[106]
着地点を探すのは思ったより難しかった。そこにあるはずのない、家の大きさほどの岩が目の前に突如現れた……自動車の大きさほどの岩がある駐車場で駐車場所を探したんだ。[107]

それぞれのコマンダーが、ミッションの最後の瞬間における手動操作について言及している。ほとんどの発言は、LPDが月着陸船をクレーターのある岩石密集地帯に導いたと指摘する。もちろん、月面の特徴を考えると、さほど驚くべきことではない。しかし、どのフライトでも着地点の周辺に岩が転がっていた。幸いなことに、どのミッションでも、コマンダーはあまり遠くない場所に平坦な着地点を探すことができた。

コメントで唯一例外だったのはデビッド・スコットの発言だ。万が一問題が起きたとき、即座に対応できるように手動操作していたと述べる。「頭の中できちんと制御を把握していれば素早く対応できた。自動システムを監視して、手動操作に切り替えた後に制御に介在するのでは遅すぎる。だから、私は自動より手動で着陸する方が安心だと思っていた……そうすれば、万全に準備を整えることができた」。本章の冒頭でもデビッド・スコットの発言を紹介したように、この考え方は幻想に過ぎなかったかもしれない。計算機に問題が発生したら、自動または手動だろうと、変わらなったかもしれない。しかし、手に操縦桿を握っていると、コマンダーは自信がみなぎり、状況を掌握している気になれた。スコットは着陸を手動で実施することは〝ほとんど無謀〟であることを認めている。また、緊急時に制御に介在するのもあくまで補助に過ぎなかった。スコットは着陸の難しさに興奮した。ほかのパイロットにとっても、着陸が飛行の究極だった。「ほかの人がなんて言おうと気にしない。着陸はすごく難しくて、本当に優れた操縦スキルが必要だ。着陸を上手く決めること、それが飛ぶってことさ！」。

宇宙飛行士の発言は、着地点の目視確認が人の大切な役割の一つで、安全な着陸には手動操作が必要だったと主張する傾向がある。その中でもアームストロングはＳＥＴＰに次のように伝える。「自動着陸もできたと思うけど、自動システムは着地点を再選択する方法を知らず、融通が利かない[108]」。着陸の議論ではよくあるように、アームストロングは二つの話題を提供した。第一に、着地点を再選択する判断・意思決定。第二に、月着陸船の手動対自動制御。

ＮＡＳＡのマネジメント層と何人かの宇宙飛行士は、前述の話題がよくごちゃ混ぜに議論されることをよく把握していた。アポロ11号とアポロ12号の着陸の比較では、どうせ計器着陸するなら、着地点の再選択後、どうして自動着陸しないのかと疑問を投げ掛ける。実際、アポロ12号後、コマンダーの作業負荷軽減のため、ＩＬはソフトウェアに自動着陸プログラムを追加した。月面高度１５０ｍ以下、コマンダーが〝Ｐ６６〟の自動速度収束プログラムを呼び出せば、一定速度で空中停止《ホバリング》し、緩やかに着地することができた。コンラッドが経験した砂塵が舞い上がった環境でも〝Ｐ６６〟で自動着陸することができた[109]。しかし、アポロ13号からアポロ17号に至るまで〝Ｐ６６〟が使われたことは一切なかった。

〝Ｐ６６〟の自動制御が計算機の限界だったわけではない。ジョン・ヤング宇宙飛行士は新たな機能追加を提案した。〝Ｐ６６〟の自動制御の場合、宇宙飛行士は窓に刻まれたＬＰＤの指標を使って、着地点を再選択し〝目標を定めた。〟そこに月着陸船を誘導し、速度を落とし、着地した。のちに〝Ｐ６６ ＬＰＤ〟として知られるようになったヤングの提案は、ＬＰＤ角度を変更するために操縦桿を動かしたように、操縦桿での水平方向の速度調整を可能にした。たとえば、左に操縦桿を傾ければ、左方向の速度を秒速60cm減速した。右に操縦桿を動かせば、加速した。前後にも、同様に速度調整できた[110]。ドン・アイルズはこの制御をシミュレーターにも適用した。精度の高い着陸を実現することができたが、アポロ計画でこの機能が追加されることはついになかった[111]。もし、ミッションが増え、時間に余裕があったら、着陸はもっと自動化されていたかもしれない。宇宙飛行士の作業負荷を減らし、最終降下時のリスクを小さくした。

決して、宇宙飛行士の認識、判断力、操縦スキルが着陸に必要でなかったと言っているわけではない。実際は逆だ。技術者、管制官、プログラマー、機械装置で構成されたシステムは見事に機能した。細心の注意が払われ、6回の月面着陸を成功させ、有終の美を飾った。しかし、完璧ではなかった。警告《アラーム》は発生し、着地点は越え、突如岩は現れ、人は誤って会話し、ボタンは故障した。どの場合も、人がはからずも操縦に介入し、判断を下しながら、月面に月着陸船を無事着陸させたのだった。

11章

人と機械、未来の宇宙飛行

私は、アポロ計画が人類が機械に戦いを挑む最後の戦場の一つになるのではないかとしばらくの間思っていた。自動化の度合いを示す〝人が介在する制御設計（man-in-the-loop）〟、〝人が介在しない自動制御設計（man-out-of-the-loop）〟、そして中間の〝人が監視する制御設計（man-across-the-loop）〟、さらに〝機械に頼らず人だけで実現する制御設計（man just looped）〟などのキャッチフレーズが、アポロ計画のシステムが抱えるデリケートな問題の解決策を代表する……この観点から〝手動〟対〝自動〟の議論は、論理より感情論に走る傾向が強い。

——ジョー・シーア（Joe Shea）ＮＡＳＡ長官代理、ＮＡＳＡ有人宇宙飛行（システム）部門（Manned Space Flight（Systems））

１９６３年、ジョー・シーアはアメリカ航空宇宙学会（American Institute of Aeronautics and Astronautics：AIAA）の第2回有人宇宙飛行会議を開催した。ベル研究所と米空軍の長距離弾道ミサイル計画を起源とし、ＮＡＳＡのマネジメント上層部に浸透しつつある〝システム視点（systems view）〟を説明した。〝システム視点〟の筆頭例として、ＮＡＳＡの人と機械の関係性を明確にする取り組みを紹介し、自動化の議論は先入観によって混乱に陥る可能性のある分野だと紹介した。システムズエンジニアリングは、技術者を先入観の囚われから解き放つことができると主張した。[1]

シーアは宇宙ミッションにおいて、人と機械の両方が重要な役割を担っていると考えた。「宇宙飛行士はドッキングを調整し、上空から着地点を選択し、月面着陸を制御する。しかし、もっとも重要な役割はシステム監視と故障時に異なる制御法を選択することだ」。次に、手動対自動の〝感情論〟が顔を出した。「航法演算を実施する計算機に操縦桿が直接接続されていないと人が制御に介在しているとは言えないというのは、あまりにも限定的な解釈だ。着陸のような切羽詰まった状況下で、人が制御に介在するか否かは、もはや意味論でしかない」。

シーアはプログラミングを要するデジタルシステムにおいて、旧来からの手動・自動制御の概念、操縦士《オペレーター》の社会的役割の理解では追いつかないことに、いち早く気が付いていた。これをＩＬのジム・ネヴィンズは〝操縦技能の遷移（A Transition in the Art of Piloting）〟と呼んでいた。さらに、シーアは制御概念の変化を広くとらえた。それは、アポロ計画を人が機械に抵抗する〝戦場〟と表現したことに表れている。シーアのスピーチは１９６３年、アメリカ航空宇宙学会で発表された。それは、ＮＡＳＡ本部に籍を置いていたころ、パイロットが文化の中心にいるヒューストンを訪れシステムズエンジニアリングを導入する数か月も前、アポロ宇宙船のハードウェアが実際に飛行し、人類を月面に立たせる数年も前の出来事だった。警告《アラーム》が発生したアポロ11号から徐々に技術が洗練されていったアポロ17号まで、シーアはシステム手法やパイロットを中心に据えた設計の関係を問い続けていた。

●ようやく登場した翼と車輪

これらの問いはアポロ計画独自のものだったのか？　宇宙飛行と計算機が誕生した時代の、特別な社会的・技術的背景から生じた問いだったのか？　もちろん、そうではない。アポロ計画に関する問いは、今でも有人宇宙飛行、そのほかの技術開発の場で議論されている。

アポロ計画直後、もちろんアポロ計画中に構想されていたのだが、ＮＡＳＡは翼をもった機体を軌道上に打ち上げる選択をした。スペースシャトルは、アメリカの有人宇宙飛行の中央にパイロットを何世代も輝かせ続けた。ショーファーかエアマンか？　エアマンであるパイロットが勝利を収めた。

アポロ誘導計算機の責任者だったロバート・チルトンは、スペースシャトルの起源を次のように分析している。「私は計画が月から離れていくのを芳しく思わなかった。その判断は主に、宇宙飛行士の意見を反映したものだったからなおさらだ。彼らは根っからのパイロット、着陸操作できる機体を望んでいた……翼が付いていて、着陸操作できる宇宙船が今までなかったから、やがてそれが不足と思われるようになった……だから私はスペースシャトルの正当性を一切信じなかった」[2]。１９７０年、スペースシャトルの黎明期、ある技術者は告げた。〝ＮＡＳＡが自動着陸を議論する中、宇宙飛行士はこう叫んでいるよ。「あり得ない！　自動制御はあくまでおまけ。最終的には自分たちが着陸の判断を下すに決まってる」[3]〟。月着陸船のように、スペースシャトルはフライ・バイ・ワイヤ制御を採用した。ソフトウェアの一部は、アポロ計画に従事した5人のＭＩＴ出身技術者により創設されたマサチューセッツ州ケンブリッジのインターメトリックス社（Intermetrics）により設計された[4]。月着陸船と同じように、スペースシャトルには一度も使われたことがない自動着陸システムが存在する。

回顧録で、ウォルター・カニンガム宇宙飛行士はパイロットの尊厳の観点から、次のように比較している。「司令船が海に着水した後、アポロ計画の宇宙飛行士は〝水浸しのお墓から猫が救われるようにヘリコプターで回収された。〟一方、スペースシャトルでは〝機体がカッコ良く目的地の空港に着陸し、宇宙飛行士は階段を下りて、群衆を前にヒーローのように振る舞い、威厳を保つことができた〟[5]」。

スペースシャトルコロンビア号は１９８１年4月に初飛行し、アポロ16号のジョン・ヤング司令官が操縦桿を握り、エドワーズ空軍基地に着陸したときクライマックスを迎えた。この出来事は、7年間休止していたアメリカの宇宙飛行の復活を象徴した。また、テストパイロットが跋扈《ばっこ》するカリフォルニア州の砂漠に、宇宙飛行がようやく返還されたと歓喜する者もいた。おそらくマイケル・コリンズ宇宙飛行士が記した宇宙飛行に関する歴史書の中で、もっとも的確な表現が使われている。「翼と車輪……威厳を保つ機体がついに登場した。もう奇妙なカプセルはこりごりだ」[6]。

1950年代、X-15計画の支持者は大気圏再突入には、人のスキルが必要だと主張した。それにもかかわらず、人が手動でスペースシャトルを大気圏再突入させたのはたった1回だけだ。コロンビア号2回目の飛行で、元X-15パイロットのジョー・エングルが安定性と制御システムを試験するため、マッハ25でスペースシャトルを着陸させたときだ。以降続いたスペースシャトルの大気圏再突入は自動化されたが、依然最終的な着陸はパイロットが制御した。自動システムがあるにもかかわらず、スペースシャトル全ミッションの着陸は、ファイルアプローチからタッチダウンまで〝手動〟で実施された。

スペースシャトルの構想段階、NASA内部では全自動のミッションも考慮すべきだという声があがっていた。結局NASAは、人だけがスペースシャトルの安全な帰還率を最大化できると考え、自動制御のみに依存したミッションやそのような選択肢を含めるシステム設計を計画しなかった[7]。最近の発言で、当時有人宇宙船センター(Manned Spacecraft Center)主任だったクリス・クラフトはこの判断を悔やんだ。なぜなら、コロンビア号(1986年1月28日)とチャレンジャー号(2003年2月1日)の事故後、自動制御を採用していたら、いち早く容易に有人宇宙飛行に復帰することができたからだ[8]。スペースシャトルのロシア版〝ブラン(Buran)〟は1988年無人飛行し、強い横風が吹くなか自動着陸に成功している。

不思議なことに、スペースシャトルの大気圏再突入で唯一自動化されていないのは、宇宙飛行士が操縦桿を使用して手動で配備する着陸ギアだ。コロンビア号の事故後、スペースシャトルは最後の頼みの綱として、荒削りな自動着陸システムを導入した。コロンビア号で実際起きたように、もしスペースシャトルの大気圏再突入の熱防護システムが故障したら、宇宙飛行士は国際宇宙ステーションに避難できるようになった。宇宙飛行士は、スペースシャトルに基本機能を装備し、国際宇宙ステーションから離れ、のちの大気圏再突入・着陸ギアの配備・着陸は自動制御に任せることができた。過去の大惨事の教訓とリスクに対する考え方の発展が、スペースシャトルの人と機械のバランスに変化を促した。

スペースシャトル史におけるパイロット、職業プロフェッショナルのアイデンティティ、自動制御に関する簡易調査はその歴史のほんの一部に過ぎない。スペースシャトルは、工学、政治、組織が複雑に絡み合った結果誕生した。現に、スペースシャトルの物理的外観を見れば、NASAが資金調達を確保するために策略した政治同盟が垣間見える。それに、再利用可能な宇宙船としては極めて楽観的なコスト見積りが合わさった。スペースシャトルの構想と開発における、宇宙飛行士とNASA宇宙飛行士室の役割変遷を記述した学術資料は、NASAがアポロ計画後に先導した40年間の宇宙飛行の〝人と機械の役割〟についての示唆に富む。

国際宇宙ステーションに旅し、月面に戻る可能性を秘めるNASAの次世代有人宇宙船は、アポロ司令船を彷彿させる。マイケル・グリフィン（Michael Griffin）NASA長官は、これを〝筋力増強ステロイド剤を注射したアポロ〟と呼び、翼と車輪がなくても宇宙船として立派に機能することを説明している。アポロ司令船と似た新しい宇宙船は、ランデブー飛行とドッキングの全自動機能を実装し、手動操作が予備に控える。

月面着陸に関して、NASA技術者の何人かはいまだ宇宙飛行士が最初から手動操作すべきだったと考えている。しかし、私が話した数人の熟練技術者は、将来の着陸は全自動であるべきだと勧めている。現在の計画では、人が再び月面に降り立つ前に自動探査機が物資を運び、地球に帰還する試験が計画されている。[9] 高解像度の地図、精密な誘導装置、画像処理、高度なユーザーインターフェース、発達した計算機は、1960年代からの方程式を確実に変えるだろう。将来の月面着陸は全自動となるのか？ もしそうであれば、誰が操縦桿を握るのか？ ショーファーかエアマンか？ 科学者かパイロットか？ それとも別の職業が台頭するのか？

●自動化されたコックピット：誰が責任をとっているのか？

アポロ計画における人間＝機械《ヒューマンマシン》の課題は宇宙飛行に限った話ではなく、航空産業にも当てはまる。1970年代初め、NASAドライデン研究センター（エドワーズ空軍基地の旧フライト研究センター）の技術者は、月着陸テスト機（LLRV）とそのアナログ・フライ・バイ・ワイヤ制御システムを用いて機体を設計し始めた。ニール・アームストロングは、アポロ宇宙船で信頼性が実証された計算機、すなわちアポロ誘導計算機を機体に実装することを提案した。アポロ17号以降の計画が白紙になったことは、研究のために使えるハードウェアが増えたことを意味した。

ドライデンチームは会議出席のためILを訪れ、今のご時世デジタル飛行制御システムを設計するためにはソフトウェアのプログラミングが必要であることを知った。[10] 未使用のアポロ宇宙船から計算機、慣性航法装置、ユーザーインターフェース装置DSKYを取り出し、F–8戦闘機に装着した。飛行機にデジタルフライ・バイ・ワイヤ制御を導入した初めての例となった。また、開発でもっとも肝心となるであろうソフトウェア開発ツール、検証手法、試験工程についてはＩＬから学んだ。デジタル・フライ・バイ・ワイヤ制御システムを使った初の飛行機用ソフトウェアは、アポロ計算機のソフトウェアコードを60%流用したものだった。[11]

ＮＡＳＡのフライ・バイ・ワイヤ制御の機体は月着陸船と同様に、コンピューターが入力を受け付け、ソフトウェアプログラムが舵を制御し、パイロットに余裕を与えた。信頼性が向上し、重量も申し分なく減少した。パイロットはコンピューターに入力を与えるため、ほとんど操縦桿を動かすことはなかった。月着陸船と異なり、ＤＳＫＹは地上の技術者しか操作できない低い位置に埋められた。[12] ＮＡＳＡのテストパイロットには、キーパッドを操作してくれる月着陸船パイロットの相方はいなかった。

１９７０年代、フライ・バイ・ワイヤ制御はＦ-16戦闘機に採用された。１９５０年代、人が機体を安定にしたが、今度はスペースシャトルのように、コンピューターが常時機体を安定させるようになった。例として、歪《いびつ》な形をしたＢ-２ステルス爆撃機は、コンピューターの冗長が複数組まれたため、伝統的な尾翼が設計からなくなった。１９８０年代後半、欧州航空機メーカーのエアバス社はＡ-３２０旅客機でフライ・バイ・ワイヤ制御を採用した。従来の計器に替わり、ディスプレイ画面がコンピューター接続された〝グラスコックピット〟が登場した。

過去と同様に、新しい技術はパイロットの役割について新たな議論を巻き起こした。欧州エアバス社とアメリカのボーイング社の間には顕著な設計思想の違いが現れた。Ｘ-15やスペースシャトルのような代物ではないが、エアバス社は操縦輪［自動車のステアリングに似た形状のもの］の代わりに操縦桿を採用し、自動化を進めた。エアバス社のソフトウェアは、ある条件下ではパイロットが危険な操作を実施することを事前に妨げた。反対に、１９９０年代にフライ・バイ・ワイヤ制御を導入したボーイング社は、従来の制御法を採択し、パイロットに最大の操縦権を与えた。

1980年代後半～1990年代前半にかけて、エアバス社とボーイング社の機体で、パイロットのコンピューター操作を原因とする事故が目立つようになった。これらの事故により、コックピットの自動化が公共安全の課題として注目されるようになった。航空宇宙専門誌『Aviation Week and Space Technology』の特集記事には、〝自動化されたコックピット：誰が責任をとっているのか？〟と脅迫めいた見出しが掲載された。〝自動化されたコックピット内でもパイロットの役割を残すべき。コンピューターがパイロットの操縦を奪っていることが懸念される〟と記されていた。[13]

一般誌は航空産業での変化が社会に与える影響を即座に取り上げた。「飛行家がコンピューターを監視する時代となった今……ライトスタッフ《正しい資質》をもっているということはバイトスタッフ《コンピュータの知識》をもっていることだ」[14]。パイロットは自身の操縦技能が鈍ることを心配した。あるパイロットはこの現象を「もう私は操縦できませんが、1分間に80文字は打ち込むことができます症状」と揶揄した。現に、エアバス社の最新機は操縦桿があった箇所にキーボードが装備されている。ある業界誌は、1950年代SETPが懸念していた事項を彷彿させるかのように警鐘を鳴らした。「自立と自己責任で大冒険に繰り出そうとしていた男女が、今は飛行規程書の暗記に夢中になっている……これは〝自動制御〟という名の……最大の矛盾だ。かつて革ジャンを着て興奮する冒険が待っていた職業が突然、コンピューター監視と計器管理に重点が置かれるものとなってしまった。空中を華麗に舞うと思いきや、ただキーボードを叩くだけだ」[15]。政府と産業界はこのような事態に対して、ヒューマンファクター、新しいシミュレーター、訓練手法改善の研究を推し進める策をとった。そのため、自動制御が原因となる事故は減少した。

現代では、無人航空機（Unmanned Aerial Vehicles：UAV）の遠隔操作ロボット機が軍事作戦の多くを占めつつある。自動制御または遠隔操作で飛ぶ旅客機の実現も、そう遠くないのではないかと予想する人もいる。将来、旅客機の乗客は、地上に座った数百km離れたパイロットに命を預けたいと思うのか？

加えて、自家用操縦士が乗るセスナ機といった民間機のコックピットにも、デジタル化や自動化の波が打ち寄せている。これらの新しい技術は、スキル、訓練、経験が浅いパイロットの自動制御への依存やコンピューター画面によるパイロットの集中力低下に関して似た問いを投げ掛ける。しかし、アマチュアパイロットにとって、新しい制御システムが安全を提供しているのも事実だ。人の命は正しいバランスに左右される。

航空産業は孤独に闘っているわけではない。あらゆる職業が自動制御、シミュレーション、遠隔操作、仮想現実技術《テレプレゼンス》の課題に直面している。現代の建築家は、建築を完全にコンピューター内で再現し、単にコンピューターを操り、建築物の〝質感〟を見落としているのではないかと疑問視されている。科学者は実験をシミュレーション環境下で実施し、実世界の〝感覚〟を失っているのではないか疑われている。海底地質学者は、深海に眠る難破船を遠隔ロボットで探険しているが、〝本物〟の考古学が実物に触れずしてできるのかと問われている。海洋学者は次に人が操作する潜水艦を設計すべきか、無人ロボットを設計すべきか議論している。また、実際に潜水しなければ〝本物〟の海洋学者とは呼べないのではないかと批判されている。さらに、執刀医は技量の補足として精密なロボットを使用し、身体に触れる代わりにコンピューターインターフェースに触る新しい手術法を採用し始めている。無人機の地上パイロットが数千kmも戦地から離れた場所から爆撃を行うことに対して、私たちはどう思うのだろうか？

●研究の課題

宇宙開発の歴史は、これら争点の多い普遍な問いに対して研究材料を提供してくれる。もちろん、この本ですべてをおさえることは不可能だ。アポロ計画においてでさえ、問いは〝月面着陸〟に関することばかりではなかった。ロケット打ち上げ時の宇宙飛行士の受け身姿勢、システム監視、月面での地質学者としての役割など、ミッションの各段階で人と機械のトレードオフが何度も実施された。月面着陸の綿密な分析は、有人宇宙飛行の歴史と社会学をとらえる一つの方法だ。いずれ広範囲に影響を及ぼすだろう。

人と機械のやり取り《ヒューマンマシンインタラクション》の疑問は過去の資料から紐解くと、一見議論し尽くされたと思う話題に新たな風を吹き込む。システムの技術と社会の境界点としてアポロ計画の人と機械の関係性をとらえると、宇宙開発史を多角的に分析し、一貫して語ることが可能となる。たとえば、アメリカのヒーローとしての宇宙飛行士のイメージは、その真偽に問わず、ミッションの操縦に左右された。また、制御に関する問いは、ハードウェアとソフトウェアの発達とともに観察すると、アポロ計画の文化的・政治的側面を同一に扱うことを可能とする。

最後の例として、通常〝月面歩行〟と呼ばれる、月面船外活動（Extra Vehicular Activities：EVA）を引き合いに出そう。ここで、宇宙飛行士はプロフェッショナルな科学者として新たな役割を見い出した。宇宙飛行士はその役割を〝探険家〟と呼んだ。サンプル採集とデータ収集をする際、彼らはどの段階で科学的判断力を使用したのか？　どの行動が実際に探険、科学実験、データ収集、計器の装備に結び付いたのか？　これらのどの作業が人を必要としたのか？

アポロ計画から始まり1970年代以降、宇宙飛行士の職業プロフェッショナルとしてのアイデンティティは広がりを見せた。テストパイロットだけで構成されていた集団に、やがて科学者や技術者も含まれるようになり、〝搭乗運用技術者《ミッションスペシャリスト》〟や〝搭乗科学技術者《ペイロードスペシャリスト》〟といった新たな肩書が登場した。また、白人以外にも門戸が開放されるようになった。新規参入のプロフェッショナルは実際、なにをしているのか？　私は最近、天文学者でもある宇宙飛行士に、軌道上で科学的判断をどれだけ使用したか質問した。「まったく使わなかったよ」と即答された。ほとんどの時間、ほかの科学者が自動化した実験の準備・実施のため、よく練られた手順書に従って行動していたという。そのような状況下では、どのような訓練が必要なのか？　実際のところ、人は不要なのか？　しかし、その宇宙飛行士は地上にいる科学者と〝同じ言語や用語〟が認識できることが仕事の重要な一部であったと教えてくれた。宇宙での運用《オペレーション》では、文書化されていない情報を把握し、仲間と交流を図り、共通に認識できる用語を知っていることが大切なようだ。

科学の実践を深く分析できる学者は、前述した質問事項を宇宙飛行のあらゆる場面から研究することができる。本研究のように、宇宙開発の人類学では、スキル、訓練、職業プロフェッショナルとしてのアイデンティティ、自動制御、リスク、組織、権力、人と機械の関係性を考察できる。スカイラブ、スペースシャトル、国際宇宙ステーション、他の国の類似資料も存在する。軌道上で、技術者、パイロット、科学者は実際なにをしているのか？　彼らはいつ判断力、スキル、経験、専門分野に頼り、いつ台本に従っているのか？　緊急時、どのような対応をとるのか？　地上と軌道上で使用するスキルと意思決定にはどのような区別があるのか？　複雑なシステムを運用する際、手を加えることや見送ることも含め、どんな〝修理〟を実施するのか？　アポロ計画の全フライトやスペースシャトルの数フライトも含め、宇宙飛行の管制や会話は録音され、詳細が書き起こされているので現在進行形の民俗学研究を可能とする。ミッションの台本、実運用の詳細分析はこれらの質問に対して経験則からヒントを与えてくれるだろう。

また、無人プロジェクトの類似分析からは、遠隔操作システムが地上の科学者や技術者へ与える〝臨場感〟や仮想現実《テレプレゼンス》技術がミッションにどのように貢献しているか研究することができる。遠隔操作の操縦士《オペレーター》は、空、宇宙、あるいは深海をどのように探険するのか？ どのようなスキルを必要とするのか？ 臨場感を与えるため、どのようなセンサー、映像、データ表示が有効なのか？ 強いて質問するなら、仮想現実《テレプレゼンス》技術の限界はどこにあるのか？

もしこれらの研究を公平無私な学者に徹底的にやらせたら、設計、訓練、ミッション計画、宇宙飛行の安全に関してなにか示してくれるだろう。さらに、有人と遠隔宇宙飛行を比較することにより、技術をどのように組み合わせれば良いのか宇宙政策にアドバイスをきっと提供してくれるだろう。このような研究をして初めて、有人・遠隔操作による宇宙開発事業とその発展について、確かな情報に基づく技術的・政治的判断を下せるようになる。この研究は、有人宇宙飛行ほど資料が整備されていなく、情報が入手しにくい複雑な技術システムに対してもヒントを与えることになるだろう。

また、科学と探険の関係性を明確にすることも可能だ。その定義はアポロ計画で崩壊したが、１９６１年、ケネディ大統領のアポロ計画実行判断に至るまでの書簡に遡ると、〝探険〟は人によって行われ、〝科学〟は遠隔または自動で制御されるものだと定義されている。現在もその境界は曖昧だ。２００４年1月、アメリカの新しい宇宙政策を打ち出したジョージ・ブッシュ大統領は演説で、初等科教育について述べたとき〝科学（science）〟という言葉を2回しか使わなかったが、〝探険（exploration）〟という言葉はスピーチ全体で25回以上も使用した。[16]

探険はいつ人が物理的に介在すべきか？　探険は長い歴史をもつが、探険が有人宇宙飛行となると、批判よりプロジェクト擁護と武勇伝に傾く傾向がある。科学と探険の歴史は現代に議論を巻き起こす十分な素地がある。[17]

探険は科学を内包するとよく言われるが、あくまでこれは幅広い議論の一部であって、ましてやもっとも重要な観点ではない。次のように極端に簡素化して区別することも可能だ。〃科学〃は自然界に関する観察を蓄積すること、一方で〃探険〃は人が経験し得る領域を広げること。二つは時々重複するが、必ずしもそうとは限らない。探険はいつの時代も、国の利益、国際競争、技術、報道、国と職業プロフェッショナルのアイデンティティ、個人のリスクで構成された。これらの要素は、特定の政治的・文化的背景から生じた有人宇宙飛行にも欠かせないものだった。歴史的観点からすると、アポロ計画の非科学的要素の取り上げられ方は理にかなっている。

次世代技術が必ず台頭するため、宇宙飛行士が科学データを収集する能力があるからという理由で、有人宇宙飛行を正当化するのはおかしいように感じる。今より優れた機械が必ず登場し、着地点を選択したり、画像を収集したり、地図を作成したりするだろう。当然、データを解析するため、人の判断力は必ず必要とされるが、それは快適な地上の職場または管制室で行うことでも十分事足りる。

また、人が経験し得る領域を拡張するという理由で有人宇宙飛行を正当化することは、技術を除外視している。究極を言えば、有人宇宙飛行は人類の大志だ。技術目標ではない。どちらかと言うと、国民の支持を受けるため、ＮＡＳＡは技術・政治志向を強調し、人類の野望を前面に出すのを抑えてきた。もしかすると、ＮＡＳＡは論理立てて本来の目的を主張する言語表現に不足しているのかもしれない。しかし、マイケル・グリフィンNASA長官は最近、政治で好意的に受け取られる有人宇宙飛行の〝妥当な理由〟と、宇宙開発に従事する関係者の〝本当の理由〟について言及した。有人宇宙飛行に関して、理路整然とした論拠を用意して初めて、確かな情報に基づき、国民の積極的な関心を寄せる生産的な議論を可能とする。

私は、人あるいはロボットが宇宙に行くべきか、どちらか一方の肩をもつわけではない。人と機械の関係性を歴史的観点から理解することで、この大切な議論を明確にしたいと考えている。有人宇宙飛行であるべきか否かの判断は、税金を将来賢く投資するために必要不可欠だ。

●仮想空間の探険家

2004年春、ニューヨーク市の冒険家クラブ100周年記念の晩餐会が市内高級ホテルのウォルドーフ＝アストリアで開催された。男性陣が黒い蝶ネクタイを着用するこの煌びやかな催しで、あぶり焼きされたタランチュラ、蒸されたミミズ、卵煮された牛の脳の前菜を数千人が嗜んだ。やがて大宴会場に参加者が集まった。この冒険家クラブは科学者の会員を基本とするが、そのほかにも登山家、海軍将校、パイロット、船乗り、潜水士、旅人、写真家、宇宙飛行士、冒険家志望者が勢揃いする。

大観衆を前に、宴会場の壇上に座ったのは偉大な冒険家たちだった。一人ひとり自身の経験について感動的なスピーチを披露し、冒険の重要性を説いた。ベルトラン・ピカール（Bertrand Piccard）、スイス冒険家一族後継者は熱気球による無着陸世界一周旅行を熱く語った。エドマンド・ヒラリー伯爵（Sir Edmund Hillary）は、エベレスト山頂に足を踏み入れた瞬間の気持ちを熱弁した。バズ・オルドリンはアポロ計画について語り、人類が再び月に戻ること、そして火星へ繰り出すことを声高に訴えた。

その夜の最終講演者は、コーネル大学（Cornell University）のスクワイヤーズ博士（Dr. Stephen Squyres）だった。2機のロボット探査車を火星に送った主席科学者だった。私は隣に座っている友人に身を乗り出し、ひそひそ声でつぶやいた。「これは絶対面白くなるよ。ほかの人と違って、彼は実際に足を運んで冒険したわけじゃない。プロジェクトはすべて遠隔操作だ」。偉大な冒険家に続いて、博士は数千人の前に立った。私の予想は当たった。「私は気後れしています。ほかの登壇者は皆、自らの足で冒険しています。その一方、私は単に航空会社のマイレージサービスで、ニューヨーク州イサカからカリフォルニア州パサデナまでマイレージを貯めただけです」。

しかし、ほかの冒険家たちと同様、スピーチは聴衆の興奮を欠くことはなかった。「私たちは極めて複雑なロボットを設計しています。私たちの技術には、煌びやかさや神々しい輝きはありません。しかし、普通の目的地では満足できない方々は私たちにお任せください」と述べ、博士が率いるチームを紹介し、聴衆のエネルギーと興味に一致する話題を提供した。カリフォルニア州パサデナにあるJPLで、科学者と技術者がいかに暗い管制室で、ときには1か月間寝食をともにし、仮想現実《リモートプレゼンス》を使って火星で〝共同生活〟しているか説明した。

実際に月まで飛んだアポロ宇宙飛行士、技術を駆使することで火星まで飛んだように見せたスクワイヤーズ博士。彼らにとっての冒険は、日進月歩する技術の世界で新たなヒーロー像を創造しながら、人と機械が複雑に絡み合って成立したのだった。

デジタルアポロ　月を目指せ　人と機械の挑戦

2017年 1 月20日　第1版1刷発行　ISBN 978-4-501-63040-9 C0040
2017年12月20日　第1版2刷発行

著　者　デビッド・ミンデル
訳　者　岩澤ありあ

発行所　学校法人 東京電機大学　〒120-8551　東京都足立区千住旭町5番
東京電機大学出版局　〒101-0047　東京都千代田区内神田1-14-8
Tel. 03-5280-3433（営業） 03-5280-3422（編集）
Fax. 03-5280-3563 振替口座 00160-5-71715
http://www.tdupress.jp/

組版・装丁：蝉工房　印刷：三美印刷（株）　製本：渡辺製本（株）
落丁・乱丁本はお取り替えいたします。　Printed in Japan

【著者紹介】

デビッド・ミンデル（David A. Mindell）

マサチューセッツ工科大学（Massachusetts Institute of Technology）技術・製造歴史学科教授，航空宇宙工学科教授，科学技術社会論学科学部長。

主な著書

『Between Human and Machine：Feedback, Control, and Computing before Cybernetics』，『War, Technology, and Experience aboard the USS Monitor』など。

【訳者紹介】

岩澤ありあ（いわさわ・ありあ）

慶應義塾大学大学院システムデザイン・マネジメント研究科修士課程修了。
訪問研究員として米国パデュー大学航空宇宙工学科短期留学。
三菱電機株式会社にて誘導制御系ハードウェア開発に従事。
現在，慶應義塾大学大学院研究員。

◎カバーデザインについて

ニール・アームストロングの視点から見たアポロ 11 号の月着陸船コックピット。月面高度約 3,500m、まさにアームストロングが月着陸船の姿勢制御のため、自動制御からセミオートマチック制御に切り替える瞬間をとらえている。彼の手がスイッチに手を伸ばしていることに気づいてほしい。着地点の変更を促した“ウェスト・クレーター”が窓の外に見える。着地点を教える勾配計も窓に表示されている。右下には 1202 が点灯している。表紙の画像は、著者の構想によりポール・フジェルド（Paul Fjeld）による調査結果をもとに、デジタルアーティストのジョン・ノル（John Knoll）に作成依頼したものである。作成時、数点の妥協が行われた。まず、描画はアームストロングの視点約 46 cm 後方から見た図である。また、窓から見える“ウェスト・クレーター”の景観は、ミッション時計と月着陸船の計器が示す状況と数秒ずれている。そして、最後に発せられた 1202 は 15 秒前に発生していたため、すでに消灯していたと考えられる。さらに、アームストロングがコックピット内で参照していたチェックリストは除外している。クレーター周囲の岩石はアームストロングの説明により付け加えた。月着陸船の内装は AutoDesSys と LuxologyModo でモデリングし、NASA の描画、貴重な歴史的写真、ニューヨーク州ロングアイランドにある航空ゆりかご博物館（Cradle of Aviation Museum）の月着陸船シミュレーターの写真など、さまざまな資料を参考にして作成した。また、月面は月周回人工衛星の写真とアポロ 11 号の動力降下時の映像に基づいて、LuxologyModo を使って描画した。質感は Adobe Photoshop で編集し、画像の 3 次元化は LuxologyModo を使用した。

原 注

特別な記載がない限り，すべて口頭インタビュー。World Wide Web の“History of Recent Science and Technology (HRST)”プロジェクトのもと，四つのグループに分けて口頭インタビューを実施した。なお，すべての HRST インタビューは digitalapollo.mit.edu に掲載。

HRST1（Apollo Guidance Computer）
HRST2（Software and Simulation）
HRST3（Manufacturing）
HRST4（Intermetrics）

第1章 宇宙開発競争における人と機械

［1］本書の中で“神話”という言葉は人類学の観点から使用している。“神話”は，ある文化で隠された深い意味を伝えるため，起源・創造・特徴などを伝える話またはそれが集まったものの総称を指す。

［2］Lindbergh and Green, *We*.

［3］Smith, “Selling the Moon,” 189. See also Ward, “The Meaning of Lindbergh's Flight,” and Launius, “Heroes in a Vacuum.”

［4］Webb, quoted in Logsdon, *The Decision to Go to the Moon*, 90, 125.

［5］Wiesner Committee, “Report to the President-Elect of the Ad Hoc Committee on Space.”

［6］John F. Kennedy, “Special Message to the Congress on Urgent National Needs.”

［7］Beattie, *Taking Science to the Moon*; Benson and Faherty, *Moonport*; Brooks, Grimwood and Swenson, *Chariots for Apollo*.

［8］Aldrin and Warga, *Return to Earth*; Armstrong et al., *First on the Moon*; Bean and Fraknoi, *My Life as an Astronaut*; Cernan and Davis, *The Last Man on the Moon*; Conrad and Klausner, *Rocket Man*; Duke and Duke, *Moonwalker*; Irwin and Emerson, *To Rule the Night*; Mitchell and Williams, *The Way of the Explorer*; Shepard and Slayton, *Moon Shot*; Thompson, *Light This Candle*; Schirra and Billings, *Schirra's Space*; Borman and Serling, *Countdown*; Cunningham and Herskowitz, *The All-American Boys*; Lovell and Kluger, *Lost Moon*; Stafford and Cassutt, *We Have Capture*.

［9］Kraft, *Flight*; Kranz, *Failure Is Not an Option*; Liebergot, *Apollo EECOM*.

［10］Murray and Cox, *Apollo*.

［11］Kelly, *Moon Lander*.

［12］Chaikin, *A Man on the Moon*. HBO 社の“*From the Earth to the Moon*”にテレビドラマ化。

［13］ Atwill, *Fire and Power*; Carter, *The Final Frontier*; McCurdy, *Space and the American Imagination*; Kauffman, *Selling Outer Space*; McDougall, *The Heavens and the Earth.*
［14］ Campbell, *The Hero with a Thousand Faces.*
［15］ Siddiqi, "American Space History."
［16］ Collins, *Carrying the Fire*, 16–17.
［17］ Aldrin, quoted in Smith, *Moondust*, 116.
［18］ Glines, *Roscoe Turner.*
［19］ Kauffman, *Selling Outer Space*, 36–37, 56–67.
［20］ Braverman, *Labor and Monopoly Capital*; Noble, *Forces of Production*; Bix, *Inventing Ourselves Out of Jobs?*
［21］ Hong, "Man and Machine in the 1960s"; Turner, *From Counterculture to Cyberculture*; Dick, *Do Androids Dream of Electric Sheep?*; Ellul, *The Technological Society*; Mumford, *The Myth of the Machine*; Pynchon, *Gravity's Rainbow.*
［22］ Ackmann, *The Mercury 13*; Weitekamp, *Right Stuff, Wrong Sex*; also see Weitekamp, "Critical Theory as a Toolbox."
［23］ Faludi, *Stiffed*, chapter 9.
［24］ McCurdy, *Inside NASA.*
［25］ Clynes and Kline, "Cyborgs and Space."
［26］ McCurdy, "Observations on the Robotic versus Human Issue in Spaceflight". Roland, "Barnstorming in Space". 独特な見解を示すが討論の材料にはもってこい。

第2章　システム時代のショーファーとエアマン

［1］ Society of Experimental Test Pilots, *History of the First Twenty Years*, 39–43.
［2］ Horner, "Banquet Address," 3–4.
［3］ Ibid., 7.
［4］ Ibid., 8.
［5］ Ibid., 9.
［6］ Quoted in Vincenti, *What Engineers Know*, 57.
［7］ Gibbs-Smith, *Aviation*, 58.
［8］ Ibid., 96.
［9］ Wright, "Some Aeronautical Experiments," 100; Crouch, *The Bishop's Boys*, 167–169, 212–213.
［10］ Wilbur Wright, quoted in Gibbs-Smith, *Aviation*, 222.
［11］ *The Oxford English Dictionary*, "skill" の語源。
［12］ Abbott, *The System of Professions.*
［13］ Wohl, *A Passion for Wings*; Corn, *The Winged Gospel*, 41.
［14］ Kennett, *The First Air War*, 156–157.

［15］ Fritzsche, *A Nation of Fliers*.
［16］ Quoted in Vincenti, *What Engineers Know*, 63.
［17］ Ibid., 62.
［18］ Gann, *Fate Is the Hunter*, 7, 15.
［19］ Hallion, *Test Pilots*, 101.
［20］ Conway, *Blind Landings*.
［21］ Doolittle and Glines, *I Could Never Be So Lucky Again*, 73.
［22］ Ibid., 104.
［23］ Doolittle, "The Effect of the Wind Velocity Gradient on Airplane Performance"; "Wing Loads as Determined by the Accelerometer."
［24］ Leary, "The Search for an Instrument Landing System"; Hughes, *Elmer Sperry*; Conway, *Blind Landings*.
［25］ Hallion, *Test Pilots*, 103. Doolittle and Glines, *I Could Never Be So Lucky Again*, 129–131.
［26］ Dennis, "A Change of State," 58, 67–69; Draper, quoted in Dennis, "A Change of State," 111.
［27］ Kelly and Parke, *The Pilot Maker*; Conway, *Blind Landings*, 264–267; Cameron, *Training to Fly*.
［28］ Vincenti, *What Engineers Know*, 79.
［29］ Roland, *Model Research*; Bilstein and Anderson, *Orders of Magnitude*.
［30］ Hansen, *Engineer in Charge*.
［31］ Gilruth, "Requirements for Satisfactory Flying Qualities of Airplanes"; Gilruth and White, "Analysis and Prediction of Longitudinal Stability of Airplanes."
［32］ Phillips, *Journey in Aeronautical Research*, 32.
［33］ Barthes, "The Jet-Man"; Constant, *The Origins of the Turbojet Revolution*; English, "Jet Pilots Are Different."
［34］ Hallion, *Test Pilots*, 143.
［35］ Armstrong quoted in Hansen, *First Man*, 188. On Walker, Rathert interviewed by Greenwood and Swenson.
［36］ Cooper, "Understanding and Interpreting Pilot Opinion," 19.
［37］ Ibid., 21.
［38］ Ibid., 23.
［39］ Abzug and Larrabee, *Airplane Stability and Control*, 33.
［40］ Armstrong, "Where Do We Go from Here?"
［41］ Mindell, *Between Human and Machine*, chapter 5.
［42］ Evans, "Graphical Analysis of Control Systems."
［43］ McRuer, Ashkenas, and Graham, *Aircraft Dynamics and Automatic Control*.
［44］ Abzug and Larrabee, *Airplane Stability and Control*, chapter 20.

［45］ Blackburn, “Flight Testing Stability Augmentation Systems for High Performance Fighters,” 2.
［46］ Armstrong, 著者へのメール , April 20, 2004.
［47］ Roberts, “The Case against Automation in Manned Fighter Aircraft,” 10.
［48］ *The Oxford English Dictionary* entry for “system.”
［49］ Ridenour, *Radar System Engineering*; Goode and Machol, *Systems Engineering*.
［50］ Wiener, *Cybernetics*; Heims, *Constructing a Social Science for Postwar America*; Gerovitch, *From Newspeak to Cyberspeak*.
［51］ Clynes and Kline, “Cyborgs and Space.”
［52］ Hughes, *Rescuing Prometheus*, 99; Hughes, and Hughes, *Systems, Experts, and Computers*.
［53］ Sapolsky, *The Polaris System Development*; Pinney, “Projects, Management, and Protean Times”; Walker and Powell, *Atlas: The Ultimate Weapon*.
［54］ アトラス計画のシステム思考史。Hughes, *Rescuing Prometheus*, chapter 3. Simon Ramo is quoted on p.67. Ramo, “ICBM: Giant Step into Space,” 83.
［55］ Armstrong, “Where Do We Go from Here?”
［56］ Blackburn, “Flight Testing in the Space Age,” 10–11.
［57］ Ibid., 10.
［58］ Ibid.
［59］ Quesada, “A Pilot’s Philosophy for the Space Age.” おすすめ。
［60］ Blair, “Automation and the Space Pilot.”

第３章　大気圏再突入：X－15

［1］ Thompson, *Flight Research*, 45.
［2］ Gorn, *Expanding the Envelope*, 199.
［3］ Becker et al., “NACA Views on a New Research Airplane,” quoted in meeting minutes, NACA Committee on Aerodynamics, NASA HQ, October 4–5, 1954.
［4］ Ibid.
［5］ Meeting minutes, NACA Committee on Aerodynamics, NASA HQ, October 4–5, 1954.
［6］ Ibid.
［7］ Johnson, “Minority Opinion on High Altitude Research Airplane,” attached to meeting minutes, NACA Committee on Aerodynamics, NASA HQ, October 4–5, 1954.
［8］ Hallion and Gorn, *On the Frontier*, 106–107.
［9］ Crossfield, quoted in Jenkins and Landis, *Hypersonic*, 35.
［10］ “IAS Chanute Award to Armstrong,” *X-Press, NASA Flight Research Center Newsletter*, June 22, 1962, NASA Dryden Archives.
［11］ Thompson, *At the Edge of Space*.

[12] Crossfield, quoted in Jenkins, *Hypersonic*, 99. Also see Thompson, *At the Edge of Space*, 91.
[13] Thompson, *Flight Research*, 27–28.
[14] Crossfield, "The Way to the Stars."
[15] Holliday and Hoffman, "Systems Approach to Flight Controls."
[16] Waltman, *Black Magic and Gremlins*, 29–32.
[17] Ibid., 16.
[18] Milton Thompson, "General Review of Piloting Problems Encountered during Simulation and Flights of the X-15," reprinted in Waltman, *Black Magic and Gremlins.*
[19] Thompson, *At the Edge of Space*, 69.
[20] Waltman, *Black Magic and Gremlins*, 9.
[21] Thompson, *At the Edge of Space*, 70.
[22] Stanley Butchard, quoted in Waltman, *Black Magic and Gremlins*, 154.
[23] Thompson, *At the Edge of Space*, 166.
[24] Thompson, "General Review of Piloting Problems," reprinted in Waltman, *Black Magic and Gremlins*, 3.
[25] パイロット回顧録。Waltman, *Black Magic and Gremlins.*
[26] Thompson, *At the Edge of Space*, 58; idem., "Flight Research," 33.
[27] Richard Day, "Training Considerations during the X-15 Development," reprinted in Waltman, *Black Magic and Gremlins.*
[28] Thompson, *At the Edge of Space*, 123.
[29] Ibid., 109.
[30] *X-15 Research Results*, NASA SP-60, 1964.
[31] Walker and Weil, "The X-15 Program"。X-15の安定増加装置（SAS）とベントラルフィン（飛行機の尾部下面に取り付けられた小翼）については次を参照。Hoey, "X-15 Ventral Off."
[32] Armstrong, email to author, April 20, 2004.
[33] Bailey, "Development and Flight Test of Adaptive Controls for the X-15."
[34] Armstrong, "Pilot Notes," X-15 Flight 3-1-2, 3-2-3, 3-3-7, December 1961–April 1962, NASA Dryden Archives.
[35] Armstrong, "Pilot Notes," X-15 Flight 3-4-8, April 20, 1962, NASA Dryden Archives. Thompson, *At the Edge of Space*, 100–102. Also see Hansen, *First Man*, 179–183.
[36] Thompson and Welsh, "Flight Test Experience with Adaptive Control Systems," 141.
[37] Thompson, *At the Edge of Space*, 188.
[38] Walker and Weil, "The X-15 Program."
[39] Thompson and Welsh, "Flight Test Experience with Adaptive Control Systems," 142.
[40] アダムズの事故調査報告書記載。Thompson, *At the Edge of Space.*
[41] Thompson and Welsh, "Flight Test Experience with Adaptive Control Systems," 145.

[42] Ibid., 143, 145.
[43] Armstrong, "Electronics and the Pilot."
[44] R. G. Nagel and R. E. Smith, "An Evaluation of the Role of the Pilot and Redundant Emergency Systems in the X-15 Research Airplane." SETP 出版物は研究の概要を掲載，idem., "X-15 Pilot-in-the-Loop and Redundant/Emergency Systems Evaluation," Technical Documentary Report No. 62-20, Air Force Flight Test Center, Edwards Air Force Base, Calif., October 1962, NASA Dryden Archives L2-5-1D-3.
[45] Ibid., 1.
[46] "X-15 The Movie: Correspondence." Reprinted in Godwin, X-15: *The NASA Mission Reports*, 384-391.
[47] *X-15*, directed by Richard Donner.
[48] Paul Bikle, "Foreword," in *X-15 Research Results.*
[49] *X-15 Research Results*, 14.
[50] X-15 press release, Edwards Flight Research Center, April 27, 1969. Reprinted in Godwin, *X-15 Mission Reports*, 393-394.
[51] Jenkins, *Hypersonics Before the Shuttle*, 74.

第４章　宇宙のエアマン

[1] Joachim Kuettner. 元ドイツ空軍テストパイロット，フォン・ブラウンのハンツビルグループメンバー。マーキュリー計画で大活躍した。第二次世界大戦中，V-1飛行爆弾の初有人飛行に成功。のちに，レッドストーンロケット有人飛行の安全を証明する業務を牽引した。Quoted in Swenson, Grimwood, and Alexander, *This New Ocean*, 172.
[2] Joe Shea, "The Goddard Lecture," March 14, 1967, NASA HQ Folder 013363; also see Shea, quoted in McCurdy, *Inside NASA*, 92, 97.
[3] Von Braun, "Address to the Society of Experimental Test Pilots."
[4] Von Braun and Ryan, *Conquest of the Moon*, 36-37, 63. 宇宙飛行における人の役割に関する初期の議論は次を参考。McCurdy, "Observations on the Robotic versus Human Issue in Space.ight."
[5] Blackburn, *Aces Wild: The Race for Mach 1.* チャック・イェーガーの前にマッハ 1を飛行したパイロットの存在を探る。個人の回想や意見が多く含まれているので，もはやブラックバーンの回顧録といえる。フォン・ブラウンが最終目的地に到着するまで，宇宙飛行士が眠るよう麻酔を打つことを提案していたことも記載，226-228。
[6] Society of Experimental Test Pilots, *History of the First Twenty Years*, 60.
[7] Von Braun, "Address to the Society of Experimental Test Pilots."
[8] Godwin, *Dyna-Soar*; Jenkins, *Space Shuttle*, 22-31.
[9] Dornberger, "The Rocket Propelled Commercial Airliner," reprinted in Godwin, *Dyna-Soar*,19-37.

[10] U.S. Air Force, Air Photographic and Charting Service, "The Story of Dyna-Soar," CD included with Godwin, *Dyna-Soar*. オリジナル版がおすすめ。

[11] Clark and Hardy, "Preparing Man for Space Flight."

[12] Waldman, *Black Magic and Gremlins*, 176.

[13] Armstrong and Holleman, "A Review of In-Flight Simulation Pertinent to Piloted Space Vehicles"; Holleman, Armstrong, and Andrews, "Utilization of the Pilot in the Launch and Injection of a Multistage Vehicle"; Matranga, Dana, and Armstrong, "Flight Simulated Off-the-Pad Escape and Landing Maneuver for a Vertically Launched Hypersonic Glider."

[14] Murray, "Pilot-Oriented Dyna-Soar Designs"; Wood, "Pilot Control of the X-20/Titan II Boost Profile."

[15] Thompson, *At the Edge of Space*, 146.

[16] Gordon, "Concepts for Piloted, Maneuvering, Reentry Vehicles."

[17] Crossfield, "Pilot Contributions to Mission Success."

[18] Walker, "Some Concepts of Pilot's Presentation."

[19] Kauffman, *Selling Outer Space*, chapter 4.

[20] Wolfe, *The Right Stuff*, 186.

[21] Grimwood, *Project Mercury: A Chronology*, 30-31; Murray and Cox, *Apollo*, 32-33.

[22] Faget and Buglia, "Preliminary Studies of Manned Satellites."

[23] Johnson, quoted in Grimwood, *Project Mercury*,6.

[24] Kraft, *Flight*, 30-35.

[25] Ibid.

[26] Chilton interview with Swenson, 8.

[27] Ibid.

[28] Ibid., 23.

[29] Astronaut Press Conference, September 16, 1960, Cape Canaveral, Fla, NASA press release 60-276, 8.

[30] Pitts, *The Human Factor*, 18. Voas interview with Sherrod, 131.

[31] Voas interview with Sherrod, 131.

[32] Ibid. Voas interview with Sherrod, 4, 131. ボアスは第一次選抜グループより第二次選抜グループの宇宙飛行士の方が適任だと考えた。

[33] Swenson, Grimwood, and Alexander, *This New Ocean*, 131. Also see Goldstein, Reaching for the Stars, 42-44.

[34] Faber interview with Swenson; Kraft, Flight, 84.

[35] Voas, "Manual Control of the Mercury Spacecraft," 18.

[36] Ibid., 38.

[37] Voas, "A Description of the Astronaut's Task in Project Mercury."

[38] Goldstein, *Reaching for the Stars*, 44-77.

[39] Swenson, Grimwood, and Alexander, *This New Ocean*, 194–195.
[40] Ibid., 194.
[41] Ibid., 196–197; Voas, “Manual Control of the Mercury Spacecraft”; Gainor, *Arrows to the Moon*, 48–49.
[42] Kraft, *Flight*, 91; Thompson, *Light This Candle*, 239.
[43] Kraft, *Flight*, 93; idem. “Some Operational Aspects of Project Mercury.”
[44] Slayton, “Operation Plan and Pilot Aspects of Project Mercury.”
[45] *New York Times*, October 9, 1959, p.12.
[46] Swenson, Grimwood, and Alexander, *This New Ocean*, 355.
[47] Ibid., 429.
[48] Voas interview with Sherrod, 58.
[49] Kauffman, *Selling Outer Space*, 85.
[50] Collins, *Carrying the Fire*, 76.
[51] Schirra, “A Real Breakthrough—The Capsule Was All Mine,” 44–47, 87.
[52] Heinlein, “All Aboard the Gemini,” 116; “Let Man Take Over,” *New York Times*, February 25, 1962, p.D10. 両方とも Kauffman, 63–64で参照されている。マーキュリー宇宙船の制御に関する報道について優れた要約が掲載されている。
[53] Hacker and Grimwood, *On the Shoulders of Titans*, 22, 40. See also Gainor, *Arrows to the Moon*, 97–103.
[54] “Talk Delivered by Major Virgil Grissom at an SETP East Coast Section Meeting,” November 9, 1962, *SETP Newsletter* (November–December 1962): 5–12.
[55] Ibid., 10.
[56] Finney, “Pilots Will Control Gemini Spacecraft.”
[57] Schirra and Billings, *Schirra's Space*, 164.
[58] Kramer, Aldrin, and Hayes, “Onboard Operations for Rendezvous.”
[59] Box et al., “Controlled Reentry.”
[60] Hacker and Grimwood, *On the Shoulders of Titans*, 283; Schirra and Billings, *Schirra's Space*, 161; Harland, *How NASA Learned to Fly in Space*, 121.
[61] Aldrin, “Line-of-Sight Guidance Techniques for Manned Orbital Rendezvous”; McElheny, “Aldrin Simpli.ed Moon Procedure.”
[62] McDivitt and Armstrong, “Gemini Manned Flight Program to Date.”
[63] McDivitt interview with Ward, 12–49; Slayton and Cassutt, *Deke!*, 15; Hacker and Grimwood, *On the Shoulders of Titans*, 246; Harland, *How NASA Learned to Fly in Space*, 54.
[64] Cooper and Chow, “Development of On-Board Space Computer Systems.”
[65] See, “Engineering and Operational Approaches for Projects Gemini and Apollo.”
[66] McDonnell Corporation, *NASA Project Gemini Familiarization Manual*; Tomayko, *Computers Take Flight*, 13.

[67] Box et al., "Controlled Reentry." Hacker and Grimwood, *On the Shoulders of Titans*, 4.
[68] Funk interview with Swenson, 15.
[69] Cohen interview with Swenson.
[70] Cunningham and Herskowitz, *The All-American Boys*, 335-336.
[71] Gerovitch, "The New Soviet Man in a Man-Machine System." Siddiqi, *Challenge to Apollo*, 264.
[72] Gerovitch, "Human Machine Issues in the Soviet Space Program."
[73] Ibid.
[74] Ibid.
[75] Paul Bikle to NASA Headquarters, May 11, 1960, "Review of Areas of Flight Research Center Competence in Manned Lunar Program," NASA Dryden Archives, L1-6-7A-1.
[76] John Gibbons, Milton O. Thompson, Victor Horton, "Flight Research Center Manned Rocket Flight Study Summary," August 1960. Included in packet "Flight Research Center Rocket Flight Study," Paul Bikle to Commander Air Research and Development Command, Wright Patterson Air Force Base, August 9, 1960, NASA Dryden Archives, L1-6-7A-2. Also see Milt Thompson, "Report to Apollo Guidance and Control Technical Liaison Group," n.d., NASA Dryden Archives, Milton Thompson Papers, L1-5-4-14.
[77] Joseph Walker and John B. McKay, "Pilot's Role in Flight Research," included in packet "Flight Research Center Rocket Flight Study," Paul Bikle to Commander Air Research and Development Command, Wright Patterson Air Force Base, August 9, 1960, NASA Dryden Archives, L1-6-7A-2.
[78] Hubert Drake, "Pilot's Role in the Rendezvous Mission," February 24, 1961. NASA Dryden Archives, L1-6-7A-1.
[79] Chilton interview with Bergen, 28-29.
[80] Chilton, "Command and Communications."
[81] Chilton interview with Swenson, 8-9.
[82] アポロ計画の事業化調査と提案書記載。UHCL Chrono 83-42/45.
[83] Collins, *Carrying the Fire*, 257.

第５章　爆竹の先端に置かれた頭蓋：アポロ誘導計算機

[1] Webb, quoted in Logsdon, *The Decision to Go to the Moon*, 90, 125.
[2] John F. Kennedy, "Memorandum for Vice President," April 20, 1961. Presidential Files, John F. Kennedy Library, Boston, Mass.
[3] Logsdon, *The Decision to Go to the Moon*.
[4] MacKenzie, *Inventing Accuracy*.
[5] Mindell, *Between Human and Machine*, 22.
[6] Seamans, *Aiming at Targets*.

[7] MacKenzie, *Inventing Accuracy; Dennis*, "A Change of State."
[8] Battin, *Astronautical Guidance*, 1.
[9] 最先端技術の評価。Farrior, "Guidance and Navigation: State of the Art—1960."
[10] MacKenzie, *Inventing Accuracy*, chapter 3.
[11] Sapolsky, *The Polaris System Development*.
[12] Battin, "Space Guidance Evolution—A Personal Narrative."
[13] Hall, *Journey to the Moon*, 38-46. Hall and Jansson, "Miniature Packaging of Electronics in Three Dimensional Form."
[14] Lecuyer, *Making Silicon Valley*, chapters 5-6.
[15] Hall, "From the Farm to Pioneering with Digital Control Computers," 22-31.
[16] Laning interview with Brown, quoted in Brown, "Probing Mars, Probing the Market," 18.
[17] Mudgway, *Uplink-Downlink*.
[18] Laning et al., "Preliminary Considerations," quoted in Brown, "Probing Mars, Probing the Market," 19.
[19] Battin, "Space Guidance Evolution-A Personal Narrative."
[20] Battin, *Astronautical Guidance*, 17.
[21] バティン（Richard Battin）は講義で数秘術を紹介した。"Some Funny Things Happened on the Way to the Moon," lecture at MIT, January 17, 2007. Cohen interview with Swenson, 3.
[22] Brown, "Probing Mars, Probing the Market"; Battin interview with Ertel.
[23] Brown, ibid.; Hoag, "The History of Apollo On-Board Guidance, Navigation, and Control," 276.
[24] Battin, "A Statistical Optimizing Navigation Procedure for Space Flight."
[25] Battin, "Space Guidance Evolution"; Kalman, "A New Approach to Linear Filtering and Prediction Problems"; Battin interview with Mindell and Brown.
[26] Robert G. Chilton, "Memorandum for Associate Director: Meeting with MIT IL to Discuss Navigation and Guidance Support for Project Apollo," November 28, 1960, UHCL Chrono 62-34. Italics added.
[27] Chilton interview with Bergen, 12-30.
[28] Robert G. Chilton, "Memorandum for Associate Director: Visit to MIT Instrumentation Laboratory, March 23, 24, 1961," April 3, 1961, UHCL Chrono 62-34.
[29] Hoag, "The History of Apollo On-Board Guidance, Navigation, and Control," 272.
[30] Chilton interview with Bergen, 12-29.
[31] Hoag interview, with Ertel 2.
[32] MIT IL, "Bimonthly Progress Report No. 1, Project Apollo Guidance and Navigation Study," February 7-May 3, 1961, UHCL Chrono.
[33] Trageser interview with Ertel.

［34］“Project Apollo Guidance and Navigation: A Proposal for a Research, Development, and Space Flight Program,” MIT Instrumentation Laboratory, August 4, 1961. Courtesy of Eldon C. Hall.
［35］Hall, “MIT's Role in Project Apollo,” 11.
［36］Miller interview with Ertel, 6.
［37］Trageser interview with Ertel.
［38］Chilton interview with Swenson, 7; Chilton interview with Bergen, 30-31.
［39］Ertel, *The Apollo Spacecraft*, vol. 1, 106.
［40］Cohen interview with Swenson, 10.
［41］Chilton interview with Bergen.
［42］Welch interview with Ertel, 1.
［43］Klass, “Apollo Guidance Bidders Protest NASA Choice of Non-Profit Firm.”
［44］Draper to Seamans, November 21, 1961; Seamans to Draper, November 27, 1961. NASA HQ, Biography file—Draper.
［45］Seamans comments to MIT class, “Engineering Apollo,” April 2005.
［46］“Project Apollo: Navigation and Guidance System Development Statement of Work, Space Task Group, Langley Field, Virginia, August 10, 1961.” 題名が類似した資料。December 4, 1961, UHCL Chrono 62-54/55.
［47］Arthur Ferraro, NASA MSC News Conference, MIT, Cambridge, Mass., September 24, 1963, UHCL Chrono 63-64, 21.
［48］Chris Kraft to manager, Apollo Spacecraft Program Office, December 1, 1964. UHCL Chrono 64-62/3。スレイトン（Deke Slayton）のメモはテレプリンターの有用性と実現可能性について考察し，テレプリンター搭載を反対している。
［49］Ertel, *The Apollo Spacecraft*, vol. 1, 110.
［50］Ibid., 113.
［51］Ibid., 121.
［52］Ibid., 122.
［53］Ibid., 137.
［54］James Webb, “Statement of the Administrator, NASA, on Selection of Contractors for Apollo Spacecraft Navigation and Guidance System MIT Industrial Support,” n.d., UHCL Chrono 62-66.
［55］“AC's Role in the Aerospace Industry,” press release, AC Electronics, Milwaukee, Wis., February 13, 1967, MIT Museum.
［56］James Webb, op. cit.
［57］Ertel, *The Apollo Spacecraft*, vol. 1, 160.
［58］Hoag, “The History of Apollo On-Board Guidance, Navigation, and Control,” 273.
［59］月軌道ランデブー飛行方式選択の優れた解説。Seamans, *Project Apollo: The Tough Decisions*, chapter 10; Murray and Cox, *Apollo*; Hansen, *Enchanted Rendezvous*.

[60] Lickly, HRST1.
[61] Cohen interview with Swenson, 12–14.
[62] Gavin, HRST1.
[63] Hoag, Gavin, HRST1.
[64] Hall, "MIT's Role in Project Apollo," 96–97.
[65] Collins, *Carrying the Fire*, 410.
[66] Gilbert interview with Ertel.
[67] Hoag interview with Ertel, 19.
[68] Ibid.
[69] Hall, "MIT's Role in Project Apollo," 89.
[70] Hoag interview with Ertel.
[71] Kelly, *Moon Lander*, 77–79.
[72] Armstrong, quoted in Hansen, *First Man*, 544; Collins, *Carrying the Fire*, 406.
[73] Gilbert interview with Ertel.
[74] Trageser to IL distribution, "Proposed Agenda for the Astronaut's Review of the AGE System," November 26, 1962. Courtesy of J. Nevins.
[75] Langone, "Astronauts Get 'Moon'"; "Noisy Welcome for Astronauts."

第６章　信頼性向上か，修理か？　アポロ誘導計算機

[1] Hall, *Journey to the Moon*, chapter 5. Alonso, Blair-Smith, and Hopkins, "Some Aspects of the Logical Design of a Control Computer."
[2] Lecuyer, *Making Silicon Valley*, 159–162. Berlin, *The Man Behind the Microchip*.
[3] Alonso, Blair-Smith, and Hopkins, "Some Aspects of the Logical Design of a Control Computer."
[4] Hall, *Journey to the Moon*, chapter 6.
[5] Ibid.
[6] Gavin, HRST1.
[7] "Cite Wide IC Use in Apollo Guidance Unit."
[8] "Fairchild Div. Ships 110,000 Integrateds for Apollo Project."
[9] Noyce, "Integrated Circuits in Military Equipment."
[10] Hall, "MIT's Role in Project Apollo," 14–15.
[11] NASA MSC News Conference, MIT, Cambridge, Mass., September 24, 1963, UHCL Chrono 63–64, 37.
[12] David Gilbert, "A Summary of Apollo Spacecraft Navigation and Guidance System Reliability and Quality Assurance Program," January 23, 1963, UHCL Chrono 63–65; Hall, "A Case History of the AGC Integrated Logic Circuits."
[13] Chilton interview with Bergen.

［14］ Faget interview with Ertel, 7.
［15］ Hall, "General Design Characteristics of the Apollo Guidance Computer," appendix III.
［16］ Frasier, HRST1.
［17］ John French to C. W. Frick, "Apollo Navigation and Guidance System Trip Report," March 30, 1962, UHCL Chrono 62-63.
［18］ 集積回路使用禁止に対する対抗手段の説明。Murray and Cox, *Apollo*, 141-142. システムに関連する事故については次を参照。Perrow, *Normal Accidents; Leveson, Safeware.*
［19］ Karth to Webb, and Webb to Karth, March 2, 1965. NASA HQ Archives administrator's correspondence.
［20］ Partridge, Hanley, and Hall, "Progress Report on Attainable Reliability of Integrated Circuits for Systems Applications," 7.
［21］ Hall, "General Design Characteristics of the Apollo Guidance Computer."
［22］ Sato, "Local Engineering in the Early American and Japanese Space Programs," 87-88.
［23］ C. S. Draper, E. C. Hall, G. W. Mayo, J. E. Miller, and E. G. Schwarm, "Engineering and Reliability Techniques for Apollo Guidance, Navigation, and Control at MIT Instrumentation Laboratory." Unpublished manuscript, July 28, 1963. MIT Museum. Also see Hall, "General Design Characteristics of the Apollo Guidance Computer," section III.
［24］ Holley et al. "Apollo Experience Report," 33.
［25］ Speer, "Strict Control Kept Out Semiconductor Flaws," 29.
［26］ Hall, "Case History of the Apollo Guidance Computer," 26. 白紙の図面を出図したことについて言及。Kupfer interview with Ertel.
［27］ Hall, "From the Farm to Pioneering with Digital Computers," 28.
［28］ Hall, "MIT's Role in Project Apollo," 267.
［29］ Mueller interview with Ertel, 7, 11. Also see Logsdon, *Managing the Moon Program*, 14-17.
［30］ Johnson, "Samuel Philips and the Taming of Apollo," 695.
［31］ Philips, quoted in ibid., 699.
［32］ Shea interview with Kelley, 5; Brooks, Grimwood, and Swenson, *Chariots for Apollo*, 120-121.
［33］ Frick interview with Ertel, 6.
［34］ Brooks, Grimwood, and Swenson, *Chariots for Apollo*, 133-135.
［35］ Shea interview with Kelley, 10.
［36］ Ibid., 12.
［37］ Shea memo to Mueller, August 5, 1964, UHCL Chrono 64-43/44.
［38］ Johnson interview with Grimwood, 8.
［39］ Kraft, *Flight*, 197.
［40］ Ibid., 196.

[41] Sato, "Local Engineering in the Early American and Japanese Space Programs."
[42] Shea memo to Mueller, August 5, 1964, UHCL Chrono 64-43/44.
[43] Cohen interview with Swenson, 23.
[44] 契約調整に関する議事録。April 6, 1964, UHCL Chrono 64-43/44.
[45] Shea memo to Mueller, August 5, 1964, UHCL Chrono 64-43/44.
[46] アポロ計画四半期報告書, period ending September 30, 1962, UHCL Chrono. Shepard comment remembered by Miller, HRST2. Nevins to author, personal communication, September 2006.
[47] アポロ計画進捗月報。October 16-November 15, 1963, SID 62-300-19. UHCL Chrono; Ertel, *The Apollo Spacecraft*, volume 2, 25.
[48] Brooks, Grimwood, and Swenson, *Chariots for Apollo*, 135.
[49] Vonbun, "Ground Tracking of Apollo."
[50] Frasier, HRST1.
[51] Klass, "First Apollo Control Prototype Is Readied"; Littleton, "Apollo Experience Report-Guidance and Control Systems."
[52] "More Apollo Guidance Flexibility Sought."
[53] Frasier, HRST1.
[54] Littleton, "Apollo Experience Report-Guidance and Control Systems."
[55] Shea memo to Trageser, November 30, 1964, UHCL Chrono 64-64.
[56] Scott, "The Apollo Guidance Computer,"
[57] Frasier, HRST1.
[58] David Hoag interview by NASA historian, May 15, 1967 (not transcribed), MSC oral histories, audio at NASA UHCL.
[59] Martin and Battin, "Computer-Controlled Steering of *The Apollo Spacecraft*," 400-407; Crisp and Keene, "Apollo Command and Service Module Reaction Control by the Digital Autopilot."
[60] David Hoag interview by NASA historian, May 15, 1967 (not transcribed), MSC oral histories, audio at NASA UHCL.
[61] Frasier, HRST1; Cohen interview with Swenson, 5.
[62] Minutes of meeting, North American MIT/IL, NASA/MSC, June 23, 1964, UHCL Chrono 6L41. Johnson and Giller, "MIT's Role in Project Apollo, Vol. V," 19-21.
[63] アポロ計画四半期報告書, periods ending June 30 and September 30, 1964, and March 31, 1965, UHCL Chrono.
[64] Hall, "MIT's Role in Project Apollo, Vol. III" 27.

第7章　プログラムと人

[1] *The Oxford English Dictionary*; MacKenzie, *Mechanizing Proof*, 26; Ceruzzi, *Beyond the Limits*, 269.
[2] Project Apollo, "Navigation and Guidance System Development Statement of Work," August 10, 1961, Space Task Group, Langley, V., NASA HQ, 8.
[3] Battin, "A Funny Thing Happened on the Way to the Moon," 3.
[4] Johnson and Giller, "MIT's Role in Project Apollo, Vol. V," 17.
[5] Garman interviewed by Rusnak.
[6] Lickly and Kosmala, HRST2.
[7] Lickly, HRST1.
[8] Hamilton, HRST2.
[9] Martin, HRST2.
[10] Poundstone, HRST3.
[11] Martin, Lickly, HRST2.
[12] Copps, HRST4.
[13] Johnson and Giller, "MIT's Role in Project Apollo, Vol. V" 17.
[14] Felleman, "Hybrid Simulation of the Apollo Guidance Navigation and Control System"; Sullivan, "Hybrid Simulation of the Apollo Guidance Navigation and Control System"; Glick and Femino, "A Comprehensive Digital Simulation for the Veri.cation of Apollo Flight Software."
[15] Miller, HRST2.
[16] Ibid.
[17] Ibid.
[18] Johnson and Giller, "MIT's Role in Project Apollo, Vol. V," 13.
[19] Eyles, "Tales from the Lunar Module Guidance Computer," 5; Hall, "MIT's Role in Project Apollo," 155–159.
[20] Hamilton, HRST2.
[21] Martin and Battin, "Computer Controlled Steering of *The Apollo Spacecraft*," 400–406.
[22] E. M. Copps, Jr., "Recovery from Transient Failures of the Apollo Guidance Computer"; Eyles, "Tales from the Lunar Module Guidance Computer," 9.
[23] Copps, HRST4.
[24] Martin, HRST2.
[25] Johnson and Giller, "MIT's Role in Project Apollo, Vol. V," 19.
[26] Ibid., 15–16.
[27] Ibid., 7. Hoag, "The History of Apollo On-Board Guidance, Navigation, and Control," 287.
[28] Martin and Kosmala, HRST2.

［29］ Funk interview with Swenson, 15.
［30］ NASA MSC News Conference, MIT, Cambridge, Mass., September 24, 1963, UHCL Chrono 63-64, 13.
［31］ Poundstone, HRST3.
［32］ Ibid.
［33］ Miller and Lickly, HRST2.
［34］ Johnson and Giller, “MIT'S Role in Project Apollo,” 82.
［35］ Miller, HRST2.
［36］ Hoag, “The Eagle Has Returned,” 280.
［37］ Alonso, HRST1.
［38］ Frasier, HRST1.
［39］ Alonso, HRST1.
［40］ Gavin, HRST1.
［41］ Lickly, HRST1.
［42］ Battin interview with Mindell and Brown.
［43］ Collins, *Carrying the Fire*, 75. Also see “Apollo Astronaut's Guidance and Navigation Course Notes, Prepared by MIT Instrumentation Laboratory,” MIT IL/E-1250 November 1962-February 1963, sections I-VII, MIT Museum.
［44］ Hoag, “History of Apollo On-Board Guidance, Navigation, and Control,” 289.
［45］ Hoag interview with Ertel, 16.
［46］ Miller, HRST2.
［47］ Hamilton, HRST1.
［48］ Lickly, HRST2.
［49］ NASA MSC News Conference at MIT, September 24, 1963, UHCL Chrono 63-64; Hoag, “History of Apollo On-Board Guidance, Navigation, and Control.”
［50］ R. Metzinger to J. Nevins, “Definition of C/M OP SIM,” March 1965. Courtesy of J. Nevins.
［51］ Copps, HRST4.
［52］ Kosmala, HRST3.
［53］ Miller, HRST3.
［54］ Draper, Whitaker, and Young, “Roles of Men and Instruments in Control and Guidance Systems for Spacecraft.”
［55］ Copps, HRST2.
［56］ Ibid.
［57］ Conway, *Blind Landings*.
［58］ J. L. Nevins, “Man-Machine Design for the Apollo Navigation, Guidance, and Control System—Revisited.” Also see Nevins, Johnson, and Sheridan, “Man/Machine Allocation in the Apollo Navigation, Guidance, and Control System.” 1970年に執筆された前者の論文は

月面着陸時の宇宙飛行士の作業について詳細分析している。1968年に執筆された後者の論文はランデブー飛行を事例として扱っている。
[59] Alonso and Frasier, "Evolutionary Dead Ends."
[60] Green and Filene, "Keyboard and Display Program and Operation."
[61] Alonso, HRST1.
[62] Nevins interview with Mindell, 11.
[63] Hoag, "History of Apollo On-Board Guidance, Navigation, and Control," 281.
[64] Scott, "The Apollo Guidance Computer, A User's View."
[65] Nevins, Woodin, and Metzinger, "Man-Machine Simulations for the Apollo Navigation, Guidance, and Control System."
[66] Nevins to Distribution, "The Space Navigator, its Capabilities and Uses," January 12, 1966, MIT Museum; Nevins interview with Mindell, 5-10.
[67] Nevins interview with Mindell, 27.
[68] Martin, Alonso HRST1.
[69] David Hoag, "Apollo Guidance and Navigation Program at MIT Instrumentation Lab, Material in Support of a $31 Million 30 Month Proposal to NASA to Continue Work from 1 Jan 1968 to 30 June 1970," October 4, 1967, MIT Museum.
[70] Shea to Draper, May 9, 1966. Draper to Shea, June 8, 1966, MIT Museum.
[71] Murray and Cox, *Apollo*, 292-297.
[72] Martin, HRST1.
[73] Garman interview with Rusnak, 9.
[74] Tindall to distribution, May 31, 1966, MIT Museum.
[75] Johnson and Giller, "MIT's Role in Project Apollo," 15.
[76] Tindall to distribution, June 13, 1966, MIT Museum.
[77] Rankin, "A Model of the Cost of Software Development for *The Apollo Spacecraft* Computer."
[78] Lickly, HRST2.
[79] NASA, "Postlaunch report for mission AS-202," Manned Spacecraft Center, Houston, Tex., October 12, 1966, 7-185, 7-192.
[80] Low to Gilruth, September 19, 1967, UHCL Chrono, Apollo Note #100.
[81] Martin, HRST1.
[82] Battin interview with Wright.
[83] Copps, HRST4.
[84] Tindall to distribution, March 24, 1967, MIT Museum.
[85] Tindall to distribution, May 17, 1967, MIT Museum.
[86] Guidance Software Validation Committee, "Apollo Guidance Software Development and Validation Plan," October 4, 1967, NASA MSC. Available at http://klabs.org/history/history_docs/ mit_docs/sw.htm, accessed on January 10, 2007.

［87］ Hoag memo to Draper, October 9, 1967, MIT Museum。メモ題名 “Another Schedule Emergency on Software (Another Wolf Call)”。IL はスケジュールを心配したものの，彼らがアポロ計画のスケジュール遅延要因だとするクリス・クラフト（Chris Kraft）の警告をやがて疑うようになった。デビッド・ホーグ（David Hoag）の上司への報告。“ クラフトの遠吠え（Wolf Call）が今度は本当に狼を呼び寄せるかもしれない。アポロ計画にもっと時間が必要なのは目に見えている！ ”

［88］ Ken Young, “My Head Was Full of Space and Other Ditties,” NASA MSC, Houston, Tex., 1987, 10–33, MPAD History Files CD-ROM, UHCL.

［89］ Miller, HRST2.

［90］ Ibid.

［91］ アポロ計画四半期報告書。“Summary,” March 30, 1968, UHCL Chrono 83–12, 23.

［92］ McElheny, “Space Test Pinpoint Lunar Module Bugs.” Samuel C. Phillips, “The Shakedown Cruises,” in Cortright, *Apollo Expeditions to the Moon*, 167.

［93］ Eyles, “Tales from the Lunar Module Guidance Computer,” 2.

［94］ Hoag to Apollo personnel, “G&N performance in Apollo 5 and Apollo 6 flights.” April 15, 1968, MIT Museum. Also see LM-1 Flight Performance Evaluation Team, “LM-1 Flight Performance Evaluation Report,” Grumman Aircraft Engineering Corporation LED-541-1, n.d., 資料提供はポール・フジェルド（Paul Fjeld）のご厚意による。アポロ 9 号までの誘導，航法，制御の性能評価の概要については次を参照。Hoag, “Apollo Navigation, Guidance, and Control Systems: A Progress Report.”

［95］ TRW Systems, “Mission Requirements for Apollo 7 CSM Development Mission,” NAS 9-3810, May 1, 1967, MIT Museum.

［96］ Hoag to Apollo personnel, “G&N Performance in Apollo 7,” MIT Museum.

［97］ Cunningham and Herskowitz, *The All-American Boys*, 192.

［98］ ジョージ・ロー（George Low）飛行計画部長の意志決定の過程が詳細に記録されている。Low, “Special Notes for August 9, 1968 and Subsequent,” UHCL Chrono.

［99］ McElheny, “MIT Unit to Set Orbit.”

［100］ NASA “Apollo 8 Mission Report.”

［101］ “Apollo 8 Transcript,” 4:10:29, 70–71.

［102］ Hoag to IL, January 10, 1969, “Report on Apollo 8,” MIT Museum. Hoag, “Apollo Navigation, Guidance, and Control Systems: A Progress Report.”

［103］ Cohen interview with Swenson.

［104］ Herfort, “MIT Computers ‘Miraculous.’ ” Sewall, “Happy Day for MIT Experts.”

［105］ *Aviation Week and Space Technology*, January 20, 1969, 40–46.

［106］ Battin interview with Wright.

第8章　月面着陸の設計

Epigraph: Minutes of meeting, Flight Readiness Review Board, Lunar Landing Training Vehicle, Houston, Texas, January 12, 1970, UHCL Chrono.

[1] Armstrong interview with Ambrose and Brinkley, 85-86.

[2] Kelly, *Moon Lander*; Gavin, "Engineering Development of the Apollo Lunar Module."

[3] Sherman interview with Ertel, 21.

[4] Gavin, HRST1.

[5] Kelly, *Moon Lander*, chapter 8.

[6] Ibid., 94-95.

[7] NASA, "Apollo 9 Mission Report," 10-26.

[8] Hoag memo to IL, "How Did We Do on Apollo 9?" April 10, 1969, MIT Museum; "Apollo 9 Mission Report," 10-21.

[9] Cheatham and Hackler, "Handling Qualities for Pilot Control of Apollo Lunar-Landing Spacecraft."

[10] ミッション計画・分析部門（MPAD）の軌道考察。Howard W. Tindall, Jr., "Techniques of Controlling the Trajectory," in What Made Apollo a Success, chapter 7.

[11] Bennett, "Apollo Experience Report," 34. 着陸のデザインを異なる視点で語った。Funk interview with Ross-Nazzal, 29-35.

[12] Klumpp interview with Mindell.

[13] Cheng, "Lunar Terminal Guidance," in Leondes and Vance, eds., Lunar Missions and Explora-tion; Eyles, "Tales from the Lunar Module Guidance Computer," 16.

[14] Bennett interview with Ross-Nazzal, 11, 20.

[15] Von Braun and Ryan, Conquest of the Moon, 63-64.

[16] "Preliminary Report on Automatic LEM Mission Study," Grumman Aircraft Engineering Corporation, LED-54-02, April 29, 1963. Available at NASA Technical Report Server, http://ntrs.nasa.gov (accessed January 12, 2007).

[17] Bennett, interview with Ross-Nazzal, 10; Bennett interview with Mindell.

[18] Bennett interview with Ross-Nazzal, 7, 13.

[19] Manned Space Flight Center, "Apollo Lunar Landing Mission Symposium"; Gainor, *Arrows to the Moon*, 129.

[20] Windall, "Lunar Module Digital Autopilot"; 次に示す資料も月着陸船のデジタルオートパイロットについてよくまとめられている。Johnson and Giller, "MIT's Role in Project Apollo," 240-279. 月着陸船のデジタルオートパイロットはカルマンフィルターのようだった。ただ，カルマンフィルターのようにリアルタイムに統計値の重みづけを計算に反映しなかったため，正確にはカルマンフィルターとは言えない。計算式の係数は技術者により前もって計算された。

[21] Nevins, "Man-Machine Design for the Apollo Navigation, Guidance, and Control

System-Revisited"; MIT Instrumentation Laboratory, "Guidance Systems Operations Plan, AS-278."

[22] Stengel, "Manual Attitude Control of the Lunar Module."

[23] Also see NASA, "Apollo 12 Technical Debrief," 12-11/12-12.

[24] Cheatham and Bennett, "Apollo Lunar Module Landing Strategy," 177.

[25] Charles Stark Draper Laboratories, "Guidance Systems Operations Plan," 5.3-5.50.

[26] Hoag, "Guidance, Navigation, and Control of Manned Lunar Landing."

[27] 実際，着陸レーダーは一方向の速度しか測定しなかったので，水平移動速度の参考となったのは着陸レーダーよりむしろ x-y 軸表示計器クロスポインター（cross pointer または X-Pointer）だった。

[28] Norman Sears memo to Apollo Spacecraft Program Office, March 26, 1963, UHCL Chrono.

[29] Cheatham and Bennett, "Apollo Lunar Module Landing Strategy," 178.

[30] Johnson and Gillers, "MIT's Role in Project Apollo, Vol. V," 180.

[31] Cheatham and Bennett, "Apollo Lunar Module Landing Strategy," 189.

[32] Ibid., 193.

[33] Klumpp, "A Manually Retargeted Automatic Descent and Landing System for the Lunar Module (LM)"; Jay D. Montgomery, "LM Landing Point Designator Procedures and Capability," NASA MSC Internal Note No. 67-EG-24, Houston, Tex., August 1, 1967. ポール・フジェルド（Paul Fjeld）のコレクション。

[34] Klumpp, "A Manually Retargeted Automatic Descent and Landing System for the Lunar Module (LM)," 130.

[35] "Guidance System Operations Plan for Manned LM Earth Orbital and Lunar Missions Using Program Luminary 1E, Section 5 Guidance Equations Revision 11," MIT Charles Stark Draper Laboratories, R-567, December 1971.

[36] Bennett, "Apollo Experience Report," 10.

[37] Cheatham and Bennett, "Apollo Lunar Module Landing Strategy," 201.

[38] Eyles, "Apollo LM Guidance Computer Software for the Final Lunar Descent."

[39] Goldstein, *Reaching for the Stars*, 128.

[40] ジョン・ヤング（John Young）宇宙飛行士はヒューストンの司令船ミッションシミュレーターを"列車の玉突き事故（great train wreck）"と表現した。Cortright, *Apollo Expeditions to the Moon*, chapter 8-3.

[41] Woodling et al., "Apollo Experience Report: Simulation of Manned Space Flight for Crew Training."

[42] Collins, *Carrying the Fire*, 191.

[43] Goldstein, *Reaching for the Stars*, 172.

[44] 実際，月着陸船には月面に対して水平に取り付けられた RCS スラスターがいくつか実装されていた。しかし，水平方向の移動はすべて降下エンジンを動かすことで賄った。降

下エンジンで制御する方がよっぽど燃費が良かった。Keller, “Study of Spacecraft Hover and Translation Modes above the Lunar Surface”.

［45］LLRVに対するアームストロングの感想。see Armstrong, “Wingless on Luna.”

［46］Rusnak, “Avionics Aspects of the Lunar Landing Research Vehicle.”

［47］Dean Grimm, quoted in Matranga, Ottinger, and Jarvis, *Unconventional, Contrary, and Ugly*; Kleuver et al., “Flight Results with a Non-Aerodynamic, Variable Stability, Flying Platform.”

［48］Matranga and Walker, “Investigation of Terminal Lunar Landing with the Lunar Landing Research Vehicle”; Duda et al., “Human Interfaces and Pilot-Vehicle Interactions of the Lunar Landing Research Vehicle,” paper submitted for MIT course “Engineering Apollo: The Moon Project as a Complex System,” May 16, 2005.

［49］Scott interview with Jones.

［50］Minutes of meeting, Flight Readiness Review Board, Lunar Landing Training Vehicle, Houston, Tex., January 12, 1970, UHCL Chrono.

［51］Strickland, “Series of Lunar Landings Simulated.”

［52］Minutes of meeting, Flight Readiness Review Board, Lunar Landing Training Vehicle, Houston, Tex., January 12, 1970, UHCL Chrono.

［53］Ibid. アームストロングは降下時，着陸レーダーが示す速度を信用しなかった。なぜなら，ヘリコプターを使って地上訓練していた際，ヘリコプターのブレードでレーダー波が干渉し取得データが悪化していたからだ。しかし，月面ではヘリコプターのブレードに相当するものがなかった。ヘリコプター訓練での経験を月面着陸でレーダーを信用しない理由とするのは芳しくなかったと認めている。P66自動機能は速度を算出する際，いかなるときも第一に宇宙船の慣性システムを頼っていた。着陸レーダーによる速度算出は副次的だった。

第９章　不具合を隠しもった計算機：アポロ１１号

［1］アポロ11号の月面着陸に関する文献は数え切れないほどあるが，とくに私が参考にした文献を次に記す。NASA’s “Apollo 11 Mission Report”; “Apollo 11 Technical Air-to-Ground Voice Transcription”; “Apollo 11 On-Board Voice Transcription”; and “Apollo 11 Technical Debrief.” 技術に関して一番詳細に記録されている論文は次。Floyd V. Bennett, “Apollo Experience Report: Mission Planning for Lunar Module Descent and Ascent”。執筆者はアポロ11号とアポロ12号の着陸を計画したフロイド・ベネット。この論文は異なるバージョンとして次の論文でも引用されている。Floyd V. Bennett, “Apollo Lunar Descent and Ascent Trajectories”。これらの論文は次に示す資料のデータを参考にしている。Floyd V. Bennett, “Apollo 11 LM Approach and Landing Phase Groundtrack,” NASA MSC Memo 69-RM21-265, October 1, 1969, and idem. “Apollo 11 LM Descent Post.ight Analysis,” NASA MSC Memo 69-FM22-220, August 13, 1969, UHCL Chrono 71-64 and

79-21, re-spectively. また，グラマン社の月着陸船性能に関する技術評価も参考されたい。Grumman Engineering Corporation LED-541-10（題名，日付なし）。主にポール・フジェルドが収集していたデータを中心にシステム性能について詳細に議論されている。

［2］ Bennett interview with Mindell.

［3］ Kranz email to Eric Jones, *Apollo Lunar Surface Journal*, available at http://www.hq.nasa.gov/alsj/ a11/ (accessed January 5, 2007). 速度が増した他原因については次を参照。McElheny, "Little Errors Added Up to 4-Mi. Apollo Mistake."

［4］ NASA, "Apollo 11 Technical Debrief," 63.

［5］ Duke interview with Ward, 21.

［6］ Mailer, *Of a Fire on the Moon*, 377.

［7］ Eyles, "Tales from the Lunar Module Guidance Computer," 7.

［8］ Armstrong interview with Ambrose and Brinkley, 21. Hansen, *First Man*, 465.

［9］ Neil Armstrong, "Apollo 11 Post.ight Crew Press Conference," August 12, 1969, Houston, Tex., 21.

［10］ Neil Armstrong, "Apollo: Past, Present, and Future," Proceedings of the 13th SETP Symposium, Beverly Hills, Calif., September, 1969.

［11］ Inadvertent LPD in Bennett, "Apollo Experience Report."

［12］ Bennett interview with Ross-Nazzal, 24; Bennett, "Apollo 11 LM Descent Postflight Analysis"; 図 9.12はニール・アームストロングが月面高度 30 ～ 60m あたりでミッション中止境界値を超えていたことを窺わせる。

［13］ Mailer, *Of a Fire on the Moon*, 380.

［14］ Bennett, "Apollo 11 LM Approach and Landing Phase Groundtrack"; and idem. "Apollo 11 LM Descent Postflight Analysis," 6.

［15］ Bennett, "Apollo 11 LM Descent Postflight Analysis," 9.

［16］ Hansen, *First Man*, 467.

［17］ Martin, "Apollo 11: 25 Years Later."

［18］ 警告に関する説明は次の文献を参考にしている。George Cherry, "Exegesis of the 1201 and 1202 Alarms Which Occurred During the Mission G Lunar Landing," MIT Instrumentation Laboratory memo AG#370-69, August 4, 1969; Clint Tillman, "Program Alarms in Powered Descent, Apollo 11," Grumman Aircraft Engineering Corporation Memo #LAV-500-940, July 31, 1969; Clint Tillman, "Simulating the RR-CDU Interfaces When the RR Is in the SLEW or AUTO (not LGC) Mode in the FMES/FCI Laboratory," Grumman Aircraft Engineering Corporation Memo #LMO-500-723, August 13, 1969. 資料提供はポール・フジェルド（Paul Fjeld）のご厚意による。 Also see Eyles, "Tales from the Lunar Module Guidance Computer."

［19］ Donald Arabian, manager, Mission Evaluation Team, "Apollo 11 Problem and Discrepancy List," November 5, 1969; "Apollo 11 Mission Report," MSC-00171, Apollo Mission File 074-63, UHCL. For Robert Chilton's version of this story, see Chilton

interview with Bergen, 46.
[20] Garman interview with Rusnak, 21-22; Garman, "Computer Overload and the Apollo 11 Landing: An Insider's View," presentation to Military and Aerospace Applications of Programmable Logic Design conference, Washington, D.C., September 2005. Available at http://www.klabs.org/mapld05/abstracts/108_garman_a.html (accessed January 24, 2007). Also see "Steve Bales: Guidance Officer, Apollo 11," in Watkins, *Apollo Moon Missions: The Unsung Heroes*, chapter 1; Hansen, *First Man*, 461-463, for an account of the simulation.
[21] Aldrin quoted in Eric Jones, *Apollo Lunar Surface Journal*, available at http://www.hq.nasa.gov/ alsj/a11/ (accessed January 12, 2006).
[22] 技術に関する詳細は次を参考。Eyles, "Tales from the Lunar Module Guid-ance Computer."
[23] Cherry, "Exegesis of the 1201 and 1202 Alarms," 9.
[24] Quoted in Hansen, *First Man*, 568.
[25] "Lunar Landing Had Its Earthbound Heroes."
[26] Kaye, "The Indispensable Man."
[27] Eyles, "Apollo LM Guidance Computer Software for the Final Lunar Descent," 243-250.
[28] Martin, HRST2.
[29] Battin interview with Wright, 35.
[30] Larsen memo to Moore, Elyes, and Klumpp, April 22, 1970; Chilton to distribution, June 29, 1970. Documents courtesy of Allen Klumpp. Also see Eyles, "Tales from the Lunar Module Guidance Computer," for an explanation of this problem.
[31] Hugh Blair-Smith, oral comments on Jack Garman presentation cited in note 21.

第１０章　続いた５回の月面着陸

[1] "Mission Requirements: SA-507/CSM-108/LM-6 H-1 Type Mission," July 18, 1969, MSC Houston, UHCL Chrono.
[2] アポロ12号の着陸についての詳細は次を参考。NASA, "Apollo 12 Mission Report," 4-27; Landing Analysis Branch, "Apollo 12 LM Descent Post.ight Analysis," NASA MSC, 69-FM22-324. Houston, Tex., December 10, 1969.
[3] NASA, "Apollo 12 Mission Report," 4-25.
[4] 設計変更に関する詳細は次を参考。Bean interview with Compton, 23-24; Eyles, "LGC-Astronaut Interfaces during Landing (revised for Luminary 1E)," n.d., ca. 1970. Courtesy of Don Eyles.
[5] NASA, "Apollo 12 Mission Report," 4-1, 4-4, 5-1.
[6] Bennett, "Apollo Experience Report," 26-28, アポロ11号とアポロ12号の月面着陸の

ミッション計画を詳細比較している。
[7] NASA, "Apollo 12 Mission Report," 4-12.
[8] NASA, "Apollo 12 Mission Report," 8-7.
[9] Bean, quoted in Smith, *Moondust*, 196-197.
[10] NASA, "Apollo 12 Technical Debrief," 9-10.
[11] NASA, "Apollo 11 Technical Debrief."
[12] NASA, "Apollo 12 Technical Debrief," 9-14.
[13] Ibid.
[14] Bennett, "Apollo Experience Report," 31.
[15] Bennett interview with Mindell.
[16] LM-6 Flight Performance Evaluation Team, "LM-6 Flight Performance Evaluation Report," Grumman Aircraft Engineering Corporation LED-541-12, March 19, 1970, 5.16-4.
[17] Landing Analysis Branch, "Apollo 12 LM Descent Post.ight Analysis," 6-7.
[18] 信頼できるデータについては次に示す報告書を参照。LM-6 Flight Performance Evaluation Team, "LM-6 Flight Performance Evaluation Report." Grumman Aircraft Engineering Corporation LED-541-12. March 19, 1970, 5.1-10.5.1-11. 5.16-4.
[19] Minutes of meeting, Flight Readiness Review Board, Lunar Landing Training Vehicle, Houston, Tex., January 12, 1970, UHCL Chrono.
[20] Mitchell and Williams, *The Way of the Explorer*, 39.
[21] Garman interview with Rusnak, 33.
[22] NASA, "Apollo 14 Mission Report," 14-29; "Apollo 14 30-Day Failure and Anomaly Listing Report," NASA MSC, Houston, Tex., 24. UHCL Chrono 79-53.
[23] Shepherd and Slayton, *Moon Shot*, 299.
[24] Garman interview with Rusnak, 34。ILでデビッド・ホーグ（David Hoag）はデイル・マイアーズ（Dale Myers）に「ミッションを救った一人のヒーローがいた」と手紙をあて，ドン・アイルズ（Don Eyles）の功績を讃えている。ほかにも，次にあげる人たちに感謝している。Bruce McCoy, Russel Larson, Samuel Drake, Philip Fellman, Steven Copps, and others for the Apollo 14 fix. Hoag memo to Myers, February 16, 1971, MIT Museum.
[25] "Grumman Flight Performance Evaluation Report for LM-8," 5.1-10-5.1-12。手順詳細。5.1-24 lists。コマンド・実行手順詳細。資料提供はポール・フジェルド（Paul Fjeld）のご厚意による。Landing Analysis Branch, "Preliminary Postflight Analysis of Apollo 14 LM Descent," Mission Planning and Analysis Division, Houston, Tex., February 12, 1971. JSC Archives.
[26] Ibid.
[27] NASA, "Apollo 14 Mission Report," 8-11.
[28] NASA, "Apollo 14 Technical Debrief," 151.
[29] Mitchell, quoted in Eric Jones, *Apollo Lunar Surface Journal*, at http://www.hq.nasa.

gov/alsj/a14/ (accessed January 5, 2007). NASA, "Apollo 14 Technical Debrief," 151.

[30] Shepard, in NASA, "Apollo 14 Technical Debrief," 151.

[31] Mitchell, quoted in Eric Jones, *Apollo Lunar Surface Journal*, at http://www.hq.nasa.gov/alsj/a14/ (accessed January 5, 2007).

[32] Ibid.

[33] NASA, "Apollo 14 Technical Debrief," 151.

[34] Mitchell, quoted in Eric Jones, *Apollo Lunar Surface Journal*, available at http://www.hq.nasa.gov/alsj/a14/ (accessed January 5, 2007).

[35] NASA, "Apollo 14 Mission Report," 8-5.

[36] Mitchell and Williams, *The Way of the Explorer*, 51.

[37] NASA, "Apollo 14 Technical Debrief," 152.

[38] Mitchell, quoted in Eric Jones, *Apollo Lunar Surface Journal*, available at http://www.hq.nasa.gov/alsj/a14/ (accessed January 5, 2007).

[39] NASA, "Apollo 14 Technical Debrief," 152.

[40] NASA, "Apollo 14 Mission Report," 9-7.

[41] Ibid., 6-7, 9-7.

[42] NASA, "Apollo 14 Technical Debrief," 152.

[43] NASA, "Apollo 14 Mission Report," 15-1, 2, 11-2; McElheny, "Man Returns to the Moon."

[44] Mitchell and Williams, *The Way of the Explorer*, 51.

[45] Shepard and Slayton, *Moon Shot*, 304.

[46] Ibid., 305.

[47] Kranz, *Failure Is Not an Option*, 351。アポロ14号の飛行後分析を受けて，ミッション計画・分析部門（MPAD）フロイド・ベネットのチームは，計算機の制御機能だけが生き残っていて誘導機能が完全不能に陥った状況で宇宙飛行士が月面着陸できるか分析した。ヒューマンファクターや人が制御に介在したシミュレーションデータをまったく考慮しなかった報告書は，もし月着陸船が計画された軌道から大きく外れず，推力重量比が10%に抑えられ，ピッチ角度が±2°の範囲内に収まるのであれば月面着陸は可能だと結論付けた。Landing Analysis Branch, "Manually Controlled Lunar Descent Approach Phase," MPAD NASA MSC, June 8, 1970, UHCL Chrono 72-51.

[48] NASA, "Apollo 14 Technical Air-to-Ground Voice Transcription," 4:07:58:51.

[49] NASA, "Apollo 15 Mission Report," 245-246.

[50] Ibid., 93. Landing Analysis Branch, "Comparison of a 16° and a 30° Glide Angle Powered Descent Trajectory," MPAD NASA MSC, September 24, 1970, UHCL Chrono 72-64.

[51] NASA, "Apollo 12 Mission Report," 89.

[52] NASA, "Apollo Program Summary Report," chapter 6.

[53] Duke interview with Ward, 12-27.

[54] Logsdon, "A Failure of National Leadership," 296-297.

[55] Cernan and Davis, *The Last Man on the Moon*, 282.

[56] Landing Analysis Branch, "Use of the A Priori Terrain over Littrow," MPAD NASA MSC, April 8, 1970, UHCL Chrono 72-41.

[57] NASA, "Apollo 15 Mission Report," 68.

[58] Landing Analysis Branch, "Out-of-Plane Velocity during Apollo 15 Descent," MPAD NASA MSC, December 9, 1971, UHCL Chrono 73-56.

[59] NASA, "Apollo 15 Technical Debrief," 9-13-9-17.

[60] NASA, "Apollo 15 Mission Report," 9-12.

[61] Scott, quoted in *Apollo Lunar Surface Journal*, available at http://www.hq.nasa.gov/alsj (accessed January 24, 2007).

[62] Irwin, quoted in *Apollo Lunar Surface Journal*, available at http://www.hq.nasa.gov/alsj (accessed January 24, 2007).

[63] Scott, quoted in *Apollo Lunar Surface Journal*, available at http://www.hq.nasa.gov/alsj (accessed January 24, 2007).

[64] NASA, "Apollo 15 Mission Report," 94; NASA, "Apollo 15 Technical Debrief."

[65] NASA, "Apollo 15 Technical Debrief," 9-14.

[66] Scott, quoted in *Apollo Lunar Surface Journal*, at http://www.hq.nasa.gov/alsj (accessed January 24, 2007).

[67] NASA, "Apollo 15 Technical Debrief," 9-15; NASA, "Apollo 15 Mission Report," 95.

[68] NASA, "Apollo 15 Mission Debrief," 9-15; NASA, "Apollo 15 Mission Report," 95; Scott interview with Jones.

[69] Scott, quoted in *Apollo Lunar Surface Journal*, available at http://www.hq.nasa.gov/alsj (accessed January 24, 2007).

[70] NASA, "Apollo 15 Technical Debrief," 9-15.

[71] Scott, quoted in *Apollo Lunar Surface Journal*, available at http://www.hq.nasa.gov/alsj (accessed January 24, 2007).

[72] Duke interview with Ward, 27.

[73] NASA, "Apollo 16 Mission Report," 9-18. Also see Flight Performance Evaluation Team, "LM-11 Flight Performance Evaluation Report," Grumman Aircraft Engineering Corporation 5-1-3.5-2.4.

[74] NASA, "Apollo 16 Technical Debrief," 9-8; NASA, "Apollo 16 Mission Report," 9-18.

[75] NASA, "Apollo 16 Technical Debrief," 9-9.

[76] Ibid., 9-16.

[77] NASA, "Apollo 16 Technical Debrief," 9-19.

[78] Duke interview with Ward, 33; NASA, "Apollo 16 Mission Report," 9-19; NASA, "Apollo 16 Technical Debrief," 9-10.

[79] Charlie Duke, class presentation, MIT, April 25, 2005.

[80] Finney, "NASA Considering New Space School."

[81] "Scientists, Engineers, Seek Roles in Space"; Beattie, *Taking Science to the Moon*, 173–174; Compton, *Where No Man Has Gone Before*, has an excellent analysis of the test-pilot versus scientist tensions in Apollo.

[82] Cernan and Davis, *The Last Man on the Moon*, 84.

[83] Cernan interview with Compton.

[84] Schmidt interview with Butler.

[85] O'Leary, *Making of an Ex-Astronaut*, 66.

[86] Recer, "They Feud Over Moon Flights."

[87] "Geologist to Quit Apollo Project; Weak Scienti.c Effort Charged"; Compton, chapter 10。有人飛行計画であるにもかかわらず，NASA所属の生命科学者でさえ，NASAが宇宙における人の研究をないがしろにしていると考えていた。McElheny, "Report Says NASA Concentrates on Machine, Ignores Man"; idem., "Some Fear Showy Space Trips Will Sti.e Progress"; idem., "More Luna Probes Urged by Group of U.S. Scientists."

[88] See Cernan and Schmidt comments in Eric Jones, *Apollo Lunar Surface Journal*, available at http://www.hq.nasa.gov/alsj/a17/ (accessed January 5, 2007).

[89] Cernan and Davis, *The Last Man on the Moon*, 331.

[90] NASA, "Apollo 17 Mission Report," 16–11.

[91] Cernan, in NASA, "Apollo 17 Technical Debrief," 10–5.

[92] Cernan, *The Last Man on the Moon*, 316.

[93] NASA, "Apollo 17 Technical Debrief," 9–4.

[94] NASA, "Apollo 17 Mission Report," 10–11; NASA, "Apollo 17 Technical Debrief," 9–6.

[95] Cernan, quoted in Eric Jones, *Apollo Lunar Surface Journal*, available at http://www.hq.nasa .gov/alsj/a17/ (accessed January 5, 2007).

[96] Cernan and Davis, *The Last Man on the Moon*, 317.

[97] NASA, "Apollo 17 Technical Debrief," 9–17.

[98] Cernan, in NASA, "Apollo 17 Technical Debrief," 9–7.

[99] Scott, quoted on Eric Jones, *Apollo Lunar Surface Journal*, available at http://www.hq.nasa.gov/ alsj/a15/ (accessed January 5, 2007).

[100] NASA, "Apollo 11 Technical Debrief."

[101] NASA, "Apollo 12 Technical Debrief."

[102] Shepard and Slayton, *Moon Shot*, 304.

[103] Scott, quoted in Eric Jones, *Apollo Lunar Surface Journal*, available at http://www.hq.nasa.gov/ alsj/a15/ (accessed January 5, 2007).

[104] NASA, "Apollo 15 Technical Debrief."

[105] NASA, "Apollo 16 Technical Debrief."

[106] NASA, "Apollo 17 Technical Debrief."

［107］Cernan and Davis, *Last Man on the Moon*, 317–318.

［108］Armstrong, "Apollo: Present," 122. アームストロングは速度計を信用していなかったのを 2番目の理由としてあげる。残留速度により月着陸船が転倒すると考えた。

［109］Floyd Bennett, "Use of P–66 Auto in landing phase," MPAD NASA MSC, March 16, 1970. UHCL Chrono 72–34; Bennett, "Apollo Experience Report," 31; NASA, "Apollo 12 Mission Re–port," 6–5.

［110］宇宙飛行士は月着陸船の ATTITUDE HOLD 設定で " レート制御 " を使って操縦することが可能だった。しかし，水平方向の加速しか制御できなかった。したがって，月着陸船の停止は困難だった。P66 LPD は姿勢ではなく速度の " レート制御 " に相当した。月着陸船の姿勢ではなく速度のコントロールの方が簡単だった。

［111］Eyles, "Apollo LM Guidance Computer Software for the Final Lunar Descent," 243–250; Eyles, "Tales from the Lunar Module Guidance Computer."

第 1 1 章　人と機械, 未来の宇宙飛行

［1］"Address by Dr. Joseph Shea, Deputy Director of Manned Space Flight (Systems), National Aeronautics and Space Administration, at the American Institute of Aeronautics and Astronautics, 2nd Manned Spaceflight Meeting," Dallas, Tex., April 22, 1963, 12–13, NASA History Office, Joe Shea file.

［2］Chilton interview with Bergen, 12–30, 34.

［3］Sherman interview with Ertel.

［4］Apollo alums who founded Intermetrics: John Miller, Jim Flanders, Jim Miller, Dan Lickly, and Ed Copps, joined soon after by Fred Martin. Martin, "Apollo 11: 25 Years Later."

［5］Cunningham and Herskowitz, *The All–American Boys*, 181. For another pilot's view, see Fred W. Haise, Jr., "Space Transportation System as Seen by an Astronaut," NASA JSC, November 1, 1974, UHCL.

［6］Collins, *Liftoff*, 202.

［7］Heppenheimer, *History of the Space Shuttle*, vol. 2, 380–381.

［8］Chris Kraft, comments to MIT students on the space shuttle system, November 8, 2005.

［9］See comments by John Connolly in Reichardt, "Son of Apollo," 26。新しい宇宙船（Crew Exploration Vehicle）のコックピットは外注せずに NASA 内で内作している。Covault, "Piloting the CEV"。補給品を運ぶための自動着陸については次を参照。Morning, "A Base to Build On"。

［10］Szalai and Jarvis interview with Wallace.

［11］アポロ宇宙船と F–8の関係性の説明。Tomayko, *Computers Take Flight*, chapter 3. Also see NASA, "Proceedings of the F–8 Digital Fly–By–Wire and Supercritical Wing First

Flight's 20th Anniversary Celebration."
[12] Dwain Deets (for Cal Jarvis), "The Digital Fly-By-Wire Program," in NASA, "Proceedings of the F-8 Digital Fly-By-Wire," 32.
[13] "Preserve Pilots' Roles in Automated Cockpits," 86.
[14] Roughton, "Jets with Byte Stuff Hovering on Horizon for Airline Industry."
[15] Manningham, "The Cockpit."
[16] Bush, "Remarks on U.S. Space Policy."
[17] Pyne, "Seeking Newer Worlds: An Historical Context for Space Exploration."

用語一覧

AGC：　Apollo Guidance Computer
司令機械船に搭載されている誘導計算機。

AGS：　Abort Guidance System
月面着陸時のミッション中止用計算機。

AOS：　Acquisition of Signal
月着陸船が月の裏側から表に出て来て、地上追跡の電波信号を再び受信する瞬間。

apogee：　軌道上で地球からもっとも遠ざかる点。

apolune：　月周回軌道で月からもっとも遠ざかる点。

attitude：　宇宙船または航空機の姿勢。

CAPCOM：　Capsule Communicator
ミッションの間、宇宙船にいる宇宙飛行士と話す地上の宇宙飛行士。

CSM：　Command and Service Module
司令機械船。

delta v budget：　速度変化の指標（デルタ V）。
宇宙船の残燃料とほぼ等価。

DELTAH：　月面からの高度を測定する慣性航法値とレーダー高度計値の差。

DPS：　Descent Propulsion System
月着陸船の下についているロケットエンジン。

DSKY：　Display/Keyboard Interface
誘導計算機についているディスプレイとキーボード。
“ディスキー”と発音する。

gimbal lock：　宇宙船の特異な姿勢により、司令船機械船と月着陸船の3ジンバル機構が姿勢を制御できなくなる状態。

LGC：　Lunar Module Guidance Computer
AGCと同じだが、月着陸船に装備されている誘導計算機。

LLRV：　Lunar Landing Research Vehicle
月着陸テスト機。月面着陸時の軌道と制御技術を試験するために開発された“空飛ぶ”シミュレーター。

LLTV：　月着陸訓練機。LLRVのクルーが搭乗する訓練版。

LM：　Lunar Module
月着着陸船。“レム”と発音する。

MIT IL：　マサチューセッツ工科大学　器械工学研究所。
1970年代MITから独立し、現在はチャールズ・スターク・ドレイパー研究所

として知られる。

MPAD：　Mission Planning and Analysis Division
ミッション計画・分析部門。NASA ヒューストンの着陸軌道を検討したグループ。

PDI：　Powered Descent Initiation
月面高度約 16km、降下エンジンが燃焼し始める瞬間。

perigee：　軌道上で地球からもっとも近づく点。

perilune：　軌道上で月からもっとも近づく点。

PNGS：　Primary Navigation and Guidance System
誘導計算機、慣性航法プラットフォーム、光学システムの統称。

PRO：　DSKY の“続行（PROCEED）”ボタン。計算機の重大な手順実施前、クルーが必ず押す必要があった。

RCS：　Reaction Control System
司令機械船または月着陸船の姿勢を制御した小さいスラスター群。

SETP：　Society of Experimental Test Pilots
実験テストパイロット協会。
テストパイロットのためのプロフェッショナル組織。

IMU：　Inertial Measurement Unit
司令機械船と月着陸船の速度を測定したジャイロスコープと加速度計の総称。

DAP：　Digital Autopilot
宇宙船の航行を支援した計算機のソフトウェアプログラム。

state vector：　あるときの速度と位置を示した物理量。